工科实验室 *ENGINEERING LABORATORY*

试验方案优化设计与数据分析

Optimal design of testing scheme and data analysis

庞超明　黄　弘　编著

U0242806

东南大学出版社

南京

内容提要

本书围绕方案设计和与之相关的数据分析处理方法,首先介绍了误差理论和统计分布知识,从应用角度,强调方案设计前试验指标、因素、水平的取值范围的确定方法,结合大量实例,较为详细地介绍了各种试验设计方法及相应的数据分析处理方法:正交设计、均匀设计、回归设计(响应曲面设计,含一次回归正交设计、二次回归组合设计、二次回归连贯设计)、混料设计、稳健设计等,详细介绍了 Excel、Minitab 等软件在试验设计与数据分析处理中的应用,最后列举了一些应用典型案例。

本书可作为材料、化工、食品、制药、环境等相关专业本科生、研究生教材,也可作为相关工程技术人员、科研人员的参考资料。

图书在版编目(CIP)数据

试验方案优化设计与数据分析 /庞超明,黄弘编著.

—南京:东南大学出版社,2018.3

(工科实验室)

ISBN 978 - 7 - 5641 - 7675 - 4

Ⅰ. ①试… Ⅱ. ①庞… ②黄… Ⅲ. ①试验设计

Ⅳ. ①O212.6

中国版本图书馆 CIP 数据核字(2018)第 047214 号

书　　　名:试验方案优化设计与数据分析

著　　　者:庞超明　黄　弘

责任编辑:张　莺

责任印制:周荣虎

出版发行:东南大学出版社

社　　　址:南京市四牌楼 2 号　　　邮编:210096

网　　　址:http://www.seupress.com

出　版　人:江建中

印　　　刷:南京京新印刷有限公司

排　　　版:南京布克文化发展有限公司

开　　　本:787 mm×1 092 mm　1/16　　印张:21　字数:511 千字

版　　　次:2018 年 3 月第 1 版　　2018 年 3 月第 1 次印刷

书　　　号:ISBN 978-7-5641-7675-4

定　　　价:45.00 元

经　　　销:全国各地新华书店

发行热线:025-83790519　　83791830

序

　　科学试验已经进行了几百年，但在 19 世纪以前，科学家很少发表自己的研究成果。长期以来，在各研究领域中，多数是对搜集的数据进行分析，缺乏对试验的前期规划和方案设计。事实上，直到 20 世纪初才开始出现简单的试验设计。随着科学技术的发展，部分研究者开始意识到方案设计的重要性，但大多数研究者仍对其重要性认识不足，方案设计考虑不周，优化方案设计更欠缺。多数研究者仅采用简单的方案，缺乏统筹规划，对于局部的批次试验，也只是改变某一变量，造成盲目地增加试验次数，且往往得不到需要的结果，从而造成人力、物力和时间的浪费。

　　实际上，各项方案设计总是存在各种各样的问题，很难实现最优化。因此实现最优化，是各行各业追求的目标。实现过程和目标的最优化，可以有效地节约成本和资源，极大地提高工作效率。

　　科学的方法论，注重"授人以渔"。无论在哪个行业，研究方案设计都是"龙头"，一个好的设计，可事半功倍。对试验方案的优化设计，以及对试验数据的合理分析，不仅可以使试验方案具有优良性，也使试验次数减少，同时有效地控制误差，获得丰富的信息，如试验可靠性、试验规律性、水平取值的合理性、目标的最优值等，从而得出全面的结论，"多、快、好、省"地解决问题。在科学研究中发现新规律、实际生产中探求新工艺、产品开发中寻求最佳决策等，方案的优化设计都是一种非常有效的工具。

　　《试验方案优化设计与数据分析》系统而全面地介绍了科学的方案设计及其相应的数据分析方法，帮助高效解决问题，达到资源最优化，可为广大研究工作者更多地节省精力、更好地节约成本，提高工作效率。

刘加平

2017.4

前　　言

　　任何科学技术的发展都离不开试验,而任何试验首先都需要进行方案的设计。试验的资源是有限的。通过有效的方案设计,实现试验的最高效率,对实验数据所蕴含的信息进行深层次、多方位的分析,获得科学的结论和正确的规律——这就是方案的优化设计和数据分析处理的目标。把试验设计的概念和方法应用于产品设计研发、生产的控制和质量优化等方面,就能提高产品设计研发的效率,缩短周期,节约资源和成本,控制产品质量,做到“多、快、好、省”地创新发展。

　　所有研究结论或规律必须追求其科学性,即结论的准确性和可靠性,而误差是科学性的天敌。对给定的目标需求分析其误差可能产生的原因,并针对性地进行控制,对试验结果进行分析、归纳并总结出规律,据此所制定的研究方案才有可能合理。按照合理的方案进行试验,采用合理的数据进行分析,得出科学的结论与规律。把科学的结论与规律应用于“新产品、新方法或新技术”中,使产品实现真正的“改进”或“创新”。合理的方案设计是材料创新的基础,是实现产品更新换代的最强武器。

　　“试验方案优化设计与分析”是一项多种学科、多种技术领域交叉的工程,既需要方法论的指导,也依赖于各种专业知识和技术理论,更离不开技术人员的经验与实践,是科学研究人员创新的基础。如何进行产品“创新”或“改进”方案设计,掌握创新研究的理论与方法,这是一门关于方法论的科学,“授人以渔”之策。

　　本书围绕方案设计和与之相关的数据分析处理方法,首先介绍了误差理论和统计分布知识,从应用角度,强调方案设计前试验指标、因素、水平的取值范围的确定方法,结合大量实例,较为详细地介绍了各种试验设计方法及相应的数据分析处理方法:正交设计、均匀设计、回归设计(响应曲面设计,含一次回归正交设计、二次回归组合设计、二次回归连贯设计）、混料设计、稳健设计等，详细介绍了 Excel、Minitab 等软件在试验设计与数据分析处理中的应用，最后列举了一些应用典型案例。

本书信息量大，在注重理论基础知识的系统性和严谨性的同时力求通俗易懂，强调理论联系实际。本书编写层次分明，文字简练，深入浅出。作为相关专业科研人员、工程技术人员必备之参考书，应用面广，可用于需要进行试验方案设计与数据分析处理的各种专业，以及作为材料、化工、食品、制药、环境等相关专业本科生、研究生的教材。

本书第 1 至第 10 章，第 11 章的第 1 节由东南大学庞超明编写；第 11 章的第 2 节，第 12 章由重庆大学黄弘编写。东南大学的研究生王少华、吴得通、孙友康、龙令军参加了本书的部分文字输入和校对工作，在此表示感谢。由于编者的学识和经验有限，书中可能存在各种不足，敬请各位专家和读者批评指正。

编者

2016,10

目 录

第1章 绪 论

1.1 设计的价值

设计(design)是一门方法学的学科,从哲学的角度来看,设计是具有高级思维能力的人类的本能活动,它可将人类的需求、梦想变为现实。在产品与工程设计领域,英国人Wooderson 在 1966 年给出了设计的定义:"设计是一种反复决策、制订计划的活动,而这些计划的目的是把资源最好地转变为满足人类需求"。英国 Fielden 委员会的定义是"工程设计是利用科学原理、技术知识和想象力,确定最高的经济效益和效率,实现特定功能的机械结构、整机或系统"。

设计的本质与内涵主要体现在以下几个方面:

(1) 创新和创造是设计的本质与灵魂。一般有较大意义的设计活动都是创造新事物的活动,所以创新是设计的本质与灵魂;

(2) 设计是技术过程、认知过程与社会过程的融合,是通过人的创造性思维而产生构想、再通过技术途径满足某种需求的过程。设计本身就是人类对事物由浅入深的认知过程,设计水平与设计人的认知程度有关;

(3) 设计是把先进的科学技术成果转化为生产力的活动。设计要求开发出一个新的技术系统,该技术系统不应落后于所处时代的总体技术水平。所以设计师,应充分利用各种先进的科学技术成果,以保证所设计的技术系统的时代性和先进性。

方案设计是研究有关方案规划、试验安排的理论和方法,是数理统计学的应用之一,是试验或研究获得创新或创造的基础,已广泛地应用于各个领域。

1.2 方案优化设计的作用

"设计"是工程建设的"龙头",同样"方案设计"是所有科学试验的"龙头"。科学试验是人们认识自然、了解自然的重要手段,是发现、检验和积累知识的基本工具。任何科学试验进行之前,都必须先进行方案设计,科学合理的方案,配套正确的数据分析与处理方法,既能有效地减少试验次数,又能最大限度地获得良好的结论和正确的规律。

科学试验已经进行了几百年。但是在 19 世纪以前的科学家很少发表自己的试验结果,他们仅描述研究结论,并公布那些能证明此结论真实性的数据。至于试验过程和试验结果的科学性和可靠性,则不得而知。虽然科学是从发现问题、周密思考、观测与试验发展而成的,但究竟要怎样做试验,却从来没有被提及。试验没有科学的规范、程序,更谈不上试验设计,因此,试验带有科学家个人浓厚的独特风格。

爱迪生(Thomas Alva Edison,1847—1931)是世界上最有名的发明家,他通过不懈的努力、不断的试验和不断的失败来达到目的。他的座右铭是:天才是百分之一的灵感加百分之九十九的汗水。发明是百分之一的聪明加百分之九十九的勤奋。他说:"失败也是我需要的,它和成功对我一样有价值。"尼古拉·特斯拉(Nikola Tesla,1856—1943)有一段时间和爱迪生一起工作,他曾经这样评述爱迪生的工作方法:"如果爱迪生必须从一堆干草中寻找一枚针,他会立即像蜜蜂一样一根又一根地检查每根稻草,直到找到这枚针。""很遗憾我是这类事情的见证者,如果知道一些理论与计算方法,可以节省他90%的辛苦工作。"

假如你是一家奶茶店的老板,如何才能使奶茶的味道更美好?先放茶水再加牛奶,还是先放牛奶再加茶水?冰块的类型是采用整冰还是碎冰?纸杯和玻璃杯有什么区别?温度对奶茶的口感有什么不同?这些都需要根据试验确定合理的组合方式。

如果你是一位科学家,你需要开发一种新的试验方法,试验原理中的主要因素有哪些?每种因素影响程度有多大?哪些试验过程可能产生较大的误差,需要过程控制,控制前后的误差差别多大等一系列问题都是纯粹科学研究中应该考虑的问题。

如果你是一名工程师,你需要开发一种新产品或新仪器设备,如何寻找原材料的配方?在该配方下如何进行生产?其最优的产品配方及配套的合理工艺条件如何实现?假如你是一个建筑材料厂的工程师,你需要提升现有产品,如砖瓦、加气混凝土等产品的质量和产量,原材料配方该如何调整?只是进行简单的比例调整,还是需要添加新的原材料?产品生产流程、反应温度、蒸压条件等生产工艺是否需要改善?

无论你在什么行业,进行产品性能的改善或研发新产品,实现新技术开发、工艺改进,从而协助企业快速找到工艺环节中最合适的生产条件,追求质量完善与资源利用最大化,都是一个永恒的话题。通过设定合理的试验目标,并设计出合理的试验方案,然后按照方案进行试验,最后对试验得出的结果和数据进行分析和总结,这就是试验设计。对方案进行优化的试验设计,广义上是指试验研究的课题设计,即对整个试验计划的拟定。而狭义的试验设计是指试验单位的选取、重复数目的确定、试验单位的分组和试验处理的安排。试验设计(design of experiments,DOE)就是一种安排试验和分析试验数据的数理统计方法。通过对试验的合理安排,能以较小的试验规模或试验次数,较短的时间周期和较低的试验成本,得到理想的试验结果,然后通过综合的科学分析,得出科学的结论。简单地说,就是通过最优化的设计,合理安排试验,最有效地获得数据。试验设计在试验研究中的作用主要体现在以下几个方面:

- 确定试验因素对试验响应影响大小的排序,找出主要因素;
- 提高试验研究精度,明确试验因素之间的相互作用;
- 准确掌握最优方案并能预估或控制一定条件下响应值及其波动范围;
- 正确评估和有效控制、降低试验误差,从而提高试验的整体精度;
- 通过对试验结果的分析,明确进一步研究的方向。

测试过程中,不可避免地受到诸多不可控制的因素的影响,使得所测试的数据出现波动性,甚至出现较大的离散。面对这些大量的数据,如不采用科学的方法进行处理,则不能充分地利用这些数据资料,很可能得不到有用的信息,作出正确的结论,所以应正确认识并充分重视基于数理统计的数据处理方法,把它作为测试技术的基础加以掌握。试验设计方法是数理统计学的应用方法之一,主要是对已经获得的数据资料进行分析,对所关心的问题作出尽可能精确的判断。

1.3 方案优化设计技术的发展

方案优化设计及其数据分析与处理方法来源于农业种植的生产方案的设计与优化,并逐步推广到生物学、遗传学等方面,到20世纪30至40年代,逐步推广到材料学、化工、食品生产等工业领域,尤其广泛应用于技术领域的研究方案设计。产品的技术研发中如各种建筑材料、化工材料、食品等新配方的研究,现有产品质量的改进,生产工艺制度的优化与创新等。在非技术领域如生产计划、产品销售、经营管理上也有应用,最为典型的是六西格玛管理。它的普及和推广必将对经济发展起到重大的推动作用。

试验设计方法始于 20 世纪 20 年代,至今已有 90 多年的历史,整个发展过程可分为三个阶段:

第一阶段:早期的方差分析方法

1857 年,奥地利统计学家孟德尔(Gregor Johann Mendel,1822—1884)为了研究豌豆及遗传规律,他在教堂的后花园内一块 200 多平方米的畦田上,对豌豆及和豌豆有关的属类进行了试验,经过 8 年不厌其烦的耐心试验、仔细观测,终于获得了具有普遍意义的遗传统计规律。孟德尔靠自己敏锐的直觉,无意中按照现代推断统计的初步原则,粗糙地进行了试验设计。即较少规模的试验,既要保持植物天然杂交的程序,具有一定的代表性,又要尽量简化不必要的过程和减少偶然的随机干扰,便于观察研究。费歇在 1936 年指出:孟德尔是在总结前人实验的基础上,已经从理论上预料到会出现什么样的数据,然后才去安排试验的,因而只需要不多的数据就得出完美的结果。但是孟德尔只是公布了能够证明结论的数据,而不是全部试验数据。1940 年,费歇检验了孟德尔公布的数据,发现这些数据完美得像真的,根本没有展现应有的随机程度。

在孟德尔之后,统计试验有了很大的发展,以剑桥学派首要人物贝特森(William Bateson,1861—1926)教授为首的遗传试验学派主张在试验中贯彻样本统计推断思想,以园田小样本试验为基本方法。他们认为没有一定试验设计在事先指导,就是把数据收集得再多,也难说是很充分的,说不定还可能是没有价值的。如果事先有了精心的试验设计,就不需要大样本,其结果也能够接近理论预测水平。可见,贝特森学派的统计试验已接近现代推断统计。

以英国生物学家和统计学家皮尔逊(Karl Pearson,1857—1936)为首的生物统计学派以统计观察和描述作为进化和遗传的研究方法。他们认为:从大量信息中提取出的数据是得出一切正确结论的充要条件,其有效性是不可怀疑的。而仅仅做几个试验就推出全面的结论,在他们看来只是坐井观天,是危险的。从大量观察中整理和计算出有说服力的数据才是试验的关键。因而生物统计学派在整理手段和计算手段上取得了很大的成绩,如卡方检验、相关法、回归法的发展和完善等。

20 世纪 20 年代由英国生物统计学家、数学家费歇(R. A. Fisher,1890—1962)提出了早期的方差分析方法,用于田间试验,使农业大幅度增长。经过多年的努力,自 1923 年费歇陆续发表了关于在农业试验中控制误差的论文。他首次提出了方差分析、随机区组、拉丁方等控制、分解和测定试验误差的方法。1935 年,费歇完成了在科学试验理论和方法上具有划时代意义的一本书——《试验设计》,从而开创了一门新的应用技术学科。

1937 年,Frank Yates 系统讨论了 2^k 全因子试验。在第二次世界大战期间,英美在工业生产中采用试验设计,取得了显著的效果,其中英国统计学家博克斯(George Box,1919—2013)发展了响应曲面设计方法,在化学工程中得到应用。

第二阶段:传统的正交设计方法

1945 年,Finney 介绍了部分析因试验。二战后,日本面临着恢复发展经济问题,他们把试验设计方法作为质量管理技术之一从英美引进,1949 年以田口玄一(G. Taguchi)为首的一批研究人员在日本电讯研究所研究电话通讯的系统质量管理的过程中,发现了其不足,加以改进后创造了正交试验设计法,即用正交表安排试验的方法。这种方法在日本迅速推广。据统计,推广这种方法的前 10 年,试验项目超过 100 万项,其中 1/3 效果十分显著,获得了极大的经济效益。在日本,正交设计技术早已成为企业界人士、工程技术人员、研究人员和管理人员必备的技术,成为工程师们共同语言的一部分。

第三阶段:信噪比与三阶段等现代试验设计法

1957 年,质量工程学创始人田口玄一提出了信噪比设计法,把信噪比设计和正交表设计、方差分析相结合,开辟了更为重要、更为广泛的应用领域。它可以进行评价与改善计测仪表的计测方法的误差,解决产品或工序的最佳稳定性和最佳动态特性问题。

1980 年,田口玄一又提出了稳健设计,即三阶段试验设计法。产品的三阶段设计是系统设计、参数设计和容差设计的总称,是传统的试验设计方法的重要发展和完善,它充分利用专业技术、生产实践提供的信息资料,与正交设计方法相结合,取得了十分显著的技术与经济效果。

实践证明,正交设计法与产品的三阶段设计法是试验设计技术的重要方法,它有巨大的经济效益。日本战后工业生产迅速发展的重要原因之一就是在工业领域里普遍推广和应用试验设计法,日本把试验设计技术誉为他们的国宝。田口玄一说:"不掌握试验设计的工程师,只能算是半个工程师。"

我国从 20 世纪 50 年代开始研究这门学科,并逐步应用到工农业生产中。60 年代末,中国科学院系统研究所的研究人员,编制了一套适用的正交表,提出了"小表多排因素、分批走着瞧、在有苗头处着重加密、在过稀处适当加密"的正交优化设计原理与方法,简化了试验程序和试验结果的分析方法,创立了简单易懂、行之有效的正交试验设计法。自 1973 年,特别是推行全面质量管理以来,在正交理论上又有新的突破,提出了直接性和稳健性择优相结合的方法,还创建了均匀设计方法,形成了一套具有中国特色的试验设计方法。但与试验研究最发达的国家相比,还有较大的差距。产品的三阶段设计法在我国的起步较晚,80 年代才开始研究。总体而言,大力推广和应用试验优化设计技术,对于促进我国科学研究、生产和管理等各项事业的迅速发展,不仅具有普适意义,也具有一定的紧迫性。

第 2 章　误差理论与统计分布

　　所有研究得出的结论或规律必须追求其科学性,即结论的准确性和可靠性,而误差是科学性的天敌。试验取得测量数据后,必须对原始测量数据进行一系列的分析和整理,首先判断数据的可靠性,去除可疑数据,控制误差,然后对剩余数据进行合理的分析,才能获得可靠的科学结论。

　　事实上,在试验开始前,为使误差受控,对于给定的目标需求,分析误差产生途径,并针对性地进行控制,对试验结果可进行分析,归纳和总结出规律,据此所制定的研究方案才有可能合理。因此为了科学地评价数据资料,确定测试数据的可靠性与精确性,首先就必须了解误差。正确认识误差具有重大的意义:

　　(1) 通过认识误差的性质,分析误差产生的原因,从而针对性地去消除或减少误差;

　　(2) 掌握控制误差的途径与方法,合理设计试验方案,正确组织试验过程,合理设计仪器、选用仪器和测量方法,以便在最经济的条件下得到最理想的结果;

　　(3) 正确进行数据处理,判断各个数据的可靠性,去除可疑数据,分析误差的大小;

　　(4) 统计分析有效数据,进行方差分析和失拟分析等,推导可靠的科学结论和科学规律。

第 1 节　误　差　理　论

　　在测试过程中,无论采用何种方法,由于设备、测量方法、环境、人员的观察等多种不可控制的偶然因素的综合影响,总会或多或少地产生一些误差,通常无法得出被测物体的真值(true value),即在某一时刻、某一位置或某一状态下被测物理量的真实大小,得到的总是观测值(观察或测量的近似结果)。在真实值与观测值之间,总是存在误差。

1.1　有效数字与舍入误差

　　分析工作中实际能够测量到的数字,称为有效数字。

　　被测物体的真实值与测量的近似值之间最大差值的绝对值称为误差限,用数学公式表示为:

$$|x^* - x| \leqslant \varepsilon$$

　　式中: x^* 代表真实值, x 为近似值,一般用多次测试平均值或直接用观测值表示, ε 表示误差限,总是为正数。该式也常表示为 $x^* = x \pm \varepsilon$,误差限 ε 越小,则表示该近似数的误差越小,数据越精确。对于某个测量仪器,其误差限一般为该设备精度的半个单位,但实际能够测量到的是包括最后一位估读的不确定的数字。如用精度为 1 g 的电子天平测量质量时,其误差限为 0.5 g。

【例 2-1】 用最小刻度为 1 mm 的直尺测量一长度为 x^* 的物体,用人眼观察,可估读一位不确定数字,但 $x^* - x$ 的误差限为 0.5 mm。如果测得一物体的长度的准确数字为 $x = 50$ mm,估读 0.2 mm,则该物体的真实值 x^* 应在 (50.2 ± 0.5) mm。

如果近似值 x 的误差限是某一位上的半个单位,即 0.5×10^{-n},且该位直到 x 的第一位非零数字一共有 n 位,则称近似值 x 具有 n 位有效数字。用这 n 位有效数字表示的近似数称为有效数 x。

如 x 用科学记数法表示成

$$x = \pm (\alpha_1 \times 10^{-1} + \alpha_2 \times 10^{-2} + \cdots + \alpha_n \times 10^{-n}) \times 10^m$$

其中 m 为一整数,$\alpha_1, \alpha_2, \cdots, \alpha_n$ 都是 0 到 9 的整数,且 $\alpha_1 \neq 0$ 则其误差限 $\varepsilon = 0.5 \times 10^{m-n}$,因此在 m 相同的情况下,n 越大其误差越小,也即说明一个近似值的有效数字位数越多其误差越小,数据越精确。

对位数很多的近似数,当有效位数确定以后,其后面多余的数字应该舍去,而保留的有效数字最末一位数字应按下面的修约规则进行凑整:

(1) 若舍去部分的数值大于保留部分末位的半个单位,即 0.5,则末位加 1;

(2) 若舍去部分的数值小于保留部分末位的半个单位,即 0.5,则末位不变;

(3) 若舍去部分的数值等于保留部分末位的半个单位,即 0.5,则末位凑成偶数。即当末位为偶数时则末位不变,为奇数时则末位加 1。

有效数字的修约规则,可简单地概括为:四舍六入五单双,五后非零应进一,五后为零视单双,单进双不进。

如按上述修约规则,将下面的各个数据保留 4 位有效数字的结果如下。

初始数据	3.141 59	2.717 29	4.510 5	4.511 5	4.510 500 001
修约后的数据	3.142	2.717	4.510	4.512	4.511

如不按该修约规则进行修约,则最终结果的有效数字也有可能是不一致的,如 $\pi = 3.141\,592\,653\cdots$ 取不同的近似值,其产生的有效位数也是不同的,如取 $\pi = 3.14$ 有 3 位有效数字,取 $\pi = 3.1416$ 有 5 位有效数字,但取 $\pi = 3.1415$ 则只有 4 位有效数字。

由于数字舍入引起的误差成为舍入误差,按上述规则进行数字舍入,其舍入误差皆不可能超过保留数字最末位的半个单位。必须指出,这种舍入规则,不是以往简单的四舍五入,从而使舍入误差成为随机误差。在大量运算时,其舍入误差的均值趋于零。但是舍入误差仍然不可避免地存在,除不尽的除法计算越早或运算次数越多,累计误差越大,研究中应尽量避免除不尽的除法运算,或尽可能延迟计算。

在近似数的运算中,为了保证最后结果尽可能高的精度,所有参与运算的数据,在有效数字后可多保留一位数字作为参考数字,或者称为安全数字。

在测量结果和数据运算中,并不意味着在计算中保留的小数位数越多,该数字就越精确,测量精度与测量方法与所使用仪器的精度等有关,最终结果的精度不能超过测量所能达到的精度。

1.2　误差分类

产生误差的原因有很多,按照最基本的性质与特点,误差可分为三大类:系统误差、随机误差和疏失误差(或过失误差)。

1. 系统误差

系统误差(systematic error)顾名思义为由测试系统产生的误差,这种误差一般恒定不变或遵循一定的规律而发生变化,是指在同一条件下,多次测量同一量时,误差的绝对值和符号保持恒定,或在条件改变时,按某一确定规律变化的误差。主要是由于试验周期长、测量条件控制不一致、测量的仪器设备不准确、测量方法本身存在误差、标准材料和试剂不标准、人员观察力不同等。测量的正确度(correctness)可以反映系统误差的大小和程度,表示测试数据的平均值与被测量真值的偏差。

来自测量仪器设备的系统误差,是由于测量所用的仪器设备本身的不完善而产生的。如天平砝码的不准确产生的固定不变的误差,万能试验机的刻度盘指针轴心不在圆心上而产生周期性变化的系统误差等,一般只有通过使用更精密更准确的仪器来减少由测试工具产生的误差。

来自观察者的误差,是由于观察者的不同习惯或者观察者本身的条件不同而引起的,所以在试验中,尤其是在精度要求比较高的试验中,应尽量让同一人员测定,减少由人员观察力不同引起的误差。

来自测量方法和条件的系统误差,是由于试验周期长、外界环境的影响,或者由于没有按照正确的方法而引起的误差。所以在测量过程中,应使用正确的方法并尽量减少中间环节,改善试验条件等方法来设法避免系统误差。

2. 随机误差(也叫偶然误差)

数值大小与性质具有随机性,无规律且不固定的误差,称之为随机误差(random error),也叫抽样误差(sampling error)。随机误差是由很多无法控制的内在或外在的偶然因素所产生,因此是不可避免的,一般具有统计规律性,服从正态分布,在多次的重复测定中,绝对值相同的正、负误差出现的概率大致相等,大误差出现的概率比小误差出现的概率小。随机误差使测试数据产生波动,测量的精密度(precision)是随机误差离散程度的表征,系统的随机误差越小,表示测量结果越精密。

随机误差不能用试验的方法来消除,但由于随机误差中正、负误差相互抵偿的特性,多次测定误差的平均值趋向于 0,故可通过多次测量取平均值来减少随机误差,且并不影响测定结果的准确性。

随机误差与系统误差的性质、影响和产生的原因各不相同,但它们也不是一成不变的,在某些条件下是可以相互转化的,常统称为综合误差。如温度对测定结果的影响,在短时间内,由于温度的波动而产生的误差是随机误差,然而在一个相当长的时间内,温度的影响则可能引起系统误差。分析工作者常常利用随机误差和系统误差相互转化的特性,采用随机技术来减小和消除系统误差的影响。比如说制定标准曲线,由低浓度往高浓度顺序进行测定,如果是正偏移,则导致标准曲线斜率偏大;如果是负偏移,则导致标准曲线的斜率变小。如果将不同浓度的样品测定次序随机化,使系统造成的影响均衡到各个浓度的测定值中,即将系统误差随机化,从而可以减小和消除系统误差的影响。

综合误差大小和程度通过精确度或准确度(accuracy)来表征。精确度是指观测值与真值的偏离程度,精确度高则系统误差和随机误差都小,其准确度和精密度必定都比较高。

准确度、精密度和精确度三者的含义可以通过打靶的情况来形象地说明,如图 2-1 所示。

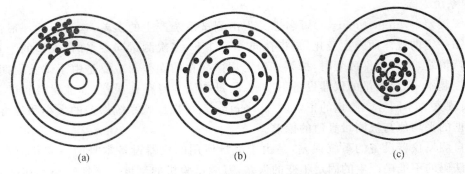

图 2-1　数据精度比较图

图 2-1(a)表示精密度很高，即随机误差小，但准确度低，有较大的系统误差；图 2-1(b)表示精密度不如图 2-1(a)高，但准确度较图 2-1(a)高；图 2-1(c)表示精密度和准确度都很高，即随机误差和系统误差都小。

3. 疏失误差

疏失误差是一种显然与客观事实不相符的误差，没有一定的规律可循，主要是由操作者的失误引起的，如操作错误、读数错误、计算错误等。这种测量结果是错误的，是值得怀疑的，在试验过程中疏失误差是完全可以通过操作者主观的努力来避免的。属于疏失误差的数据在数据处理时，是应该去掉的，通常用莱特准则（或 3σ 原则）判断，3σ 之外的数据即属于疏失误差。

误差也可按产生的原因进行分类，将误差分为仪器误差、方法误差、操作误差和环境误差等。仪器误差是由于仪器的原因所引起的，如仪器未调整到最佳的工作状态，仪器的稳定性不好，仪器由于长期使用引起的精度下降，计量器皿量具未经过严格的校正等。引起方法误差的原因有：测试方法本身不完善，使用近似的经验公式，试验条件不完全满足应用理论公式所要求的条件等。操作误差常常是与操作人员直接相联系的。操作人员的生理缺陷（如眼睛的近视等）、主观偏见（如人员的观察力、分散性等）以及不良的习惯，不按操作规程进行操作，不严格控制反应条件等都会带来测定误差。环境误差是由于环境不完全符合测定所要求的条件而引起的误差。例如环境条件温度、湿度和时间等的变化引起测量仪器精度的改变，测量对象的变化，环境污染引入的空白值，震动引起的测量仪器不稳定，磁场、电场的存在等。

为了确定数据测试的可靠程度，在测量与数据处理中必须首先进行误差分析，找出误差产生的原因，尽可能地降低误差。

1.3　绝对误差与相对误差

误差有绝对误差与相对误差之分。绝对误差（absolute error）有时简称为误差，表示所测定值与真实值大小之间的差异，有正负之分，既表明偏离的大小，又指明了偏离的方向，一般带有单位，彼此间无法比较。

绝对误差 $e =$ 观测值 $-$ 真实值

由于真实值常常无法测量，所以常采用最大绝对误差，根据有效数字含义，一般为最末位的半个单位，它表示测量的准确度。

相对误差(relative error)是指绝对误差与真值相比所得百分数,具有可比性,而且很直观,能够反映试验结果误差偏离的严重程度。它表示测量的精密度,最大相对误差越小,表示测量越精确。在具体测量中常采用最大相对误差。

$$相对误差 \delta \approx 绝对误差 / 观测值$$

【例 2-2】　用 250 kN 的万能试验机进行钢材抗拉试验,测得的最大荷载为 198 kN±1 kN;用 2 kN 电子万能试验机测试纤维增强水泥板的抗折强度,测得最大荷载为 1 000 N,最大绝对误差为 5 N,分别求两者的最大相对误差

解:250 kN 的万能试验机的最大绝对误差为 1 kN,其最大相对误差为 $\delta_{r1} = 1/198 = 0.5\%$。

2 kN 电子万能试验机的相对误差为 $\delta_{r2} = 5/1\ 000 = 0.5\%$。

具有相同的最大相对误差,它们的精密度相近,但各自的最大绝对误差不同,其准确度不同,且 δ_{r2} 具有更高的准确度。

试验机的最小读数并不代表试验机的精度。试验机的精度是采用高精度的标准检定或标定工具,如标准测力计压力环(也称弹性圈)和水银测力计(也称校正箱),进行标定的结果。精度反映试验机刻度盘上的荷载读数与试件承受的实际荷载之间的误差的大小,其精度越高,误差越小。试验机的精度等级由试验精度要求决定,常用精度等级有 0.5,1,2 三个,表示相应的示值误差分别为±0.5%、±1%、±2%。示值误差的计算为:

$$e(\%) = \frac{\overline{p} - p}{p} \times 100$$

式中:$e(\%)$ 为示值误差,$\overline{p}$ 为多次测定的平均值,p 为标准值或真值。

1.4　测量方法

测量就是用一定的工具或仪器设备来确定一个未知量的过程。按照获得测量参数结果的方法,通常把测量方法分为直接测量、间接测量和总和测量。

1. 直接测量:凡是被测参数直接与测量单位进行比较,其测量结果可直接从测量仪表上获得的测量方法称为直接测量,如用万用表直接测量电阻,用卡尺测量长度,用温度计测量温度等。如 Y 表示未知量的值,X 表示由测量直接测得的值,用公式可表示为 $Y=X$。

直接测量可分为直读法和比较法。

直读法:直接从测量仪表上读得被测结果,如压力表等,其特点是使用方便,但一般精度比较差。如用万用表直接测量电阻,用卡尺和螺旋测微计测量长度,用天平称质量等。

比较法:一般不能直接从测量仪表上读得测量结果,而需要使用标准量具,因此测量手续比较麻烦,但是仪表本身的误差以及其他误差则往往在测试过程中被抵消,因此,其测量精度一般比直读法高。根据不同的比较方法,有零示法和差值法之分,零示法是指测量时,被测量与已知量的作用效应相互平衡,以致总的效应减到零,则被测量就等于已知量,如利用电位差计来测量热电偶在测量时产生的热电势大小;差值法是指使用适当的手段测量出被测量与一个已知量的差值,如用热电偶温度计测量温度 t 时,从仪表得到的是被测温度 t 与热电偶冷端温度 t_0 之差。

2. 间接测量:不直接测量被测结果,未知量 Y 需通过一定的公式或测量与被测变量的一定关系的其他物理量,通过简单的函数关系计算而得,用公式表示为

$$Y = f(X_1, X_2, \cdots, X_n)$$

$X_1, X_2, \cdots, X_n$ 表示各函数直接测量的数值。

如测电阻通过 $R = \dfrac{U}{I}$ 测得，弹性模量通过 $\Delta E = \dfrac{P \cdot L}{A \cdot \Delta L}$ 测得，强度通过 $f = \dfrac{P}{A}$ 测得，测量风道中的空气流量通过 $Q = S \cdot V$ 测得等，这种测量应用最为广泛，在同等精度仪器下，其系统误差大于直接测量。

3. 总和测量：简单地说，使各个未知量以不同的组合形式出现，在组合公式中，一般含有待定系数，根据多次直接测量和间接测量的结果，需通过联立方程组来求得待定系数，然后再求得未知量。

如
$$f_{cu28} = A \cdot f_{ce}\left(\frac{C}{W} - B\right)$$

式中：f_{cu28} 为混凝土强度，f_{ce} 为水泥强度，C/W 为灰水比，A、B 为待定系数，且可用两个方程式或采用回归分析方法来求得。

1.5 误差传递及其应用

测量结果只是一个近似数，等于准确数字加最末一位欠准数字。测量结果的精度与所用测量方法和测量仪器有关，在记录或者数据运算时不能超过测量方法和仪器所能达到的最大精度。

含有误差的任何近似位数，其绝对误差等于最末位（感量或精度）的半个单位，测量某质量，用天平称量，感量 0.1 g，最大绝对误差为 $\pm 0.1/2 = \pm 0.05$ g。

直接测量就直接得到需要的结果，没有误差传递。在间接测量中，由于未知量是通过一定的公式或关系计算而得，在公式（或关系）中的各个量之间的最大相对误差可能并不相同，通过公式（或关系）必然会给新测未知量带来误差，即误差具有传递性，但彼此之间具体是怎样传递的呢？

设所求未知量 y 与量 $x_1, x_2, \cdots, x_n$ 的关系为 $y = f(x_1, x_2, \cdots, x_n)$。

其误差的传递就是指由自变量 $x_1, x_2, \cdots, x_n$ 的误差导致函数 y 产生的误差，即通过偏微分方法求得。设 x_i 的变化量为 $e(x_i)$，传递 y 的变化量为 $e(y)$。

则 $e(y) = \dfrac{\partial f}{\partial x_1}e(x_1) + \dfrac{\partial f}{\partial x_2}e(x_2) + \cdots + \dfrac{\partial f}{\partial x_{n-1}}e(x_{n-1}) + \dfrac{\partial f}{\partial x_n}e(x_n) = \sum\limits_{i=1}^{n}\dfrac{\partial f}{\partial x_i}e(x_i)$。

如用 $\varepsilon_1, \varepsilon_2, \cdots, \varepsilon_i, \cdots, \varepsilon_n$ 分别表示 $x_1, x_2, \cdots, x_i, \cdots, x_n$ 的最大绝对误差，ε_y 表示 y 的最大绝对误差，则 $\varepsilon_y = \left|\dfrac{\partial f}{\partial x_1} \cdot \varepsilon_1\right| + \cdots + \left|\dfrac{\partial f}{\partial x_i} \cdot \varepsilon_i\right| + \cdots + \left|\dfrac{\partial f}{\partial x_n}\varepsilon_n\right| = \sum\limits_{i=1}^{n}\left|\dfrac{\partial f}{\partial x_i}\varepsilon_i\right|$。

对相对误差的传递，设 $e_r(y)$，$e_r(x_i)$ 分别表示 y 和 x_i 的相对误差：

$$e_r(y) = \frac{e(y)}{y}, \ e_r(x_i) = \frac{e(x_i)}{x_i},$$

则相对误差的传递的一般公式为：$e_r(y) = \dfrac{e(y)}{y} = \sum\limits_{i=1}^{n}\dfrac{\partial f}{\partial x_i}\dfrac{e(x_i)}{y} = \sum\limits_{i=1}^{n}\dfrac{\partial f}{\partial x_i}\dfrac{x_i \times e_r(x_i)}{y}$。

同样用 δ_i 表示 x_i 的最大相对误差，δ_y 表示 y 的最大相对误差。

令 $D_{eri} = \dfrac{\partial f}{\partial x_i}\dfrac{x_i}{y}\delta_i$，则 $\delta_y = \sum\limits_{i=1}^{n}|D_{eri}|$。

对某函数 $y = f(u,z,w)$，同样可推出：标准误差 S 的传递公式为

$$S = \sqrt{\left(\frac{\partial f}{\partial u}\right)^2 \cdot S_u^2 + \left(\frac{\partial f}{\partial z}\right)^2 \cdot S_z^2 + \left(\frac{\partial f}{\partial w}\right)^2 \cdot S_w^2}$$

综合以上，常用绝对误差 e，最大绝对误差 ε，相对误差 e_r，最大相对误差 δ，标准误差 S 的传递公式如表 2-1 所示。

表 2-1　误差传递公式表

绝对误差	相对误差	标准误差
$e(x_1 + x_2) \approx e(x_1) + e(x_2)$	$e_r(x_1 + x_2) \approx \dfrac{x_1}{x_1 + x_2} \cdot e_r(x_1) + \dfrac{x_2}{x_1 + x_2} \cdot e_r(x_2)$	$S(x_1 + x_2) = \sqrt{S_1^2 + S_2^2}$
一般：$e(x_1 - x_2) \approx e(x_1) - e(x_2)$ 最大绝对误差 ε：(注意不同) $\varepsilon(x_1 - x_2) = \|\varepsilon(x_1)\| + \|\varepsilon(x_2)\|$	$e_r(x_1 - x_2) \approx \dfrac{x_1}{x_1 - x_2} \cdot e_r(x_1) - \dfrac{x_2}{x_1 - x_2} \cdot e_r(x_2)$ 最大相对误差：(注意不同) $e_r(x_1 - x_2) = \dfrac{x_1}{x_1 - x_2} \cdot e_r(x_1) + \dfrac{x_2}{x_1 - x_2} \cdot e_r(x_2)$	$S(x_1 - x_2) = \sqrt{S_1^2 + S_2^2}$
$e(x_1 \cdot x_2) \approx x_2 e(x_1) + x_1 e(x_2)$	$e_r(x_1 \cdot x_2) \approx e_r(x_1) + e_r(x_2)$	$S(x_1 \cdot x_2) = \sqrt{x_2^2 S_1^2 + x_1^2 S_2^2}$
$e\left(\dfrac{x_1}{x_2}\right) \approx \dfrac{e(x_1)}{x_2} + \dfrac{x_1 \cdot e(x_2)}{x_2^2}$ 其中 $(x_2 \neq 0)$	$e_r(x_1/x_2) \approx e_r(x_1) - e_r(x_2)$ 其中 $(x_2 \neq 0)$	$S(x_1/x_2) = \dfrac{\sqrt{x_2^2 S_1^2 + x_1^2 S_2^2}}{x_2^2}$
$e(a + bx^n) \approx nbx^{n-1} e(x)$	$e_r(a + bx^n) \approx nbx^{n-1} e_r(x)$	$S(a + bx^n) = nbx^{n-1} S(x)$

【例 2-3】　在一线路中，测量得电流 $I = 10.0$ A，电阻 $R = 10.0$ Ω，电压 $U = 100.0$ V，$S_I = \pm 0.1$ A，$S_R = \pm 0.1$ Ω，$S_U = \pm 1$ V，求消耗电功率 P。

解：可用三种方法求得电源的功率及其标准差：

表 2-2　三种方法求得电源的功率

方案	1	2	3
方法	IU	$I^2 R$	U^2/R
P	$10 \times 100 = 1$ kW	$10^2 \times 10 = 1$ kW	$100^2/10 = 1$ kW
公式	$\sqrt{I^2 \cdot S_U^2 + U^2 \cdot S_I^2}$	$\sqrt{(2 \cdot I \cdot R)^2 \cdot S_I^2 + I^4 \cdot S_R^2}$	$\sqrt{\left(\dfrac{2U}{R}\right)^2 \cdot S_U^2 + \left(\dfrac{U^2}{R^2}\right)^2 \cdot S_R^2}$
S_P	$\sqrt{100 \times 1 + 100^2 \times 0.1^2} = 14.14$ W	$\sqrt{200^2 \times 0.1^2 + 10^4 \times 0.1^2} = 22.4$ W	$\sqrt{20^2 \times 1 + 100^2 \times 0.1^2} = 22.4$ W

由上可知：

（1）为了测量某一被测量，可通过不同方法不同途径来测量。

（2）由于测量方法不同，尽管各测量的相对误差相同，可是最终形成的被测量的误差却不相同，因此选择时应注意选择使最终误差最小的方案，这样我们就可以在满足允许误差的情况下选择准确度稍差的仪表。

（3）通过函数关系来计算被测量的数值时，由于每一个直接测量对被测量的影响是不相同的，我们应把注意力集中在降低对被测量的误差最终影响最大的物理量上。

如方案 2 中，分别将电流和电阻的标准误差改为 $S_I = \pm 0.2$ A，$S_R = \pm 0.1$ Ω，则 $S_P = 41.2$ W；若改为 $S_I = \pm 0.1$ A，$S_R = \pm 0.2$ Ω，则 $S_P = 28.3$ W。从计算结果可以看出，电流

I 的影响相对较大,而电阻 R 的影响相对较小,因此应尽量降低电流的标准误差。

【例 2-4】 测量水泥密度 $\rho = \dfrac{m}{V}$,质量 m 用感量为 0.1 g 的天平称量。体积 V 用感量 0.1 cm^3 的比重瓶测量。如称得 $m = 59.30$ g,$V = 19.73$ cm^3,求该水泥的密度及其最大相对误差 δ_i 和最大绝对误差 ε。

分析:一般而言,用百分数表示相对误差,带有数值如 mm、kg/m^3 等为绝对误差,但最大绝对误差为正负感量的一半。据此,首先求得该天平的最大绝对误差为 $\pm \dfrac{0.1}{2} = \pm 0.05$ g,该比重瓶的最大绝对误差为 $\pm \dfrac{0.1}{2} = \pm 0.05$ cm^3。$\rho = \dfrac{m}{V} \approx \dfrac{59.30}{19.73} = 3.01$ g/cm^3。

可用两种方法求相对误差和绝对误差:

解 1: 先求相对误差:

$$\delta_i = |\delta_m| + |\delta_V| = \left| \pm \frac{0.05}{59.30} \right| + \left| \pm \frac{0.05}{19.73} \right| = 0.08\% + 0.25\% = 0.33\%$$

再求绝对误差:$\varepsilon = \rho \cdot \delta_i = 3.01 \times 0.35\% = 0.01$ g/cm^3

解 2: 也可利用公式先求绝对误差:

$$\varepsilon = \left| \frac{\partial \rho}{\partial m} dm \right| + \left| \frac{\partial \rho}{\partial V} dV \right| = \left| \frac{dm}{V} \right| + \left| -\frac{m}{V^2} dV \right| = \left| \frac{0.05}{19.73} \right| + \left| \frac{59.30}{19.73^2} \times 0.05 \right| = $$

0.01 g/cm^3,再求相对误差:$\delta_i = \dfrac{\varepsilon}{\rho} = \left| \dfrac{0.01}{3.01} \right| \times 100\% = 0.33\%$

【例 2-5】 计算 $100 - \sqrt{9995}$。

解: 记 $x_1^* = 100$,$x_2^* = \sqrt{9\,995}$,已知 $x_1 = 100$,$x_2 = 99.974\,997$,$e(x_1) = 0$,$e(x_2) \leqslant 0.5 \times 10^{-6}$,即 x_1 是精确的,x_2 具有 8 位有效数字,

因为 $A = x_1^* - x_2^* = 5/(x_1^* + x_2^*)$

解 1:$x_1^* - x_2^* \approx x_1 - x_2 = 100 - 99.974997 = 0.025\,003$

解 2:$x_1^* - x_2^* = 5/(x_1^* + x_2^*) = 0.025\,003\,125\,7$

对两种方法进行精度分析:

第一种方法:

由 $\varepsilon(x_1 - x_2) \approx \varepsilon(x_1) - \varepsilon(x_2) \leqslant |\varepsilon(x_1)| + |\varepsilon(x_2)|$

$\leqslant 0 + 0.5 \times 10^{-6} = 0.5 \times 10^{-6}$,

具有 5 位有效数字。

而第二种方法:

$$\left| e\left(\frac{5}{x_1 + x_2} \right) \right| \approx \left| -\frac{5}{(x_1 + x_2)^2} e(x_1 + x_2) \right| \approx \left| -\frac{5}{(x_1 + x_2)^2} [e(x_1) + e(x_2)] \right|$$

$$\leqslant \frac{5}{(x_1 + x_2)^2} [|e(x_1)| + |e(x_2)|]$$

$$\leqslant \frac{5}{(100 + 99.974\,997)^2} (0 + 0.5 \times 10^{-6})$$

$$= 0.625\,156\,29 \times 10^{-10}$$

$$< 0.5 \times 10^{-9}$$

具有 8 位有效数字,修约后 $x_1^* - x_2^* = 0.025\ 003\ 126$。

由上可知:两个相近的数字相减会造成有效位数的减少。事实上,当 x_1,x_2 相近时,$x_1/(x_1-x_2)$ 和 $x_2/(x_1-x_2)$ 的绝对值会很大,所以在实际中,应尽可能避免两相近数相减,否则会使计算精度大大降低。

但是在一个复杂的运算中,除不尽的除法进行得越早或者运算的次数越多则累计产生的误差越大。减少运算次数,不仅可以减少舍入误差,还可以大大节省计算机的计算时间,这也是数值运算的基本原则。因此在多项式的运算中,通常采用秦九韶算法(国外称为 Hornor 法)。

【例 2-6】 $a=100,b=3,c=166.5,d=5$,其结果应取一位小数。求 $E = 10^6 \times (a/b - c/d)$。

解 1:先计算 a/b 和 c/d 取一位小数得 $E = 0$

解 2: $E = 10^6 \times (ad - bc)/bd = 33\ 333.3$

所以在运算中应尽量避免和减少除不尽的除法运算。在不可避免时,应尽可能安排或推迟到运算的最后一步中。

从例 2-6 中还可以看出,在加减、乘除运算中,一般各运算结果应以小数位数最少的数据位数为准,其余各数据可多取一位安全数字,但最后结果小数位数最少的数据相同。当然如果通过精度分析,可以得到更高的精度,也可以取更多的小数位数。但在实际工作中,一般以小数位数最少的数据位数为准已经能满足所要求的精度。如

$15.13 \times 4.12 = 62.335\ 6 \approx 62.34$;

$2\ 463.4 + 987.7 + 4.187 + 0.235\ 4 \approx 2\ 463.4 + 987.7 + 4.19 + 0.24 = 3\ 635.13 = 3\ 635.1$

由以上分析可知,在数值运算中,几乎每一步的运算都会产生舍入误差。考虑这种舍入误差的影响及相互作用问题,通常称为算法的数值稳定问题。对此问题,一般转化为对数据误差影响的分析。

定义:设有 1 个算法,如果初始数据有小的误差,仅使结果产生小的误差,则称该算法是(数值)稳定的,否则称为数值是不稳定的。

【例 2-7】 数值稳定性分析。

求积分式 $I_n = \int_0^1 \dfrac{x^n}{x+5} \mathrm{d}x$ $(n=0,1,2,\cdots,10)$ 的误差传递。

解:由递推公式 $I_n = \int_0^1 \dfrac{x^n + 5x^{n-1} - 5x^{n-1}}{x+5} \mathrm{d}x = \int_0^1 x^{n-1} \mathrm{d}x - 5\int_0^1 \dfrac{x^{n-1}}{x+5} \mathrm{d}x = \dfrac{1}{n} - 5I_{n-1}$

且 $I_0 = \int_0^1 \dfrac{1}{x+5} \mathrm{d}x = \ln 1.2 = 0.182\ 322$

得到近似值, $\tilde{I}_n = \dfrac{1}{n} - 5\tilde{I}_{n-1}$ $(n=1,2,\cdots,10)$,根据上述递推公式,可得到以下近似值的结果:

$I_1 = 1 - 5I_0 = 0.088\ 390\ 0$ $I_2 = 1/2 - 5I_1 = 0.058\ 050\ 0$

$I_3 = 1/3 - 5I_2 = 0.043\ 083\ 3$ $I_4 = 1/4 - 5I_3 = 0.034\ 583\ 5$

$I_5 = 1/5 - 5I_4 = 0.027\ 082\ 5$ $I_6 = 1/6 - 5I_5 = 0.031\ 254\ 2$

$I_7 = 1/7 - 5I_6 = -0.013\ 413\ 9$ $I_8 = 1/8 - 5I_7 = 0.192\ 070$

$I_9 = 1/9 - 5I_8 = -0.849\ 239$ $I_{10} = 1/10 - 5I_9 = 4.346\ 20$

由计算公式,可知,$I_n > 0$,而 $I_7 < 0$,显然,计算结果不正确。

进行误差分析,$e_n = I_n - \tilde{I}_n = -5(I_{n-1} - \tilde{I}_{n-1}) = -5e_{n-1}$,则有 $|e_n| = 5|e_{n-1}| = 5^n |e_0|$,显然,计算结果每计算一次,放大 5 倍,递推计算 n 次,则误差放大了 5^n 倍,当 n 较大时,误差将淹没真值,此时递推公式是不稳定的。

重新计算,对 $\tilde{I}_n = \dfrac{1}{n} - 5\tilde{I}_{n-1}$ 变形,$\tilde{I}_{n-1} = \dfrac{1}{5}\left(\dfrac{1}{n} - \tilde{I}_n\right)$,同样可得,$|e_{n-1}| = \dfrac{1}{5}|e_n|$ 或 $|e_{10-k}| = \dfrac{1}{5^k}|e_{10}|$($k=1,2,\cdots,10$)。显然,计算结果每计算一次,误差缩小为前一次的 $1/5$,递推计算 n 次,则误差缩小为原来的 $1/5^n$,此时递推公式是稳定的。

由积分第二中值定理:存在 ξ,$a < \xi < b$,使 $I_n = \displaystyle\int_a^b f(x)g(x)\mathrm{d}x = f(\xi)\int_a^b g(x)\mathrm{d}x$。因此,$I_n = \dfrac{1}{\varepsilon_n + 5}\displaystyle\int_0^1 x^n \mathrm{d}x = \dfrac{1}{\varepsilon_n + 5} \cdot \dfrac{1}{n+1}$($0 < \varepsilon < 1$)。

所以 $\dfrac{1}{6} \cdot \dfrac{1}{n+1} < I_n < \dfrac{1}{5} \cdot \dfrac{1}{n+1}$,可取平均值 $I_{10} = 1/60 = 0.016\ 666\ 7$。

$e_{10} \leqslant \dfrac{1}{2}\left(\dfrac{1}{5} \cdot \dfrac{1}{10+1} - \dfrac{1}{6} \cdot \dfrac{1}{10+1}\right) = \dfrac{1}{660}$,同时根据递推公式 $\tilde{I}_{n-1} = \dfrac{1}{5}\left(\dfrac{1}{n} - \tilde{I}_n\right)$,可计算得如下近似结果:

$I_9 = 1/5(1/10 - I_{10}) = 0.019\ 697\ 0$ $I_8 = 1/5(1/9 - I_9) = 0.018\ 282\ 8$

$I_7 = 1/5(1/8 - I_8) = 0.021\ 343\ 4$ $I_6 = 1/5(1/7 - I_7) = 0.024\ 302\ 7$

$I_5 = 1/5(1/6 - I_6) = 0.028\ 472\ 8$ $I_4 = 1/5(1/5 - I_5) = 0.034\ 305\ 4$

$I_3 = 1/5(1/4 - I_4) = 0.043\ 138\ 9$ $I_2 = 1/5(1/3 - I_3) = 0.058\ 038\ 9$

$I_1 = 1/5(1/2 - I_2) = 0.088\ 392\ 2$ $I_0 = 1/5(1 - I_1) = 0.182\ 322$

由上例,可以看出,算法的好坏对计算结果具有重要的影响,尤其是现在大量数据采用计算机编程计算,更要注意分析误差的传递。

【例 2-8】 测量某圆柱体试件的抗压强度 f,抗压强度的计算等于最大荷载 P 除以受荷面积 A,即 $f = \dfrac{P}{A} = \dfrac{4P}{\pi d^2}$,如测得最大荷载 $P = 29.9\ \mathrm{kN}$,测量精度为 $0.1\ \mathrm{kN}$,用精度 $0.02\ \mathrm{mm}$ 的卡尺测得圆柱体试件的直径 $d = 30.00\ \mathrm{mm}$,试求该试件的抗压强度,最大相对误差,最大绝对误差及其强度范围。

解:由于 $\pi = 3.141\ 592\ 653\cdots$ 其取值不同,产生的相对误差也是不同的,如:

$\pi = 3.1$ π 的最大相对误差 $\delta_\pi = \dfrac{0.042}{3.1} = 1.3\%$

$\pi = 3.14$ $\delta_\pi = \dfrac{0.001\ 6}{3.14} = 0.05\%$

$\pi = 3.142$ $\delta_\pi = \dfrac{0.000\ 41}{3.142} = 0.013\%$

本题中取 $\pi = 3.14$,先计算 $f = \dfrac{4P}{\pi d^2} = \dfrac{4 \times 29.9}{3.14 \times 30.00^2} = 42.3\ (\mathrm{MPa})$

$\delta_d = \pm\dfrac{0.01}{30} = \pm 0.033\%$,$\delta_P = \pm\dfrac{0.05}{29.9} = \pm 0.17\%$

所以 $\varepsilon = \left| \dfrac{\partial f}{\partial P}\mathrm{d}P \right| + \left| \dfrac{\partial f}{\partial \pi}\mathrm{d}\pi \right| + \left| \dfrac{\partial f}{\partial d}\mathrm{d}d \right|$

$= \left| \dfrac{4}{\pi d^2} \cdot \mathrm{d}P \right| + \left| \dfrac{4P}{\pi^2 d^2} \cdot \mathrm{d}\pi \right| + \left| \dfrac{8P}{\pi d^3} \cdot \mathrm{d}d \right|$

$= \dfrac{4P}{\pi d^2} \cdot \left| \dfrac{\mathrm{d}P}{P} \right| + \dfrac{4P}{\pi d^2} \cdot \left| \dfrac{\mathrm{d}\pi}{\pi} \right| + \dfrac{4P}{\pi d^2} \cdot \left| \dfrac{2\mathrm{d}d}{d} \right|$

$= 42.3 \times (0.17\% + 0.05\% + 2 \times 0.033\%)$

$= 42.3 \times 0.286\% = 0.12(\mathrm{MPa})$

则 $\delta_f = \dfrac{0.12}{42.3} \times 100\% = 0.28\%$，$f = (42.3 \pm 0.12)\mathrm{MPa}$。

第 2 节　变量的统计特征数

进行大量试验的目的,往往是为了评估数据的集中性和离散性。所谓集中性就是以某一数值为中心而分布的性质,其统计特征数主要有算术平均数(arithmetic mean)、加权平均数(weighted mean)、几何平均数(geometric mean)、调和平均数(harmonic mean)、中位数(median)、众数(mode)、均方根平均数(root mean square)等。所谓离散性就是变数在趋势上分散集中的变异性质,其统计特征数一般有残差(residual)、极差(range)、方差(variance)、标准差(standard deviation)等。

2.1　平均值

进行测量的目的是为了获得某一物理量的真实值,但是其真实值往往是无法测得的,只能得到一个近似值,为设法找到一个可以用来代表真实值的最佳值,通常进行多次平行测试,在误差允许的范围内,取多个测定值的平均值来求得真实值的近似值。目前常用的平均值有以下几种:

2.1.1　算术平均值(arithmetic mean)

将某一物理量 x 测定 n 次,每次得到的观测值为 $x_1, x_2, \cdots, x_n$,则算术平均值为:

$$\bar{x} = \frac{1}{n}(x_1 + x_2 + \cdots + x_n) = \frac{1}{n}\sum_{i=1}^{n} x_i$$

式中, $\bar{x}$ 定义为算术平均值或简单平均值。当然,对于这 n 个测定值应有同等的可信度,即属于等精度测量。观测次数越多, n 越大,当 $n \to \infty$ 时,其平均值越接近真值。如果在测量中出现过大误差,采取平均值来处理观测值,不能反映观测值的误差大小。

要对试验数据做出正确的处理,首先要求所获得的数据是真实可靠的,在多次测试中,如果某一个观测值与其余各观测值相差甚远,即该观测值的绝对误差特别大,则在平均值计算前应首先去掉疏失误差。疏失误差的判断可根据不同的判据,最常用的为莱特准则(即 3σ 原则), 3σ 之外的数据即判断为疏失误差,应去掉后取剩余值的平均数。在具体的试验中, 3σ 取值不相同,如混凝土的抗压、抗折 3σ 为 15%;水泥抗折为 10%;砂浆为 20%。

2.1.2　加权平均值(weighted mean)

在不等精度的测量中,各个测量结果的可靠程度不一样,因此不能简单取各测量数据的算术平均值作为最后测量结果,此时应该让可靠程度大的测量结果在最后结果中占的比重大一些,而可靠程度小的占的比重小一些,此时可引入"权重"的概念,常用 g_i 表示为加权系数,即每个组成部分在总组成中所占的百分比,因此单个 $g_i < 1$ 且 $\sum g_i = 1$,计算公式如下:

$$M_w = \frac{x_1 \cdot g_1 + x_2 \cdot g_2 + \cdots + x_n \cdot g_n}{g_1 + g_2 + \cdots + g_n} = \frac{\sum x_n \cdot g_n}{\sum g_n}$$

在综合评估中常用到加权平均值。最简单的方法就是用测量次数来确定权,即测量条件和测量者水平皆相同时,重复次数越多,可靠程度也越大,因此 $g_i = n_i / n$。可以证明,每组测量结果的权与其对应的标准误差的平方成反比:

即 $$g_1 : g_2 : \cdots : g_n = \frac{1}{S_1^2} : \frac{1}{S_2^2} : \cdots : \frac{1}{S_n^2}$$

2.1.3 均方根平均值的计算

$$S = \sqrt{\frac{x_1^2 + x_2^2 + \cdots + x_n^2}{n}} = \sqrt{\frac{\sum_{i=1}^{n} x_i^2}{n}}$$

2.1.4 几何平均数(geometric mean)

几何平均数是指 n 个观察值连乘积的 n 次方根。当遇到计算平均增长率时,常常用几何平均数表示其平均值,用 G 表示。

$$\lg G = \frac{\lg(x_1 \cdot x_2 \cdot x_3 \cdot \cdots \cdot x_n)}{n} = \frac{\sum_{i=1}^{n} \lg(x_i)}{n}$$

2.1.5 调和平均数(harmonic mean)

在数学中,"调和"的含义为"对称"。计算平均速率、单价等时,经常用调和平均数,用 H 表示。调和平均数是变量倒数的算术平均数的倒数,因此通常先计算倒数平均数 $1/H$,

即 $$\frac{1}{H} = \frac{\frac{1}{x_1} + \frac{1}{x_2} + \frac{1}{x_3} + \cdots + \frac{1}{x_n}}{n} = \frac{\sum_{i=1}^{n} \frac{1}{x_i}}{n}, 那么 H = \frac{n}{\sum_{i=1}^{n} \frac{1}{x_i}}。$$

2.1.6 中位数(median)

中位数是指资料中的观测值按大小顺序排列后,居于中间位置的那个观测值。中位数也称中数,记作 Me。中位数的计算比较方便,将数据按大小顺序排列,如果资料中数据个数为奇数时,中位数在数列中的位次可用算式 $(n+1)/2$ 来确定,处于这一位次的数就是中位数;如果资料中的数据个数为偶数时,则其中间两个数的算术平均数为中位数。

2.1.7 众数(mode)

众数 Mo 是变异数列中出现次数最多的那个数,在频率分布图中,就是频率最大值所对应的变数值。众数也表示数据集中的趋向。

在非对称的频率分布中,平均数、中位数和众数并不重合,频率曲线越不对称,三者的差别就越大。

2.2 误差

2.2.1 离差或残差

观测值 x_i 与平均值 $\bar{x}$ 之差称为离差(deviation),也叫变差、残差、离均差。残差表示观测值偏离平均值的性质和程度，有正有负，理论上 $\sum_{i=1}^{n}(x_i-\bar{x})=0$，因此不能以残差之和来表示总偏离程度。为了合理地计算总变异程度，先将各残差平方，即 $(x_i-\bar{x})^2$，再求残差平方和，即 $\sum_{i=1}^{n}(x_i-\bar{x})^2$。每个测定值 x_i 与总平均值 $\bar{x}$ 偏离程度的总和，称离差平方和，或简称平方和（sum of squares），用 SS 表示，反映了资料的总变异程度。它的数值越大，表示测定值之间的差异越大。这是德国数学家高斯（C. F. Gauss）提出并完成的，并以残差平方和最小建立了最小二乘法理论。

$$SS = \sum_{i=1}^{n}(x_i-\bar{x})^2 = \sum_{i=1}^{n}x_i^2 - 2\bar{x}\sum_{i=1}^{n}x_i + \sum_{i=1}^{n}\bar{x}^2,\ \text{将平均值}\ \bar{x}=\frac{1}{n}\sum_{i=1}^{n}x_i\ \text{代入,}$$

所以 $$SS = \sum_{i=1}^{n}x_i^2 - \frac{2}{n}\left(\sum_{i=1}^{n}x_i\right)^2 + \sum_{i=1}^{n}\left[\frac{1}{n^2}\left(\sum_{i=1}^{n}x_i\right)^2\right] = \sum_{i=1}^{n}x_i^{\,2} - \frac{1}{n}\left(\sum_{i=1}^{n}x_i\right)^2$$

记为 $$SS = R - P,\ \text{其中}\ R = \sum_{i=1}^{n}x_i^2,\ P = \frac{1}{n}\left(\sum_{i=1}^{n}x_i\right)^2。$$

用平方和法时由于数据较大或较小，使计算工作量很大，为减少工作量，可采用以下两种方式处理：

①每个数据减（或加上）同一个数以后，因为 $x_i-\bar{x}$ 不变，所以 SS 不变；

②数据同时乘以（或除以）一个数 b，$x_i-\bar{x}$ 增大或减小 b 倍，故平方和 SS 相应增大或缩小 b^2 倍。

例：取同配合比混凝土的 7 个抗压强度，其值分别为 21.7、22.4、22.7、23.1、24.2、23.6、25.8 MPa，求其平均值与变差的平方和。

$$\bar{x} = \frac{1}{7}(21.7+22.4+22.7+23.1+24.2+23.6+25.8) = 23.36$$

$$SS = (21.7-23.36)^2 + \cdots + (25.8-23.36)^2 = 10.19$$

计算工作量很大，如果同时减去 21，则

$$SS = (0.7-2.36)^2 + \cdots + (4.8-2.36)^2 = 10.19$$

其计算结果一致，但因为计算 $\bar{x}$ 时，可能存在舍入误差，计算时总误差增大，当数据很多时，这种误差累计不可忽略，如把 SS 按公式拆开。

$$SS = 21.7^2 + 22.4^2 + \cdots + 23.6^2 + 25.8^2 - \frac{1}{7}(21.7+\cdots+25.8)^2 = 10.90$$

这样误差减小，但工作量还是很大，如同时减去 21（亦可减去 20），则

$$\sum_{i=1}^{n}x_i^2 = 0.7^2 + 1.4^2 + 1.7^2 + 2.1^2 + 3.2^2 + 2.6^2 + 4.8^2 = 49.79,\ \sum_{i=1}^{n}x_i = 16.5$$

$$SS = \sum_{i=1}^{n}x_i^2 - \frac{1}{n}\left(\sum_{i=1}^{n}x_i\right)^2 = 49.79 - \frac{1}{7}\times 16.5^2 = 10.90$$

两者的计算结果相同。

2.2.2　方差

残差反映了样本观测值的变异程度，但是残差平方和随样本多少而改变，由于即使平均

值相同，SS 随数据的多少而变化，数据多，平方和大，数据少则平方和小。为了消除样本数量 n 的影响，采用残差平方和的平均值即 $\frac{1}{n}\sum_{i=1}^{n}(x_i-\bar{x})^2$ 来表示观测值的变异程度。由于实际中测量次数有限，为了消去数据个数对平方和带来的影响，同时引进自由度（free degree）概念，用 f 表示。如平方和有 n 项，则其自由度等于 $n-1$。如果一个平方和是由各部分平方和组成，则总的自由度等于各部分自由度之和。

平方和除以相应的自由度 f 称为方差（variance），也称均方（mean of square，MS）。可用 MS 或 VS 表示，即 MS 或 $VS=SS/f$，方差表征了离差大小的统计平均值，基本上不受试验数据的数量多少的影响，且方差对一组测定数据中偏离平均值 $\bar{x}$ 较大的测定值 x_i 反应灵敏，在实际工作中有利于对异常值与因素效应的判断。

2.2.3　标准差

方差的平方根称为标准差（standard deviation），又称为标准偏差（standard discrepancy）、均方差（mean root square error），一般用 σ 表示。当试验次数 n 无穷大时，称为总体（population）标准差。

$$\sigma^2=\frac{1}{n}\left[(x_1-\bar{x})^2+(x_2-\bar{x})^2+\cdots+(x_n-\bar{x})^2\right]=\frac{1}{n}\sum_{i=1}^{n}(x_i-\bar{x})^2$$

$$\sigma=\sqrt{\frac{1}{n}\sum_{i=1}^{n}(x_i-\bar{x})^2}$$

标准差反映了一组测定值的变异情况，不管是正误差还是负误差，均不会相互抵消，大误差比小误差对标准差的贡献大，标准差愈大，表示其观察值的变异性也愈大。σ 表示当 $n\rightarrow\infty$ 时的标准差，而实际中测量次数有限，可用 S 表示：$S=\sqrt{\frac{1}{n-1}\sum_{i=1}^{n}(x_i-\bar{x})^2}$。

其中 $n-1$ 称为自由度，当 $n\rightarrow\infty$ 时 $n-1\rightarrow n$，所以 S 是 σ 的一个无偏估计值，实际应用中，S,σ 均可用，但多数情况下，尤其是当 $n>5$ 时，用 S 来表示标准差。

2.2.4　变异系数

变异系数（coefficient of variance，CV）为无量纲的量，是指样本标准差占样本平均值的百分比（%），反映相对离散的程度，反映相对误差，又称离散系数、样本相对标准偏差（relative standard deviation，RSD）。标准差 σ（或 S）仅反映数据波动的大小，也反映绝对离散和绝对误差。

$$CV=\frac{\sigma}{\bar{x}}，\text{或 } CV_0=\frac{S}{\bar{x}}$$

如同一规格的材料经过多次测量得出一批数据后，就可通过计算平均值、标准差与变异系数等来评定其质量或性能的优劣。在具体工程质检中，通常用标准差 σ 或变异系数 CV 来反映其施工管理时的等级。

2.2.5　算术平均误差

算数平均误差（average discrepancy），是指观测值与算术平均值之差，严格来讲为算术平均偏差，因为误差一般是指观测值与真值之差。可定义为所有离差的绝对值的和，它不能反映出观测值的分布情况。其计算公式为

$$\Delta = \frac{1}{n}(|x_1 - \bar{x}| + |x_2 - \bar{x}| + \cdots + |x_i - \bar{x}|) = \frac{1}{n}\sum_{i=1}^{n}|x_i - \bar{x}|$$

如三个混凝土的试块的强度分别为 32.5、37.6、30.3 MPa，算得其平均值为 $m = 33.5$ MPa，则：$\Delta = \dfrac{|32.5 - 33.5| + |37.6 - 33.5| + |30.3 - 33.5|}{3} = 2.76(\text{MPa})$。

2.2.6　其他参数

1. 极差（全距）：极差是观测值中最大值和最小值之差，表示变异程度大小最简便的统计量，比较粗略，适合于数据很多且需要迅速判断时使用。它表示数据离散范围，用来度量数据的离散性。

2. 或然误差 γ：在一组测量中，如果不计正负号，误差大于 γ 的观测值与小于 γ 的观测值将各占测量次数的一半，与标准误差的关系为 $\gamma = 0.6745\sigma$。

第 3 节　统计理论分布

3.1　正态分布

正态分布（normal distribution）又称高斯分布、常态分布，是一种最常见、最重要的连续型随机变量的概率分布，是一种数据的波动规律的表达，主要反映了试验的随机误差，同时也可判断出数据的疏失误差。

如某批次试验，测得 30 组混凝土抗压强度数据，如表 2-3 所示。

表 2-3　混凝土抗压强度数据表

序号	1	2	3	4	5	6	7	8	9	10
抗压强度（MPa）	27.5	22.6	26.9	29.5	23.0	25.2	26.1	26.0	23.7	27.2
序号	11	12	13	14	15	16	17	18	19	20
抗压强度（MPa）	27.1	29.8	31.5	30.3	25.8	24.6	28.6	28.9	29.1	25.8
序号	21	22	23	24	25	26	237	28	29	30
抗压强度（MPa）	27.4	26.2	31.0	27.8	32.2	33.5	29.5	21.9	27.5	25.6

如果以强度分组为横坐标，以频数为纵坐标，绘成强度-频数直方图，如图 2-2(a)所示，如将频数-试验次数增到无限大，强度间隔缩到无限小，或作强度、频数的平滑曲线，即得到如图 2-2(b)曲线，此曲线即为正态分布曲线。

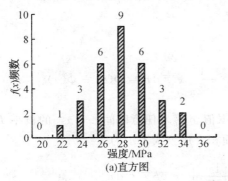
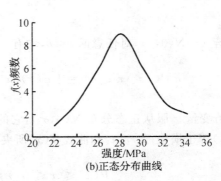

(a)直方图　　　　　　　　　　　(b)正态分布曲线

图 2-2　抗压强度-频数图

除混凝土抗压强度之外,某一品种钢材的抗拉强度试验中的随机误差等,都遵从正态分布规律。正态分布曲线可由概率密度函数表示为:

$$f(x) = \frac{1}{\sqrt{2\pi}\sigma} \cdot e^{-\frac{1}{2}\left(\frac{x-\mu}{\sigma}\right)^2}$$

式中:x 为试验测定值;e 为自然对数的底,e $= 2.7183$;μ 为曲线最高点的横坐标,表示总体平均值,简称均值,出现在此附近的数据最多;σ 为总体标准差,表示数据的分散程度。常数 $\frac{1}{\sqrt{2\pi}} = 0.3989$。此时称随机变量 x 服从参数为 μ、σ 的正态分布,一般记作 $x \sim N(\mu, \sigma^2)$,已知均值 μ 和标准差 σ,即可画出正态分布曲线。

当 μ 变化时,而 σ 一定时,整个曲线的位置将沿横坐标移动,此时曲线的形状不变,μ 具有分布中心的作用。当 σ 发生变化时,分布曲线形状也随之而变,当 σ 变小时,$f(x)_{max}$ 增大,曲线变得"高而瘦",表明数据更集中;反之当 σ 增大时,曲线变得"矮而胖",表明数据分散,如图 2-3 所示。因此标准差 σ 是表示数据分散程度的指标。当 $x = \mu$ 时,曲线上出现最高峰,其值为 $f(x)_{max} = \frac{1}{\sigma\sqrt{2\pi}}$。

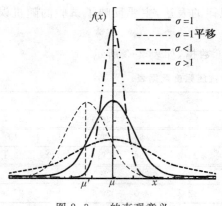

图 2-3　σ 的直观意义

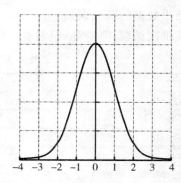

图 2-4　标准正态分布

当 $\mu = 0$ 时,$\sigma = 1$ 时的正态分布,称之为标准正态分布,记做 $x \sim N(0,1)$。此时概率密度函数用 $\varphi(x)$ 表示,则 $\varphi(x) = \frac{1}{\sqrt{2\pi}}e^{-\frac{x^2}{2}}$。当自变量为负值时,分布函数 $\Phi(-x) = 1 - \Phi(x)$。

若 $x \sim N(0,1)$,对任意的 $a < b$,均有

$$P(a \leqslant x \leqslant b) = \int_a^b \varphi(x)\mathrm{d}x = \int_a^b \frac{1}{\sqrt{2\pi}}e^{-\frac{x^2}{2}}\mathrm{d}x = \Phi(b) - \Phi(a)$$

若变量 x 服从正态分布 $N(\mu, \sigma^2)$,它的数据值 x 落入任意区间 $[x_1, x_2]$ 的概率 $P(x_1 \leqslant x \leqslant x_2)$ 等于横坐标 x_1,x_2 和曲线 $f(x)$ 所夹的面积。用公式表示为:

$$P(x_1 \leqslant x \leqslant x_2) = \frac{1}{\sqrt{2\pi}\sigma}\int_{x_1}^{x_2} e^{-\frac{1}{2}\left(\frac{x-\mu}{\sigma}\right)^2}\mathrm{d}x$$

对 x 作简单变换，令 $\dfrac{x-\mu}{\sigma}=t$，得 $\mathrm{d}x=\sigma\mathrm{d}t$，因此

$$P(x_1\leqslant x\leqslant x_2)=\frac{1}{\sigma\sqrt{2\pi}}\int_{x_1}^{x_2}\mathrm{e}^{-\frac{1}{2}\left(\frac{x-\mu}{\sigma}\right)^2}\mathrm{d}x=\frac{1}{\sigma\sqrt{2\pi}}\int_{(x_1-\mu)/\sigma}^{(x_2-\mu)/\sigma}\mathrm{e}^{-\frac{1}{2}u^2}\sigma\mathrm{d}t$$

或简化为 $P=\int\varphi(t)\mathrm{d}t=\int\dfrac{1}{\sqrt{2\pi}}\,\mathrm{e}^{-\frac{t^2}{2}}\mathrm{d}t$

这表明正态分布 $N(\mu,\sigma^2)$ 的随机变量 x 在 $[x_1,x_2]$ 间取值的概率，等于标准正态分布的随机变量 t 在 $[(x_1-\mu)/\sigma,(x_2-\mu)/\sigma]$ 间取值的概率，此时可将一般正态分布的计算转换为标准正态分布的计算。

如图 2-4 所示，曲线成轴对称分布，由概率可知，此时曲线与横坐标所围的面积为概率 P 的总和，P 等于 100%。即 $\int_{-\infty}^{+\infty}\varphi(x)\mathrm{d}x=1$。

【例 2-9】 设 $x\sim N(5.5,1.2^2)$，求 $P(3.5<x<6.8)$。

解： $P(3.5<x<6.8)=\Phi((6.8-5.5)/1.2)-\Phi((3.5-5.5)/1.2)=\Phi(1.08)-1+\Phi(1.67)=0.8599-1+0.9525=0.8124$

表 2-4～表 2-6 为 t 处于不同范围内的积分值，可供使用时查阅，表中未列出的数字可自己根据积分求得，或用插入法取得近似值，亦可查阅附录 1 通过计算得出。

表 2-4 在 $[-t,t]$ 的概率

t	0	0.32	0.67	1.00	1.15	1.645	2.00	2.58	3.00	4.00	5.00	∞
P	0	0.250	0.500	0.683	0.750	0.900	0.954	0.990	0.997	0.99994	0.9999994	1.00

表 2-5 在 $[t,+\infty)$ 的概率

t	0	-0.40	-0.524	-0.80	-1.00	-1.30	-1.50	-1.645	-2.00	-2.50	-3.00
P	0.5	0.655	0.700	0.788	0.841	0.903	0.933	0.950	0.977	0.994	0.999

表 2-6 在 $(-\infty,t]$ 的概率

t	-5	-4	-3	-2.4	-2	-1.6	-1	-0.7	0
P	0.000 000 3	0.000 031 7	0.001 35	0.008 2	0.022 8	0.054 8	0.158 7	0.242 0	0.500 0

对一组服从正态分布的数据 X，子样容量为 n，子样均值为 $\overline{X}$，其标准误差为 $\dfrac{\sigma}{\sqrt{n}}$，母体均值为 μ，标准差为 σ。则 $P\left(-1<\dfrac{\overline{X}-\mu}{\frac{\sigma}{\sqrt{n}}}<1\right)=0.683$，或可表示为 $P\left(\overline{X}-\dfrac{\sigma}{\sqrt{n}}<\mu<\overline{X}+\dfrac{\sigma}{\sqrt{n}}\right)=0.683$。说明 $\overline{X}\pm\dfrac{\sigma}{\sqrt{n}}$ 内包含真值 μ 的可靠程度为 68.3%。通常，$\overline{X}\pm\dfrac{\sigma}{\sqrt{n}}$ 称为置信区间（或置信限），$\dfrac{\sigma}{\sqrt{n}}$ 为置信区间的半长，P 称为置信概率（或置信度），常用 $1-\alpha$ 表示，α 称作显著水平（significance level），或危险率，表示结论犯错误的概率。因此，一切测量结果应理解为一定置信概率下，以子样平均值为中心，以置信区间半长为界限的量。

大于某值 t 的面积，即积分区间在 $[t,+\infty)$ 的概率 P 表示保证率（pass or qualified

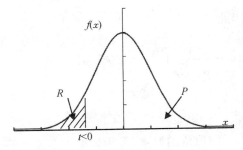

图 2-5　保证率 P 与不合格率 R 的关系

rate)，常用 P 表示。小于 t 的面积表示不合格率（rejected or defective rate），用 R 表示。保证率 P 和不合格率 R 的关系为：$P + R = 1$，如图 2-5 所示。

保证率和不合格率常用概率分布函数求得，即保证率 P 可通过 $P = \int_{t}^{+\infty} \varphi(t)\mathrm{d}t = \int_{t}^{+\infty} \frac{1}{\sqrt{2\pi}} \mathrm{e}^{-\frac{t^2}{2}} \mathrm{d}t$ 求得，不合格率 R 通过 $P = \int_{-\infty}^{t} \frac{1}{\sqrt{2\pi}} \mathrm{e}^{-\frac{t^2}{2}} \mathrm{d}t = 1 - R$ 求得。由上可知，通过表 2-5 可查得保证率 P，通过表 2-6 可查得不合格率 R。

从概率表 2-4 可判断观测值的误差概率，因随机误差的变化规律是符合正态分布规律的，误差小的出现的概率大，误差大的出现的概率小。前面已提到，在多次测量中，有时会出现疏失误差，当观测值的随机误差介于 $\pm 2\sigma$ 范围时，概率为 95.45%，即超出该范围的概率为 4.55%，落在 $(\mu - 3\sigma, \mu + 3\sigma)$ 的概率为 99.73%。

归纳起来，正态分布有下列几个特点：

（1）数据分布最多的点，是曲线的最高峰，其横坐标正好是该列数据的平均值 μ。

（2）以平均值 μ 为对称轴，左右两侧对称，即大于和小于平均值的概率大体相等。

（3）曲线与横坐标围成的面积等于 100% 或 1，落在 $(\mu - \sigma, \mu + \sigma)$ 的概率为 68.27%，落在 $(\mu - 2\sigma, \mu + 2\sigma)$ 的概率为 95.45%，落在 $(\mu - 3\sigma, \mu + 3\sigma)$ 的概率为 99.73%。

（4）离平均值 μ 越近，概率越大；离 μ 越远，概率越小；处在 3σ 之外的概率仅为 0.27%。

（5）在 $\mu \pm \sigma$ 处为一拐点，两拐点之间的曲线向下弯曲，拐点以外向上弯曲；σ 越小，曲线越"瘦"，数据越集中，精密度越高，反之，σ 越大，曲线越"胖"，数据越分散。

（6）概率 $P(a < x < b)$ 等于横坐标与曲线 $f(x)$ 所围成的面积。当在 $[t, +\infty)$，大于或等于某值 t 的概率，即为保证率 P；当在 $(-\infty, t]$，小于或等于 t 时的概率，即为不合格率 R。

3.2　疏失误差的检验与判断

由于处在 3σ 之外的概率（即误差概率）仅为 0.27%，接近 0。即测量 330 次才遇上一次，对于常规一般仅进行几十次的测量，如处在 $3\sigma(3S)$ 之外则可以认为不属于随机误差，而是属于疏失误差，也称之为异常值（exceptional data）或离群值（outlier），在处理时应先剔除异常值，然后进行后续的计算，这就是最常用的可疑数据舍弃的 3σ 原则，亦称莱特准则、拉伊达（Paǔta）准则，这一准则比较可靠，无需查表，使用简单方便，常常为大多数测量者所使用。在 $[-t, +t]$ 两值间的概率，是 3σ 原则判断疏失误差的基础。值得注意的是，当试验次数 $n < 10$ 时，用 $3S$ 作为判断准则，即使有异常数据，也难以剔除；此时，可用 $2S$ 作为判断准则，但 $n < 5$ 时，也难以剔除异常数据，所以一般适合试验次数 $n \geqslant 10$ 或精度要求不高时。

对于一次测量物理量标准误差的判断，通常也可以按 3σ 理论来判断。按误差原理，误差小于 $\pm 3\sigma$ 的概率达 99.7%，所以可认为最大可能的绝对误差 ε 就是标准误差的 3 倍，故一次测量的标准误差 $\sigma = \pm \varepsilon/3$。如某测得电流 $I = (10 \pm 0.3)$A，则 $\sigma_I = \pm 0.3/3 = \pm 0.1$A。

由于 3σ 准则是建立在 $n \to \infty$ 的基础上，实际上，对于测量次数超过 200~300 次的时候，就有可能遇上超过 3σ 的随机误差，这时就不应该舍弃。由此可见，对数据的合理误差范围是同测量次数有关的，当试验次数不多时，则不必达到 3σ 即已可能出现疏失误差，这就是肖维纳

判据。它是在一系列 n 次测量的等精度测量下，计算得到平均值 $\bar{x}$ 和标准差 σ，当某 n 次观测值对应的 $t = \dfrac{|x_i - \bar{x}|}{\sigma} = \dfrac{d_i}{\sigma}$ 在表 2-7 所列之值时，则认为该 x_i 为可疑数据应该舍弃。

表 2-7　肖维纳判据舍弃标准表

次数 n	5	6	7	8	9	10	12	14	16	18	20
d_i/σ	1.65	1.73	1.80	1.86	1.92	2.00	2.03	2.10	2.15	2.20	2.24
次数 n	22	24	26	30	40	50	75	100	200	300	500
d_i/σ	2.28	2.31	2.35	2.39	2.50	2.58	2.71	2.80	3.20	3.29	3.30

疏失误差的判断也可采用格拉布斯 (Grubbs) 检验法。格拉布斯根据显著性水平 α 和试验次数 n，用数学方法计算了临界值 $G_\alpha(n)$，计算偏差 $|d_i| = |x_i - \bar{x}|$，当计算值 $|d_i| = |x_i - \bar{x}| > S \cdot G_\alpha(n)$，则为异常值，属于疏失误差，应去掉。

表 2-8　格拉布斯 (Grubbs) 临界值表

n	显著性水平 α					n	显著性水平 α				
	0.10	0.05	0.025	0.01	0.005		0.10	0.05	0.025	0.01	0.005
3	1.148	1.153	1.155	1.155	1.155	31	2.577	2.759	2.924	3.119	3.253
4	1.425	1.463	1.481	1.492	1.496	32	2.591	2.773	2.938	3.135	3.270
5	1.602	1.672	1.715	1.749	1.764	33	2.604	2.786	2.952	3.150	3.286
6	1.729	1.822	1.887	1.944	1.973	34	2.616	2.799	2.965	3.164	3.301
7	1.828	1.938	2.020	2.097	2.139	35	2.628	2.811	2.979	3.178	3.316
8	1.909	2.032	2.126	2.22	2.274	36	2.639	2.823	2.991	3.191	3.330
9	1.977	2.110	2.215	2.323	2.387	37	2.650	2.835	3.003	3.204	3.343
10	2.036	2.176	2.290	2.410	2.482	38	2.661	2.846	3.014	3.216	3.356
11	2.088	2.234	2.355	2.485	2.564	39	2.671	2.857	3.025	3.228	3.369
12	2.134	2.285	2.412	2.550	2.636	40	2.682	2.866	3.036	3.240	3.381
13	2.175	2.331	2.462	2.607	2.699	41	2.692	2.877	3.046	3.251	3.393
14	2.213	2.371	2.507	2.659	2.755	42	2.700	2.887	3.057	3.261	3.404
15	2.247	2.409	2.549	2.705	2.806	43	2.710	2.896	3.067	3.271	3.415
16	2.279	2.443	2.585	2.747	2.852	44	2.719	2.905	3.075	3.282	3.425
17	2.309	2.475	2.620	2.785	2.894	45	2.727	2.914	3.085	3.292	3.435
18	2.335	2.501	2.651	2.821	2.932	46	2.736	2.923	3.094	3.302	3.445
19	2.361	2.532	2.681	2.954	2.968	47	2.744	2.931	3.103	3.310	3.455
20	2.385	2.557	2.709	2.884	3.001	48	2.753	2.940	3.111	3.319	3.464
21	2.408	2.580	2.733	2.912	3.031	49	2.760	2.948	3.120	3.329	3.474
22	2.429	2.603	2.758	2.939	3.060	50	2.768	2.956	3.128	3.336	3.483
23	2.448	2.624	2.781	2.963	3.087	60	2.837	3.025	3.199	3.411	3.560
24	2.467	2.644	2.802	2.987	3.112	65	2.866	3.055	3.230	3.442	3.592
25	2.486	2.663	2.822	3.009	3.135	70	2.893	3.082	3.257	3.471	3.622
26	2.502	2.681	2.841	3.029	3.157	75	2.917	3.107	3.282	3.496	3.648
27	2.519	2.698	2.859	3.049	3.178	80	2.940	3.130	3.305	3.521	3.673
28	2.534	2.714	2.876	3.068	3.199	85	2.961	3.151	3.327	3.543	3.695
29	2.549	2.730	2.893	3.085	3.218	90	2.981	3.171	3.347	3.563	3.716
30	2.583	2.745	2.908	3.103	3.236	100	3.017	3.207	3.383	3.600	3.754

狄克逊(Dixon)检验法也是一种可疑数据的判别方法,用于一组测定值的一致性检验和剔除可疑数据。检验步骤如下:

(1) 将试验数据按从小到大的顺序排列,即:$x_1 \leqslant x_2 \leqslant \cdots \leqslant x_i \leqslant \cdots \leqslant x_n$,如果存在异常值,则一定在两端,当只有一个异常值时,一定为 x_1 和 x_n,即最小可疑值和最大可疑值。注意,每次只检测一个可疑值。

(2) 按表 2-9 计算 Q 值。

表 2-9　Dixon 检验计算公式

样本量(n)	最大离群值	最小离群值	样本量(n)	最大离群值	最小离群值
3~7	$Q = \dfrac{x_n - x_{n-1}}{x_n - x_1}$	$Q = \dfrac{x_2 - x_1}{x_n - x_1}$	11~13	$Q = \dfrac{x_n - x_{n-2}}{x_n - x_2}$	$Q = \dfrac{x_3 - x_1}{x_{n-1} - x_1}$
8~10	$Q = \dfrac{x_n - x_{n-1}}{x_n - x_2}$	$Q = \dfrac{x_2 - x_1}{x_{n-1} - x_1}$	14~30	$Q = \dfrac{x_n - x_{n-2}}{x_n - x_3}$	$Q = \dfrac{x_3 - x_1}{x_{n-2} - x_1}$

(3) 根据给定的显著性水平 α 和样本容量 n,查临界值 Q_α。

表 2-10　Dixon 单侧检验的临界值表

n	显著性水平 α			n	显著性水平 α			n	显著性水平 α		
	0.10	0.05	0.01		0.10	0.05	0.01		0.10	0.05	0.01
3	0.886	0.941	0.988	13	0.467	0.521	0.615	23	0.374	0.421	0.505
4	0.679	0.765	0.889	14	0.492	0.548	0.641	24	0.367	0.413	0.497
5	0.557	0.642	0.780	15	0.472	0.525	0.616	25	0.360	0.406	0.489
6	0.482	0.560	0.698	16	0.454	0.507	0.595	26	0.354	0.399	0.486
7	0.434	0.507	0.637	17	0.438	0.490	0.577	27	0.348	0.393	0.475
8	0.479	0.554	0.683	18	0.424	0.475	0.561	28	0.342	0.387	0.469
9	0.441	0.512	0.635	19	0.412	0.462	0.547	29	0.337	0.381	0.463
10	0.409	0.477	0.597	20	0.401	0.450	0.535	30	0.332	0.378	0.557
11	0.517	0.576	0.670	21	0.391	0.440	0.524				
12	0.490	0.546	0.642	22	0.382	0.430	0.514				

(4) 比较 Q 计算值和 Q_α。

当 $Q \leqslant Q_{0.05}$,则可疑值为正常值,保留。

当 $Q_{0.05} < Q \leqslant Q_{0.01}$,则可疑值为偏离值。

当 $Q > Q_{0.01}$,则可疑值为疏失误差,应舍弃。

要注意,采用 Dixon 检验法判别可疑数据时,最小可疑值和最大可疑值的计算公式有所不同。

总体而言,各个准则各有其特点,当试验数据较多时,3σ 准则最简单,但数据少时,判断误差较大。而其余几个准则更适应,且数据越多,可疑数据被错误剔除的可能性越小,准确性越高。在一些国际标准中,常推荐 Grubbs 准则和 Dixon 准则。

【例 2-10】 如测定一批混凝土试块的强度,所得的强度值分别为 34.2,33.6,35.1,35.4,33.5,34.9,34.8,38.3,34.1,35.0(单位:MPa),试分别通过莱特准则、肖维纳判据、格拉布斯(Grubbs)法判定疏失误差,并计算平均值和强度可能波动的范围。

解:先计算平均值,得

$$m_f = 34.89 \text{ MPa}, \sigma = 1.36 \text{ MPa}$$

（a）用 3σ 原则：

$3\sigma = 4.08$，m_f 在 34.89 ± 4.08 范围内，即在 $30.81 \sim 38.97$ MPa 之间，无可疑数据。

根据数字修约规则 $m_f = (34.9 \pm 4.1)$ MPa，即在 $30.8 \sim 39.0$ MPa 之间。

（b）用肖维纳判据：

则 $\dfrac{x_i - \bar{x}}{\sigma} = \dfrac{38.3 - 34.89}{1.36} = 2.51 > 2.00$，故 38.3 为可疑数据，应该舍弃，重新计算平均值和标准差，得

$$m_f = 34.51 \text{ MPa}, \sigma = 0.68 \text{ MPa}$$

$\dfrac{x_i - \bar{x}}{\sigma} = \dfrac{34.51 - 33.5}{0.68} = 1.49 < 1.92$，数据 33.5 保留，

所以得 $m_f = 34.5$ MPa，强度波动范围为 (34.5 ± 0.7) MPa，即在 $33.8 \sim 35.2$ MPa 之间。

（c）用格拉布斯（Grubbs）判据：

$m_f = 34.89$ MPa，最大偏差值为 38.3，最大值为 $|d_i| = |x_i - \bar{x}| = 3.41$。$n = 10$，临界值 $G_a(n) = G_{0.05}(10) = 2.136$，$S \cdot G_a(n) = 1.35 \times 2.136 = 2.905$，此时，38.3 可疑，舍弃。

重新计算平均值和标准差，得 $m_f = 34.51$ MPa，$\sigma = 0.68$ MPa，此时最大偏差值为 33.5，$|d_i| = |x_i - \bar{x}| = 1.01$。$n = 9$，临界值 $G_{0.05}(9) = 2.110$，$S \cdot G_a(n) = 0.68 \times 2.110 = 1.435$，则 33.5 保留。

由上可见，采用不同的方法，判断数据是否属于疏失误差是有区别的。

正态分布在混凝土的配合比设计、在质量管理与判断疏失误差等方面均被广泛地应用。如在混凝土配合比设计中，一般要求强度保证率 $\geq 95\%$，即 100 次试验中可以有 5 次小于设计强度值 $R_{标}$，为了使强度保证率达到 95%，即 $t = 1.645$ 时，则混凝土配制强度 $R_{配} = R_{标} + t\sigma$。

σ 如有实际数据，可直接采用，如果没有，常采用经验数据，它随设计标号的不同而不同，依据 JGJ 55—2011，其经验值取舍如表 2-11 所示。

表 2-11　σ 经验值取舍表

	$\leq$ C20	C25~C45	C50~C55
σ (MPa)	4.0	5.0	6.0

【例 2-11】　对某预制厂生产 C30 混凝土，欲求该预制厂的强度保证率。根据工厂试验室关于这一等级的混凝土试件的抗压强度的试验资料，计算得平均值 R 为 34.3 MPa，标准差 $\sigma = 4.0$ MPa。

解：$t = (R - R_{配})/\sigma = (34.3 - 30.0)/4.0 = 1.075$

查附录 1 得强度保证率 $P = 1 - 0.1412 = 0.8588 = 85.9\%$，强度保证率偏低，要解决这一问题，可通过提高施工管理水平，即降低标准差 σ 或变异系数 CV，以提高混凝土的匀质性和密实度；降低 σ 至 3.2 MPa，则 $t = (34.3 - 30.0)/3.2 = 1.34$，强度保证率 $P = 1 - 0.0901 = 0.910 = 91.0\%$，强度保证率仍然偏低；继续降低 $\sigma = 2.4$ MPa，$t = (34.3 - 30.0)/2.4 = 1.79$，强度保证率 $P = 1 - 0.0367 = 0.963 = 96.3\%$，

当然还可以通过提高配制强度，降低水灰比，掺加外掺料等途径来实现，但是提高配制强度等措施会提高材料成本。

【例 2-12】　某组测定值按从小到大的顺序排列为 14.65、14.90、14.90、14.92、14.95、

14.96、15.01、15.02,试用 Dixon 检验法判别 14.65 是否为离群值($\alpha = 0.01$)。

解：$n = 9$,可疑值最小,$Q = \dfrac{x_2 - x_1}{x_{n-1} - x_1}$,则 $Q = (14.90 - 14.65)/(15.01 - 14.65) = 0.694$。

查表 2-10 得,当 $n = 9$,$\alpha = 0.01$ 时,临界值 $Q_{0.01} = 0.635$,此时,$Q = 0.694 > Q_{0.01}$,应舍弃。

用超声法判断混凝土内部的缺陷时,通常会测定一系列的声学参数如声速、波幅和频率等。如何判定声学参数的变化是正常的还是混凝土内部的缺陷?一般认为混凝土质量服从正态分布,则各种参数的测试结果也基本属于正态分布。采用超声法测量不密实区的大小时,一般用对测法进行大量的测试,首先按计划将各测点布置好,测出声速 v、波幅 A 或主频值 f。在数据分析前,首先应该判断异常值,该异常值的判断方法,就是 Dixon 检验法的一种应用,但与 Dixon 检验法又有所区别。

按由大至小的顺序排列,$x_1 \geqslant x_2 \geqslant x_3 \geqslant x_4 \geqslant \cdots \geqslant x_i \geqslant \cdots \geqslant x_n$。视某 x_i 为可疑数据,将可疑数据中最大的连同前面的计算平均值 m_x、标准差 S_x,以 $x_0 = m_x - \lambda_{1i} S_x$ 为临界值,其中 λ_{1i} 按表 2-12 取值。若可疑数据 $x_i \leqslant x_0$,则 x_i 及排在其后的数据均为异常值,应将 x_i 及其后面的数据剔除。反之若 $x_i \geqslant x_0$,说明 x_i 为正常值,则再将 x_{i+1} 的值放进去,重新进行统计判别,直至判别不出异常值为止。

当一个测试部位中判别出异常测点时,在某些异常测点附近,可能存在缺陷边缘的测点,为了提高缺陷范围判断的准确性,可对异常数据相邻点进行判别。根据异常测点的分布情况,按下列公式进一步判别其相邻测点是否异常。

$$x_0 = m_x - \lambda_{2i} S_x \quad \text{或} \quad x_0 = m_x - \lambda_{3i} S_x$$

当测点布置为网格状时(如在构件两个相互平行的表面使用平面换能器检测)取 λ_{2i},当单排布置测点时(如在声测孔中用径向换能器进行检测)取 λ_{3i}。

也可用声时直接判断,此时按从小到大排列,$t_1 \leqslant t_2 \leqslant t_3 \leqslant \cdots \leqslant t_i \leqslant \cdots \leqslant t_n$ 将排在后面明显大的视为可疑,再将这些可疑数据中最小的一个连同前面的数据计算出平均值 m_i 及标准差 S_t,计算 $t_{i0} = m_i + \lambda S_t$,若 $t_i \geqslant t_{i0}$,则最小值及排在其后的均为异常值,当 $t_i \leqslant t_{i0}$ 时,则应将最小值后的次小值,代进去重新计算。

表 2-12　统计个数 n 与对应的 λ 值

n	10	12	14	16	18	20	22	24	26	28	30	32	34	36	38
λ_{1i}	1.45	1.50	1.54	1.58	1.62	1.65	1.69	1.73	1.77	1.80	1.83	1.86	1.89	1.92	1.94
λ_{2i}	1.12	1.15	1.18	1.20	1.23	1.25	1.27	1.29	1.31	1.33	1.34	1.36	1.37	1.38	1.39
λ_{3i}	0.91	0.94	0.98	1.00	1.03	1.05	1.07	1.09	1.11	1.12	1.14	1.16	1.17	1.18	1.19
n	40	42	44	46	48	50	52	54	56	58	60	62	64	66	68
λ_{1i}	1.96	1.98	2.00	2.02	2.04	2.05	2.07	2.08	2.10	2.12	2.13	2.14	2.16	2.17	2.18
λ_{2i}	1.41	1.42	1.43	1.44	1.45	1.46	1.47	1.48	1.49	1.49	1.50	1.51	1.52	1.53	1.53
λ_{3i}	1.20	1.22	1.23	1.25	1.26	1.27	1.28	1.29	1.30	1.31	1.31	1.32	1.33	1.34	1.35
n	70	72	74	76	78	80	82	84	86	88	90	92	94	96	98
λ_{1i}	2.19	2.20	2.21	2.22	2.23	2.23	2.25	2.26	2.27	2.28	2.29	2.30	2.30	2.31	2.32
λ_{2i}	1.54	1.55	1.56	1.56	1.57	1.58	1.58	1.59	1.60	1.61	1.61	1.62	1.62	1.63	1.63
λ_{3i}	1.36	1.36	1.37	1.38	1.39	1.39	1.40	1.41	1.42	1.42	1.43	1.44	1.45	1.45	1.45

n	100	105	110	115	120	125	130	140	150	160	170	180	190	200	210
λ_{1i}	2.32	2.35	2.36	2.38	2.40	2.41	2.43	2.45	2.45	2.50	2.53	2.56	2.59	2.62	2.65
λ_{2i}	1.64	1.65	1.66	1.67	1.68	1.69	1.71	1.73	1.75	1.77	1.76	1.80	1.82	1.84	1.85
λ_{3i}	1.46	1.47	1.48	1.49	1.51	1.53	1.54	1.56	1.58	1.59	1.61	1.63	1.65	1.67	1.70

【例 2-13】 如有 20 个振幅值和 20 个声时值，分别按从大到小和从小到大排列如表 2-13 所示。

表 2-13　振幅和声时测试结果表

序号	1	2	3	4	5	6	7	8	9	10
振幅值 A	44	44	41	42	40	40	39	39	36	34
声时值 t	106.4	107.2	107.9	109.2	109.4	109.6	109.6	109.6	110.4	110.4

序号	11	12	13	14	15	16	17	18	19	20
振幅值 A	34	33	31	30	30	26	25	25	23	20
声时值 t	111.2	111.4	111.6	111.8	112.2	112.4	114.3	114.6	115.1	115.8

解：判断振幅 A：设 A_{16} 后的数据可疑，则 $n=16$ 时，$m_x=36.3$，$S_x=5.36$；

$A_{02}=m_x-\lambda_i S_x=36.3-1.58\times5.36=27.8$，$A_{16}=26<A_{02}$，$A_{16}\sim A_{20}$ 为异常数据，故舍去。

判断声时 t：假设 t_{15} 为可疑，则计算 $t_1\sim t_{15}$ 的平均值 m_t 和标准差 S_t

$n=15$ 时，$m_t=109.9$，$S_t=1.71$

$t_{01}=m_t+\lambda_i S_t=109.9+1.56\times1.71=112.6$，$t_{15}=112.2<t_{01}$，$t_{15}$ 正常

因 t_{15} 和 t_{16} 相近，故假设 t_{17} 为可疑，则计算 $t_1\sim t_{17}$ 的平均值 m_t 和标准差 S_t

$n=17$ 时，$m_t=110.3$，$S_t=2.00$

$t_{02}=m_t+\lambda_i S_t=110.3+1.60\times2.00=113.5$，$t_{17}=114.3>t_{02}$，$t_{17}\sim t_{20}$ 为异常数据，故舍去。

采用 Dixon 检验法，声时从小到大排列，t_{17} 后的数据可疑，$n=17$，可疑值最大，$Q=\dfrac{x_n-x_{n-2}}{x_n-x_3}$，则 $Q=(114.3-112.2)/(114.3-107.9)=0.328$。

查表 2-10 得，当 $n=17$，$\alpha=0.05$ 时，临界值 $Q_{0.05}=0.490$，此时 $Q=0.328<Q_{0.05}$，应保留。可见采用不同的方法判断得到的数据是否属于疏失误差是有区别的。

3.3　系统误差的判断

试验结果有无系统误差，必须进行检验。相同条件下多次重复试验并不能发现系统误差，只有改变系统误差条件才能发现系统误差。系统误差的检验，可采用秩和检验法（rank sum test）。

设有两组数据 $x_{11},x_{12},x_{13},\cdots,x_{1n_1}$ 与 $x_{21},x_{22},x_{23},\cdots,x_{2n_2}$，其中 n_1 和 n_2 分别是两组数据的个数。设两组数据相互独立，且 $n_1<n_2$，已知第一组数据无系统误差。

秩和检验法，将所有数据（共 n_1+n_2 个），按从小到大的次序排列，每个试验值在序列中的次序叫该值的秩（rank）。将属于第一组数据的秩相加的和，即为秩和（rank sum），记为 R_1，同样求得第二组的秩和 R_2。对于给定的显著性水平 α，根据已知的 n_1 和 n_2，由秩和的临

界值表(表 2-14),查得无系统误差的第一组的 R_1 的上下限 T_2 和 T_1,如 $R_1 > T_2$ 或 $R_1 < T_1$,则两组数据有显著差异,第二组数据有系统误差。如 $T_1 < R_1 < T_2$,则无系统误差。

表 2-14　秩和的临界值表

n_1	n_2	$\alpha=0.025$		$\alpha=0.05$		n_1	n_2	$\alpha=0.025$		$\alpha=0.05$		n_1	n_2	$\alpha=0.025$		$\alpha=0.05$	
		T_1	T_2	T_1	T_2			T_1	T_2	T_1	T_2			T_1	T_2	T_1	T_2
2	4			3	11	4	4	11	25	12	24	6	6	26	52	28	50
	5			3	13		5	12	28	13	27		7	28	56	30	54
	6	3	15	4	14		6	12	32	14	30		8	29	61	32	58
	7	3	17	4	16		7	13	35	15	33		9	31	65	33	63
	8	3	19	4	18		8	14	38	16	36		10	33	69	35	67
	9	3	21	4	20		9	15	41	17	39	7	7	37	68	39	66
	10	4	22	5	21		10	16	44	18	42		8	39	73	41	71
3	3			6	15	5	5	18	37	19	36		9	41	78	43	76
	4	6	18	7	17		6	19	41	20	40		10	43	83	46	80
	5	6	21	7	20		7	20	45	22	43	8	8	49	87	52	84
	6	7	23	8	22		8	21	49	23	47		9	51	93	54	90
	7	8	25	9	24		9	22	53	25	50		10	54	98	57	95
	8	8	28	9	27		10	24	56	26	54	9	9	63	108	66	105
	9	8	30	10	29	10	10	79	131	83	127		10	66	114	69	111
	10	8	33	11	31												

【例 2-14】　设甲乙两组数据测定值如下:

甲:8.6,10.0,9.9,8.8,9.1,9.1

乙:8.7,8.4,9.2,8.9,7.4,8.0,7.3,8.1,6.8

已知甲组无系统误差,试用秩和检验法检验乙组是否有系统误差($\alpha=0.05$)。

解:先求出各组的秩,列出表如表 2-15 所示。

表 2-15　数据的秩

秩	1	2	3	4	5	6	7	8	9	10	11.5	11.5	13	14	15	秩和 R
甲						8.6		8.8		9.1	9.1			9.9	10.0	68
乙	6.8	7.3	7.4	8.0	8.1	8.4		8.7		8.9			9.2			52

此时 $n_1=6$,$n_2=9$,当 $\alpha=0.05$,$T_1=33$,$T_2=63$,此时 $R_1=68 > T_2$。所以数据有显著差异,乙组有系统误差。

3.4　二项分布

科学研究中,随机变量具有离散性质时,常常用到二项分布(binomial distribution)。二项分布也是离散型随机变量最基本的概率分布。

在某些总体中,只存在"非此即彼"的两种结果,"此"和"彼"是对立的事件,典型的例子如生育男孩与女孩,医学检测结果的阴性和阳性,治病的有效与无效,种子发芽与不发芽,产品合格与不合格,动物试验的生存与死亡等。有时虽然看上去不是"此"和"彼"两种结果,但实际上可以看作只有"此"和"彼"两种结果。如某厂生产的产品有各种类型的合格(如优、良)与各种类型不合格(如某个指标),但就合格与否而言,仍为非此即彼的对立事件,这种由非此即彼事件构成的总体,称为二项总体(binomial population)。二项分布也称为伯努利分布(Bernoulli distribution)或伯努利模型,它是由法国数学家 J. Bernoulli 于 1713 年首先阐述的概率分布。

如果"此"事件的概率为 P,"彼"事件的概率为 Q,则有 $P+Q=1,P=1-Q$。

如果每次独立地从总体抽取 n 个个体,"此"事件的出现将可能有 $0,1,2,3,\cdots,n$ 件,共有 $n+1$ 种情况。这种由 $n+1$ 种情况组成的概率将组成一个分布,称为二项概率分布,或简称二项分布。设随机变量 x 所有可能取值为 0 和正整数:$0,1,2,3,\cdots,n$,且有

$$P(x = k) = P_n(k) = C_n^k P^k Q^{n-k}(k = 0,1,2,3,\cdots,n)$$

式中 $P > 0, Q > 0, P+Q = 1$,则称随机变量 x 服从参数为 n 和 P 的二项分布,记做 $x \sim B(n,P)$。

二项分布,具有概率分布的一切性质,主要性质如下:

(1) $P(x = k) = P_n(k) \geqslant 0$

(2) 概率之和等于 1,即 $\sum C_n^k P^k Q^{n-k} = (P + Q)^n = 1$

(3) $P(x \leqslant m) = P_n(k \leqslant m) = \sum_{k=0}^{m} C_n^k P^k Q^{n-k}$

(4) $P(x \geqslant m) = P_n(k \geqslant m) = \sum_{k=m}^{n} C_n^k P^k Q^{n-k}$

(5) $P(m_1 \leqslant x \leqslant m_2) = P_n(m_1 \leqslant x \leqslant m_2) = \sum_{k=m_1}^{m_2} C_n^k P^k Q^{n-k} (m_1 < m_2)$

以 X 为横坐标,$P(X)$ 为纵坐标,在坐标纸上可绘出二项分布的图形,由于 X 为离散型随机变量,二项分布图形由横坐标上孤立点的垂直线条组成。

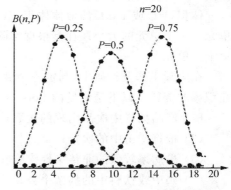

二项分布由参数 n、P 决定,如图 2-6 所示。图形取决于 n 的大小,当 n 充分大时,二项分布趋向对称,且趋向正态分布。一般地,如果 $n > 50$,且 nP 之积大于 5 时,分布接近正态分布;当 $nP < 5$ 时,图形呈偏态分布;当 $P = 0.5$ 时,图形分布对称,近似正态。如果 $P \neq 0.5$ 或距 0.5 较远时,分布呈偏态。

若 X 服从二项分布,$X \sim B(n, P)$,则其随机变量的平均数 μ,标准差 σ 与参数 n、P 的关系如下:

图 2-6　不同 P 值的二项分布图

(1) 随机变量 X 的数学期望 $E(X) = \mu$,即总体均数:$\mu = nP$

(2) 随机变量 X 的方差为:$D(X) = \sigma^2 = nP(1 - P)$

(3) 随机变量 X 的标准差为:$\sigma = \sqrt{nP(1 - P)}$

3.5　泊松分布

Poisson 分布由法国数学家 S. D. Poisson 在 1837 年提出的,该分布也称为稀有事件模型,或空间散布点子模型。在生物学及医学领域中,某些现象或事件出现的机会或概率很小,这种事件称为稀有事件或罕见事件。稀有事件出现的概率分布服从 Poisson 分布。

Poisson 分布的直观描述:如果稀有事件 X 在每个单元(设想为 n 次试验)内平均出现 λ

次,那么在一个单元(n次)的试验中,稀有事件 X 出现次数 k 的概率分布服从 Poisson 分布,记作 $X \sim \pi(\lambda)$

$$P(X = k) = \frac{\lambda^k}{k!} e^{-\lambda}$$

式中:λ 为总体均数,$\lambda = nP$;k 为稀有事件发生次数;e 为自然底数,即 $e = 2.71828$。

泊松分布的图形取决于 λ 值的大小。λ 值愈小,分布愈偏;λ 值愈大,分布愈趋于对称。$\lambda = 20$ 时,分布接近正态分布。此时可按正态分布处理资料。当 $\lambda = 50$ 时,分布呈正态分布,如图 2-7 所示。

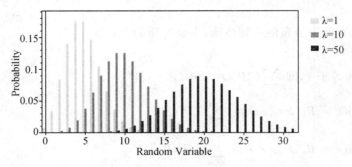

图 2-7　不同 λ 值的泊松分布

Poisson 分布属于离散型分布。在 Poisson 分布中,一个单元可以定义为单位时间、单位面积、单位体积、单位容积等。如每天 8 h 的工作时间,一个足球场的面积,一个立方米的空气体积,1 L 或 1 mL 的液体体积,培养细菌的一个平皿,一瓶矿泉水等都可以认为是一个单元。一个单元的大小往往是根据实际情况或经验而确定的。若干个小单元亦可以合并为一个大单元。

在实际工作及科研中,判定一个变量是否服从 Poisson 分布仍然主要依靠经验以及以往积累的资料。以下是常见的 Poisson 分布:

(1) 产品抽样中次品出现的次数;

(2) 枪打靶击中的次数;

(3) 患病率较低的非传染性疾病在人群中的分布;

(4) 奶中或饮料中的病菌个数;

(5) 自来水中的细菌个数;

(6) 空气中的细菌个数及真菌孢子数;

(7) 自然环境下放射的粒子个数。

定理:设随机变量 x 服从二项分布 $x \sim B(n, P)$,当 n 充分大时,x 近似地服从泊松分布 $P(\lambda)$。

定理指出当 n 充分大时,泊松分布是二项分布的近似分布,但要注意仅当 P 的值很小(一般来讲 $P < 0.1$ 时),用泊松分布取代二项分布所产生的误差才比较小。

第 4 节　统 计 假 设

运用样本统计量估算总体参数特征属于统计推断的范畴,包括参数估计和统计检验两部分。

4.1　总体参数估计

对于一个正态分布的总体,平均值 μ、标准差 σ 两个基本参数较重要。由于不少分析测定过程是破坏性的,或条件不允许,不能通过无限多次测定求 μ、σ,只能在有限次测定结果下得到样本的统计结果。样本来源于总体,带有总体特征,因此可采用样本统计量去估算总体的 μ、σ,一般采用点估计和区间估计两种方法。

4.1.1　点估计

数理统计中,通过有限样本观测值计算出来的特征量称为统计量,统计量是随机变量,虽然无法通过无限次测定去获得总体 μ、σ^2,但可借助样本统计量对总体进行估计。当样本容量足够大时,完全可由样本的参数估计总体参数,称点估计。平均值 $\bar{x}$、标准差 S 是参数 μ、σ^2 的最大似然估计。通过证明可知 $\mu = \bar{x}$,$\sigma^2 = S^2$,$\sigma = S$ 为优良估计和无偏差估计。此时,样本 $\bar{x}$ 可代表总体 μ,子样方差 S 代表总体 σ。

4.1.2　区间估计

因为 $\bar{x}$ 作为 μ 的估计为优良估计,所以常称 $\bar{x}$ 为 μ 的最佳值。由于 μ 点上的概率为零,即 $P(\bar{x} = \mu) = 0$,所以随机变量 $\bar{x}$ 不可能恰好落在 μ 上,即点估计有不足之处。用一个随机区间——x 的一个邻域去包含 μ,即 $\mu = x \pm u\sigma$,同时计算这个区间 $x \pm u\sigma$ 包含 μ 的概率,就是区间估计。用来包含 μ 的概率称置信概率或置信度,用 $(1 - \alpha)$ 表示,其中 α 称为显著性水平(significance level)。

用平均值进行区间估计是置信区间的一般式,此时 $\mu = \bar{x} \pm \dfrac{u\sigma}{\sqrt{n}}$。

4.2　假设检验的原理与方法

4.2.1　分布理论

在数据处理中只提出总体参数无偏估计显然不够,需以某种偏差范围及在此区间内包含参数真值的置信度才有统计意义。当样本容量足够大 $\sigma_{\bar{x}}^2$ 和 $\sigma_{\bar{x}}$ 随机误差符合正态分布,样本与总体接近,即 $\bar{x} \sim N(\mu, \sigma_{\bar{x}}^2)$,其中 $\sigma_{\bar{x}} = \dfrac{\sigma}{\sqrt{n}}$,此时 $u = \dfrac{\bar{x} - \mu}{\sigma_{\bar{x}}} \sim N(0,1)$。但实测中样本容量一般较小,$n$ 常为 $3 \sim 5$,因为 S 是一个随机变量,以样本方差 S^2 估计总体方差 σ^2,则其标准离差的分布不呈正态分布,而服从自由度 $f = n - 1$ 的 t 分布。

（1）t 分布

当样本容量较小,试验次数有限,总体标准差 σ 未知。在 σ 未知时,根据样本平均值估计 μ,引入统计量 t,只决定于试验次数 n,与总体标准差 σ 无关。统计变量 t 分布如图 2-8 所示:

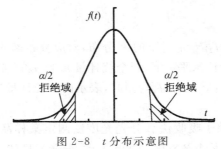

图 2-8　t 分布示意图

定义 t 为：

$$t = \frac{\bar{x} - \mu}{\left(\dfrac{S}{\sqrt{n}}\right)} = \frac{\bar{x} - \mu}{S_{\bar{x}}}$$

式中：$S_{\bar{x}} = \dfrac{S}{\sqrt{n}}$，称为样本平均数的标准误。

t 分布是 1908 年英国统计学家 W. S. Gosset 首先提出的，其概率分布密度函数为：

$$f(t) = \frac{1}{\sqrt{\pi \cdot f}} \frac{\Gamma\left[\dfrac{f+1}{2}\right]}{\Gamma\left(\dfrac{f}{2}\right)} \left(1 + \frac{t^2}{f}\right)^{-\frac{f+1}{2}}$$

式中：$f = n - 1$ 为自由度，$-\infty < t < +\infty$。t 分布的平均数 $\mu = 0(f > 1)$，标准差为 $\sigma = \sqrt{\dfrac{f}{f-2}}(f > 2)$。$f$ 确定后，t 曲线就确定下来，t 一定，区间随之确定，通过积分求对应概率 P。f 很小时，t 分布中心值较小，分散度大，若用正态分布对小样本进行估算，结果会有错误。t 值取决于显著性水平 α 和 f，记为 $t_{\alpha}(f)$，其中 $\alpha = 1 - P$。

t 分布密度曲线的特点如下：

① t 分布受自由度制约，每一个自由度有一条 t 分布密度曲线；

② t 分布密度曲线以 $t = 0$ 为对称轴，左右对称，且在 $t = 0$ 时，分布密度函数取得最大值；

③ 与标准正态分布曲线相比，t 分布曲线的顶部略低，两尾部稍高而平。f 越小，这种趋势越明显；f 越大，t 分布越趋近于标准正态分布。当 $f > 30$ 时，t 分布与标准正态分布的区别很小；当 $f > 100$ 时，t 分布基本与标准正态分布相同；当 $f \to \infty$ 时，t 分布与标准正态分布完全一致。

【例 2-15】 钢中铬的 5 次测定结果为：1.12％、1.15％、1.11％、1.16％和 1.12％，根据这些数据估计此钢中铬含量的范围（$\alpha = 0.05$）？

解：$\bar{x} = \dfrac{1}{5}\sum\limits_{i=1}^{5} x_i = 1.13\%$，$S = \sqrt{\dfrac{1}{5}\sum\limits_{i=1}^{5}(x_i - \bar{x})^2} = 0.022\%$

当 $\alpha = 0.05$，$f = 5 - 1 = 4$ 时，$t_{0.05}(4) = 2.776$

$$\mu = \bar{x} \pm \frac{t_{\alpha}(f)S}{\sqrt{n}} = 1.13\% \pm \frac{2.776 \times 0.022\%}{\sqrt{5}} = 1.13\% \pm 0.03\%$$

（2）F 分布

若 $x_1^{(1)}$、$x_2^{(1)}$、$\cdots$、$x_{n_1}^{(1)}$ 与 $x_1^{(2)}$、$x_2^{(2)}$、$\cdots$、$x_{n_2}^{(2)}$ 分别遵从正态分布，且两样本相互独立，方差分别为 S_1^2 和 S_2^2，则统计量：

$$F = \frac{S_1^2}{S_2^2} (S_1 > S_2)$$

且服从 $f_1 = n_1 - 1$ 与 $f_2 = n_2 - 1$ 的 F 分布，对应分布函数为 Fisher 分布函数。

附表 5 表示 F 在不同置信水平 α 下，两个统计量 n_1 和 n_2 的临界值 $F_{\alpha}(f_1, f_2)$，比较计算值 F 与临界值 $F_{\alpha}(f_1, f_2)$，当 $F > F_{\alpha}(f_1, f_2)$ 时，表示两个统计量之间存在显著差异，否则不存在显著差异。

【例 2-16】 如分别用原子吸收法和分光光度法测定某样品中的金属元素铜，进行 10 次测定，其中原子吸收法 $S_1^2 = 1.2 \times 10^{-4} \ (\text{mg/L})^2$，分光光度法 $S_2^2 = 1.0 \times 10^{-4} \ (\text{mg/L})^2$。

试问这两种方法之间是否存在显著性的精密度差异（$\alpha = 0.05$）？

解：
$$F = \frac{S_1^2}{S_2^2} = \frac{1.2 \times 10^{-4}}{1.0 \times 10^{-4}} = 1.2$$

查附表 5 可得 $F_{0.025}(9,9) = 4.03$，所以 $F = 1.2 < F_{0.025}(9,9) = 4.03$
因此，这两种方法不存在显著性的精密度差异。

4.2.2　统计检验的原理和方法

（1）统计原理

由于试验工作常需要对总体某统计特征进行假设，再利用样本数据根据统计理论用参数估计的方法进行假设的判断，称之为统计假设或统计检验（hypothesis testing）。

（2）统计检验的基本步骤

所有的统计检验基本步骤：a. 建立假设；b. 求抽样分布；c. 选择显著性水平和否定域；d. 计算检验统计量；e. 统计结论的判定。

【例 2-17】　某公司生产一批超薄金属板材，其抗压强度服从 $N(20,1^2)$ 的总体正态分布，为了进一步提高产品的抗压性能，对工艺进行了改进，随机抽样（$n = 100$）进行抗压强度测试，得 $\bar{x}_0 = 19.78$ MPa，试判断 $\bar{x}_0$ 与 x_0 之间是否有显著性差异？如果存在差异，那么差异是由什么原因导致的？

解：假设工艺的改进对产品抗压能力没有影响，$\bar{x}_0$ 与 x_0 之间不存在条件差异，只存在随机误差，即样本仍符合总体，所以 $\bar{x}_0$ 也遵循总体正态分布，若 $\bar{x}_0 = 19.78$ MPa 落在区间

$$(x_0 - k\sigma_0/\sqrt{n} < \bar{x}_0 < x_0 + k\sigma_0/\sqrt{n}) = 1 - \alpha,$$

$$即 \ P(x_0 - k\sigma_0/\sqrt{n} < \bar{x}_0 < x_0 + k\sigma_0/\sqrt{n}) = 1 - \alpha$$

如果取 $\alpha = 0.05$，则 $k = 1.96$；若取 $\alpha = 0.01$，则 $k = 2.58$，如表 2-16 所示。

表 2-16　参数数据

假设	$\bar{x}_0$ 与 x_0 之间不存在条件差异（不存在系统误差，只存在偶然误差）	
显著性水平	$\alpha = 0.05$	$\alpha = 0.01$
参数置信区间	$(x_0 - 1.96\sigma_0/\sqrt{n}, x_0 + 1.96\sigma_0/\sqrt{n})$ $(20 - 1.96/10, 20 + 1.96/10)$ $(19.804, 20.196)$	$(x_0 - 2.58\sigma_0/\sqrt{n}, x_0 + 2.58\sigma_0/\sqrt{n})$ $(20 - 2.58/10, 20 + 2.58/10)$ $(19.742, 20.258)$
$\bar{x}_0$ 是否在区间内	在区间外，$\bar{x}_0$ 与 x_0 之间有显著性差异	在区间内，$\bar{x}_0$ 与 x_0 之间无显著性差异
结论	否定假设	肯定假设

综上所述：

① 当显著性水平设置为 $\alpha = 0.05$，样本平均值 $\bar{x}_0$ 与总体均值 x_0 有显著性差异，即工艺改进引起产品抗压强度显著变化，存在条件差异。因为 $\alpha = 0.05$ 是一个小概率事件，统计分析中，小概率事件被当做不可能发生事件，事实却发生了，所以有理由相信样本来自同一总体的假设无法成立从而否定原假设，接受备择假设。

② 显著性水平设置为 $\alpha = 0.01$，样本平均值 $\bar{x}_0$ 与总体均值 x_0 无显著性差异，即工艺改进不引起产品抗压强度显著变化，肯定原假设。

当给定不同的显著性水平时,可能得到两种截然相反的结论,这并不矛盾,因为这两个结论是在不同显著水平 α 下得到的。所以,统计假设中设置合适的 α 非常重要。

4.3　系统误差的检验方法

采用相同条件下的多次重复试验不能发现系统误差,只有改变系统误差的条件,才能发现系统误差。当试验测定的平均值与真值的差异较大时,一般认为系统误差较大,因此检验试验数据的平均值与真值的差异,实际上就是检验系统误差。

系统误差检验的样本应服从 $N(\mu_0,\sigma_0^2)$ 的正态分布,主要检验总体均数,方法有 u 检验法和 t 检验法两种,其中 t 检验法用于小样本总体均值检验,u 检验法一般用于大样本总体均值的检验。在实际工作中,由于总体 σ 常常不可知,t 检验法通常按 t 分布规律确定拒绝域临界点,而 u 检验法是按正态分布规律确定 u,此外 u 检验法标准偏差 σ_0 已知,统计量 $u=\dfrac{|\bar{x}-\mu_0|}{\sigma_0}\sqrt{n}$,而 t 检验法总体均值不可知,统计量 $t=\dfrac{|\bar{x}-\mu_0|}{S}\sqrt{n}$。两种方法最大的差别在于计算 σ 或 S。

u 检验或 t 检验的目的主要是用于比较样本均值的准确度,准确度受精密度和系统误差的影响。只有在精密度一致的情况下才能进行系统误差的检验。

4.3.1　u 检验法

u 检验法适用于检验服从 $N(\mu_0,\sigma_0^2)$ 的正态分布的大样本总体均值,总体 σ_0 稳定且已知,按正态分布规律确定 u,统计量 $u=\dfrac{|\bar{x}-\mu_0|}{\sigma_0}\sqrt{n}$,查正态分布表。用于检验总体均值是否发生变化及两个总体均值是否一致。

（1）总体均值一致性检验

随机抽取样本数据 $x_i(i=1,2,\cdots,n)$。计算样本 $\bar{x}$,标准差 σ_0 和 $u=|\bar{x}-\mu_0|\sqrt{n}/\sigma_0$。如 μ_0 不变,则样本均值应等于总体均值 μ_0,$\bar{x}$ 应遵循正态分布 $N(\mu_0,(\sigma_0/\sqrt{n})^2)$ 或 u 遵循 $N(0,1)$。当显著性水平为 α,查正态分布表的临界值 $u_{\alpha/2}$。

双侧检验时,假设样本均值 $\mu=\mu_0$,若 $u<u_{\alpha/2}$,肯定假设,无显著差异;若 $u>u_{\alpha/2}$ 否定假设,有显著性差异。

单侧检验时,进行右侧检验时,假设为 $H_0:\mu\geqslant\mu_0$。此时 $u>0$,若 $u<u_\alpha$,肯定假设,新的总体均值 μ 比原总体均值 μ_0 显著增大。进行左侧检验时,假设为 $H_0:\mu\leqslant\mu_0$,此时 $u<0$,若 $u>u_{\alpha/2}$,肯定假设,新的总体均值 μ 比原总体均值 μ_0 显著减小。

（2）两个总体均值一致性的检验

假设两总体均值遵循正态分布,但标准差不相等,可用 u 检验法判断两总体是否有显著性差异,即检验假设 $H:\mu_1=\mu_2$。两总体分别符合 $N(\mu_1,\sigma_1^2)$ 和 $N(\mu_2,\sigma_2^2)$ 正态分布,由总体 1 和 2 中分别抽取样本容量为 n_1 和 n_2 的两个样本,样本均值分别为 $\bar{x}_1$ 和 $\bar{x}_2$,计算统计量 u:

$$u=|\bar{x}_1-\bar{x}_2|\Big/\sqrt{\frac{\sigma_1^2}{n_1}+\frac{\sigma_2^2}{n_2}}$$

当显著性水平为 α,若 $u>u_{\alpha/2}$,否定原假设,则认为两总体均值存在显著性的差异,也可以进行单侧检验。右侧 u 检验:原假设 $\mu_1\leqslant\mu_2$,当 $u>u_\alpha$ 时否定假设。左侧 u 检验:原假设 $\mu_1\geqslant\mu_2$,当 $u<-u_\alpha$ 时否定假设。

4.3.2　t 检验法

一般研究中,试验次数总是有限的,大多情况下可采用 t 检验。t 检验法用于小样本 $(n<30)$ 总体均值检验,总体均值不可知,统计量 $t=\dfrac{|\bar{x}-\mu_0|}{S}\cdot\sqrt{n}$。按 t 分布规律确定拒绝域临界点,用于检验测试的平均值与给定要求的平均值是否有显著差异。

检验假设为 $H:\mu=\mu_0$,计算样本均值 $\bar{x}$、标准差 S,统计量 $t=\dfrac{|\bar{x}-\mu_0|}{S}\sqrt{n}$。服从自由度 $f=n-1$ 的 t 分布。根据自由度 f 及显著性水平 α,查附表 3 的 t 分布表,确定临界值 $t_{\frac{\alpha}{2}}(f)$,当 $t>t_{\frac{\alpha}{2}}(f)$ 时,则否定原假设。

双侧检验时,若 $t<t_{\alpha/2}$,可判断无显著差异,否则有显著差异。单侧检验时,若 $\bar{x}\leqslant\mu_0,t<t_\alpha$,可判断无显著减小,此为左侧检验;若 $\bar{x}\geqslant\mu_0,t<t_\alpha$,可判断无显著增加,此为右侧检验;但注意测试 t 分布应查单侧分位数表。

【例 2-18】　假设某水泥厂生产的普通硅酸盐水泥在水化后 10 天的抗压强度(MPa)正常的情况下符合正态分布 $N(46.57,1.28^2)$。取 6 个样品进行测定,其数值为 46.81、47.10、46.96、46.46、47.02 和 46.78,结果精密度保持一致,试问总体均值是否有显著性的变化?

解:采用 u 检验法,进行双侧检验。由样本测定数据,可知 $\bar{x}=46.86$,则:

$$u=\frac{|\bar{x}-\mu_0|}{\sigma_0}\sqrt{n}=\frac{|46.86-46.57|}{1.28}\times\sqrt{6}=0.56$$

假设总体均值无变化,即 $\mu=\mu_0$,那么样本 $\bar{x}$ 也应该符合 $N(46.57,1.28^2)$,u 应符合 $N(0,1)$。当 $\alpha=0.05$,查标准正态分布表,得 $u_{\alpha/2}=1.96$,$u=0.56<u_{\alpha/2}=1.96$,所以肯定假设,即水泥的抗压强度未发生显著性变化。

【例 2-19】　假设对已生产的两批产品进行例行检验,其中第一批产品随机抽取 9 个样本,第二批产品随机抽取 18 个样本,分析检验后数据如下。

第一批产品:$n_1=9$,$x_1=168$,$\sigma_1=16$;第二批产品:$n_2=18$,$x_2=182$,$\sigma_2=12$。

解:假设抽取的这两批产品是相同的,即 $\mu_1=\mu_2$,计算统计量:

$$u=|\bar{x}_1-\bar{x}_2|\Big/\sqrt{\frac{\sigma_1^2}{n_1}+\frac{\sigma_2^2}{n_2}}=|168-182|\Big/\sqrt{\frac{16^2}{9}+\frac{12^2}{18}}=2.32$$

当 $\alpha=0.05$ 时,$u_{\alpha/2}=1.96$,比较得 $u=2.32>u_{\alpha/2}=1.96$,所以否定原假设,即两批产品有显著性差异,是不相同的。

【例 2-20】　某玻璃厂生产一种新型玻璃,要求厚度 2.40 mm,对某批产品进行抽样 5 次,实测数据(mm)为:2.37、2.41、2.39、2.37 和 2.41,问这批产品是否合格($\alpha=0.05$)?

解:已知 $\mu_0=2.40$,$n=5$,此为小样本测定,故用 t 检验法。原假设 $H:\mu=\mu_0$ 由于

$$\bar{x}=\frac{1}{n}\sum_{i=1}^{n}x_i=2.39$$

$$S=\sqrt{\sum_{i=1}^{n}(x_i-\bar{x})^2/n-1}=0.02$$

$$t=\frac{|\bar{x}-\mu_0|}{S}\sqrt{n}=0.11$$

当 $\alpha = 0.05$，$f = 4$，临界值 $t_{0.05/2}(4) = 2.776$，由于 $t = 0.11 < t_{0.05/2}(4) = 2.776$，则这批产品厚度与总体厚度没有显著性差异，即这批产品厚度符合要求，平均厚度 2.40 mm。

检验假设 $H: \mu_1 = \mu_2$，设有总体 1 和 2，样本容量分别为 n_1 和 n_2，计算统计量 $\bar{x}_1$、$\bar{x}_2$、S_1、S_2，然后用加权平均法求一个共同的平均标准差 S：

$$S = \sqrt{\frac{(n_1 - 1)S_1^2 + (n_2 - 1)S_2^2}{n_1 + n_2 - 2}}$$

$$t = \frac{|\bar{x}_1 - \bar{x}_2|}{\sqrt{\left(\dfrac{S}{\sqrt{n_1}}\right)^2 + \left(\dfrac{S}{\sqrt{n_2}}\right)^2}} = \frac{|\bar{x}_1 - \bar{x}_2|}{S\sqrt{\dfrac{1}{n_1} + \dfrac{1}{n_2}}}$$

当显著性水平为 α，$f = n_1 + n_2 - 2$，根据 t 分布表确定拒绝临界点 $t_{\alpha/2}(f)$，否定假设。样本容量较大时，用下式计算 t：

$$t = \frac{|\bar{x}_1 - \bar{x}_2|}{\sqrt{\left(\dfrac{S_1}{\sqrt{n_2}}\right)^2 + \left(\dfrac{S_2}{\sqrt{n_1}}\right)^2}}$$

n_1 和 n_2 可以不相等，但不要相差太大。

【例 2-21】 用同一方法对两个公司产品进行抽样检验，结果如表 2-17 所示：

表 2-17　试验数据

次数	1	2	3	4	5	6
A 公司	1.16	1.15	1.12	1.20	1.18	
B 公司	1.39	1.36	1.30	1.32	1.31	1.42

试问这两组数据是否有显著性差异（$\alpha = 0.05$）？

解：样本容量较小，总体偏差未知，用 t 检验法。结果如下：

表 2-18　试验结果统计表

参数	样本容量	平均值	标准偏差
A 公司	5	1.16	0.03
B 公司	6	1.36	0.05

求共同的标准偏差 S：

$$S = \sqrt{\frac{(n_1 - 1)S_1^2 + (n_2 - 1)S_2^2}{n_1 + n_2 - 2}} = 0.042$$

$$t = \frac{|\bar{x}_1 - \bar{x}_2|}{\sqrt{\left(\dfrac{S}{\sqrt{n_1}}\right)^2 + \left(\dfrac{S}{\sqrt{n_2}}\right)^2}} = \frac{|\bar{x}_1 - \bar{x}_2|}{S\sqrt{\dfrac{1}{n_1} + \dfrac{1}{n_2}}} = 7.6$$

当 $\alpha = 0.05$，$f = 9$，临界值 $t_{0.05/2}(9) = 2.262$，由于 $t = 7.6 > t_{0.05/2}(9)$，所以否定原假设，即两个公司抽检结果存在显著性差异。

【例 2-22】　两试验室同时分析某钢样中含碳量(%),同一批次产品每次都交给两个试验室同时测定,分析结果如表 2-19 所示。试问这两个试验室是否存在显著性差异($\alpha=0.05$)?

表 2-19　试验结果

试验室	1	2	3	4	5	6	7	8	9	10	11	12	13
1	0.18	0.13	0.11	0.09	0.09	0.12	0.16	0.36	0.29	0.20	0.31	0.16	0.41
2	0.17	0.09	0.08	0.07	0.11	0.10	0.14	0.32	0.32	0.24	0.26	0.12	0.36
x_i	0.01	0.04	0.03	0.02	0.02	0.02	0.02	0.04	0.03	0.04	0.05	0.04	0.05

解:如果两试验不存在系统误差,则存在随机误差,且样本容量足够大时,测定绝对差平均值为 0,即 $x_0=0$,由于 $\bar{x}=0.032$,$S=0.013$,$S_{\bar{x}}=S/\sqrt{n}=0.0036$。

$$t=\frac{|\bar{x}-x_0|}{S_{\bar{x}}}=8.9$$

查 t 分布表得,$t_{0.05/2}(12)=2.179<t=8.9$,即在 $\alpha=0.05$ 条件下,两试验室间存在显著性差异。

4.4　随机误差的检验方法

要求样本满足随机分布,对随机误差的检验,主要对方差进行统计检验,有 χ^2 检验法和 F 检验。

4.4.1　χ^2 检验法

χ^2 检验(χ^2-testing)法用于检验方差齐性,即各方差的相等性,如检验各个观测值的方差是否相等、总体方差是否与某一确定值是否有显著差异,分为总体均值已知和总体均值未知两种情况。当一组数据满足正态分布时,统计量 $\chi^2=\dfrac{f\cdot S^2}{\sigma^2}$ 服从自由度为 f 的 χ^2 分布,对于给定的显著性水平 α,对比计算值与临界值,临界值查附表 4,即可判断方差是否有显著性差异。

μ_0 表示总体均值,用 σ^2 表示总体方差,σ_0^2 表示已知常数,x_i 表示来自样本的 i 个测定值。当总体均值已知时,自由度为 $f=n-1$,检验步骤如表 2-20。

表 2-20　检验法统计检验步骤

统计检验步骤	双侧检验	单侧检验	
建立统计假设	$H_0:\sigma^2=\sigma_0{}^2$ $H_1:\sigma^2\neq\sigma_0{}^2$	$H_0:\sigma^2\geqslant\sigma_0{}^2$ $H_1:\sigma^2<\sigma_0{}^2$	$H_0:\sigma^2\leqslant\sigma_0{}^2$ $H_1:\sigma^2>\sigma_0{}^2$
显著性水平 α	0.05 或 0.01	0.05 或 0.01	
计算统计量 χ^2	$\chi^2=\dfrac{f\cdot\sigma^2}{\sigma_0^2}=\dfrac{1}{\sigma_0^2}\sum\limits_{i=1}^{n}(x_i-\mu_0)^2$		
计算自由度 f	$n-1$		
临界值查表	查 $\chi_{\alpha/2}^2$ 和 $\chi_{1-\frac{\alpha}{2}}^2$	查 $\chi_{1-\alpha}^2$	查 χ_α^2
统计判别	若 $\chi_{\alpha/2}^2>\chi^2>\chi_{1-\frac{\alpha}{2}}^2$,接受 H_0,无显著差异;否则接受 H_1	若 $\chi^2>\chi_{1-\alpha}^2$,接受 H_0,否则接受 H_1	若 $\chi^2<\chi_\alpha^2$,接受 H_0,否则接受 H_1

实际应用中,总体均值已知的情况不多,绝大多数为总体均值未知。当总体均值已知时,自由度为 $f = n - 1$,统计量 $\chi^2 = \dfrac{(n-1)S^2}{\sigma^2}$。

【例 2-23】 用分光光度计测定某样品 Al^{3+} 的浓度,平时测得结果的标准差 $\sigma = 0.15$,某次仪器发生故障检修后,测得相同样品的 Al^{3+} 的浓度(mg/mL)分别为:0.142,0.156,0.161,0.145,0.176,0.159,0.165,试问经过检修后稳定性是否有显著改变。

解:稳定性实际反映的是随机误差的大小,检修后样本方差增大还是减小,或者无显著差异,可用 χ^2 分布的双侧检验。

计算得 $S^2 = 0.000\,135$,$\chi^2 = \dfrac{(n-1)S^2}{\sigma_0^2} = \dfrac{(7-1) \times 0.000\,135}{0.15^2} = 0.036$,

依题意 $n = 7$,$f = 6$,$\alpha = 0.05$,查表 $\chi^2_{1-\frac{\alpha}{2}} = \chi^2_{0.975}(6) = 1.236$,$\chi^2_{0.025}(6) = 14.449$,$\chi^2$ 在区间(1.236,14.449)之外,有显著性变化。

【例 2-24】 交通噪声是环境评价的重要指标,噪声的变化可通过标准差来表示。某路段上下班高峰期的噪声偏差为 3.50 dB,为了检测该路段噪声的变化,测得一系列数据结果如下,判断该路段噪声涨落的标准偏差是否有显著性变化($\alpha = 0.05$)。

序号	1	2	3	4	5	6	7	8	9	10	11	12	13	14	15	16	17	18
噪声	70.2	72.1	71.1	69.1	68.0	67.1	72.2	74.1	75.3	73.1	70.6	70.8	70.2	69.2	68.0	66.8	67.3	68.4

解:假设 $H_0: \sigma = 3.50$。计算监测数据,$n = 18$,$f = 17$,$S = 2.465$,统计量 $\chi^2 = 17 \times 2.465^2 / 3.5^2 = 8.432$。

查表 $\chi^2_{0.05}(17) = 27.587$,$\chi^2_{0.95}(17) = 8.672$,$\chi^2$ 在区间(8.672,27.587)之外,有显著差异。$\chi^2 = 8.432 < \chi^2_{0.95}$,因此 $\sigma < 3.50$,噪声更平稳。

4.4.2 F 检验法

F 检验用于比较两个样本精密度是否有显著差异,精密度仅取决于随机误差,与系统误差无关。F 检验法适用于两组具有正态分布的试验数据精密度的比较,是服从 F 分布的统计量,在显著性水平 α 下,检验两个正态总体标准偏差是否一致的检验方法。

(1)检验假设 $H_0: S_1 = S_2$,$H_1: S_1 \neq S_2$;

(2)分别计算两总体方差 S_1^2 和 S_2^2(其中 $S_1 > S_2$);

(3)计算统计量 $F = S_1^2 / S_2^2$,并根据附表 5 的 F 分布表,进行统计判断。当 F 大于 $F_\alpha(f_1, f_2)$ 时,否定原假设,否则肯定原假设。

在 F 检验中同样可进行单侧检验。对于假设 $H: S_1 \leq S_2$,用统计量 $F = S_1^2 / S_2^2$,对于假设 $H: S_1 \geq S_2$,用统计量 $F = S_2^2 / S_1^2$,单侧检验时,当 $F > F_\alpha$,否定原假设。

【例 2-25】 某人在不同温度条件下用同一方法分析试样中的 Mg 含量(mg/L),试验结果为:$T = 20℃$ 时,$n_1 = 7$,$\bar{x}_1 = 92.08$,$S_1 = 0.806$;$T = 30℃$ 时,$n_2 = 9$,$\bar{x}_2 = 93.08$,$S_2 = 0.797$。

试问:(1)测定结果精密度之间是否有显著性差异?(2)是否存在系统误差?

解:(1)先假设测定结果间无显著性差异。

$$F = \frac{S_1^2}{S_2^2} = \frac{0.806^2}{0.797^2} = 1.023$$

查附表 5,$f_1 = 7 - 1 = 6$,$f_2 = 9 - 1 = 8$,$F_{0.05}(6,8) = 3.58 > 1.023$

所以,测定结果精密度之间没有显著性差异。

(2) 在精密度没有显著性差异的情况下,对不同温度条件下的测定结果进行均值比较,检验是否存在系统误差。可假设不存在系统误差,用 t 检验法检验 $\bar{x}_1 - \bar{x}_2$ 是否大于临界值。

$$S = \sqrt{\frac{(n_1 - 1)S_1^2 + (n_2 - 1)S_2^2}{n_1 + n_2 - 2}} = 0.80$$

$$t = \frac{|\bar{x}_1 - \bar{x}_2|}{S} \sqrt{\frac{n_1 n_2}{n_1 + n_2}} = \frac{|92.08 - 93.08|}{0.80} \sqrt{\frac{7 \times 9}{7 + 9}} = 2.48$$

自由度 $f = n_1 + n_2 - 2 = 7 + 9 - 2 = 14$,查附表 3 得 $t_{0.05}(14) = 2.15 < |-2.48|$,所以假设被否定,这两组数据有显著性差异,不属于同一总体,有系统误差存在。

习　　题

2.1　测定尺寸为 150 mm×150 mm×150 mm 混凝土立方体试件的抗压强度,现用最小刻度为 1 mm 的直尺测量其受荷面尺寸,在精度为 ±2% 的压力试验机上试压,其破坏荷载为 457 kN,求该混凝土试件的抗压强度值(精度 0.1 MPa)、最大相对误差、最大绝对误差及强度范围。若将压力试验机的精度提高到 ±1%,求此时的最大相对误差、最大绝对误差及强度范围。

2.2　直径为 10 mm 的 I 级钢筋,在精度为 ±1.5% 的万能试验机上进行拉伸试验,测定该钢筋的弹性模量,用 0.02 mm 的游标卡尺测量其直径,用精度为 ±2% 的电阻应变仪测量应变,当加荷至 23.55 kN 时的应变值 ε 为 1429($\mu\varepsilon$),求该钢筋的弹性模量、弹性模量相对误差、绝对误差及范围。若将试验机、电阻应变仪的精度均提高到 ±1%,求此时的弹性模量的相对误差、绝对误差及范围。

2.3　取 $x_1 = \sqrt{2.01} \approx 1.418$,$x_2 = \sqrt{2} = 1.414$,按 $A = x_1 - x_2$ 和 $A = 0.01/(x_1 + x_2)$ 两种算法,①求 A 值,并分别求出两种算法所得近似值的绝对误差和相对误差,且两种结果各有几位有效数字? ②如取 $x_1 = \sqrt{2.01} \approx 1.4177$,$x_2 = \sqrt{2} = 1.4142$,试计算两种方法的有效数字。

2.4　假设某工程生产的产品要经过 3 道连续作业的工序,每道工序的合格率依次为 95%,90% 和 98%,试求该产品 3 道工序的平均合格率。

2.5　某食品生产车间进行一次技能考核的成绩如下,其平均成绩用什么平均数比较合理,并计算其平均成绩。

得分	100	90	80	70	60	50
人数	6	15	18	6	3	2

2.6　计算概率:设 $x \sim N(0,1)$,求 $P(0.4 < x < 1.45)$,$P(x < -1.645)$,$P(x > 1.28)$。

2.7　某预制厂设计要求配制等级为 C30 的混凝土,现用同一批材料和同配合比,在相同工艺条件下制作 30 组混凝土标准立方体试件,测得 28d 强度如下表,求该批混凝土强度的变异系数和强度保证率(判断疏失误差)。

28d 抗压强度(MPa)									
35.8	36.2	33.8	33.6	39.4	32.2	32.7	41.1	32.9	37.4
40.0	37.0	38.8	35.1	32.9	45.2	39.1	33.2	42.1	38.7
36.7	41.6	40.4	24.1	37.0	37.7	36.2	35.4	33.4	35.9

2.8　用容量法测定某样品中的锰,8 次平行测定数据为 10.29,10.33,10.38,10.40,10.43,10.46,10.52,10.82(%),试采用 Grubbs(格拉布斯)准则,检验当显著性水平 $\alpha = 0.05$ 时,是否有数据应被剔除?

2.9 设有15个误差测定数据按从小到大的顺序排列为 -1.40, -0.44, -0.30, -0.24, -0.22, -0.13, -0.05, 0.06, 0.10, 0.18, 0.20, 0.39, 0.48, 0.63, 1.01, 试采用 Dixon(狄克逊)准则, 检验当显著性水平 $\alpha = 0.05$ 时, 是否有数据应被剔除?

2.10 某切割机在正常工作时, 切割每段金属棒的平均长度为 10.5 cm, 标准差是 0.15 cm。今从一批产品中随机地抽取 15 段进行测量, 其结果如下(单位:cm):

10.4	10.6	10.1	10.4	10.5	10.3	10.3	10.2	10.9	10.6	10.8	10.5	10.7	10.2	10.7

① 假定切割的长度服从正态分布, 且标准偏差没有变化, 试问该切割机工作是否正常?

② 如果只假定切割的长度服从正态分布, 但具体正态分布未知, 试问该切割机的金属棒的平均长度有无显著性变化?

2.11 某工厂生产的固体燃料推进器的燃烧率服从正态分布 $N(40, 2^2)$。现在用新方法生产了一批推进器。从中随机取 $n = 25$ 只, 测得燃烧率的样本均值为 $\bar{x} = 41.25$ cm/s。设在新方法下总体均方差不变, 问用新方法生产的推进器的燃烧率是否较以往生产的推进器的燃烧率有显著的提高($\alpha = 0.05$)?

2.12 某种电子元件的寿命 X 服从正态分布, 但正态分布为未知。先测得 16 只原件的寿命(单位:小时(h))如下:159、280、101、212、224、379、179、264、222、362、168、250、149、260、485 和 170, 试问该电子元件的平均寿命是否会大于 225 h?

2.13 某厂生产的某种型号的电池, 其寿命(以小时计)长期以来服从方差 $\sigma^2 = 5\,000$ h^2 的正态分布, 现有一批这种电池, 从它的生产情况来看, 寿命的波动有所改变。现随机取 26 只电池, 测出其寿命的样本方差 $\sigma^2 = 9\,200$ h^2。问根据这一数据能否推断这批电池的寿命的波动性较以往有显著的变化?

2.14 一自动车床加工零件的长度服从正态分布, 原来加工精度 $\sigma_0{}^2 = 0.18$, 经过一段时间生产后, 抽取该车床所加工的 31 个零件, 测得数据如下所示:

长度 x_i	10.1	10.3	10.6	11.2	11.5	11.8	12.0
频数 n_i	1	3	7	10	6	3	1

问这一车床是否保持原来的加工精度?

2.15 某工程试验室经过常年例行分析, 得知一种原料中含铁量符合正态分布 $N(4.55, 0.11^2)$。一天, 某试验员对这种原材料测定 5 次, 结果为 4.30、4.5、4.5、4.4、4.49。试问此测定结果是否可靠?

2.16 用一种新方法测定标准试样中的 SiO_2 含量(%), 得到以下 8 个数据:34.30、34.32、34.26、34.35、34.38、34.28、34.29、34.23。标准值为 34.33%, 问这种新方法是否可靠($P = 95\%$)?

2.17 某药厂生产复合维生素丸, 要求每 50 g 维生素含铁量应为 2 400 mg, 先从一批产品中随机抽取检验, 5 次测定结果分别为 2 372 mg、2 409 mg、2 395 mg、2 399 mg 和 2 411 mg, 试问含铁量是否符合要求($P = 95\%$)?

2.18 某分析人员提出一种新的分析方法, 分析一个标准样品并测定 6 次, 得到如下数据:6 次测定结果的平均值为 18.98%、标准偏差为 0.086%、样品真值为 18.40%, 试问置信度为 99% 时, 所得结果与标准方法测定结果是否有差异性?

2.19 某人在不同月份用同一种方法分析某合金中铜的含量, 测得结果为:一月份: $n_1 = 7$, $\bar{x}_1 = 92.08$, $S_1 = 0.806$;七月份: $n_2 = 9$, $\bar{x}_2 = 93.08$, $S_2 = 0.797$。①两批结果精密度之间有无显著性差异? ②两批结果平均值之间有无显著性差异?

2.20 某人在不同月份用同一种方法测定污水中镉的含量, 测得结果如下表, 比较两组数据精密度是否有显著性差异?

测试时间	测试次数 n	测试结果%					
一月份	5	0.022	0.028	0.023	0.018	0.036	
七月份	7	0.364	0.318	0.253	0.286	0.347	0.219	0.345

第3章 试验设计基础与全面设计

第1节 试验设计基础

1.1 基本概念与定义

设计是将需求变为现实,是为了解决问题,而在此之前,必须先提出需求,提出问题,并对其进行充分的分析,将需求定性或定量化。显然提出问题是最重要的,只有敢于并且善于提出问题,才能剖析并解决问题。问题的提出一般需要先进行需求分析,提出目标,可通过市场调查或以解决实际生产中遇到的问题为目标,综合考虑各种因素,以实事求是、科学的工作态度而提出。

提出问题,就相当于研究工作中的选题,市场工作者提出的新产品要求,或质量工程师所进行的产品更新换代,是试验工作的第一步,也是具有方向性意义的重要一步。课题选得好,方向正确,就好比找到了储量丰富、开采又便利的矿藏,研究越多,收获越多,兴趣也越大。如果选题不当,则会事倍功半,甚至半途而废。因此,选题是否恰当,直接影响设计工作的整体质量、决定着工作的成败。

在试验研究中,往往不是单一地进行一些常规试验,而是首先要提出合理的设计目标要求,然后根据不同情况如不同配比、不同工艺参数、不同混合材料等对产品性能的影响等试验。如工厂企业为了提高产品质量,常常需要做各种试验,如改变原料品质或性能,或改变原料配比,或改变工艺条件,或改变管理方法,来寻求最佳工况;农业生产中,为了提高产量,要进行品种对比,施肥对比,药物对比等对比试验。在科学研究试验中,更是通过各种不同的影响因素的对比试验来达到产品的高要求甚至研究出新产品。

1.1.1 指标或响应

在试验中,需要解决的问题一般是指试验的效果,用来衡量试验效果的质量指标,称为试验指标(experimental index),通常也称为响应(response),是应变量,常用 Y 来表示。选择相应变量,首先要确保所选择的目标能给研究目标提供有用的信息。确定试验指标,实质就是明确试验目的,就是明确我们的试验究竟应该达到一个什么样的目的,如产品的某个指标达到一个什么范围才满足要求等——这需要目标制定者充分了解产品的特性。试验指标一定要具有可比性,尽量易于测试,且可定量化,此外,尽量选择关键指标,使之能覆盖产品与工艺的不同方面。

根据指标个数的差异,可分为单指标、多指标和多媒体试验。单指标试验是指每次试验只观察一个指标值。而多指标试验每次需要观察多个指标,也是最常见的。多指标可能会使问题变得复杂,其复杂性主要表现在指标间可能存在相互矛盾的现象,对一个指标而言的最优组合方案,对另一个指标而言可能不是最好的,甚至是相反的,这时只能从平衡中寻找一个较为满意的方案。而且,此时由于试验指标间的矛盾性,又带来了方案在一定程度上不可比,给寻找满意方案带来困难,此时可能还需要制定一些综合评价的准则,使得系统变得非常复杂。多媒体试验是指试验有无穷多个指标,如人的识别指标可包含人的指纹曲线、声音曲线、图像颜色及深浅等,随着现代技术的飞速发展,多媒体响应日益增多,这类试验和建模很具有挑战性。

每个试验指标的量化,往往需要依据相关标准,选择对应的参数值。然而相同的技术指标,也可能具有不同的量化参数,如需要表征混凝土的渗透性,有水渗法、气渗法、氯离子渗透法等。即使是相同的表征参数,也可能有不同的测试方法,如混凝土渗透性中的氯离子渗透法,有扩散系数法(RCM)法、电通量法、电导率(NEL)法等不同的方法。因此,在试验设计中,正确地选择标准指标和合理的试验方法都是相当重要的。

【例 3-1】 在研究三维打印水泥基材料的研讨课中,某组学生提出"三维打印粉末成型材料的性能要求:材料成型性、团聚性、粘度、滚动性、粉末粒径、成型强度、密度和孔隙率、干燥硬化、收缩"。

分析:可从以下几个方面考虑:

(1)分析指标的合理性。可以看出上述指标中有些是不够合理的,对于相似的工艺,使用不同材料的指标要求有些差异是很大的,如滚动性和粉末粒径都不应该是水泥基材料的指标要求,而更多的是对所使用原材料的要求。

(2)分析指标的可测试性和定量性。部分指标都没有提出可定量性的表征指标,如成型性和团聚性,可用什么指标表示或控制?是否可用粘度来表征,最后得到合理的粘度范围;是否也可考虑借助水泥基材料常用的流动度(胶砂或净浆或混凝土)指标来表征呢?最后得到合理的流动度范围?

(3)分析指标的关联性,浓缩指标。如此多性能要求作为指标进行研究肯定是不可能的,应尽可能考虑各指标间的关联性,将指标浓缩成少量几个指标。如将材料成型性、团聚性、粘度统一用粘度来控制,密度和孔隙率直接用密度来控制,干燥硬化和收缩统一用变形来控制,浓缩以后即成为粘度、密度、强度和变形四个指标。

另一组同学将性能要求分为三个部分:新拌材料性能:可挤出性、黏聚性、防止坍塌(可建造性);硬化后性能:层间粘结强度、硬化速率、强度、产品的各向异性、收缩开裂问题等。将性能分类,可以使指标考虑更全面,同样,显然性能指标过多。很多时候,某些指标之间具有关联性,控制了某个指标的同时,便可控制其他指标,如防止坍塌的可建造性与硬化速率之间的关系。

(4)分析指标的满足性。在新材料开发的试验研究中,可能有些指标对于该材料来说具有足够的性能,就无需在试验指标中列出。如水泥基材料的流动性、密度易于满足大部分三维打印材料的要求,关键是硬化速率和粘聚性,如抗压强度和耐久性也相对易于满足,但粘结强度、收缩开裂可能更为关键。

综上所述,指标的合理选择,可从四个方面来考虑:

(1)指标一定是针对试验结果的性能,而不是原材料性能;

(2)指标选择应尽可能"可量化",并提出指标的表征方法(对比不同表征方法的异同),以便最终得出优化值。

(3)材料性能要求各种各样,应尽可能建立指标之间的关系,以浓缩指标数量。

（4）综述现有材料性能对指标的满足性，主要提出难以满足的关键指标要求。

1.1.2　因素

影响试验指标的要素或原因称之为因素或因子（factor），是自变量，用 X_i 表示。如某化学反应试验中，温度和催化剂掺量对产品的反应速度影响很大，温度和催化剂掺量就是影响指标（此处为反应速率）的两个因子。

不同试验有不同的因素数量，对于某个新产品的开发而言，围绕该产品开发存在一系列的影响因素，有的是连续变化的定量因素，有的是离散状态的定性因素。但是，由于客观条件的限制，一次试验不可能将所有因素都考虑进去，一般来说，为保证结论的可靠性，因素选取时，应针对试验目的或任务要求，应抓住关键和重点影响因素，把影响较大的因素选入试验，不能遗漏有显著影响的主要因素。考虑到试验条件的限制，没有显著性影响的因素可以不予考虑。试验中所取的因素通常用 A、B、C、$\cdots$ 表示。把除试验因素外的所有对试验指标有影响的因素称为条件因素，又称为试验条件（experimental condition）。试验中，一般将条件因素控制在固定的水平值。

因素的选择往往也和所研究的目标有关，如葡萄酒的酿造受原料、葡萄与糖的比例、发酵时间、发酵温度、发酵工艺等的影响。针对某一葡萄园的产品，为了使自己的产品品质更加优良，可以将原料品种作为条件因素，而将葡萄与糖的比例、发酵时间、发酵温度、发酵工艺等作为主要影响因素来考虑。如果是为了比较不同葡萄品种对酒质量的影响，则可将发酵工艺、发酵时间和温度等作为试验条件，而将葡萄品种、葡萄和糖的比例作为试验因素进行研究。

一般说来，因素的选择可以从以下几个方面入手：

（1）材料的配方

材料的配方是决定产品性能的最关键因素，合理的配方可以使产品性能最优、性价比最高。配方实际上包括原材料的品质和配合比例。

改变原材料的性能，如使用更优质或更经济的原材料进行研究，从而提高产品的性能或提高其经济性。如在各种材料中大量使用工业废弃物就是提高产品经济性的一个重要手段。掺加新的原材料或微量元素也是提高产品性能的重要途径，如混凝土中外加剂和掺合料的添加，金属改性中各种微量元素的添加，有机物中各种催化剂的添加等都可以大大改善材料的性能。然而各种掺加材料都有合理的掺配比例，如混凝土配合比的设计，就是进行材料比例的合理设计。

（2）生产工艺

不同的产品有不同的生产制备工艺。如采用烧结工艺的产品，原料在炉膛中的分散性、烧结制度即升温和降温速度、烧结的最高温度、最高温度的维持时间等，都是对产品的质量有着重要影响的因素。

（3）养护或维护方法

很多产品制备后，还需要进行一定的养护或定期的维护。如采用不同温度和湿度养护的混凝土性能差异很大。沥青路面的定期维护有利于大大提高路面的使用寿命，各种仪器设备都需要进行定期的维护。

按选取因素个数的多少可把试验分为单因素试验（single-factor experiment）、双（两）因素试验（two-factor experiment）和多因素试验（multiple-factor or factorial experiment）。

单因素试验仅考虑一个试验因素,是最基本也最简单的试验设计,如仅考虑反应温度(100℃、…、180℃等)对产品质量的影响。其试验次数就等于水平数。考虑两个因素的试验为双因素试验,考虑三个或三个以上因素的试验称为多因素试验,多因素试验的试验次数与因素数量、水平数及试验设计方法有关。

当研究目的为研究各因素及其间的交互作用的重要程度,即试验指标的影响大小,并直接获得最优组合处理或简捷地求得回归方程的试验,也称为因素试验。根据研究目的,还可以进一步细分为验证性因素试验和探索性因素试验。

1.1.3 水平

因素所处的状态,称为水平(level),即每个自变量(因素)X_i 的取值。某一因素取值变化的次数即水平数。试验设计中,一个因素选几个水平就称该因素为几水平因素。如欲考察温度对试验指标的影响,具体的温度取值如 60℃、75℃、90℃、105℃、120℃等即为因素的水平,选择了 5 个值即为 5 水平因素。各因素不同水平通常用表示因素的字母加下标 1、2、3、…表示,如 A 因素的第一、第二、第三水平分别用 A_1、A_2 和 A_3 来表示。

试验因素有"定性(或质性)"因素和"定量(或量性)"因素之分。对于质性试验水平的确定,可根据实际情况选取,如原材料的品种、添加剂的种类、不同的生产工艺等。

对于量性的试验因素,如温度取值、压力取值、时间取值、掺量取值等,应根据专业知识、生产经验、各因素的特点及现有生产工艺水平等来综合考虑。基本原则是以因素的影响效果(也称处理效应)容易表现出来为准,主要需要确定其水平数的取值数量、取值范围及取值间隔。

随着水平数的增加,试验次数会急剧增加,为了减少试验次数,往往取两水平(现行工艺水平和新工艺水平)或三水平[低于现行工艺水平或理论值(可取约低于 10%)、现行工艺水平、高于现行工艺水平(可取约高于 10%)]。

水平的范围选择应适宜,变化的范围不宜太大,水平选择的范围太小则指标的变化较小,可能无法看出水平的影响,水平太大则无法准确地反应水平的转折点。

水平间隔的选取,应根据因素对水平的灵敏程度来定,一般对指标反应灵敏的,水平间隔应小一些,反之则宽一些,尽可能地把水平取值在最佳区域或接近最佳区域。一般有等差法、等比法、优选法和随机法等。

(1)等差法

等差法指试验因素水平间隔是等间距的,如温度的选择采用 30℃、40℃、50℃、…、80℃、90℃等,各温度的水平间距为 10℃,玉米的种植密度为 3 500 株/亩、4 000 株/亩、4 500 株/亩、…、6 000 株/亩,水平间距为 500 株/亩。等差法排列水平一般适应于试验效应与因素水平呈线线相关的试验。

(2)等比法

等比法指试验因素水平间隔是等比例的,如油菜喷施不同浓度的硼肥水平选择为7.5 mg/kg、15 mg/kg、30 mg/kg、60 mg/kg 等,相邻水平之比为 1∶2。等比法排列水平一般适应于试验效应与因素水平呈对数或指数关系的试验。

(3)优选法

优选法中又可细分为黄金分割法(0.618 法)、分数法、对分法、抛物线法、逐步提高法等。

黄金分割法,也称 0.618 法,即先选出该因素所取水平的两个端点 a 和 b,再以 $G=$(最大值－最小值)×0.618 为水平间距,用(最大值－G)和(最小值＋G)的方法来确定水平,也常称为0.618法间隔排列,一般适应于试验效应与因素水平呈二次曲线关系的试验。如某次添加剂掺量的两个端点值为 0 和 50%,则水平间距为 $G=(50\%-0)\times 0.618=30.9\%$,因此其因素水平为 0、19.1%、(50%－30.9%)、30.9%、50%。

分数法适用于试验点只能取整的情况,常采用斐波那契(Fibonacci)数列,即数列 $F_0=0$,$F_1=1$,$F_n=F_{n-1}+F_{n-2}$(1,1,2,3,5,8,13,21,34,55,89,144,233,…)。首先按分母的数值对端点 a,b 间进行等分,试验点分别取在斐波那契数列的分数点 F_n/F_{n+1} 和 $1-F_n/F_{n+1}$ 上,如 2/3,3/5,5/8,8/13,13/21,21/34,…,对应的 $1-F_n/F_{n+1}$ 点为 1/3,2/5,3/8,5/13,8/21,13/34,…。

黄金分割法和分数法都是先做两次试验,进行比较,并逐步逼近,找到最佳点。

对分法就是用最快的方法逼近最优点。一般先取端点 a,b 的中点 c,然后优选出区间 (a,c) 或 (b,c),试验区间缩短一半,然后在优选出的区间中继续取中值,直至逐步逼近最佳点。

抛物线法就是根据已得到的三个试验数据值,找出该抛物线的极大值,作为下次试验的根据。常用在 0.618 法和分数法已经取得一些数据的情形,根据结果用抛物线,进一步确定第 4 点。

粗略地说,如果每个点都做试验的方法为穷举法,需要进行 n 次试验,黄金分割法只需进行 $\lg n$ 次,而抛物线法只要 $\lg(\lg n)$ 次。

逐步提高法,也叫爬山法,主要应用于可变因素不可大幅度改变的情况。具体做法为,先找一个起点 a,按该因素减少(或增加,可根据已知经验判断)找一点 b,看看方向是否正确,正确就继续往前取,否则反向取值。采取“两头小,中间大”的原则,先“小步”试探方向,然后“大步”往前走,接近最佳点时改为“小步”,如果大步不小心跨过了最佳点,可以回退一“小步”。

（4）随机法

一般用于因素水平排列关系不明确的试验研究中,常在预备试验中使用。

总体而言,水平的选择与相关技术知识的掌握程度具有很大的关系,如果首先积累了丰富的相关技术知识,了解了水平的大致范围,选取的水平就可能在最佳值附近,才比较容易得到最佳的水平值。如果是探索性的试验,水平选取时心中无数,在开始时,水平的间距可适当取大点,然后再逐渐靠近。

因素及其水平的选取要求掌握丰富的理论知识、具有足够技术经验,这也是一个体现研究者水平的重要依据。因素和水平的选择,不能信手拈来,需通过知识的不断积累和大量的文献阅读,一般根据自身所具备的试验条件来进行因素水平的合理选取,所选因素和水平的变化应足以引起试验指标的变化,否则试验的因素及水平的选择就是不合理的。因素与水平的选择,在做了大量的文献查阅后,进行文献综述时,应集众家之所长,不能听一家之言,因为不同研究者所使用原材料,或环境条件,或工艺等水平的不同,可能会得出不同甚至相反的结论,有时候甚至相似的材料、条件和工艺,也会有不同的结论,此时就需睁大“慧眼”,根据自身所具备的条件,选择相似的工艺作为固定条件,如某些因素在试验室很难改变或工艺很难改变,在第一步的研究中,可先把这些条件作为固定条件,而考虑其他主要因素作为试验条件。

1.1.4 水平组合

不同因素、不同水平之间的组合称为水平组合,也称参数组合、处理组合,一个水平组合可视为输入变量空间的一个点,并称之为试验点。如三因素试验中,$A_1B_2C_3$ 是一个处理组合。

对全部组合都进行试验称为全面试验,而从全部组合中选择一部分进行试验,则称之为部分实施。试验设计的目的之一就是要用尽量小的部分实施来实现全面试验所要达到的目的。这样就产生了矛盾:实施少数试验与要求获取全面试验信息的矛盾。利用挑选具有代表性的组合来进行试验——以少代多,同时对少数的组合进行科学的数据处理,得出正确的结论——以少求全,通过试验设计来有效地解决这个矛盾。

在每个水平组合点进行的相关试验,需要依据技术标准中规范的试验方法。事实上,在确定试验指标如何定量评价中,就需要考虑合理的表征方法,这些方法尽量使用已有的标准或规范,这样的评价结果易于得到认同。当找不到相应的规范时,也可考虑参考其他材料具有相近要求的方法,或相近材料的相同指标测试方法。

技术标准也称技术规范,主要是对产品与工程建设的质量、规格及检验方法等所作的技术规定,是从事生产建设科学研究工作与商品流通的一种共同的技术依据,是以往实践经验的总结。然而即使对于已选定的量化指标,不同标准中采用的方法可能也有所差异,试验中要注意选择。

【例 3-2】 混凝土氯离子渗透方法有多种,如快速氯离子渗透法 RCM,电通量法等,各种方法有何异同? 如何设计或选择合理的试验方法?

分析:采用快速氯离子迁移(rapid chloride migration,RCM)法测定混凝土中的氯离子渗透的扩散系数,国标 GB/T 50082-2009《普通混凝土长期性能和耐久性能试验方法标准》和中国土木工程协会标准 CCES 01-2004《混凝土结构耐久性设计与施工指南》中均有所区别,与国际上的 ASTM1202 中的快速氯离子渗透试验(rapid chloride penetration test,RCPT)法,C. C. Yang 提出的加速氯离子迁移试验(accelerated chloride migration test,ACMT)均有较大的差异。GB/T 50082-2009 中的 RCM 法使用 $\phi100\times50$ mm 的圆柱体样品,电压根据渗透情况在 0~60 V 间进行调节,测试时间为6~96 h,阳极溶液为 0.3 mol/L 的 NaOH,阴极溶液为 10.0% 的 NaCl。CCES 01-2004 中的 RCM 法,使用 $\phi100\times50$ mm 的圆柱体样品,电压 30 V,测试时间为 6 h,阳极溶液为0.2 mol/L的 KOH,5.0% 的 NaCl 同时加 0.2mol/L的 KOH 溶液作为阴极。RCPT 方法推荐使用 $\phi100\times50$ mm 的圆柱体样品,电压 60 V,测试时间为 6 h,阳极溶液为 0.3 mol/L 的 NaOH,3.0%(0.51 mol/L)的 NaCl 溶液作为阴极。C. C. Yang 等提出的 ACMT 法与 RCPT 法使用相类似的试验装置,但是试件由原来的 $\phi100\times50$ mm 更改为 $\phi100\times30$ mm,电压由 60 V 更改为 24 V,非稳态通过电量的测量时间由 6 h 更改为 9 h,不考虑混凝土的氯离子结合能力,采用修正的 Fick 第二定律进行计算,稳态测量时间根据实际情况确定,并采用 Nernst-Planck 方程进行计算。

1.1.5 组合的均衡搭配

在数学上,设有两组元素 A_1、A_2、$\cdots$、A_i、$\cdots$、A_a 与 B_1、B_2、$\cdots$、B_j、$\cdots$、B_β,任意两个的组合 A_iB_j 称之为元素对。将元素 A 和 B 的所有元素 $A_iB_j(i=1,2,\cdots,\alpha,\ j=1,2,\cdots,\beta)$进行有序排列

$$(A_1, B_1) \quad (A_1, B_2) \quad \cdots \quad (A_1, B_\beta)$$
$$(A_2, B_1) \quad (A_2, B_2) \quad \cdots \quad (A_2, B_\beta)$$
$$\vdots \qquad \vdots \qquad \vdots \qquad \vdots$$
$$(A_\alpha, B_1) \quad (A_\alpha, B_2) \quad \cdots \quad (A_\alpha, B_\beta)$$

称为由元素 A_iB_j 构成的完全有序元素对,简称"完全对"。若把元素改成数字,则构成完全有序数字对。

若某矩阵的任意两列中,同行元素对(或数字对)是一个完全对,且每对出现的次数相等时,则称这两列是均衡搭配,否则便称为不均衡搭配。如对矩阵 $A = \begin{bmatrix} 1 & 1 & 2 & 1 \\ 1 & 2 & 1 & 1 \\ 2 & 1 & 1 & 2 \\ 2 & 2 & 1 & 1 \end{bmatrix}$

显然第 1 列和第 2 列是均衡搭配,而第 1 列和第 3、第 4 列,第 3 列和第 4 列之间均为不均衡搭配。

显然采用均衡搭配,可以很好地实现组合点的均衡分散性、综合可比性。所谓的均衡分散性含义之一,就是在正交表的正交性中,实现:①任一列的各水平都出现,使得部分试验中包含所有因素的所有水平;②任意两列间的所有组合都出现,使得任意两因素间都是全面试验。

而综合可比性,就是指正交表的正交性中,①任意一列各水平出现的次数都相等;②任意两列间所有可能组合出现的次数都相等,使得任一因素各水平的试验条件相同。这就保证了在每列因素各个水平的效果比较中,其他因素的干扰相对最小,从而最大限度地反映该因素不同水平对试验指标的影响,这种性质就称为综合可比性。

试验设计的本质就是水平组合的设计,尽可能均衡搭配,即实现"以少代多"的目的。根据组合设计的方法,一般将试验设计的方法分为完全析因(全因子、全面)试验设计、正交设计、均匀设计、最优回归设计、序贯设计等方法。完全性试验是一种广泛应用的试验设计方法,其优点是受因素的影响小,缺点是试验组数多,要进行大量的试验,劳动工作量相当大。如何有效地组织试验,在有限的试验次数下找到最佳配合,就是科学的试验设计方法的任务所在。科学的试验设计方法就是指以概率论与数理统计为基础,为获得可靠的试验结果和有用的信息,科学地安排试验的一种方法论,它研究如何高效而经济地获取所需要的数据和信息及其分析处理方法。如利用正交设计、均匀设计方法,且用适当的分析方法处理数据,就能大大减少工作量,同时又能找到最佳组合。

1.2　试验设计基本原则

要保证试验数据的真实可靠,就是要保证试验结果的再现性,保证能够正确地估计出误差值,并对误差的范围进行有效的控制。试验设计的创始人费歇尔(Fisher)提出了试验设计的三个基本原则,即随机化、重复与局部控制或区组控制。

随机化(randomization)是将系统误差转化为随机误差,是避免系统误差与欲考察因素效应混杂的有效措施。如测量 0 ℃、2 ℃、4 ℃三种储藏条件,储藏 30 d,与常温相比对苹果失重率的影响,如果每种温度测量 120 箱,每次测量需 10 s,按温度顺序全部测量完毕需要 60 min,那么最后测量的与最先测量的苹果比在常温下多进行了生理代谢 60 min,从而产生一个随时间变化的系统误差。随机化安排试验主要有两种方法，一种是利用抽签或掷骰子的方法决定试验的先后顺序，另一种就是利用随机数表。在试验中所有的试验全部按随机顺序进行的方法称为完全随机化试验设计法。

重复测量（replication）的目的是为了估计试验误差、防止出错、提高试验的精度。随着试验测定次数的增加，平均值更加接近真值，精度优于单次测定值，所以，在通常的条件下都会进行重复测量，以减少测定误差，提高测试精度。从数量统计的原理来看，统计理论中的假设检验都是建立在随机样本及大量观测的前提下的，大量观测本身就意味着重复，所以重复是实现统计判断的必要条件。

局部控制（blocking）是指当干扰因子不能从试验中排除时，通过设计对它们进行控制，从而降低或校正非试验影响因素对试验结果的影响，提高统计判断的可靠性。按照某一标准将试验对象分成若干组，所分的组称为区组，区组之间的差异较大，而区组内试验条件一致或相近，如试验在上午或下午进行的差异较大，则可将上午、下午分成两个区组来安排。这种将待比较的水平设置在差异较小的区组内以减少试验误差的原则，称为局部控制或区组控制。在所划分的同一区组内按随机顺序进行试验称为随机区组试验设计法，在每个区组中，如果每个因素的所有水平都出现，称为完全区组试验，如表 3-1。完全区组试验，从试验的安排到数据的分析都比较方便。但由于条件的限制，不是所有的试验都能采用完全区组试验，此时可采用平衡不完全区组试验。

表 3-1　完全随机化与随机区组试验设计法安排试验的方式

试验顺序号	1	2	3	4	5	6	7	8	9
完全随机化	A_1	A_1	A_3	A_2	A_3	A_1	A_2	A_2	A_3
随机区组	A_1	A_2	A_3	A_2	A_3	A_1	A_3	A_2	A_1
区组		I			II			III	

什么时候划分区组，什么时候用随机化呢？一般遵循以下原则："能划分区组者划分区组，不能划分区组者则采用随机化（Block what you can and randomize what you cannot）"。

随机化、重复与局部控制三原则，配合相应的统计分析方法，就能够无偏地估计处理的效应、最大限度地降低并无偏地估计试验误差，从而对因素间的比较作出可靠的结论。

1.3　统计模型

自然界的很多规律，可以采用数学或统计模型来描述。如果模型正确，它是对实际的抽象和提高，又反过来指导实际，给出预报。这是一个从实际到理论，又反过来指导实际的过程。常用的统计模型有方差分析模型、回归模型、非参数回归模型、稳健回归模型等。

1.3.1　方差分析模型

采用方差分析方法所采用的模型为：

$$y_{ij} = \mu_i + \varepsilon_{ij}, i=1,2,\cdots,k$$

式中，k 为每个水平个数，y_{ij} 为测试值，μ_i 为真值，ε_{ij} 为随机误差，假设所有 $\{\varepsilon_{ij}\}$ 独立同分布，且均值 $E(\varepsilon_{ij})=0$，方差 $\mathrm{Var}(\varepsilon_{ij})=\sigma^2$，方差分析就是用最小二乘法对所有的 μ_i 和 σ^2 进行估计。

1.3.2　回归模型

如为探索 Γ 生长曲线模型，假设某因变量 y 与因素 x 之间具有相关关系，此时可考虑

用回归模型来考虑。如

$$\hat{y} = b_0 + b_1 x_1 + b_2 x_1{}^2 + b_3 x_1{}^3 + \varepsilon$$

式中 b_0 为常数项；b_1、b_2、b_3 分别为回归系数；ε 为随机误差，$E(\varepsilon)=0$，$\mathrm{Var}(\varepsilon_{ij})=\sigma^2$。

拟通过试验来确定各参数。进一步的问题是如何选择试验点使未知参数具有最准确的估计，从统计意义上来说，就是无偏估计，方差在一定意义下最小。根据这种思路，从而产生了所谓的"最优回归设计"。常见的最优设计有 D 最优、A 最优，E 最优等设计方法。但是采用这种建模方法有时候建模效果不理想，得到的模型可能不是真正的模型。换句话说，当模型未知时，最优回归设计不是稳健的设计。如果试验者在试验之前选错了模型，基于该模型而选择试验点，随后的建模效果可能达不到理想的结果。当今工业设计中热门的不确定性研究，就是希望提供稳健性好的试验设计方法，稳健设计和均匀设计有时可提供参考。

1.3.3　非参数回归模型

若试验者对所探索的模型没有太多的知识，则可用下述模型来描述

$$y = m(x) + \varepsilon$$

式中 ε 为随机误差，$E(\varepsilon)=0$，$\mathrm{Var}(\varepsilon_{ij})=\sigma^2$；函数 $m(x)$ 未知，因其包含未知参数，因此称为"非参数回归模型"。为了估计模型，直观上需将试验点充满试验范围，于是产生了空间填充设计（space-filling design），均匀设计就是空间填充设计的重要方法。

1.3.4　稳健回归模型

若试验者知道因素和响应之间为半参数回归模型，即

$$y = f(x; b) + h(x) + \varepsilon$$

式中，函数 $f(x; b)$ 为主体部分，形式已知，但未知参数 b 需要估计，且尚有 $h(x)$ 需要估计。实际应用中 $f(x; b)$ 多为线性函数，$h(x)$ 是模型偏差，是试验者对真模型未知的部分，可能属于某个函数类。稳健回归设计考虑当模型偏差在一定范围时，寻找合适的试验点使模型得以最准确地估计。

1.4　试验类型

根据试验中是否存在因素之间的限制，可分为无约束试验（unconstrained design）或混料试验（mixture design）。

无约束试验是指各因素均可以自由地选择试验值，不受其他因素的约束。这种试验很常见，典型的设计方法有全面设计、正交设计、一次回归正交设计等，如例 3-3。

【例 3-3】　某化工产品的合成工艺中，考虑反应温度（A）、压力（B）和催化剂用量（C），并选择试验范围为：

温度（A）：60℃～120℃。

压力（B）：4～6 个大气压或 0.4～0.6 MPa。

催化剂用量（C）：0.5%～5%。

然而在某些试验中，因素之间的取值会相互影响，最典型的就是混料设计，如例 3-4 和例 3-5。

【例 3-4】　为了制作色香味俱全的面包，需合理搭配其中的原料，即确定面粉（A）、水

（B）、牛奶（C）、糖（D）、鸡蛋（E）等原料的比例。

【例 3-5】 某混凝土配合比设计，需确定砂（A）、石（B）、水泥（C）、粉煤灰（D）和水（E）的比例。

显然，各因素之间的比例都应该为非负，且比例之和应等于 100%，因此混料试验通常也可称为配方试验。假设因素有 a 个，且各因素所占比例为 x_i，则有下面的约束条件：

$$\begin{cases} x_i \geqslant 0 \\ \sum_{i=0}^{a} x_i = 1 \end{cases}$$

然而如果进一步了解到例 3-4 中，面粉（A）和水（B）所占的比例应该较大，其他因素所占比例较小，或例 3-5 中，砂（A）、石（B）所占比例较大，则可进一步约束：$0 \leqslant C_i、D_i、E_i \leqslant x_1 \leqslant A_i、B_i \leqslant x_2 \leqslant 1$，其中 x_1 和 x_2 为阈值。

根据试验轮次的多少，试验可分为单一试验和序贯试验。根据一轮试验的数据，分析其数据即可实现试验目的，试验终止，这种试验称为单一试验。然而，实际上通常在做完试验的一轮分析之后，往往要追加一些试验，以求弥补、修改、验证原理的做法和想法，从而通过一轮又一轮的试验得到或逼近最优解，这种试验方法称为序贯试验。响应曲面分析就是最流行的序贯试验方法。

1.5 试验设计基本方法

所有的创新都是建立在分析已有研究结果或成果的基础上进行可行性分析，分析现有研究水平、产品改进或创新理论，建立理论与实践的关系，设计试验方案，采用合理的模型与数据分析处理方法，得出科学结论与规律。因此要特别重视试验方案设计中的设计基础，即指标的合理确定与模型建立方法，分清主要因素与次要因素，对各因素的水平进行合理取值。

总体说来，科学研究或产品更新换代所需进行的试验设计，具体步骤如图 3-1 所示。

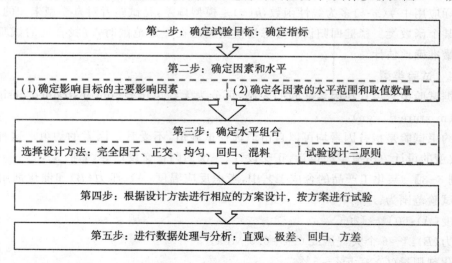

图 3-1　试验设计流程图

依据先后顺利，主要包括 5 个方面：

（1）确定试验指标——一般依据生产中遇到的问题、市场需求的新产品、现有产品的新功能等需求进行确定。尽可能选择可量化指标，且指标要求不能太多，或者首先进行指标要求的综合评估。

（2）因素与水平的选择——依据文献检索和实际经验的总结。

（3）误差控制——根据试验类型，选定设计方法，要求试验点均衡搭配、次数合理，能得出有效规律或模型，然后确定试验方案。

（4）分析测试——试验方法的选择、进行试验测试。

（5）数据处理——采用直观、极差、回归、方差，分析试验结果。

第 2 节　全面试验设计

全面试验（overall experiment），也称全因子试验、完全析因试验，指对所选取的因素的所有水平组合全部实施一次以上的试验。在列出因素水平组合时，要求每一个因素的每个水平都要搭配一次，这时水平组合的数量等于各因素水平的乘积。如对于某材料性能的提升时，选择了 3 种试验因素：添加剂品种 A、添加剂掺量 B（%）、反应温度 C（℃）。每种因素取 3 个水平，添加剂三种：硅酸钠 A_1、三乙醇胺 A_2、葡萄糖酸钠 A_3，每种添加剂选择三个掺量：1%（B_1）、3%（B_2）、5%（B_3），反应温度三个：40℃（C_1）、50℃（C_2）、60℃（C_3），如表 3-2 所示。对应于 A_1 的组合有 B 的 3 个水平和 C 的 3 个水平的所有组合，共 $3×3=9$ 种，三个因素，则组合最少有 $3×3×3=27$ 种，如图 3-2 所示，这就构成了三因素三水平的全面试验。

表 3-2　材料性能提升因素水平表

	因素 A/添加剂品种		因素 B/添加剂掺量（%）		因素 C/反应温度（℃）	
水平 1	A_1	硅酸钠	B_1	1%	C_1	40℃
水平 2	A_2	三乙醇胺	B_2	3%	C_2	50℃
水平 3	A_3	葡萄糖酸钠	B_3	5%	C_3	60℃

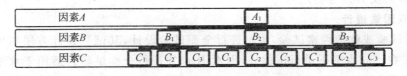

图 3-2　因素的全面搭配方法

全面试验的优点是能够获得全面的试验信息，无一遗漏，各因素之间交互作用对指标的影响可以剖析得非常清楚。其缺点也非常明显：当因素和水平数较多时，水平组合数太多，如果还要设计重复试验，则试验量非常庞大，以至于试验的人力、物力、财力、场地等难以承受，因此全面试验存在较大的局限性。由于当因子水平超过 2 时，试验次数随因素数的增长呈指数增长，因此全因子试验设计一般仅限于因素个数和水平数都较少的时候应用，如单因素、双因素试验或两水平中。如确实需要做三水平和更多水平的全因子试验，也可进行相关设计。但是一般认为，加上中心点后，进行两水平的试验设计在工程实践中已经足够，甚至可以代替三水平的试验，而且分析简明易行，现已被工程师们普遍采用。

2.1 单因素设计

单因素试验可视为全因子试验,每一试验点可以进行 1 次试验,也可进行多次重复试验。如考察温度因素对某一化工产品得率的影响,试验选取了五种不同的温度,同一温度进行了三次试验,试验结果列于表 3-3 中。

表 3-3 温度与得率的测试值

温度(℃)	60	65	70	75	80
得率(%)	90	97	96	84	84
	92	93	96	83	86
	88	92	93	88	82
平均得率(%)	90	94	95	85	84

通过单因素多水平的试验设计,可以判断出因素随水平变化的趋势。如上述研究中,绘出温度-得率曲线,如图 3-3 所示。

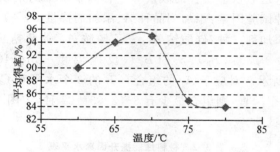

图 3-3 某化工产品的温度-得率曲线

可以看出,在水平的取值范围(温度 60℃~80℃)内,随着温度的提高,其产品得率先提高然后降低,因素的最佳取值应该为得率最高点,即 70℃。事实上,在 65~70℃之间,产品的得率变化不大,且按平滑曲线趋势图,可能最佳值在两者之间。此外,此时还应该注意试验误差(详见后文方差分析)。

2.2 双因素设计

双因素试验或称两因素试验,也可进行全面试验设计,其试验设计方法与单因素类似,除了因素 A 在不同水平下进行试验外,因素 B 也须进行全面试验。适用于水平变化量多,需反映某因素的趋势。

【例 3-6】 研究含水率(1d,2d,3d,…)对混凝土的气体渗透系数(简称气渗系数)的影响规律,为单因素试验。首先测试混凝土在不同龄期(1d,2d,3d,…,8d)的含水率,同时也可测出不同干燥龄期下混凝土的气渗系数,测试了 C30 混凝土含水率和气渗系数随干燥龄期的变化趋势如图 3-4 所示。

可以看出,对随着干燥龄期的增长,混凝土的含水率逐渐降低,气渗系数逐渐增大。此时无法得出试验的最优水平,只能得到趋势关系。

如在考虑混凝土含水率的同时,还欲考虑强度等级对混凝土气渗系数的影响,如 C30 和 C50 混凝土气体渗透系数规律的对比,如图 3-5 所示,则变成了双因素全面试验设计。

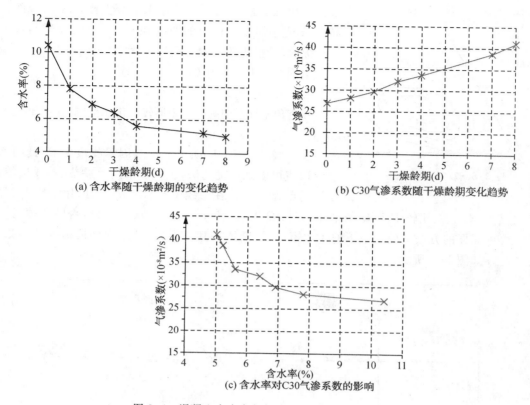

(a) 含水率随干燥龄期的变化趋势
(b) C30气渗系数随干燥龄期变化趋势
(c) 含水率对C30气渗系数的影响

图 3-4　混凝土含水率与气渗系数之间的相互关系

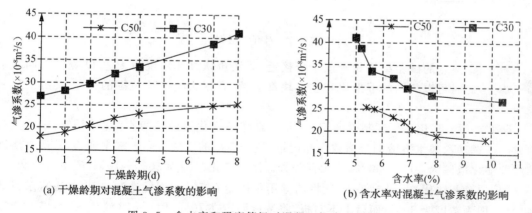

(a) 干燥龄期对混凝土气渗系数的影响
(b) 含水率对混凝土气渗系数的影响

图 3-5　含水率和强度等级对混凝土气渗系数的影响

　　此时可以做出强度等级对气渗系数影响规律的对比,如由图可以看出 C50 混凝土和 C30 混凝土有着相似的趋势和规律,但 C50 混凝土的气体渗透系数显著低于 C30 混凝土。

　　显然,双因素的试验次数显著增大,水平的优选也比较复杂,如何对试验进行优化设计呢? 双因素优选问题,就是迅速地找到二元函数 $z = f(x, y)$ 的最大值及其对应的(x, y)点的问题,这里 x, y 代表的是双因素。假定处理的是单峰问题,也就是把 x, y 平面作为水平面,试验结果 z 看成这一点的高度,这样的图形就是一座山,双因素优选法的几何意义是

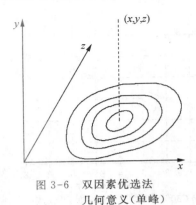

图 3-6 双因素优选法
几何意义（单峰）

找出该山峰的最高点。如果在水平面上画出该山峰的最高点（z 值相等的点构成的曲线在 x-y 上的投影），如图 3-6 所示，最里边的一圈等高线即为最佳点。

下面介绍几种常用的双因素优选法。

2.2.1 对开法

在直角坐标系中画出一矩形代表优选范围：$a < x < b$，$c < y < d$。

在中线 $x = (a+b)/2$ 上用双因素找最大值，此时水平的取值可以采用优选法，也可以采用等差法、等比法等，设最优点为 P 点。在中线 $y = (c+d)/2$ 上用双因素找最大值，设为 Q 点。比较 P 和 Q 的结果，如果 Q 大，去掉 $x < (a+b)/2$ 部分，否则去掉另一半。再用同样的方法来处理余下的半个矩形，不断地去其一半，逐步地得到所需的结果。优选过程如图 3-7 所示。

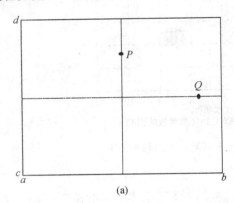

(a)

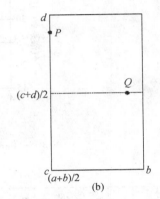

(b)

图 3-7 对开法图例

当 P、Q 两点的试验结果相等或十分接近（无法辨认好坏），说明 P 和 Q 点位于同一条等高线上，此时可以将图的下半块和左半块都去掉，直接丢掉试验范围的 3/4，仅留下第一象限。

【例 3-7】 某化工厂试制磺酸钡，其原料磺酸是磺化油经乙醇水溶液萃取出来的。试验目的是选择乙醇水溶液的合适浓度和用量，使分离出的磺酸最多。根据经验，乙醇水溶液的浓度变化范围为 50%～90%（体积百分数），用量变化范围为 30%～70%（质量百分数）。

解：用对开法优选，如图 3-8，先将乙醇用量固定在 50%，用优选法（0.618 法），求得 A 点较好，即为浓度为 80%；而后上下对折，将浓度固定在 70%，用 0.618 法优选，结果 B 点较好，如图 3-8(a)。比较 A 点与 B 点的试验结果，A 点比 B 点好，于是丢掉下半部分。在剩下的范围内再上下对折，将浓度固定于 80%，对用量进行优选，结果还是 A 点最好，如图 3-8(b)。于是 A 点即为所求。即乙醇水溶液浓度为 80%，用量为 50%。

2.2.2 旋升法

如图 3-9，在直角坐标系中画出一矩形代表优选范围：$a < x < b$，$c < y < d$。

先在一条中线，例如 $x = (a+b)/2$ 上，用单因素优选法或等差法等求得最大值，假定在 P_1 点取得最大值，然后过 P_1 点作水平线，在这条水平线上进行单因素优选，找到最大值，假

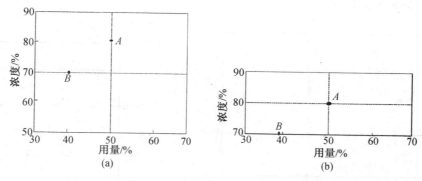

图 3-8　磺酸钡双因素优选图示例

定在 P_2 处取得最大值,如图 3-9(a)所示,这时应去掉通过 P_1 点的直线所分开的不含 P_2 点的部分;又在通过 P_2 的垂线上找最大值,假定在 P_3 处取得最大值,如图 3-9(b)所示,此时应去掉 P_2 的上部分,继续做下去,直到找到最佳点。

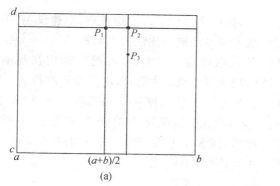
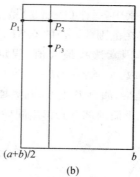

图 3-9　旋升法图例

该方法的每一次单因素优选,都是将另一因素固定在前一次优选所得最优水平点上,因此也称为"从好点出发法"。

采用该方法优选时,哪个因素放前面,哪个因素放后面,对于优选的速度影响很大,一般按各因素对试验结果影响的大小顺序,往往能较快得到满意的结果。

【例 3-8】　阿托品是一种抗胆碱药。为了提高产量降低成本,利用优选法选择合适的酯化工艺条件。根据条件,主要影响因素为温度与时间,其试验范围为:温度:55℃～75℃,时间:30 min～310 min。

解:① 先固定温度为 65℃,用单因素优选时间,得最优时间为 150 min,其得率为 41.6%。

② 固定时间为 150 min,用单因素优选法优选温度,得最优温度为 67℃,其得率为 51.6%(去掉小于 65℃部分)。

③ 固定温度为 67℃,对时间进行单因素优选法优选,得最优时间为 80 min,其得率为 56.9%(去掉 150 min 上半部)。

④ 再固定时间为 80 min,又对温度进行优选,这时温度的优选范围为 65℃～75℃。优选结果还是 67℃。到此试验结束,可以认为最好的工艺条件为温度:67℃,时间:80 min,得率:56.9%。

优选过程如图 3-10 所示。

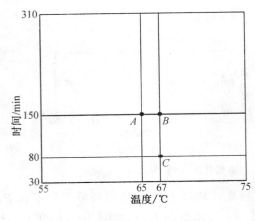

图 3-10　旋升法优选实例图

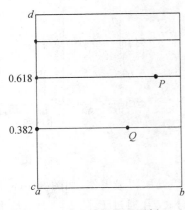

图 3-11　平行线法图例

2.2.3　平行线法

两个因素中,一个(例如 x)易于调整,另一个(例如 y)不易调整,则建议用"平行线法",先将 y 固定在范围 (c,d) 的 0.618 处(也可等差法或等比法取点),即取:$y=c+(d-c)\times 0.618$。用单因素法找最大值,假定在 P 点取得这一最大值,再把 y 固定在范围 (c,d) 的 0.382 处,即取:$y=c+(d-c)\times 0.382$。用单因素找最大值,假定在 Q 点取得这一最大值,比较 P、Q 的结果,如果 P 点好,则去掉 Q 点下面部分,即去掉 $y\leqslant c+(d-c)\times 0.382$ 的部分(否则去掉 P 点上面的部分),再用同样的方法处理余下的部分,如此继续,如图 3-11 所示。

注意,因素 y 的取点方法不一定按 0.618 法,也可以固定在其他合适的地方。

2.2.4　翻筋斗法

从一个等边三角 ABC 出发(见图 3-12),在三个顶点 A,B,C 各做一个试验,如果 C 点所做的试验最好,则作 C 点的对顶同样大的等边三角形 CDE,在 D,E 处做试验,如果 D 点好,则再作 D 点的对顶同样大的等边三角形,一直作下去,如果在 F,G 处做试验,都没有 D 点好,则取 FD 及 GD 的中点 F',G' 做试验,也可以取 CE 及 ED 的中点做试验,再用以上的方法,如果在 D 的两边一分再分都没有找到比 D 点好的点,一般来说,D 点就是最好点了。

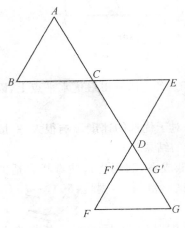

图 3-12　翻筋斗法实例图

研究发现,其实上面关于等边三角形的限制不是必需的,根据具体情况可用直角三角形、任意三角形都行。

2.3　交互作用

如果因子 X_1 的效应依赖于因子 X_2 所处的水平,则称因子 X_1 和 X_2 之间存在交互作用。即因素之间存在相互影响,一个因素 A 对指标的影响与另一因素 B 取什么水平有关,A 与 B 的交互作用可用 $A\times B$ 表示。

如何确定两因素之间是否有交互作用?此时一般可设计两因素两水平试验。做四次试验,作水平-因素关系图,通过作图即可大致判断出来。如因素间有交互作用,则两直线直接交叉;反之,如两直线基本平行,则说明无交互作用。当然,由于试验误差的存在,两直线不可能完全平行,只要大体平行,我们就可判定交互作用很小或基本上没有。

【例 3-9】　某合成橡胶的生产中,催化剂的用量是一个重要因素,聚合反应温度也是很重要的因素,现以转化率(%)作为指标来检验这两个因素是否有交互作用。假如进行了四次试验,所得试验结果如表 3-4 和图 3-13 所示。

表 3-4　转化率试验结果

催化剂用量(mL)	聚合温度(℃)	
	30	50
4	84.8	96.2
2	87.6	75.5

从中无法肯定哪种催化剂用量和催化温度为好,因为催化剂用量为 4 mL 时,50℃比 30℃好,转化率高出 11.4%,而催化剂用量为 2 mL 时,30℃比 50℃好,转化率高出 12.1%。从图中我们也可以看出,两条直线是交叉的,也说明催化剂用量和催化温度具有交互作用。

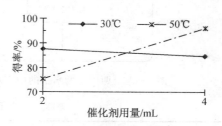

图 3-13　因素与水平的交互作用

如试验因素间存在交互作用,试验设计时要充分考虑,此时因素还应包括那些单独变化水平时效果可能不大,但与其他因素同时变化时交互作用较大的因素,这样才能保证试验的代表性。

2.4　两水平(2^k 因子)设计

将 k 个因子的两水平全因子试验记为 2^k,同时 2^k 也恰好是 k 个因子的两水平全因子试验所需的最少试验次数。根据均衡搭配的原则,2^2 为两因子两水平全因子试验,如表 3-5 所示。

表 3-5　两因子两水平 2^2 全因子试验设计表

试验序号	因素 A	因素 B
1	水平 1	水平 1
2	水平 1	水平 2
3	水平 2	水平 1
4	水平 2	水平 2

根据试验设计原则,尽可能通过重复试验减小误差,或者估计误差。最简单的办法就是在每个试验点重复两次或更多次,但试验次数却大大增加。另外一个巧妙的办法就是取中心点,并在中心点处安排多次重复试验。

中心点在所有变量都是连续变量时比较容易找到,那就是各因素皆取其水平的平均值,如因素 A 有水平 A_1 和 A_2,因素 B 有水平 B_1 和 B_2,则中心点的水平为 $[(A_1+A_2)/2,(B_1+B_2)/2]$,经常用作零水平的设计。如果因子为离散性变量(如因子为材料品种)时,可以选取其搭配中的某一个组合作为"伪中心点",如图 3-14 所示。

选择中心点,更多的是强调重复,其优势在于相当于增加了水平数,因而增加了评估趋势的能力。而且在把因子点的试验顺序随机化后,把中心点的试验分别在试验开始、试验中间和试验结尾等进行,那么中心点的这几个测试值应该仅存在随机误差,如果这几个值之间差别较大,则应仔细考虑试验过程中可能出现的各种异常状况。

图 3-15 显示了三个因子(A、B 和 C 因子)、两水平(1 和 -1)的 2^3 因子设计的试验单元安排原理,立方体的各个顶点便是试验设计中安排的试验单元。各顶点在三维坐标体系中的坐标可以用矩阵方式表示,试验单元的排列组合方法即为立方体顶点的坐标矩阵,如表 3-6 所示。一般两因子的水平 1 和水平 2 可以分别用 -1 和 1 表示。

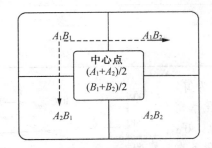

图 3-14　两因素两水平的中心点的设置

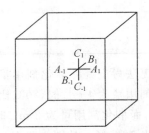

图 3-15　2^k 因子试验设计点阵

表 3-6　三因子两水平 2^3 全因子试验设计表

试验序号	因素 A	因素 B	因素 C	$A \times B$	$A \times C$	$B \times C$	$A \times B \times C$
1	-1	-1	-1	1	1	1	-1
2	1	-1	-1	-1	-1	1	1
3	1	1	-1	1	-1	-1	1
4	1	1	-1	1	1	1	1
5	-1	-1	1	1	-1	-1	-1
6	1	-1	1	-1	1	-1	-1
7	-1	1	1	-1	-1	1	-1
8	1	1	1	1	1	1	1

为了有效地减少试验单元的个数,依据数学理论提出了二阶部分因子试验设计,它主要用于试验设计初期所面对大批因子数量时而安排的筛选试验,其试验单元安排只考虑测试影响响应的主效应和二阶交互作用。在 2^{k-p} 二阶部分因子试验设计需严格遵循以下三个原则:

(1)主效应原则,主效应原则也称低次优先原则,它指对一个系统或一个过程只有主效应及低阶交互作用是显著的。

(2)稀疏原则,它指部分因子试验设计的精准性仅来源于少数几个因子。

(3)遗传原则,它指只有包含显著主效应因子的交互作用才可能显著。

通过少量因素的两水平试验,可以得出各因素的发展趋势或规律,并判断交互作用等。

2.5　主效应因素的确定

在生产和科学试验中遇到的大量问题,大多是多因素问题。随着因素数的增多,试验次数也会迅速增加,所以不能把所有因素平等看待,而应该将那些影响不大的因素暂且撇开,着重于抓住少数几个起决定作用的因素来进行研究。

　　一个因子的各水平之间的响应平均数存在差异,称为该因子的主效应。主、次因素的确定,对于优选法是很重要的。如果限于认识水平确定不了哪一个是主要因素,这时就可以通过试验来解决。此处介绍一种简单的试验判断方法,具体做法如下:先在因素的试验范围内做两个试验(一般可选 0.618 和 0.382 两点),如果这两点的效果差别显著,则为主要因素;如果这两点的差别不大,则在(0.382~0.618)、(0~0.382)和(0.618~1)三段的中点分别再做一次试验,如果仍然差别不大,则此因素为非主要因素,在试验过程中可将该因素固定在 0.382~0.618 间的任一点。可得这样一个结论:当对因素做了五点以上试验后,如果各点效果差别不明显,则该因素为次要因素,不要在该因素上继续试验,而应按同样的方法从其他因素中找到主要因素再做优选试验。

习　　题

　　3.1　正确理解试验指标、试验因素和因素水平的概念,并以提出的某个目标要求,通过文献检索的方法,提出实现该目标的合理指标、因素和水平。

　　3.2　试验设计应遵循的基本原则是什么,这些原则各发挥什么作用?

　　3.3　试验研究方案有哪些类型?如何选择,并拟定合理的试验方案?根据题 3.1 提出的目标要求,在指标、因素和水平的基础上,进行试验方案的初步设计。

　　3.4　双因素试验时,如何优选水平?

第4章 正交设计

第1节 正交表及其构造方法

1.1 正交表

设 A 是一个 $n \times k$ 的矩阵，其中第 j 列元素由 $1, 2, \cdots, m(j=1,2,\cdots,k)$ 构成，若矩阵 A 的任意两列搭配均衡，则称 A 为正交表(orthogonal table)。这种表具有正交性，即：任意两列之间可以相互交换即进行"列间置换"，任意两行之间也可以相互交换即进行"行间置换"，任意一列的各水平数字也可以相互交换即进行水平置换。进行列间置换、行间置换和水平置换后的正交表与原正交表等价。

正交表是一种设计好的固定格式，其表示形式一般记为 $L_n(m^k)$，其中 L(latin square)表示正交表的代号，n 是表的行数，也是试验要安排的次数，k 为表中的列数，表示最多可安排的因素个数，m 是各因素的水平数。如 $L_8(2^7)$、$L_{16}(2^{15})$、$L_9(3^4)$、$L_{27}(3^{13})$、$L_{16}(4^5)$、$L_{16}(4^2 \times 2^9)$ 等都是常用正交表，L 下面的数字如 8、16、9、27、16 等均表示试验次数，括号内的指数如 7、15、4、13、5 等表示试验影响因素的个数，括号内下面的数字如 2、3、4 等表示最多安排的各个因素的水平数(即取值变化数)。如 $L_{16}(2^{15})$ 表示需做 16 个试验，最多安排 15 个因素，每个因素取 2 个水平。$L_8(4 \times 2^4)$ 表示需做 8 次试验最多安排 5 个因素，其中 1 个 4 水平的因素和 4 个 2 水平的因素。

1.2 正交表的构造方法

不同水平的正交表的构造方法不同。两水平的正交表采用哈达马矩阵法，三水平和四水平正交表采用拉丁方法，而混合水平正交表多采用并列设计法。

1.2.1 两水平正交表的哈阵构造法

构造两水平的正交表的简便方法是哈达马(Hadamard)矩阵法即哈阵，所谓哈阵就是以 $+1$ 和 -1 为元素，并且任意两列正交的方阵。其方法为从最简单的 $\boldsymbol{H}_2 = \begin{pmatrix} 1 & 1 \\ 1 & -1 \end{pmatrix}$ 出发，利用直积的方法，逐步地构造出高阶的哈阵。

首先介绍一下直积(Kronecker 乘积, direct product)的定义，设两个 2 阶方阵 $\boldsymbol{A}$、$\boldsymbol{B}$，其中

$$\boldsymbol{A} = \begin{bmatrix} a_{11} & a_{12} \\ a_{21} & a_{22} \end{bmatrix}, \boldsymbol{B} = \begin{bmatrix} b_{11} & b_{12} \\ b_{21} & b_{22} \end{bmatrix}, 则 \boldsymbol{A} 和 \boldsymbol{B} 的直积记为 \boldsymbol{A} \otimes \boldsymbol{B}，且$$

$$\boldsymbol{A} \otimes \boldsymbol{B} = \begin{bmatrix} a_{11} & a_{12} \\ a_{21} & a_{22} \end{bmatrix} \otimes \begin{bmatrix} b_{11} & b_{12} \\ b_{21} & b_{22} \end{bmatrix} = \begin{bmatrix} a_{11}b_{11} & a_{11}b_{12} & a_{12}b_{11} & a_{12}b_{12} \\ a_{11}b_{21} & a_{11}b_{22} & a_{12}b_{21} & a_{12}b_{22} \\ a_{21}b_{11} & a_{21}b_{12} & a_{22}b_{11} & a_{22}b_{12} \\ a_{21}b_{21} & a_{21}b_{22} & a_{22}b_{21} & a_{22}b_{22} \end{bmatrix}$$

哈阵具有以下两个性质：

定理 1：设 2 阶方阵 A,B，如果它们中的两列是正交的，则它们的直积 $A \otimes B$ 的任意两列也是正交的。

定理 2：两个哈阵的直积是一个高阶的哈阵。

据此，可以从简单的哈阵，用直积的方法得出高阶的哈阵。如 H_4 的构造方法为：

$$H_4 = H_2 \otimes H_2 = \begin{pmatrix} 1 & 1 \\ 1 & -1 \end{pmatrix} \otimes \begin{pmatrix} 1 & 1 \\ 1 & -1 \end{pmatrix}$$

$$= \begin{bmatrix} 1 \otimes \begin{pmatrix} 1 & 1 \\ 1 & -1 \end{pmatrix} & 1 \otimes \begin{pmatrix} 1 & 1 \\ 1 & -1 \end{pmatrix} \\ 1 \otimes \begin{pmatrix} 1 & 1 \\ 1 & -1 \end{pmatrix} & -1 \otimes \begin{pmatrix} 1 & 1 \\ 1 & -1 \end{pmatrix} \end{bmatrix} = \begin{bmatrix} 1 & 1 & 1 & 1 \\ 1 & -1 & 1 & -1 \\ 1 & 1 & -1 & -1 \\ 1 & -1 & -1 & 1 \end{bmatrix}$$

将 H_4 的第一列去掉，再将 -1 改为 2，便得到最简单的两水平正交表 $L_4(2^3)$。将 H_2 与 H_4 直积得到 H_8，将 H_8 的第一列去掉即得到正交表 $L_8(2^7)$。再继续下去，将 H_2 与 H_8、H_2 与 H_{16}、H_2 与 H_{32}、$\cdots$ 直积得到 H_{16}、H_{32}、H_{64}、$\cdots$，同样去掉第一列即得到 $L_{16}(2^{15})$、$L_{32}(2^{31})$、$L_{64}(2^{63})$、$\cdots$。用这种方法构造的正交表，它的列数总是比行数少 1，由于哈阵的阶数都是偶数，所以 2 水平的正交表的行数总是偶数。

1.2.2　三水平正交表的拉丁方构造法

三水平正交表的构造比较复杂，这里介绍一种正交拉丁方构造三水平正交表的方法。用 n 个不同的拉丁字母排成一个 $n(n \leqslant 26)$ 阶方阵，如果每个字母在任意一行、任意一列中只出现一次，则称这种方阵为 $n \times n$ 的拉丁方，简称 n 阶拉丁方。

正交拉丁方定义：设有两个同为 n 阶的拉丁方，在同一位置上的数依次配置成对时，组成完全对，且每个有序数对恰好各不相同，即相互正交。一般处理方法为把当中某些行式列对调，则称这两个拉丁方为互相正交的拉丁方，简称正交拉丁方。例如：

3 阶拉丁方中
$$\begin{matrix} A & B & C \\ B & C & A \\ C & A & B \end{matrix}$$
与
$$\begin{matrix} A & B & C \\ C & A & B \\ B & C & A \end{matrix}$$
是正交拉丁方。

4 阶拉丁方中
$$\begin{matrix} A & B & C & D \\ B & A & D & C \\ C & D & A & B \\ D & C & B & A \end{matrix}$$
与
$$\begin{matrix} A & B & C & D \\ D & C & B & A \\ B & A & D & C \\ C & D & A & B \end{matrix}$$
与
$$\begin{matrix} A & B & C & D \\ C & D & A & B \\ D & C & B & A \\ B & A & D & C \end{matrix}$$
是正交拉丁方。

在各阶拉丁方，正交拉丁方的个数都是确定的。在 3 阶拉丁方中，正交拉丁方只有 2 个；4 阶拉丁方中，正交拉丁方只有 3 个；5 阶拉丁方中，正交拉丁方只有 4 个；6 阶拉丁方中没有正交拉丁方。数学上已经证明，对 n 阶拉丁方，如果有正交拉丁方，最多只有 $n-1$ 个。为了方便，可将字母拉丁方改成数字拉丁方，这不影响问题的本质。

设有四个因素 A、B、C、D，均为三水平的试验。首先考虑 A 和 B 两个因素，把所有搭配排列出来，即进行 $3^2 = 9$ 次全面试验，构成两个基本列，如表 4-1 的第 1 列和第 2 列。其中

因素 A 的各水平出现的情况：$\begin{matrix}1 & 1 & 1 \\ 2 & 2 & 2 \\ 3 & 3 & 3\end{matrix}$，因素 B 各水平出现的情况为：$\begin{matrix}1 & 2 & 3 \\ 1 & 2 & 3 \\ 1 & 2 & 3\end{matrix}$。其次再考

虑增加因素 C,它的各水平出现的情况必须每行和每列都是不同的数字。如拉丁方:

1　2　3

2　3　1,按顺序排成一列,作为第 3 列。再考虑增加一个因素 D,这个拉丁方必须与第 3

3　1　2

$$1\quad 2\quad 3$$

列的拉丁方正交,为:3　1　2,排成一列,作为第 4 列。4 个方阵分别变成一列拼凑起来,

2　3　1

就得到正交表 $L_9(3^4)$,如表 4-1 所示。

表 4-1　正交表 $L_9(3^4)$

列号 试验号	1(A)	2(B)	3(C)	4(D)
1	1	1	1	1
2	1	2	2	2
3	1	3	3	3
4	2	1	2	3
5	2	2	3	1
6	2	3	1	2
7	3	1	3	2
8	3	2	1	3
9	3	3	2	1

1.2.3　四水平正交表的拉丁方构造法

四水平正交表的构造可采用与三水平相似的构造方法,先考虑两个因素 A 和 B,把它们所有的水平搭配写出来,构成两个基本列,然后再写出 3 个正交拉丁方,分别按顺序连成一列,再顺序放在基本列的右面,就得到一个 5 阶 16 行的矩阵,再配上行号和列号,即得到 $L_{16}(4^5)$ 正交表。同样的方法还可以构造出 $L_{25}(5^6)$,$L_{49}(7^8)$ 等。

拉丁方设计的阶数不宜取太大,其原因在于太大的拉丁方设计很难控制区组间的变差,从而使设计的有效性降低,拉丁方阶数一般取小于或等于8。

1.2.4　混合水平正交表的并列设计法

某些混合型正交表的构造是由标准正交表采取并列设计法构造出来的,即由水平数相同的正交表构造水平数不同的正交表,由 $L_n(m^k)$ 型正交表构造 $L_n(m_1^{k1} \times m_2^{k2})$ 型正交表设计方法,其方法是将水平数为 m 的正交表的任意两列合并,同时划去交互作用列,构成一个 m^2 等水平的数列。交互作用列一般是两列的对应元素相乘(数学概念中的点乘)所得到的列。如正交表 $L_8(2^7)$ 构造 $L_8(4 \times 2^4)$,先将第 1、2 列进行合并,第 1 列和第 2 列对应元素点乘,结果刚好是第 3 列,即为两者的交互作用列,因此去掉第 3 列,得到一个四水平的列,具

体表现为:

$$(1,\ 1,\ 1)\ \rightarrow\ 1$$
$$(1,\ 2,\ 2)\ \rightarrow\ 2$$
$$(2,\ 1,\ 2)\ \rightarrow\ 3$$
$$(2,\ 2,\ 1)\ \rightarrow\ 4$$

　　类似地,将第 3 列和第 4 列点乘,得到第 7 列。在文献中,常给出"使用表"的形式,根据使用表来简单判断交互作用列。

　　同理,可将 $L_{16}(2^{15})$ 构造成 $L_{16}(4 \times 2^{12})$、$L_{16}(4^2 \times 2^9)$、$L_{16}(4^3 \times 2^6)$、$L_{16}(4^4 \times 2^3)$、$L_{16}(4^5)$、$L_{16}(8 \times 2^8)$,将 $L_{27}(3^{13})$ 构造成 $L_{27}(9 \times 3^9)$ 等正交表。

　　事实上,并列设计法本身也是一种混合水平的试验设计方法,主要适合于水平数成倍数的混合水平表。当无法找到合适的混合水平表时,可以直接自行设计与构造。

　　水平数不成比例的混合水平表可以通过组合法、追加法(见混合水平正交设计部分)、直积法(见稳健设计)等方法构造,如常用的不等水平混合水平表有 $L_{12}(3 \times 2^4)$,$L_{12}(6 \times 2^2)$、$L_{16}(3 \times 2^{13})$、$L_{16}(3^2 \times 2^{11})$、$L_{16}(3^3 \times 2^9)$、$L_{18}(2 \times 3^7)$、$L_{18}(6 \times 3^6)$、$L_{20}(5 \times 2^8)$、$L_{20}(10 \times 2^2)$、$L_{24}(3 \times 21^6)$、$L_{24}(12 \times 12^2)$、$L_{24}(3 \times 4 \times 2^4)$、$L_{24}(6 \times 4 \times 2^3)$、$L_{32}(2 \times 4^9)$、$L_{32}(8 \times 4^8)$ 等。如 $L_{18}(2 \times 3^7)$ 即为用两个正交表 $L_9(3^4)$ 进行组合设计。

第 2 节　正交试验设计

　　正交试验设计(orthogonal design),简称正交设计(orthoplan),是在大量实践的基础上总结出来的一种科学的试验设计方法,它是用一套规格化的正交表格,采用均衡分散性、整齐可比性的设计原则,合理安排试验。"均衡分散性"的目的是使试验点具有代表性,而"整齐可比性"是为了便于试验的数据分析。

2.1　正交设计的基本方法

　　正交试验设计主要包括以下几方面的内容:

　　(1) 确定试验指标:根据研究目的,产品要求等,选择合理可定量表征的指标,明确重点应解决的问题;

　　(2) 选择因素与水平数:根据试验指标,结合经验合理选择;

　　(3) 选择合适的正交表:主要根据因素水平数,然后进行表头设计;

　　(4) 进行试验,依据合适的试验标准,并进行结果测试;

　　(5) 数据分析和处理。

　　正交设计试验指标的因素及其对应水平的确定方法与全面试验设计相似,得到因素水平表后即可进行,将因素水平放进正交表中即可进行试验方案的设计。

　　如何选择正交表呢? 正交表的选用先看水平数,一般遵从水平数与试验水平相同,因素数大于或等于实际因素,确定因素水平后再选用合适的正交表。如各因素水平是一样的,如全为 2 水平的可选用 $L_8(2^7)$、$L_{16}(2^{15})$ 等正交表,对水平数不等的可选用 $L_8(4 \times 2^4)$、$L_{16}(4^2 \times 2^9)$、$L_{16}(4^3 \times 3^6)$ 等正交表,部分正交表列于附表 6。如研制粉煤灰混凝土,影响因素有:①水灰比;②粉煤灰掺量;③砂率;④养护方式,如每种方法变化 3 次,在正常情况下用全面试验方法要做 $3^4 = 81$ 次试验,如果利用正交设计,将各因素适当地组合,则仅需做 9 次试验即可。

　　【例 4-1】　某研究单位利用工业废料——煤渣来制备砖(一种墙体材料),通过试验找到合理的生产工艺,以提高煤渣砖的抗折强度。

　　分析:首先确定因素,从实践中得知,生产煤渣砖的成型水分的多少,材料碾压时间长短,每次碾压料重这三种因素,都会影响其抗折强度,对于这些因素,哪个因素影响最大,各个因素取值多少最好,如何搭配最好,这些问题可通过正交设计来解决。首先根据因素水平选用正交表即试验计划表,此处选择了 3 个因素,每个因素取了 3 个水平,因此选用正交表 $L_9(3^4)$,其中第 4 列不做安排。正交表选好后,把各个因素排在正交表表头的适当列上,称为表头设计或排表头。如本例中,第一列取为因素 A,成型水分,第二列取为因素 B,碾压时间,第三列取为因素 C,一次碾压料重。表头设计后开始填表,将因素水平填到选取的正交表中,形成试验方案如表 4-2,并根据正交表进行试验,并用 K 表示同一水平各因素的试验指标抗折强度的总和,下标表示相应的水平;m 表示相应试验结果平均值,其试验方案及其结果列于表 4-3 中。

该试验为三因素三水平,$m = K/3$。极差为同一水平各因素中平均值的最大与最小值之差即 $m_{max} - m_{min}$,如第一列的极差为 $m_3 - m_1 = 2.29 - 1.76 = 0.53$。比较各列的极差,极差大表示在这个水平变化范围内造成的差别大,对试验指标产生的影响较大,是主要影响因素;极差小的对试验结果产生的影响较小,是次要影响因素。绘出同一因素不同水平对抗折强度的影响,绘图时水平按从小到大排列,如图 4-1 所示。

表 4-2　煤渣制砖因素水平表

	因素 A,成型水分(%)	因素 B,碾压时间(min)	因素 C,一次碾压料重(kg)
水平 1	9	8	330
水平 2	10	10	360
水平 3	11	12	400

表 4-3　煤渣制砖正交设计试验方案 $L_9(3^4)$ 及试验结果

试验号	1 成型水分(%)		2 碾压时间(min)		3 一次碾压料重(kg)		4 不安排	抗折强度(MPa)
1	1	9	1	8	1	330	1	1.69
2	1	9	2	10	2	360	2	1.91
3	1	9	3	12	3	400	3	1.67
4	2	10	1	8	2	360	3	1.98
5	2	10	2	10	3	400	1	2.37
6	2	10	3	12	1	330	2	1.90
7	3	11	1	8	3	400	2	2.53
8	3	11	2	10	1	330	3	2.04
9	3	11	3	12	2	360	1	2.31
K_1	5.27		6.20		5.63		6.37	
K_2	6.25		6.32		6.20		6.34	
K_3	6.88		5.88		6.57		5.69	
m_1	1.76		2.07		1.88		2.12	
m_2	2.08		2.11		2.07		2.11	
m_3	2.29		1.96		2.19		1.90	
极差	0.53		0.15		0.31		0.22	

从表 4-3 和图 4-1 可知,极差值大的,图中点子数散布大的,其因素影响最大。本例中成型水分的极差 0.53 最大,图中点的分布也最大,故这个因素对试验指标的影响最大。且

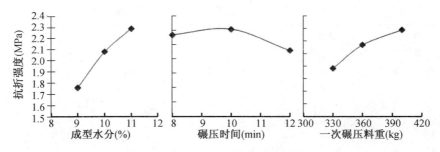

图 4-1　正交设计极差分析结果

成型水分随所取水平的增大而增大，没有转折点，说明这个因素的水平选取得不合适，还应扩大试验范围，取更高值。

空列的极差代表试验误差，当空列占有两列和两列以上时，对于等水平无交互作用的正交试验，可以将所有空列的极差合并求其平均值，作为试验误差更精确的估计。为了提高试验误差估计的精度，如果某列的极差小于空列，则可认为该列的影响极小，且该列微小误差的存在不是由于该因素的水平不同所引起的，而属于试验误差的范畴。在本例中，说明碾压时间对抗折强度的影响不大，在实际中甚至可以不予考虑。

以每个因素中的抗折强度最高值确定最佳值组合，如本例中为成型水分为 11%，碾压时间为 10 min，一次碾压料重 400 kg 的抗折强度最高。该组合在设计表中并未出现，但它是全部 27 种组合之一，由此可见用正交表 $L_9(3^4)$ 安排的试验确实具有代表性。为了使试验结果更准确，在试验环境条件完全相同的情况下，可按此方案再试验一次。

从上面的分析结果，还可以判断出试验发展的趋势。本例中碾压时间是中值 10 min 时的抗压强度最高，而成型水分和一次碾压料重，其中值都不是抗折强度的最高点，按趋势，增加成型水分和碾压料重，其抗折强度还有可能提高，因此还应继续往上取值，扩大试验范围，试探其继续发展趋势，直至出现转折点。

2.2　多指标的正交设计与分析

多指标的试验分析与单指标的试验分析方法和原理是基本相同的，只是数据处理更复杂，必须分别计算各指标的 K_i 和极差。且对不同指标出现不同最优水平时，需综合考虑影响的重要性。

【例 4-2】　某纤维增强材料的研究汇总，根据经验选取了 4 个因素，每个因素选择了 3 个水平，试验指标有抗折强度、抗冲击强度和吸水率，前两者越大越好，后者越小越好。同样选择正交表 $L_9(3^4)$，其因素水平表和试验方案表及其试验结果见表 4-4 和表 4-5。

表 4-4　纤维材料的因素水平表

	因素 A 搅拌时间（min）	因素 B 矿棉含量（%）	因素 C 水灰比	因素 D 脱水时间（min）
水平 1	3	6	1.1	3
水平 2	4	4	1.3	4
水平 3	5	8	1.5	5

表 4-5　纤维材料的正交试验安排 $L_9(3^4)$ 及其试验结果

试验号	1 搅拌时间（min）		2 矿棉含量（%）		3 水灰比		4 脱水时间（min）		抗折强度（MPa）	抗冲击强度（kJ/m²）	吸水率（%）
1	1	3	1	6	1	1.1	1	3	14.2	1.26	14.6
2	1	3	2	4	2	1.3	2	4	11.9	1.69	15.4
3	1	3	3	8	3	1.5	3	5	14.8	2.00	15.7
4	2	4	1	6	2	1.3	3	5	13.5	1.56	14.9
5	2	4	2	4	3	1.5	1	3	11.4	1.27	16.8
6	2	4	3	8	1	1.1	2	4	15.0	1.54	17.8
7	3	5	1	6	3	1.5	2	4	11.5	1.21	18.0
8	3	5	2	4	1	1.1	3	5	11.4	1.05	18.2
9	3	5	3	8	2	1.3	1	3	14.1	1.32	16.5

对上述结果分别计算 K 和 m,并进行极差分析,计算时可首先忽略另外两个指标,按单指标的分析方法,分别确定单个指标的影响大小,选出对三个指标影响都很大的因素,确定水平,从而确定最佳组合。所得计算结果列于表 4-6,因素,水平与指标关系列于图 4-2。

表 4-6　纤维材料的极差分析表

	抗折强度（MPa）				抗冲击强度（kJ/m²）				吸水率（%）			
	A	B	C	D	A	B	C	D	A	B	C	D
K_1	40.9	39.2	40.6	39.7	4.95	4.03	3.85	3.85	45.7	47.5	50.6	47.9
K_2	39.9	34.7	39.5	38.4	4.37	4.01	4.57	4.44	49.5	50.4	46.8	51.2
K_3	37.0	43.9	37.7	39.7	3.58	4.86	4.48	4.61	52.7	50.0	50.5	48.8
m_1	13.6	13.1	13.5	13.2	1.65	1.34	1.28	1.28	15.2	15.8	16.9	16.0
m_2	13.3	11.6	13.2	12.8	1.46	1.34	1.52	1.48	16.5	16.8	15.6	17.1
m_3	12.3	14.6	12.6	13.2	1.19	1.62	1.49	1.54	17.6	16.7	16.8	16.3
极差	1.3	3.0	0.9	0.4	0.46	0.28	0.24	0.26	2.4	1.0	1.3	1.1
较优值	A_1	B_3	C_1	D_1 或 D_3	A_1	B_3	C_2	D_3	A_1	B_1	C_2	D_1

从表 4-6 和图 4-2 的分析可以看出：

各因素对指标的影响次序为：对抗折强度,影响次序为 BACD,即矿棉含量 B 对抗折强度指标影响最大,其次为搅拌时间 A,脱水时间 D 影响最小。对抗冲击强度,影响次序为 ABDC,即搅拌时间 A 对抗冲击强度影响最大,B 次之,C 影响最小。对吸水率,影响次序为 ACDB,即搅拌时间 A 对吸水率影响最大,C 次之,B 影响最小。总体而言,因素 A 和 B 对试验的指标影响较大,而因素 C、D 取哪种水平对试验指标的影响不大,当然如果能取得较优水平则更佳。

各因素的最佳水平为：因素 A 处于主要地位,首先选择 A,从抗折强度、抗冲击强度和吸水率三者来看,都是 A_1 最好,故 A 确定为 A_1 水平;其次是 B 的影响最大,因为对于抗冲击强度和吸水率来说,实际上 BCD 三者的差别不大,对于抗折强度和抗冲击强度来说,都是以 B_3 水平最好,但是对于吸水率,则是以 B_1 为好,但是考虑到 B_2 和 B_3 的影响大小基本一致,还是取 B_3;因素 C 和 D 处于次要地位,影响不大,对于因素 C,对于吸水率处于第 2 次序,抗折强度处于第

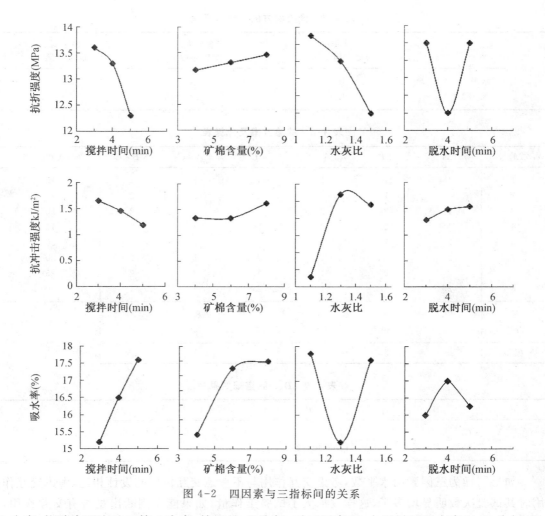

图 4-2 四因素与三指标间的关系

3 次序,抗冲击强度处于第 4 次序,故 C 取 C_2 为好;对于因素 D,由于对于吸水率以 D_1 为好,且与 D_3 差值不大,抗冲击强度都是以 D_3 为好,而抗折强度 D_1 和 D_3 一样,故 D 取 D_3 较好。

因此最佳组合为 $A_1 B_3 C_2 D_3$,即搅拌时间为 3 min,矿棉含量为 8%,水灰比为 1.3,脱水时间为 5 min 这种组合最好。

2.3 交互作用的正交设计与分析

如 A 与 B 有交互作用,则可认为 A 交 B 是一种假想因素在起作用,此时可利用有交互作用的表头设计来安排试验。

【例 4-3】 橡胶配方考虑的因素和水平列入表 4-7,考察指标为弯曲次数,试验采用 $L_8(2^7)$ 正交表,三个因素间均有交互作用,按有交互作用的表头进行设计,得到试验方案和试验结果及其计算见表 4-8。由于各因素的水平数是相等的,故可用极差 $|K_1 - K_2|$ 的大小来表示各因素的影响大小,从结果来看 A 与 $B \times C$ 的影响是主要的,把 B 和 C 不同水平组合的结果进行比较,看哪一组合效果最好。对应于 B_1 和 C_1 的是 1 号和 5 号试验,相应的指标是 15 千次和 20 千次,将它们加在一起表示 $B_1 C_1$ 的搭配效果,同样得到 $B_1 C_2$ 和 $B_2 C_1$、$B_2 C_2$ 的搭配效果,列于表 4-9,从表中的搭配效果来看,其综合最优水平为 $A_2 B_1 C_2$。

表 4-7　橡胶配方的因素水平表

	因素 A 促进剂总量	因素 B 炭黑品种	因素 C 硫黄含量
水平 1	1.5	天津	2.5
水平 2	1.0	天津与长春并用	2.0

表 4-8　试验方案及计算表

试验号	1 A	2 B	3 $A \times B$	4 C	5 $A \times C$	6 $B \times C$	弯曲次数（千次）
1	1	1	1	1	1	1	15
2	1	1	1	2	2	2	20
3	1	2	2	1	1	2	20
4	1	2	2	2	2	1	15
5	2	1	2	1	2	1	20
6	2	1	2	2	1	2	30
7	2	2	1	1	2	2	25
8	2	2	1	2	1	1	20
K_1	70	85	80	80	85	70	
K_2	95	80	85	85	80	95	
极差	25	5	5	5	5	25	

表 4-9　B、C 的搭配效果

	B_1	B_2
C_1	$(15+20)/2=17.5$	$(20+25)/2=22.5$
C_2	$(20+30)/2=25.0$	$(15+20)/2=17.5$

　　如果同样为三因素两水平数，考虑交互作用与不考虑交互作用的设计相比，考虑交互作用时其试验次数明显增多了，这样就加大了试验工作量，如果能先判断出是否有交互作用，就不会出现这种情况。分析一下表 4-8，不考虑交互作用列即 $A \times B$、$B \times C$、$A \times C$ 列，仅考虑 A、B、C 三列可看出在 C_1 一定的情况下，$B_1 C_1 \rightarrow B_2 C_1$ 增大；在 C_2 一定时，$B_1 C_2 \rightarrow B_2 C_2$ 减小。其变化的趋势正好相反，所以，B 与 C 有交互作用，且从表中的数据也可以看出 $B_1 C_2$ 的指标数据大，为最佳搭配，所以即使没有考虑到交互作用，有时也可以判断是否有交互作用。只是如果单纯从无交互作用分析中所用的极差分析方法，有时无法明显地看出是否有交互作用而已。

　　总的说来，有交互作用的试验设计，其方法与无交互作用的试验设计方法基本相同，只是有不同的表头设计，需考虑有交互作用的因素的搭配。需要说明的是，有交互作用的设计，我们一般仅仅考虑两因素间的交互作用，而极少考虑三个因素间的交互作用，如 $A \times B \times C$。

第 3 节　混合水平的正交试验设计

　　在上节中，各因素的水平都是相同的，但是在实际问题中，由于具体情况的不同，有时候各因素的水平是不相同的，这就是混合水平的多因素试验问题，解决这类问题主要有两种方法:直接利用混合水平的正交表法和拟水平法。

3.1 混合水平正交表及其用法

混合水平正交表就是各因素的水平数不完全相等的正交表,如 $L_8(4 \times 2^4)$,表示该表共有 8 行,5 列,用这张表要进行 8 次试验,最多可安排 5 个因素,其中 1 个是 4 水平的,4 个是 2 水平的。在每一列中不同数字出现的次数是相同的,每两列不同水平的搭配出现的次数是完全相同的。事实上,直接利用混合水平正交表的正交设计法的本质,就是各种混合水平正交表构造法,如并列设计法、组合法等。

如表 4-10 中,第一列是 4 水平的列,它和其他任何 2 水平的列放在一起,其搭配个数都是 8 个,各搭配均出现一次。

表 4-10　正交表 $L_8(4 \times 2^4)$

试验号 \ 列号	1	2	3	4	5
1	1	1	1	1	1
2	1	2	2	2	2
3	2	1	1	2	2
4	2	2	2	1	1
5	3	1	2	1	2
6	3	2	1	2	1
7	4	1	2	2	1
8	4	2	1	1	2

【例 4-4】 某农科站进行品种试验,共有四个因素:A(品种),B(氮肥量),C(氮、磷、钾肥比例),D(规格)。因素 A 是 4 水平因素,B、C、D 都是 2 水平因素,试验的指标是产量,产量越高越好。各因素的具体水平见表 4-11,采用混合正交表安排试验,找出最好的试验方案。

表 4-11　品种试验的因素水平表

	因素 A 品种	因素 B 氮肥量（kg）	因素 C 氮、磷、钾肥比例	因素 D 规格
水平 1	甲	2.5	3:3:1	6×6
水平 2	乙	3.0	2:1:2	7×7
水平 3	丙			
水平 4	丁			

此问题中有 4 个因素,1 个 4 水平,3 个 2 水平,正好可以选用正交表 $L_8(4 \times 2^4)$,因素 A 有 4 水平,放在第 1 列,B、C、D 分别放在第 2、3、4 列,第 5 列不用,试验具体方案,试验结果及其分析列于表 4-12 中。

其分析计算的方法和同水平的正交设计基本相同,但是由于各因素的水平数不完全相等,各水平出现的次数也不完全相同,所以计算各水平的平均值时有所不同,如对于因素 A 是 4 水平的,每个水平出现两次,计算平均值时是除以 2 得到;而 B、C、D 只有两个水平,每个水平出现 4 次,故平均值的计算需除以 4,然后再根据平均值计算极差。从分析结果可以看出,各因素都是以 2 水平为好,所以总的试验方案为 $A_2 B_2 C_2 D_2$。为了验证试验的准确性,可以按此方案重新进行试验,从而确定出真正的最优方案。事实上,由于因素 D 对试验的影响较小,最优方案与 8 个试验中的第 4 号试验 $A_2B_2C_2D_1$ 相近,从试验结果也可以看出,4 号试验是 8 个试验中产量最高的,因此完全有理由取 4 号试验结果作为最好的试验方案加以推广。

表 4-12 试验方案及其结果表

列号 试验号	1 A	2 B	3 C	4 D	试验指标 产量/kg
1	1	1	1	1	195
2	1	2	2	2	205
3	2	1	1	2	220
4	2	2	2	1	225
5	3	1	2	1	210
6	3	2	1	2	215
7	4	1	2	2	185
8	4	2	1	1	190
K_1	400	810	820	820	
K_2	445	835	825	825	
K_3	425				
K_4	375				
m_1	200.0	202.5	205.0	205.0	
m_2	222.5	208.8	206.3	206.3	
m_3	212.5				
m_4	187.5				
极差	35.0	6.3	1.3	1.3	
较优方案	A_2	B_2	C_2	D_2	

3.2 拟水平法

拟水平法即是把不同水平的问题转化成水平数相同的问题。

【例 4-5】 有某一试验,试验指标只有一个,它的数值越小越好,有 4 个因素 A、B、C、D,其中因素 C 是 2 水平的,其余 3 个都是 3 水平的,其具体数值见表 4-13。

表 4-13 因素水平表

	因素 A	因素 B	因素 C	因素 D
水平 1	350	15	60	65
水平 2	250	5	80	75
水平 3	300	10		85

该问题是 4 个因素的试验,其中 C 因素为 2 水平,而 A、B、D 都为 3 水平,这种情况没有合适的混合型正交表。因此设想,如果因素 C 也为 3 水平,那么便可以使用 $L_9(3^4)$ 来安排试验。如何将 C 变成 3 水平的因素呢? 从第 1 和第 2 两个水平中选取一个水平重复一次作为第 3 水平,这个水平就称之为虚拟水平。取哪个水平作为第 3 水平呢,一般都是根据实际经验,选取一个较好的水平。此例中,选取第 2 水平重复作为第 3 水平,这样便可以按 $L_9(3^4)$ 来安排试验并测出试验结果。因素 C 的第 3 水平实际就是第 2 水平的重复,因此把

正交表的第 3 列的水平重新安排一次,用虚线隔开,列在第 3 列的右边。但求和时只出现 K_1 和 K_2,且第 2 水平实际共出现 6 次,因此计算平均值时需除以 6,而其他均除以 3 即可。试验及分析结果列于表 4-14 中。

表 4-14　试验结果及其分析表

试验号	1 因素 A	2 因素 B	3 因素 C		4 因素 D	试验指标
1	1	1	1	1	1	45
2	1	2	2	2	2	36
3	1	3	3	2′	3	12
4	2	1	2	2	3	15
5	2	2	3	2′	1	40
6	2	3	1	1	2	15
7	3	1	3	2′	2	10
8	3	2	1	1	3	5
9	3	3	2	2	1	47
K_1	93	70	65		132	
K_2	70	81	160		61	
K_3	62	74			32	
m_1	31.0	23.3	21.7		44.0	
m_2	23.3	27.0	26.7		20.3	
m_3	20.7	24.7			10.7	
极差	10.3	3.7	5.0		33.3	
较优方案	A_3	B_1	C_1		D_3	

从分析结果可以看出,因素 D 对试验的影响最大,取第 3 水平为好,其次是因素 A,取第 3 水平,因素 B 的影响最小,取第 1 水平。总的来说,试验的最优方案是 $A_3B_1C_1D_3$。

从试验结果来看,9 个试验中效果最好的是 8 号试验,这个试验只有因素 B 不是处在最好的水平状态,而因素 B 是对试验影响最小的因素,因此可以选择此方案作为实际方案,也可以按最优方案重新试验,再与 8 号的试验结果进行比较,但重新试验时需注意试验环境条件的影响,其外部影响因素应完全一致。

综上所述,拟水平法就是将水平数少的因素归入水平数多的正交表中的一种处理方法。这种方法不仅可以对一个因素虚拟水平,也可以对多个因素虚拟水平。在没有合适的混合水平的正交表时,拟水平法是一种较好地处理多因素混合水平试验的方法。需要指出的是,虚拟水平以后的表格仅具有部分均衡搭配的性质。

3.3　追加法

有时用正交设计进行了一批次试验后,发现其中某一因素对指标的影响特别重要,或者有某种明显的趋势,此时增加水平可能得到更优的结果,因此需要对该因素增加水平,进一步试验。有时一些多因素试验,仅某个因素的水平较多,而其余因素的水平较少,如 $3×2^6$、$5×2^2$、$4×3^3$ 等因素试验,可采用追加法。追加法就是将某一因素再添加若干个水平,追加几个试验点,以便更全面地考察因素作用的方法,其实质就是利用正交性将若干试验次数少的正交表合并成一个试验次数多的正交表,它能满足不等水平试验需要。

【例4-6】 利用追加法设计3×2^2因素试验,因素A有3水平,因素B、C为2水平,忽略交互作用。

设计方案时,先不考虑A_3,把因素A的水平A_1和A_2与因素B、C安排在正交表$L_4(2^3)$上。然后用A_3代替A_1,和A_2一起,再次与因素B、C组成正交表$L_4(2^3)$,显然原试验号3和4重复。将两张正交表合并,重复的试验可去掉,也可重复一次,即可得到新的试验安排表4-15。

表4-15 3×2^2的试验安排与计算表

试验安排		列号			测试结果y	
		1	2	3	不重复	重复
第一批	1	1	1	1	y_1	y_1
	2	1	2	2	y_2	y_2
追加7,8	3 7	2	1	2	y_3	$y_3 + y_7$
	4 8	2	2	1	y_4	$y_4 + y_8$
追加	5	3	1	1	y_5	y_5
	6	3	2	2	y_6	y_6
以③④试验	m_1	$(y_1 + y_2)/2$	$(y_1 + y_3 + y_7 + y_5)/4$	$(y_1 + y_4 + y_8 + y_5)/4$		
2次为例	m_2	$(y_3 + y_4)/2$	$(y_2 + y_4 + y_8 + y_6)/4$	$(y_2 + y_3 + y_7 + y_6)/4$		
	m_3	$(y_5 + y_6)/2$	/	/		

同样,对于4×3^3,其中因素A为4水平,因素B、C、D为3水平,忽略交互作用。不考虑A_4,则可得到正交表$L_9(3^4)$。增加A_4与因素B、C、D的搭配,即为原来的第1,2,3行,将试验号修改为10,11,12,将水平数1修改为4即可,如表4-16。

表4-16 4×3^3试验安排表

试验号		1 A		2 B	3 C	4 D	指标
1		1		1	1	1	y_1
2		1		2	2	2	y_2
3		1		3	3	3	y_3
4		2		1	2	3	y_4
5		2		2	3	1	y_5
6		2		3	1	2	y_6
7		3		1	3	2	y_7
8		3		2	1	3	y_8
9		3		3	2	1	y_9
1	10	1	4	1	1	1	y_{10}
2	11	1	4	2	2	2	y_{11}
3	12	1	4	3	3	3	y_{12}

3.4 组合法

把两个因素较少且水平不同的试验安排,组合成一个因素较多的试验方案,将其安排到多水平正交表中的设计方法,称为组合因素法,简称组合法。

如拟设计 $3^2 \times 2^3$ 五因素试验,显然没有合适的正交表。有 2 个三水平因素 A 和 B,3 个两水平因素为 C、D、E,不宜采用追加法。若将两水平因素全部虚拟水平,因素为 5 个,不能选择 $L_9(3^4)$,只能选择 $L_{27}(3^{13})$,试验次数太多,此时可试着采用组合法。具体做法为:将两水平因素 C 和 D 的水平组合$(1,1)$、$(1,2)$、$(2,1)$组合为新的因素 CD 的三个水平 CD_1、CD_2、CD_3,安排在正交表 $L_9(3^4)$ 的第三列,再把两水平因素 E 虚拟一个水平即可采用正交表 $L_9(3^4)$。

如两水平因素 C 和 D 之间存在交互作用,则只能确定最优组合,不能判定因素的主次,但此时也可以减少它们的交互作用对其他因素的影响。

习　　题

4.1　两水平的正交表是如何构造的,有何特点? 三水平的正交表是如何构造的?

4.2　混合水平的正交表采用什么方法构造? 如何判断其中的交互作用?

4.3　什么是正交设计? 正交设计有何特点,其基本步骤是什么?

4.4　什么是表头设计,进行表头设计应注意哪些问题?

4.5　为提高烧结矿的质量,做下面的配料试验,各因素及水平如下表(单位:t)。反映质量好坏的试验指标为含铁量,指标越高越好。用正交表 $L_8(2^7)$ 安排试验,各因素依次放在正交表的 $1\sim 6$ 列上,8次试验所得含铁量(%)依次为 50.9,47.1,51.4,51.8,54.3,49.8,51.5,51.3,试对结果进行分析,找出最优配料方案。

水平＼因素	A 精矿	B 生矿	C 焦粉	D 石灰	E 白云石	F 铁屑
1	8.0	5.0	0.8	2.0	1.0	0.5
2	9.5	4.0	0.9	3.0	0.5	1.0

第 5 章 方 差 分 析

在前述试验设计的直观分析中,分析试验数据的方法为极差法。即用各因素列的极差大小表示各因素对指标影响的大小顺序,用诸因素的最好水平(最大的 K 值)作为最优的工艺条件或最佳选择。用空列极差表示试验误差,用因素引起的误差与空列误差相比,来比较因素引起误差的程度。总体而言,极差分析比较简单直观,且工作量小,但是极差法没有把因素的水平变化与试验误差所引起的数据波动严格区分开来,且无空列时无法有效表征误差。方差分析和回归分析是用于数据分析的最主要工具,在本章和第 6 章中分别介绍。

第 1 节 方差分析基础

方差分析(analysis of variance,ANOVA)方法可通过一系列的计算用数字化来表示因素和误差的影响大小。其总体思想是将试验数据间的总波动 S_T 分解为两部分:

(1) 由于因素的水平变化引起的数据波动 $S_A,S_B,\cdots$;

(2) 由于试验误差引起的数据波动 S_e。

将各自的数据波动,去除数据数量多少的影响后,两者比较即进行 F 检验,来检验假设 $H_0:\mu_A = \mu_B = \cdots = \mu_K$ 是否成立,从而确定因素对试验结果的影响是否显著。

方差分析也是分析试验数据的一种统计方法,在分析测试中有着广泛的应用。如在对比试验中,可用来检查测试精度的变化;在优选试验中,可用来判断因素的显著性影响效应;在建立标准曲线中,可用来检验所建立的曲线的相关程度;在标准物质的研制中,用来检验标准物质的均匀性等。

对某一指标经多次试验所得不同结果的差异称为残差(residual)或离差或变差(deviation)。从误差的性质考虑,变差可能是由于随机因素所引起的,也有可能是由于试验条件的改变而引起的。如果是由于试验过程中各种偶然因素的干扰与测量误差而引起的,则属于试验误差,表示在同一条件下观测值的差异,反映了测量结果的精密度,是衡量测定条件稳定性的一个重要标志;如果是由于试验条件的改变而引起的,称为条件变差,反映了测定条件对测定结果的影响,可以用来评价与衡量各因素的效应。

变差的大小,可用极差表示,即 $K = x_{\max} - x_{\min}$,其中 $x_{\max}$、$x_{\min}$ 分别表示测量的最大值和最小值。用极差表示变差,简单直观,便于计算,但是对数据所提供的信息利用不够。表示变差的另外一个方法是用观测值 x_i 与平均值离差的平方和即变差平方和 SS 表示,$SS = \sum_{i=1}^{n} (x_i - \bar{x})^2 = \sum_{i=1}^{n} x_i^2 - \frac{1}{n} \left(\sum_{i=1}^{n} x_i \right)^2$。$SS$ 用二维坐标表示,有 $i(i = 1,\cdots,b)$ 列和 $j(j =$

$1, \cdots, a$) 行,总次数 $n = a \cdot b$,则 $SS = \sum\limits_{i=1}^{b} \sum\limits_{j=1}^{a} (x_{ij} - \bar{x})^2 = \sum\limits_{i=1}^{b} \sum\limits_{j=1}^{a} x_{ij}^2 - \dfrac{1}{ab} (\sum\limits_{i=1}^{b} \sum\limits_{j=1}^{a} x_{ij})^2$

1.1 方差分析的基础和前提

方差分析是建立在下述基础上的:

(1) 每一个水平上,试验结果是一个随机变量,服从正态分布 $x \sim N(\mu, \sigma^2)$;

(2) 所有 K 个水平对应的 K 个正态总体方差相等,具有方差齐性;

(3) K 个总体是相互独立的,样本与样本之间也相互独立。

要检验的假设是 $H_0: \mu_A = \mu_B = \cdots = \mu_K$; H_1: 不是所有的 μ_i 都相等。

若拒绝 H_0,则认为至少有两个水平之间的差异是显著的,因素 A 对试验结果有显著影响;反之若接受 H_0,则因素 A 对试验结果无显著影响,误差由随机因素引起。

1.2 单因素的方差分析

单因素试验一般为完全搭配试验,每一试验一般要求进行多次重复试验。设因素 A 有 b 个水平,$i = 1, 2, \cdots, b$,在每个水平 A_i 下进行 a 次试验,$j = 1, 2, \cdots, a$,水平 A_i 的第 j 次试验结果以 x_{ij} 表示,用列表的方法计算单因素重复试验的 SS_T、SS_A 和 SS_e,计算如表 5-1。

表 5-1 单因素试验的方差分析计算表

	A_1	A_2	$\cdots$	A_i	$\cdots$	A_b	$\sum$
1	x_{11}	x_{21}	$\cdots$	x_{i1}	$\cdots$	x_{b1}	
2	x_{12}	x_{22}	$\cdots$	x_{2i}	$\cdots$	x_{b2}	
$\vdots$	$\vdots$	$\vdots$		$\vdots$		$\vdots$	
j	x_{1j}	x_{2j}	$\cdots$	x_{ij}	$\cdots$	x_{bj}	
$\vdots$	$\vdots$	$\vdots$		$\vdots$		$\vdots$	
a	x_{1a}	x_{2a}	$\cdots$	x_{ia}	$\cdots$	x_{ba}	
和 $\sum x$	$\sum\limits_{j=1}^{a} x_{1j}$	$\sum\limits_{j=1}^{a} x_{2j}$	$\cdots$	$\sum\limits_{j=1}^{a} x_{ij}$	$\cdots$	$\sum\limits_{j=1}^{a} x_{bj}$	$\sum\limits_{i=1}^{b} \sum\limits_{j=1}^{a} x_{ij} = K$
和的平方 $(\sum x)^2$	$(\sum\limits_{j=1}^{a} x_{1j})^2$	$(\sum\limits_{j=1}^{a} x_{2j})^2$	$\cdots$	$(\sum\limits_{j=1}^{a} x_{ij})^2$	$\cdots$	$(\sum\limits_{j=1}^{a} x_{bj})^2$	$\sum\limits_{i=1}^{b} (\sum\limits_{j=1}^{a} x_{ij})^2 = aQ$
平方和 $\sum (x^2)$	$\sum\limits_{j=1}^{a} x_{1j}^2$	$\sum\limits_{j=1}^{a} x_{2j}^2$	$\cdots$	$\sum\limits_{j=1}^{a} x_{ij}^2$	$\cdots$	$\sum\limits_{j=1}^{a} x_{bj}^2$	$\sum\limits_{i=1}^{b} \sum\limits_{j=1}^{a} x_{ij}^2 = R$

令 $P = \dfrac{1}{ab} (\sum\limits_{i=1}^{b} \sum\limits_{j=1}^{a} x_{ij})^2 = \dfrac{1}{ab} K^2$,其中 $K = \sum\limits_{i=1}^{b} \sum\limits_{j=1}^{a} x_{ij}$ 等于所有试验数据的总和;即 P 等于所有试验数据加起来后平方除以试验次数。

$Q = \dfrac{1}{a} \sum\limits_{i=1}^{b} (\sum\limits_{j=1}^{a} x_{ij})^2$,即每一水平下,重复试验所得数据"和的平方"总和除以 a,即"和的平方"总和除以相应的自由度。注意,当各水平下试验次数不同时,即不是都重复 a 次,试

验次数分别重复 $a_1, a_2, \cdots, a_j, \cdots, a_n$ 次时，此时 $Q = \sum_{i=1}^{b}\left[\frac{1}{a_j}\left(\sum_{j=1}^{a_i} x_{ij}\right)^2\right]$。

$R = \sum_{i=1}^{b} \sum_{j=1}^{a} x_{ij}^2$，每一因素下各重复试验数据平方和的总和。

则总方差 SS_T 即为（将 $SS_T = \sum_{i=1}^{n} x_i^2 - \frac{1}{n}\left(\sum_{i=1}^{n} x_i\right)^2$ 用二维坐标 x_{ij} 表示）

$$SS_T = \sum_{i=1}^{b} \sum_{j=1}^{a} (x_{ij} - \bar{x})^2 = \sum_{i=1}^{b} \sum_{j=1}^{a} x_{ij}^2 - \frac{1}{ab}\left(\sum_{i=1}^{b} \sum_{j=1}^{a} x_{ij}\right)^2 = R - P \qquad (5-1)$$

设水平 A_i 的样本平均值为 $\bar{x}_i = \frac{1}{a}\sum_{j=1}^{a} x_{ij}$，样本数据的总平均值为 $\bar{x} = \frac{1}{n}\sum_{i=1}^{b} \sum_{j=1}^{a} x_{ij}$，则 $n = a \cdot b$，对总离差平方和 SS_T 进行分解，得

$$SS_T = \sum_{i=1}^{b} \sum_{j=1}^{a} (x_{ij} - \bar{x})^2 = \sum_{i=1}^{b} \sum_{j=1}^{a} \left[(x_{ij} - \bar{x}_i) + (\bar{x}_i - \bar{x})\right]^2$$

$$= \sum_{i=1}^{b} \sum_{j=1}^{a} (x_{ij} - \bar{x}_i)^2 + 2\sum_{i=1}^{b} \sum_{j=1}^{a} (x_{ij} - \bar{x})(\bar{x}_i - \bar{x}) + \sum_{i=1}^{b} \sum_{j=1}^{a} (\bar{x}_i - \bar{x})^2$$

由于 $\sum_{i=1}^{b} \sum_{j=1}^{a} (x_{ij} - \bar{x})(\bar{x}_i - \bar{x}) = \sum_{i=1}^{b}\left[(\bar{x}_i - \bar{x})\sum_{j=1}^{a}(x_{ij} - \bar{x})\right] = \sum_{i=1}^{b}(\bar{x}_i - \bar{x}) \times 0 = 0$

所以 $SS_T = \sum_{i=1}^{b} \sum_{j=1}^{a} (x_{ij} - \bar{x}_i)^2 + \sum_{i=1}^{b} \sum_{j=1}^{a} (\bar{x}_i - \bar{x})^2$

（1）若总变差平方和用 SS_T 表示，自由度用 f_T 表示，$f_T = $ 总的试验次数 $n-1$。

（2）若记 $SS_A = \sum_{i=1}^{b} \sum_{j=1}^{a} (\bar{x}_i - \bar{x})^2$，称为条件变差，它表示在 A_i 水平下的样本均值与总均值之间的差异，称之为因素 A 的效应平方和。条件变差的自由度 $f_A = $ 各因素的水平数 -1。

（3）由于试验误差产生的方差为组内误差，又称为试验误差，记 $SS_e = \sum_{i=1}^{b} \sum_{j=1}^{a} (x_{ij} - \bar{x}_i)^2$，表示同一因素相同水平（即同组）下，样本均值与样本单个值之间的差异，等于组内试验误差平方和的总和。试验误差的自由度 $f_e = $ 总试验次数 $-$ 各因素的水平数，可能有多个。

$$SS_e = \sum_{i=1}^{b} \sum_{j=1}^{a} (x_{ij} - \bar{x}_i)^2 = \sum_{i=1}^{b}\left(\sum_{j=1}^{a} x_{ij}^2 - 2\bar{x}_i \sum_{j=1}^{a} x_{ij} + \sum_{j=1}^{a} \bar{x}_i^2\right)$$

$$= \sum_{i=1}^{b}\left[\sum_{j=1}^{a} x_{ij}^2 - \frac{2}{a}\sum_{j=1}^{a} x_{ij} \cdot \sum_{j=1}^{a} x_{ij} + a \cdot \left(\frac{1}{a}\sum_{j=1}^{a} x_{ij}\right)^2\right]$$

$$= \sum_{i=1}^{b} \sum_{j=1}^{a} x_{ij}^2 - \frac{1}{a}\sum_{i=1}^{b}\left(\sum_{j=1}^{a} x_{ij}\right)^2 = R - Q$$

这说明总变差可以分为两部分，一部分是条件变差 SS_A，另一部分为试验误差 SS_e，故 $SS_T = SS_A + SS_e$，$f_T = f_A + f_e$。

因此方差具有加和性，从总方差中分离出随机因素与试验条件改变所产生的方差，并将

两类方差在一定置信概率下进行显著性检验,就可以确定两类方差对总方差的贡献,据此可以确定试验中因素效应的存在与否及其大小。

由上可推出 $\begin{cases} SS_T = R - P = SS_A + SS_e, \\ SS_A = Q - P, \\ SS_e = R - Q, \end{cases}$ $\begin{cases} f_T = ab - 1(总变差) \\ f_A = b - 1(条件变差) \\ f_e = b(a-1)(试验误差) \end{cases}$

分别求出 SS_A、SS_e、SS_T；f_A、f_e、f_T 以后,求出相应的方差 $MS_A = \dfrac{SS_A}{f_A}$,$MS_e = \dfrac{SS_e}{f_e}$。方差反映了数据波动的大小,比较 MS_A 与 MS_e,可以得出因素 A 对试验结果的影响是否显著,即进行因素显著性检验即 F 检验,令 $F = \dfrac{MS_A}{MS_e}$。

显著性影响的判断,是通过有限次试验来判断的,由于试验误差的存在,很难有 100% 的把握来确定,所以一般用显著性水平 α 来表示,如显著性水平 $\alpha = 0.01$ 表示有 99% 的置信度,即 100 次中有 99 次正确。用 $F_\alpha(f_1, f_2)$ 表示在显著性水平 α 下的 F 检验,其中对于单因素 $f_1 = f_A$（条件变差）,$f_2 = f_e$（试验误差）,附表 5 给出了从理论上推出的 F 检验的临界值（或称阈值）分布表。

用计算得到的 F 值,选择显著性水平 α,查出与 α 对应的临界值 $F_\alpha(f_A, f_e)$,比较 F 和 $F_\alpha(f_A, f_e)$,并判断该因素是否有显著性的影响程度,或得到该因素对试验指标影响的显著性水平,可分五种情况：

① $F > F_{0.01}$,表示在 $\alpha = 0.01$ 水平上显著,因素影响高度显著,可记为" * * "；

② $F_{0.01} \geqslant F > F_{0.05}$,在 $\alpha = 0.05$ 水平上显著,因素影响显著,可记为" * "；

③ $F_{0.05} \geqslant F > F_{0.10}$,在 $\alpha = 0.10$ 水平上显著,因素影响较显著,可记为" * "或"(*)"；

④ $F_{0.10} \geqslant F > F_{0.25}$,在 $\alpha = 0.25$ 水平上显著,因素有影响,可记为"[*]"；

⑤ $F < F_{0.25}$,称因素不显著,对所测指标看不出影响,不作记号。

在同一水平的重复作用下,因素 A 引起的波动平方和 SS_A 中,还包含一部分重复试验等引起的误差平方和 $f_A \cdot MS_e$。单纯由因素 A 引起的平方和为 $SS_A - f_A \cdot MS_e$,则误差引起的波动平方和为 $SS_e + f_A \cdot MS_e = f_T \cdot MS_e$。称纯因素 A 引起的平方和在总波动平方和中所占的百分比 $(SS_A - f_A \cdot MS_e)/SS_T$ 为因素 A 贡献率 ρ_A。误差平方和占总平方和的百分比 $f_T \cdot MS_e/SS_T$ 为误差贡献率 ρ_e,所以 $\rho_A + \rho_e = 1$。在稳健设计中,常用方差的贡献率 ρ 大小来作为显著性检验的定量分析。

单因素的方差分析如表 5-2 所示。

表 5-2 单因素方差分析表

来源	平方和 SS	自由度 f	方差 MS	F	贡献率 ρ
因素 A	SS_A	$b-1$	$MS_A = \dfrac{SS_A}{b-1}$	$F_A = \dfrac{MS_A}{MS_e}$	$\rho_A = (SS_A - f_A \cdot MS_e)/SS_T$
误差 e	SS_e	$b(a-1)$	$MS_e = \dfrac{SS_e}{b(a-1)}$		$\rho_e = f_T \cdot MS_e/SS_T$
总和	SS_T	$ab-1$		阈值 $F_\alpha(f_1, f_2)$	100%

【例 5-1】 考察温度因素对某一化工产品得率的影响,试验选取了五个不同的温度值,同一温度进行了三次试验,试验结果列于表 5-3 中。

表 5-3　温度与得率的测试结果与方差计算表

温度/(℃)	60	65	70	75	80	$\sum$
得率/(%)	90 92 88	97 93 92	96 96 93	84 83 88	84 86 82	
平均得率/(%)	90	94	95	85	84	总平均得率=89.6%
组内和 $\sum x$	270	282	285	255	252	$K=1\,344$
和的平方($\sum x)^2$	72\,900	79\,524	81\,225	65\,025	63\,504	$aQ=362\,178$
$\sum (x^2)$	24\,308	26\,522	27\,081	21\,689	21\,176	$R=120\,776$
S_{ie}	8	14	6	14	8	$S_e=50$

根据方差概念 $n=15$，可计算总变差 $SS_T=\sum_{i=1}^{n}x_i^2-\dfrac{1}{n}\left(\sum_{i=1}^{n}x_i\right)^2=353.6$，总自由度 $f_T=15-1=14$；总平均值 $\bar{x}=89.6$。也可利用公式 5-1 计算：

$$P=K^2/n=1\,344^2/15=120\,422.4,\quad SS_T=R-P=120\,776-120\,422.4=353.6$$

温度变差的自由度等于 $f_A=5-1=4$；温度变差等于五种温度的平均得率的变差平方和乘以每种温度的试验重复次数 $a=3$，则

$$SS_A=\left[(90-89.6)^2+(94-89.6)^2+(95-89.6)^2+(85-89.6)^2+(84-89.6)^2\right]\times3$$
$$=101.2\times3=303.6$$

或 $SS_A=Q-P=362\,178/3-120\,422.4=303.6$

试验误差的自由度 $f_e=f_T-f_A=14-4=10$；试验误差 SS_e 等于各温度下的试验误差的总平方和，即 $SS_e=8+14+6+14+8=50$，亦等于 $SS-SS_A$。

根据这个公式，计算表 5-3 的 SS_A、SS_e 和 SS_T。将所有数据均减去 90，平方和不变，计算结果如表 5-4 所示，并列出方差分析计算表 5-5。

表 5-4　单因素方差分析计算表

	60℃	65℃	70℃	75℃	80℃	$\sum$
1	0	7	6	−6	−6	
2	2	3	6	−7	−4	
3	−2	2	3	−2	−8	
$\sum x$	0	12	15	−15	−18	$-6=K$
$(\sum x)^2$	0	144	225	225	324	$918=aQ$
$\sum (x^2)$	8	62	81	89	116	$356=R$

计算 $P=\dfrac{1}{ab}K^2=\dfrac{(-6)^2}{3\times5}=\dfrac{36}{15}=2.4$；每组重复 3 次，$Q=918/3=306$；$R=356$；

所以 $SS_A=Q-P=306-2.4=303.6$　　　　$f_A=b-1=5-1=4$

$SS_e=R-Q=356-306=50$　　　　　　　$f_e=b(a-1)=5\times(3-1)=10$

$SS_T=R-P=356-2.4=353.6$　　　　　　$f_T=ab-1=3\times5-1=14$

与前面的计算一致，且计算方便、准确，并计算方差得：

$$MS_A = \frac{SS_A}{f_A} = \frac{303.6}{4} = 75.9, \ MS_e = \frac{SS_e}{f_e} = \frac{50}{10} = 5$$

因素 A 的贡献率：

$$\rho_A = (SS_A - f_A \cdot MS_e)/SS_T = (303.6 - 4 \times 5.0)/353.6 = 283.6/353.6 = 80.20\%$$

误差贡献率 $\rho_e = f_T \cdot MS_e/SS_T = (14 \times 5.0)/353.6 = 19.80\%$

表 5-5　方差分析表

来源	平方和	自由度	方差	F	贡献率 ρ/%
温度 A	303.6	4	75.9	15.18**	80.20
试验误差 e	50.0	10	5.0		19.80
总和	353.6	14		$F_{0.01}(4,10)=6.0$	100

当 F 接近于 1，表示条件变差与试验误差相近，如例 5-1 即为温度变化与试验误差引起的数据波动差不多，即说明温度的影响并不显著，如果 $F \gg 1$ 则说明温度影响很明显。

如例 5-1 中 $F > F_{0.01}$ 表示温度对得率的影响很显著，选择工艺时应取平均得率最高的温度值 70℃。而从贡献率 ρ 的角度分析，因素 A 在总方差中的贡献率达 80.20%，对波动影响显著。

需要说明是，在 F 检验中，如试验误差的自由度 f_e 太少，检验的灵敏度不高，无法判断影响是否显著，f_e 越大，F 检验的灵敏度越高，但 f_e 太大，相应的试验次数太多，增大试验工作量。一般 f_e 可取 5~10。

1.3　多重比较

单因素的方差分析进行的 F 检验是整体性检验，检验因素对指标的影响是否显著或极显著。当 F 检验显著时否定 H_0，即试验总变异主要来源于因素的水平变化所产生的变异。值得特别注意的是，当各因素平均数间存在显著或极显著差异时，并不意味着每个因素的水平数存在显著差异。如果试验目的是想了解哪些因素所取的水平之间存在显著性差异，而因素的水平取值为定性值，如原材料种类、添加剂品种、生产工艺方式等，此时可进行不同水平重复试验下的平均数间的比较，从而得出定性水平间的差异。统计上把多个平均数两两间进行比较的方法称为多重比较（multiple comparisons）。常用的多重比较方法有 Fisher 最小显著差数法（least significant difference，LSD）和最小显著极差法（least significant range，LSR）。

1.3.1　最小显著差数法

最小显著差数法检验步骤为：在因素的 F 检验显著的前提下，计算出显著水平 α 的最小显著数 LSD_α，然后将任意两个处理平均数的差数的绝对值 $|\bar{x}_{i.} - \bar{x}_{j.}|$ 与其比较。若 $|\bar{x}_{i.} - \bar{x}_{j.}| > LSD_\alpha$ 时，则 $\bar{x}_{i.}$ 与 $\bar{x}_{j.}$ 在 α 水平上差异显著；反之，则在 α 水平上差异不显著。最小显著差数由下式进行计算：

$$LSD_\alpha = t_\alpha(f_e) S_{\bar{x}_{i.} - \bar{x}_{j.}}$$

式中的 $t_\alpha(f_e)$ 为在 F 检验中误差自由度下显著水平为 α（一般取 0.01 和 0.05）的临界 t 值，$S_{\bar{x}_{i.} - \bar{x}_{j.}}$ 为均数差异标准误差，由下式算得：

$$S_{\bar{x}_{i.} - \bar{x}_{j.}} = \sqrt{MS_e(1/n_i + 1/n_j)}$$

式中，MS_e 为 F 检验中的误差均方；n 为各处理的重复数。

当显著水平 $\alpha = 0.05$ 和 0.01 时，从 t 值表中查出 $t_{0.05}(f_e)$ 和 $t_{0.01}(f_e)$，代入上式，可得到：

$$LSD_{0.05} = t_{0.05}(f_e) S_{\bar{x}_{i.} - \bar{x}_{j.}}, LSD_{0.01} = t_{0.01}(f_e) S_{\bar{x}_{i.} - \bar{x}_{j.}}$$

利用 LSD 法进行多重比较时，可按下述步骤进行检验：

（1）列出平均数多重比较表，比较表中各水平按其平均数由大至小，自上而下进行排列；

（2）计算最小显著差数 $LSD_{0.05}$ 和 $LSD_{0.01}$；

（3）将平均数多重比较表中两两平均数的差数与 $LSD_{0.05}$ 和 $LSD_{0.01}$ 进行比较，根据比较结果进行统计结论的推断并作出标记。

① 小于 $LSD_{0.05} = 6.195$ 为不显著，在差数的右上方标记"ns"，或不标记符号；

② 介于 $LSD_{0.05} = 6.195$ 与 $LSD_{0.01} = 8.535$ 之间为显著，在差数的右上方标记" $*$ "；

③ 大于 $LSD_{0.01} = 8.535$ 为极显著，在差数的右上方标记" $**$ "。

【例 5-2】 为了比较 4 种不同蛋白质的功效比值（PER），选择生理条件基本相同的 B6 大鼠共 20 只。为了保证试验结果的可靠性，将 20 只大鼠随机分成 4 个小组，每组 5 只，每组饲喂不同的蛋白质饲料，1 个月后测定大鼠的增重，试验结果如表 5-6 所示。

表 5-6　大白鼠试验的多重比较试验结果

饲料	增重 (x_{ij})					合计 $\sum x_i$	平均 x_i
	1	2	3	4	5		
A_1	63.8	55.8	63.6	56.8	71.8	311.8	62.36
A_2	49.6	51.4	53.6	55.8	52.4	262.8	52.56
A_3	44.2	47.2	54.6	49.8	51.6	247.4	49.48
A_4	54.0	61.6	58.0	49.0	57.0	279.6	55.92
合计 $\sum$						$\sum x_{..} = 1\,101.6$	

这是个单因素试验，水平数 $i = 4$，重复数 $n_i = 5$，总试验次数为 $4 \times 5 = 20$。各项平方和与自由度计算如下：

$$P = \frac{1}{20}\left(\sum_{i=1}^{20} x_i\right)^2 = \frac{1\,101.6^2}{20} = 60\,676.13$$

$$R = \sum_{j=1}^{b}\sum_{i=1}^{a} x_{ij}^2 = 63.8^2 + 55.8^2 + \cdots + 57.0^2 = 61\,474.53$$

总平方和 $SS_T = R - P = 798.4$

$$Q_A = \frac{\sum_{i=1}^{a}(K_{Ai})^2}{n_i} = \frac{311.8^2 + 262.8^2 + 247.4^2 + 279.6^2}{5} = 61\,133.21$$

因素平方和 $SS_A = Q_A - P = 61\,133.21 - 60\,676.13 = 457.08$

误差平方和 $SS_e = SS_T - SS_A = 798.4 - 457.08 = 341.6$

总自由度 $f_T = ab - 1 = 5 \times 4 - 1 = 19$

因素的自由度 $f_A = b - 1 = 4 - 1 = 3$

误差的自由度 $f_e = f_T - f_A = 19 - 3 = 16$

用 SS_T、SS_A 分别除以 f_T 和 f_e 便得到因素 A 的均方 MS_A 及误差均方 MS_e。

$$MS_A = \frac{SS_A}{f_A} = \frac{457.08}{3} = 152.36, MS_e = \frac{SS_e}{f_e} = \frac{341.6}{16} = 21.35, F_A = \frac{MS_A}{MS_e}$$

因此 $F = 152.36/21.35 = 7.14$，$F_{0.01}(f_A, f_e) = F_{0.01}(3, 16) = 5.29$，影响显著。

计算各水平的平均数两两之间的差值，利用多重比较如表 5-7 所示。

表 5-7　大白鼠试验的多重比较表

处理	平均数 $\bar{x}_{i.}$	$\bar{x}_{i.} - 49.48$	$\bar{x}_{i.} - 52.56$	$\bar{x}_{i.} - 55.92$
A_1	62.36	12.88**	9.80**	6.44*
A_4	55.92	6.44*	3.36ns	
A_2	52.56	3.08ns		
A_3	49.48			

注：上角"*"为显著，"**"为极显著，"ns"为不显著，下表同

因为 $n_i = n_j = 5$，$S_{\bar{x}_{i.} - \bar{x}_{j.}} = \sqrt{2MS_e/n_i} = \sqrt{2 \times 21.35/5} = 2.922$，查表得：

$$t_{0.05}(f_e) = t_{0.05}(16) = 2.120, t_{0.01}(f_e) = t_{0.01}(16) = 2.921$$

所以，显著性水平为 0.05 与 0.01 的最小显著差数为：

$$LSD_{0.05} = t_{0.05}(f_e) S_{\bar{x}_{i.} - \bar{x}_{j.}} = 2.120 \times 2.922 = 6.195$$

$$LSD_{0.01} = t_{0.01}(f_e) S_{\bar{x}_{i.} - \bar{x}_{j.}} = 2.921 \times 2.922 = 8.535$$

将表 5-7 中的 6 个差数与 $LSD_{0.05}$ 和 $LSD_{0.01}$ 进行比较：

(1) 小于 $LSD_{0.05} = 6.195$ 为不显著，在差数的右上方标记"ns"(not significant)，或不标记符号；

(2) 介于 $LSD_{0.05} = 6.195$ 与 $LSD_{0.01} = 8.535$ 之间为显著，在差数的右上方标记"*"；

(3) 大于 $LSD_{0.01} = 8.535$ 为极显著，在差数的右上方标记"**"。

经检验，除差数 3.08 和 3.36 不显著(ns)外，差数 6.44 为显著(*)，而差数 12.88 和 9.8 则为极显著(**)。

上述分析表明：A_1 蛋白质对大鼠的增重效果最佳。A_1 饲料对 B6 大鼠的增重效果极显著高于 A_2 和 A_3，显著高于 A_4；A_4 对大鼠的增重效果显著高于 A_3；A_2 和 A_3 的增重效果差异不显著。

在利用 LSD 法进行平均数的比较时，需注意以下几个方面：

(1) LSD 法检验的实质是 t 检验法，是基于两样本平均数差数抽样分布提出的，将 $|t = (\bar{x}_{i.} - \bar{x}_{j.})/S_{\bar{x}_{i.} - \bar{x}_{j.}}|$ 与临界 t_a 值的比较，转化为 $|\bar{x}_{i.} - \bar{x}_{j.}|$ 与 $t_a(f_e) S_{\bar{x}_{i.} - \bar{x}_{j.}}$ 的比较。

(2) LSD 法是利用 F 检验中的误差自由度 f_e，根据表查 $t_a(f_e)$ 值，利用 MS_e 计算 $S_{\bar{x}_{i.} - \bar{x}_{j.}}$，所以，LSD 检验法与 t 检验法又有区别，LSD 检验法仍未能解决 I 型错误(如果在原假设为真时否定原假设，发生 I 型错误)的概率变大和可靠性降低的问题；

(3) LSD 检验法适用于各水平组与对照组的比较，而因素间不进行比较的比较形式。实际上因素间的比较更适用于用顿纳特(Dunnett)-t 检验法；

(4) LSD 检验法最适宜的比较形式是：在进行试验设计时就确定各水平间是两两对比，且每个水平的平均数在比较中只比较一次，与其他因素不进行比较。因为 LSD 检验法比较形式实际上不涉及多个均数的极差问题，因此，不会增加 I 型错误的概率。

LSD 检验法简便且克服了一般 t 检验法的某些缺点。然而，由于其没有考虑相互比较的处理平均数依数值大小排列上的秩次，故存在可靠性降低，犯 I 型错误的概率增大等问题。为此，统计学家提出了另外一种统计方法，即最小显著极差法。

1.3.2　最小显著极差法

最小显著极差法的特点是将平均数的差数看成极差。其检验尺度由极差范围内所包含的水平数(即处理数,称为秩次距)k 来确定,它可以克服 LSD 法的不足。这种在显著水平 α 上依秩次距 k 的不同而采用的不同的检验尺度的方法称之为最小显著极差法。

如有 8 个 $\bar{x}$ 要相互比较,先将 8 个 $\bar{x}$ 依其数值大小顺次排列,两极端平均数的差数(极差)是否显著,由该极差是否大于秩次距 $k = 8$ 时的最小显著极差决定(大于或等于为显著,小于为不显著);而后,秩次距 $k = 7$ 的平均数极差显著性,则由极差是否大于 $k = 7$ 时的最小显著极差决定;以此类推,直到任何两个相邻平均数的差数的显著性,由这些差数是否大于秩次距 $k = 2$ 时的最小显著极差决定为止。所以,若有 k 个平均数相互比较,就有 $k-1$ 个秩次距(k、$k-1$、$k-2$、$\cdots$、2),因而需求出 $k-1$ 个最小显著极差$[LSR_{(\alpha,k)}]$,分别作为判断具有相应秩次距的平均数极差是否显著的标准。因为 LSR 法是一种极差检验法,所以当一个平均数大集合的极差不显著时,其中所包含的各个较小集合极差也应一概作不显著处理。LSR 法克服了 LSD 法的不足,但检验的工作量有所增加。常用的 LSR 法有 q 检验法$[q\text{-test},SNK(\text{Student-Newman-Keuls})法]$和新复极差法两种(new multiple range method),其中新复极差法又称为 SSR(shortest significant range)法和 Duncan 法。

(1) q 检验法

此法是于 1949 年由 Tukey 提出的,经 SNK 发展的,以统计量 q 的概率分布为基础的检验法。q 值计算式如下:

$$q = R/S_{\bar{x}_i - \bar{x}_j}$$

式中,R 为极差,$S_{\bar{x}_i - \bar{x}_j} = \sqrt{\dfrac{MS_e}{2}(\dfrac{1}{n_i} + \dfrac{1}{n_j})}$ 为标准误差,当 $n_i = n_j$ 时,$S_{\bar{x}_i - \bar{x}_j} = \sqrt{\dfrac{MS_e}{n}}$,$q$ 分布依赖于误差自由度 f_e 及秩次距 k,其临界值见附表 8。

利用 q 检验法进行多重比较时,为了简便起见,不是将上式算出的 q 值与临界值 $q_\alpha(fe,k)$ 比较,而是将极差 R 与 $q_\alpha(fe,k)\,S_{\bar{x}_i - \bar{x}_j}$ 比较,从而作出统计推断。α 水平上的最小显著极差计算如下:

$$LSR_\alpha = q_\alpha(f_e,k)\,S_{\bar{x}_i - \bar{x}_j}$$

当显著水平 $\alpha = 0.05$ 和 0.01 时,从附表 8(q 值表)中根据自由度 f_e 及秩次距 k 查出 $q_{0.05}(f_e,k)\,S_{\bar{x}_i - \bar{x}_j}$ 和 $q_{0.01}(f_e,k)\,S_{\bar{x}_i - \bar{x}_j}$,代入上式得:

$$LSR_{(0.05,k)} = q_\alpha(f_e,k)S_{\bar{x}_i - \bar{x}_j}$$

实际利用 q 检验法进行多重比较时,可按如下步骤进行:

① 列出平均数多重比较表。

② 根据自由度 f_e、秩次距 k,查临界值,计算最小显著极差 $LSR_{(0.05,k)}$ 和 $LSR_{(0.01,k)}$。

③ 将多重比较表中各极差与相应最小显著极差 $LSR_{(0.05,k)}$ 和 $LSR_{(0.01,k)}$ 作比较,作出统计推断。小于 $LSR_{(0.05,k)}$ 者不显著,在差数的右上方标记"ns"(not significant),或不标记符号;介于 $LSR_{(0.05,k)}$ 与 $LSR_{(0.01,k)}$ 之间者显著,在差数的右上方标记" $*$ ";大于 $LSR_{(0.01,k)}$ 者极显著,在差数的右上方标记" $**$ "。

(2)新复极差法

新复极差法又称为邓肯(Duncan)法,是邓肯(Duncan)于 1955 年提出的。新复极差法

与 q 检验法的检验步骤相同,唯一不同的是计算最小显著极差时需查附表 9 的 SSR 值表而不是查 q 值表。最小显著极差计算公式为:

$$LSR_{(a,k)} = SSR_a(f_e,k)S_{\bar{x}_i-\bar{x}_j}$$

其中 $SSR_a(f_e,k)$ 是根据显著水平 α、误差自由度 f_e、秩次距 k,由 SSR 表查得的临界 SSR 值;$S_{\bar{x}_i-\bar{x}_j} = \sqrt{MS_e/n}$;$\alpha = 0.05$ 和 $\alpha = 0.01$ 水平下的最小显著极差为:

$$LSR_{(0.05,k)} = SSR_{0.05}(f_e,k)S_{\bar{x}_i-\bar{x}_j}, LSR_{(0.01,k)} = SSR_{0.01}(f_e,k)S_{\bar{x}_i-\bar{x}_j}$$

如例 5-2 中多重比较的结果见表 5-7,因为其中极差 3.08、3.36、6.44 的秩次距为 2,极差 6.44、9.80 的秩次距为 3,极差 12.88 的秩次距为 4,$MS_e = 21.35$。

标准误差:$S_{\bar{x}_i-\bar{x}_j} = \sqrt{MS_e/n} = \sqrt{21.35/5} = 2.0664$。

有 $f_e = 16$,$k = 2$、3、4 分别查出 $\alpha = 0.05$ 和 $\alpha = 0.01$ 下的 q 值和 SSR 值,乘以标准误差,即可求得各最小显著极差,计算结果列于表 5-8。

表 5-8　q 检验法和 Duncan 检验法检验结果

f	秩次距 k	q 检验法				Duncan 检验法				计算数据
		$q_{0.05}$	$q_{0.01}$	$LSR_{0.05}$	$LSR_{0.01}$	$SSR_{0.05}$	$SSR_{0.01}$	$LSR_{0.05}$	$LSR_{0.01}$	
16	2	3.00	4.13	6.199	8.534	3.00	4.13	6.199	8.534	3.08、3.36、6.44 *
	3	3.65	4.79	7.542	9.898	3.14	4.31	6.488	8.906	6.44、9.80 * 或 **
	4	4.05	5.19	8.369	10.725	3.24	4.43	6.695	9.154	12.88 **

将秩次距不同的计算数据,分别与采用 q 检验法和 Duncan 检验法 $LSR_{0.05}$ 和 $LSR_{0.01}$ 进行比较,即可判别其显著性。

当各处理重复数不等时,为简便起见,不论 LSD 法还是 LSR 法,可用下式计算出一个各处理平均的重复数 n_0,以替代计算 $S_{\bar{x}_i-\bar{x}_j}$ 所需的 n。

$$n_0 = \frac{1}{k-1}\Big[\sum n_i - \frac{\sum n_i^2}{\sum n_i}\Big]$$

式中,k 为试验的处理数,$n_i(i=1,2,\cdots,k)$ 为第 i 处理的重复数。

以上介绍的三种多重比较方法,其检验尺度有如下关系:

$$LSD \text{ 法} \leqslant \text{新复极差法} \leqslant q \text{ 检验法}$$

当秩次距 $k = 2$ 时,取"$=$",三种方法检验尺度一致;秩次距 $k \geqslant 3$ 时,取"$<$"。在多重比较中,LSD 法的尺度最小,q 检验法尺度最大,新复极差法尺度居中。用上述排列顺序前面方法检验显著的差数,用后面方法检验未必显著;用后面方法检验显著的差数,用前面方法检验必然显著。究竟采用哪一种多重比较方法,主要应根据否定一个正确的 H_0 和接受一个不正确的 H_0 的相对重要性来决定。如果否定正确的 H_0 是事关重大或后果严重的,或对试验要求严格时,用 q 检验法较为妥当;如果接受一个不正确的 H_0 是事关重大或后果严重的,则宜用新复极差法。生物试验中,由于试验误差较大,常采用新复极差法;F 检验显著后,为了简便,也可采用 LSD 法。

1.3.3　多重比较结果的表示法

平均数经多重比较后,应以简明的形式将结果表示出来,常用的表示方法有以下两种。

（1）三角形法

将全部平均数按由大至小、自上而下的顺序排列，然后计算出各个平均数间的差数，将多重比较结果直接标记在平均数多重比较表上，如表 5-8 所示。由于多重比较表中各均数差构成一个三角形阵列，故称之为三角形法。此表示法的优点是简便直观，缺点是占用的篇幅较大，特别当平均数较多时占用篇幅更大，因此，在科技论文中应用比较少。

（2）标记字母法

先将各水平平均数由大到小、自上而下排列；然后在最大平均数后标记字母 a，并将该平均数与以下各平均数依次相比，凡差异不显著标记同一字母 a，直到某一个与其差异显著的平均数标记字母 b；以标有字母 b 的平均数为标准，与上方比它大的各个平均数比较，凡差异不显著一律再加标 b，直至显著为止；以标记有字母 b 的最大平均数为标准，与下面各未标记字母的平均数相比，凡差异不显著，继续标记字母 b，直至某一个与其差异显著的平均数标记 c；……；直至最小一个平均数被标记后，则表明比较完毕。这样，各平均数间凡有一个相同字母的即为差异不显著，凡无相同字母的即为差异显著。用小写字母表示显著水平 $\alpha = 0.05$，用大写字母表示显著水平 $\alpha = 0.01$。在利用字母标记法表示多重比较结果时，常在三角形法的基础上进行。此法的优点是占用篇幅小，在科技文献中常见。

对于例 5-2，先根据表 5-7 表示的多重比较结果用字母标记，如表 5-9 所示。

表 5-9　多重比较结果的字母标记

处 理	平均数 $\bar{x}_{i.}$	$\alpha = 0.05$	$\alpha = 0.01$
A_1	62.36	a	A
A_4	55.92	b	A
A_2	52.56	b	A
A_3	49.48	b	A

表 5-9 中，先将各处理平均数由大至小、由上而下排列。当显著水平 $\alpha = 0.05$ 时，先在平均数 62.36 行上标记字母 a；由于 62.36 与 55.92 之差为 6.44，在 $\alpha = 0.05$ 水平上显著，所以在平均数 55.92 行上标记字母 b；然后以标记字母 b 的平均数 55.92 与其下方的平均数 52.56 比较，差数为 3.36，在 $\alpha = 0.05$ 水平上不显著，所以在平均数 52.56 行上标记字母 b；再将平均数 52.56 与平均数 49.48 比较，差数为 3.08，在 $\alpha = 0.05$ 水平上不显著，所以在平均数 49.48 行上标记字母 b。类似地，可以在 $\alpha = 0.01$ 将各处理平均数标记上字母，结果见表 5-9。q 检验结果与 SSR 法检验结果相同。结果显示四种蛋白质其中以 A_1 对大鼠的增重效果最好。应当注意，无论采用哪种方法表示多重比较结果，都应注明采用的是哪一种多重比较法。

1.4　不等水平两因素的方差分析

如果一个测定结果同时受到多个因素的影响，由于方差的加和性，通过方差的分解可以了解每个因素对测定结果的影响及其各因素影响的相对大小，从而为优选与有针对性地控制试验条件提供了科学的依据。但如何进行分解呢？

设两因素 A 和 B，A 有 a 个水平，B 有 b 个水平，在每一组合水平 (A_i, B_j) 下，做一次试验（即无重复），得到试验指标 x_{ij} 的观察值，其中 $i = 1, 2, \cdots, a$，$j = 1, 2, \cdots, b$，各 x_{ij} 相互独

立,在水平 A_i 下,令 $K_{Ai} = \sum_{j=1}^{b} x_{ij}$,每个样本进行了 b 次试验,其平均值为 $\bar{x}_{i\cdot} = \frac{1}{b} \sum_{j=1}^{b} x_{ij} = \frac{K_{Ai}}{b}$,在水平 B_j 下,令 $K_{Bj} = \sum_{i=1}^{a} x_{ij}$,每个样本进行了 a 次试验,平均值为 $\bar{x}_{\cdot j} = \frac{1}{a} \sum_{i=1}^{a} x_{ij} = \frac{K_{Bj}}{a}$,样本数据的总平均值为 $\bar{x} = \frac{1}{ab} \sum_{i=1}^{a} \sum_{j=1}^{b} x_{ij}$,如表 5-10 所示。

表 5-10 两因素的方差分析表

因素 B_j	因素 A_i					和 K_B	均值
	A_1	A_2	$\cdots$ A_i $\cdots$		A_a		
B_1	x_{11}	x_{21}	$\cdots$ x_{i1} $\cdots$		x_{a1}	$K_{B1} = \sum_{i=1}^{a} x_{i1}$	$\bar{x}_{\cdot 1} = \frac{1}{a} \sum_{i=1}^{a} x_{i1}$
B_2	x_{12}	x_{22}	$\cdots$ x_{i2} $\cdots$		x_{a2}	K_{B2}	
$\vdots$	$\vdots$	$\vdots$	$\vdots$		$\vdots$		
B_j	x_{1j}	x_{2j}	$\cdots$ x_{ij} $\cdots$		x_{aj}	K_{Bj}	$\bar{x}_{\cdot j} = \frac{1}{a} \sum_{i=1}^{a} x_{ij}$ $= \frac{K_{Bj}}{a}$
$\vdots$	$\vdots$	$\vdots$	$\vdots$		$\vdots$		
B_b	x_{1b}	x_{2b}	$\cdots$ x_{ib} $\cdots$		x_{ab}	$K_{Bb} = \sum_{i=1}^{a} x_{ib}$	
和 K_A $(K_A)^2$	K_{A1} $(K_{A1})^2$	K_{A2} $(K_{A2})^2$	$\cdots$ K_{Ai} $\cdots$ $(K_{Ai})^2$		K_{Aa} $(K_{Aa})^2$		
平方和 $\sum(x^2)$	$\sum_{j=1}^{b} x_{1j}^2$	$\sum_{j=1}^{b} x_{2j}^2$	$\cdots$ $\sum_{j=1}^{b} x_{ij}^2$ $\cdots$		$\sum_{j=1}^{b} x_{aj}^2$	$\sum_{j=1}^{b} \sum_{i=1}^{a} x_{ij}^2 = R$	
均值	$\bar{x}_{1\cdot} = \frac{K_{A1}}{b}$	$\bar{x}_{i\cdot} = \frac{1}{b} \sum_{j=1}^{b} x_{ij} = \frac{K_{Ai}}{b}$					

则总变差的平方和为

$$SS_T = \sum_{i=1}^{a} \sum_{j=1}^{b} (x_{ij} - \bar{x})^2 = \sum_{i=1}^{a} \sum_{j=1}^{b} \left[(x_{ij} - \bar{x}_{i\cdot} - \bar{x}_{\cdot j} + \bar{x}) + (\bar{x}_{i\cdot} - \bar{x}) + (\bar{x}_{\cdot j} - \bar{x}) \right]^2$$

$$= \sum_{i=1}^{a} \sum_{j=1}^{b} (x_{ij} - \bar{x}_{i\cdot} - \bar{x}_{\cdot j} + \bar{x})^2 + \sum_{i=1}^{a} \sum_{j=1}^{b} (\bar{x}_{i\cdot} - \bar{x})^2 + \sum_{i=1}^{a} \sum_{j=1}^{b} (\bar{x}_{\cdot j} - \bar{x})^2$$

(由于三个交叉项乘积的和项为零)

所以 $SS_T = \sum_{i=1}^{a} \sum_{j=1}^{b} (x_{ij} - \bar{x}_{i\cdot} - \bar{x}_{\cdot j} + \bar{x})^2 + a \sum_{j=1}^{b} (\bar{x}_{\cdot j} - \bar{x})^2 + b \sum_{i=1}^{a} (\bar{x}_{i\cdot} - \bar{x})^2$

记为 $SS_T = SS_A + SS_B + SS_e$

其中 $SS_A = b \sum_{i=1}^{a} (\bar{x}_{i\cdot} - \bar{x})^2 = b \sum_{i=1}^{a} (\bar{x}_{i\cdot}^2 - 2 \bar{x}_{i\cdot} \bar{x} + \bar{x}^2) = b \sum_{i=1}^{a} (\bar{x}_{i\cdot})^2 - \frac{1}{ab} (\sum_{i=1}^{a} \sum_{j=1}^{b} x_{ij})^2$

其中 $b \sum_{i=1}^{a} (\bar{x}_{i\cdot})^2 = b \frac{1}{b^2} \sum_{i=1}^{a} (\sum_{j=1}^{b} x_{ij})^2 = \frac{\sum_{i=1}^{a} (K_{Ai})^2}{b} = Q_A$,所以 $SS_A = Q_A - P$

同理 $SS_B = a \sum_{j=1}^{b} (\bar{x}_{\cdot j} - \bar{x})^2 = Q_B - P$,$SS_e = \sum_{i=1}^{a} \sum_{j=1}^{b} (x_{ij} - \bar{x}_{i\cdot} - \bar{x}_{\cdot j} + \bar{x})^2$

SS_A 和 SS_B 分别表示因素 A 和因素 B 同一条件下样本均值与样本单个值之间的差异,

即因素 A 和因素 B 的效应平方和。

和单因素相似, SS_T 的自由度 f_T 为 $(ab-1)$, SS_A 的自由度 f_A 为 $(a-1)$, SS_B 的自由度 f_B 为 $(b-1)$, SS_e 的自由度 f_e 为 $(ab-1)-(a-1)-(b-1)=(a-1)(b-1)$。相应的方差 $MS_A = \dfrac{SS_A}{f_A} = \dfrac{SS_A}{a-1}$, $MS_B = \dfrac{SS_B}{f_B} = \dfrac{SS_B}{b-1}$, $MS_e = \dfrac{SS_e}{f_e} = \dfrac{SS_e}{(a-1)(b-1)}$。然后根据方差求出相应的 F 值: $F_A = \dfrac{MS_A}{MS_e}$, $F_B = \dfrac{MS_B}{MS_e}$,由样本值 f_A、f_B 和 f_e,分别查出相应的临界值 $F_\alpha(f_A, f_e)$, $F_\alpha(f_B, f_e)$ 后,比较 F_A 和 $F_\alpha(f_A, f_e)$, F_B 和 $F_\alpha(f_B, f_e)$,并判断 A、B 是否有显著性的影响。

对于两因素或多因素,也可以分析贡献率 ρ,当某个因素贡献率比较大时,要特别重视该因素的水平。当各因素的贡献率较平均,此时各因素都需要重视。

两因素方差分析表如表 5-11 所示。

表 5-11 两因素无交互作用的方差分析表

来源	平方和	自由度	方差	F	贡献率 $\rho/\%$	P
因素 A	SS_A	$a-1$	$MS_A = \dfrac{SS_A}{a-1}$	$F_A = \dfrac{MS_A}{MS_e}$	$\rho_A = (SS_A - f_A \cdot MS_e)/SS_T$	
因素 B	SS_B	$b-1$	$MS_B = \dfrac{SS_B}{b-1}$	$F_B = \dfrac{MS_B}{MS_e}$	$\rho_B = (SS_B - f_B \cdot MS_e)/SS_T$	
误差 e	SS_e	$(a-1)(b-1)$	$MS_e = \dfrac{SS_e}{(a-1)(b-1)}$		$\rho_e = f_T \cdot MS_e/SS_T$	
总和	SS_T	$ab-1$		阈值 $F_\alpha(f_1, f_2)$	100%	

【例 5-3】 某医学问题中,研究不同剂量雌激素对大白鼠子宫重量的影响,取雌激素剂量(因素 A)和大白鼠种类(因素 B)作为因素。因素 B 取 4 个水平,即 4 窝不同种系的大白鼠 $(b=4)$,因素 A 取 3 个水平。每种大白鼠 3 只 $(a=3)$,随机分配到 3 个组中。每个试验点的试验结果如表 5-12 所示。

表 5-12 大白鼠试验结果表与方差计算表

大白鼠种类(因素 B)	雌激素剂量(因素 A)			合计 $\sum$
	0.2	0.4	0.8	
A	106	116	145	367
B	42	68	115	225
C	70	111	133	314
D	42	63	87	192
$n_i(b)$	4	4	4	12
均数	65	89.5	120	91.5
和 $\sigma \sum x$	260	358	480	1 098
平方和 $\sum(x^2)$	19 664	34 370	59 508	113 542

首先建立假设、确定检验水准,可置信水平 $\alpha = 0.01$

$H_0 : \mu_1 = \mu_2 = \mu_3$ 雌激素对大白鼠子宫重量无影响

$H_1 : \mu_1$、μ_2、μ_3 不相等或不全相等

$$P = \frac{1}{ab} \Big(\sum_{i=1}^{b} \sum_{j=1}^{a} x_{ij} \Big)^2 = \frac{1\,098^2}{3 \times 4} = 100\,467$$

$$SS_T = R - P = 113\,542 - 100\,467 = 13\,075,\ f_T = n - 1 = 12 - 1 = 11;$$

$$SS_A = b \sum_{i=1}^{a} (\bar{x}_{i.} - \bar{x})^2 = Q_A - P = \frac{260^2 + 358^2 + 480^2}{4} - 100\,467 = 6\,074$$

$$f_A = a - 1 = 3 - 1 = 2$$

$$SS_B = \sum_{j=1}^{b} a(\bar{x}_j - \bar{x})^2 = \frac{\Big(\sum_{i=1}^{a} x_{ij} \Big)^2}{a} - P$$

$$= \frac{367^2 + 225^2 + 314^2 + 192^2}{3} - 100\,467$$

$$= 6\,457.67,$$

$$f_B = b - 1 = 3$$

$$SS_e = SS_T - SS_A - SS_B = 13\,075 - 6\,074 - 6\,457.67 = 543.33$$

$$f_e = f_T - f_A - f_B = 6$$

$$MS_e = \frac{SS_e}{f_e} = \frac{543.33}{6} = 90.55$$

因素 A 贡献率 $\rho_A = (SS_A - f_A \cdot MS_e)/SS_T = (6\,074.00 - 2 \times 90.55)/13\,075.00 = 45.07\%$

因素 B 贡献率 $\rho_B = (SS_B - f_B \cdot MS_e)/SS_T = (6\,457.67 - 3 \times 90.55)/13\,075.00 = 47.31\%$

误差贡献率 $\rho_e = f_T \cdot MS_e/SS_T = (11 \times 90.55)/13\,075.00 = 7.62\%$

表 5-13 方差分析表

变异来源	平方和 SS	自由度 f	方差 MS	F	P	贡献率 ρ/%
剂量	6 074.00	2	3 037.00	33.54	<0.01	45.07
大白鼠种类	6 457.67	3	2 152.56	23.77	<0.01	47.31
误差	543.33	6	90.55			7.62
总计	13 075.00	11	$F_{0.01}(2,6)=10.92$ $F_{0.01}(3,6)=9.78$			100

$F_{0.01}(f_A, f_e) = F_{0.01}(2,6) = 10.92$，因 $P < 0.01$，拒绝 H_0，三个剂量组有影响。$F_{0.01}(3,6) = 9.78$，$P < 0.01$，拒绝 H_0，有差别。从贡献率也可看出，因素 A 和因素 B 对总波动的贡献均较大。

第 2 节 正交设计中的方差分析

2.1 多因素的方差分析

前面我们讨论了单因素的方差分析，但是在实际工作中，多因素多指标是很常见的，如在正交设计中，所讨论的常常就为多因素多指标试验。如何进行多因素的方差分析呢？

多因素的方差分析也类似于两因素的方差分析，以正交表 $L_9(3^4)$ 为例来说明怎样进行多因素的方差分析。设多因素 A、B、C、…，A 有 a 个水平，B 有 b 个水平，C 有 c 个水平……类似于直观分析，计算出相应的 K_1、K_2、K_3，如表 5-14 所示。

表 5-14 $L_9(3^4)$ 的方差分析表

试验号	因素 A	因素 B	因素 C	试验指标	计算
1	1	1	1	x_1	x_1^2
2	1	2	2	x_2	x_2^2
3	1	3	3	x_3	x_3^2
4	2	1	2	x_4	x_4^2
5	2	2	3	x_5	x_5^2
6	2	3	1	x_6	x_6^2
7	3	1	3	x_7	x_7^2
8	3	2	1	x_8	x_8^2
9	3	3	2	x_9	x_9^2
K_1	$x_1+x_2+x_3$	$x_1+x_4+x_7$	$x_1+x_6+x_8$		
K_2	$x_4+x_5+x_6$	$x_2+x_5+x_8$	$x_2+x_4+x_9$	$\sum_{i=1}^{n} x_i$	$\sum_{i=1}^{n} x_i^2$
K_3	$x_7+x_8+x_9$	$x_3+x_6+x_9$	$x_3+x_5+x_7$		

设因素 A 的相同水平下的试验次数为 n_a，因素 B 的相同水平下的试验次数为 n_b，因素 C 的相同水平下的试验次数为 n_c，则 $P = \dfrac{1}{n}\left(\sum_{i=1}^{n} x_i\right)^2$；$R = \sum_{i=1}^{9} x_i^2$；$Q_A = \dfrac{1}{n_a}(K_{A1}^2 + K_{A2}^2 + K_{A3}^2)$；$Q_B = \dfrac{1}{n_b}(K_{B1}^2 + K_{B2}^2 + K_{B3}^2)$；$Q_C = \dfrac{1}{n_c}(K_{C1}^2 + K_{C2}^2 + K_{C3}^2)$；

所以 $SS_A = Q_A - P$ $\qquad f_A = a - 1$

$\quad SS_B = Q_B - P$ $\qquad f_B = b - 1$

$\quad SS_C = Q_C - P$ $\qquad f_C = c - 1$

$\quad SS_e = SS_T - SS_A - SS_B - SS_C = R - Q_A - Q_B - Q_C + 2P$ $\quad f_e = ab - a - b - c + 2$

$\quad SS_T = R - P$ $\qquad f_T = ab - 1$

如果在正交设计中包含空列，则 SS_e 也还包含空列误差。

【例 5-4】 以正交设计例 4-1 中所述煤渣砖的生产为例来说明多因素的方差分析的具体计算方法。为了减少计算工作量，将所有的抗折强度数据减去 2.0 后再乘以 10，试验结果如表 5-15。计算并列出方差分析表 5-16。

表 5-15 煤渣制砖正交设计试验方案 $L_9(3^4)$ 及试验结果

试验号	因素 A		因素 B		因素 C		抗折强度(MPa)	同时减去 2.0 再乘以 10
1	1	9	1	8	1	330	1.69	−3.1
2	1	9	2	10	2	360	1.91	−0.9
3	1	9	3	12	3	400	1.67	−3.3
4	2	10	1	8	2	360	1.98	−0.2
5	2	10	2	10	3	400	2.37	3.7
6	2	10	3	12	1	330	1.90	−1.0
7	3	11	1	8	3	400	2.53	5.3
8	3	11	2	10	1	330	2.04	0.4
9	3	11	3	12	2	360	2.31	3.1
K_1	−7.3		2.0		−3.7			
K_2	2.5		3.2		2.0		$\sum_{i=1}^{n} x_i = 4.0$	
K_3	8.8		−1.2		5.7			

$$P = \frac{1}{n}\left(\sum_{i=1}^{n} x_i\right)^2 = \frac{4^2}{9} \approx 1.9, R = \sum_{i=1}^{n} x_i^2 = 73.9$$

$$Q_A = \frac{1}{n_a}(K_{A1}^2 + K_{A2}^2 + K_{A3}^2) = \frac{137.0}{3} \approx 45.7, Q_B = \frac{1}{n_b}(K_{B1}^2 + K_{B2}^2 + K_{B3}^2) = \frac{15.68}{3} \approx$$

$$5.2, Q_C = \frac{1}{n_c}(K_{C1}^2 + K_{C2}^2 + K_{C3}^2) = \frac{50.18}{3} \approx 16.7$$

得：$SS_A = Q_A - P = 45.7 - 1.9 = 43.8$ 　　　　$f_A = a - 1 = 3 - 1 = 2$

$SS_B = Q_B - P = 5.2 - 1.9 = 3.3$ 　　　　$f_B = b - 1 = 3 - 1 = 2$

$SS_C = Q_C - P = 16.7 - 1.9 = 14.8$ 　　　　$f_C = c - 1 = 3 - 1 = 2$

$SS_T = R - P = 73.9 - 1.9 = 72.0$ 　　　　$f_T = ab - 1 = 9 - 1 = 8$

$SS_e = SS_T - SS_A - SS_B - SS_C$

　$= 72.0 - 43.8 - 3.3 - 14.8 = 10.1$ 　　　　$f_e = ab - a - b - c + 2 = 2$

表 5-16　多因素的方差分析表

来源	平方和	自由度	方差	F	临界值
因素 A	43.8	2	21.9	4.4[*]	$F_{0.25}(2,2)$
因素 B	3.3	2	1.6	0.3	$=3.00$
因素 C	14.8	2	7.4	1.5	
试验误差 e	10.1	2	5.0		
总和 SS_T	72.0	8			

从本例的分析可以看出，由于 f_e 太小，只有 2，所以 F 的检验灵敏度不高，查 F 分布表，如 $\alpha = 0.05$，甚至 $\alpha = 0.10$，查得表中的 F 值均比计算的值大，一直到 $\alpha = 0.25$，$F_{0.25}(2,2) = 3.0$，仅有因素 A 成型水分的 $F = 4.4 > 3.0$，所以总体说来，各因素对抗折强度的影响均不大，成型水分的影响最大，其次是一次碾料量。方差分析的观点认为：只需对显著的因素进行选择，对不显著的因素原则上可选在试验范围的任意一点。本例只需对成型水分取值在 11% 即可。经过方差分析得出的结果与直观分析的结果一致，方差分析能看出这组试验的试验误差较大，试验次数不够。

2.2　带交互作用的方差分析

2.2.1　无重复试验的交互作用的方差分析

在有交互作用的正交设计的方差分析中，两因素的交互作用，我们把它当成一个新的因素看待，考虑某两种因素有交互作用，除采用正交表头设计以外，也可采用正常的正交表头设计。但是如果交互作用占据两列，则交互作用的变差平方和等于这两列的变差平方和，即 $S_{A \times B} = S_{(A \times B)1} + S_{(A \times B)2}$，总的 $S_T = S_{因} + S_{交} + S_E$。其两因素交互作用列的自由度等于两因素自由度的乘积，即 $f_{AB} = f_A \cdot f_B$。

【例 5-5】　某农药厂生产某种农药，指标是农药的收集，应该是越大越好，据经验所知，影响农药收集的因素有四个，反应温度 A，反应时间 B，原料配比 C，真空度 D，每个因素都是两个水平，具体情况如下：A_1：60℃，A_2：80℃，B_1：2.5 h，B_2：3.5 h，C_1：1.1∶1，C_2：1.2∶1，D_1：66 500 Pa，D_2：79 800 Pa，并考虑 A、B 的交互作用。选用正交表 $L_8(2^7)$ 安排试验。按试验号逐次进行试验。得出试验结果分别为（单位%）86，95，91，94，91，92，83，88。试进行方差分析。列出正交表和试验结果，见表 5-17。

表 5-17 正交表 $L_8(2^7)$ 和试验结果

试验号 \ 因素	1 A	2 B	3 $A\times B$	4 C	5	6	7 D	$y_k(\%)$	y_k^2
1	1	1	1	1	1	1	1	86	7 396
2	1	1	1	2	2	2	2	95	9 025
3	1	2	2	1	1	2	2	91	8 281
4	1	2	2	2	2	1	1	94	8 836
5	2	1	2	1	2	1	2	91	8 281
6	2	1	2	2	1	2	1	92	8 464
7	2	2	1	1	2	2	1	83	6 889
8	2	2	1	2	1	1	2	88	7 744
K_1	366	364	352	351	357	359	355		
K_2	354	356	368	369	363	361	365		
K_1^2	133 956	132 496	123 904	123 201	127 449	128 881	1260 25		
K_2^2	125 316	126 736	135 424	136 161	131 769	130 321	133 225		
SS	18	8	32	40.5	4.5	0.5	12.5		

$$K = \sum_{i=1}^{8} y_k = 720, R = \sum_{i=1}^{8} y_k^2 = 64\,916, P = K^2/8 = 64\,800$$

$$SS_T = R - P = \sum_{i=1}^{8} y_k^2 - \frac{1}{8}\left(\sum_{i=1}^{8} y_k\right)^2 = 64\,916 - 720^2/8 = 116$$

由于正交设计中各因素的 $SS = \frac{1}{n_a}\sum_{i=1}^{n} K_i^2 - \frac{1}{n}\left(\sum_{i=1}^{n} x_i\right)^2$，对于两水平的因素 A，

$SS_A = \frac{1}{n_a}\sum_{i=1}^{n} K_i^2 - \frac{1}{n}\left(\sum_{i=1}^{n} x_i\right)^2$，且 $n_a = 4, n = 2n_a = 8, \sum_{i=1}^{n} x_i = K_1 + K_2$，所以 SS_A 也可

以化为：$SS_A = \frac{1}{4}(K_1^2 + K_2^2) - \frac{1}{8}(K_1 + K_2)^2 = \frac{1}{8}(K_1 - K_2)^2$

$SS_e = SS_T - SS_因 - SS_交 = 5$。

自由度：$f_T = 8 - 1 = 7$，　　　　$f_A = f_B = f_C = f_D = 2 - 1 = 1$

　　　　$f_{AB} = f_A \times f_B = 1$，　　$f_e = f_T - (f_A + f_B + f_C + f_D + f_{AB}) = 7 - 5 = 2$

最后计算各自的方差 MS 和 F 值，列出方差分析表 5-18。可以看出，各因素对试验影响的大小顺序为 $C, A\times B, A, D, B$。因素 C 影响最大，其次是交互作用 $A\times B$。若各因素分别选取最优条件应当是 $C_2 B_1 A_1 D_2$，但考虑到 $A\times B$ 的交互作用，且它的第 2 水平较好，$(A\times B)_2$ 的情况下有 B_1, A_2 和 B_2, A_1 两种情形，但由于 A 的影响比 B 大，先选 A 为 A_1，则 B 为 B_2，故最后的最优方案为 $C_2 A_1 B_2 D_2$。

表 5-18 交互作用的方差分析表

来源	平方和	自由度	方差	F	临界值
因素 A	18	1	18	7.2	$F_{0.05}(1,2)$
因素 B	8	1	8	3.2	$=18.51$
$A\times B$	32	1	32	12.8 **	$F_{0.10}(1,2)$
因素 C	40.5	1	40.5	16.2 **	$=8.53$
因素 D	12.5	1	12.5	5.0	
试验误差 e	5.0	2	2.5		
总和	116	7			

2.2.2　有重复试验的交互作用的方差分析

重复试验就是对每个试验号重复多次,这样能很好地估计试验误差,它的方差分析与无重复试验基本相同,但要注意几点:

(1) 计算各 K_1,K_2,…时,要用各号试验 n 次重复数据之和;

(2) 计算变差平方和公式中的"水平重复数"应为"水平重复数与重复试验次数之积";

(3) 总体误差的变差平方和 SS_e 由两部分组成:空列误差 SS_{e1} 和重复试验误差 SS_{e2}。

设两因素 A、B。A 有 a 个水平,B 有 b 个水平,为研究交互作用的影响,在每一组合水平下重复 $m(m \geqslant 2)$ 次试验,每个观察值记为 x_{ijk},结果如表 5-19 所示。

表 5-19　重复试验的试验结果表

	A_1	A_2	…	A_i	…	A_a	$\sum$
B_1	x_{11k}	x_{21k}	…	x_{i1k}	…	x_{a1k}	
B_2	x_{12k}	x_{22k}	…	x_{i2k}	…	x_{a2k}	
⋮	⋮	⋮		⋮		⋮	
B_j	x_{1jk}	x_{2jk}	…	x_{ijk}	…	x_{ajk}	
⋮	⋮	⋮		⋮		⋮	
B_b	x_{1bk}	x_{2bk}	…	x_{ibk}	…	x_{abk}	

其中:$i = 1, 2, \cdots, a$,$j = 1, 2, \cdots, b$,$k = 1, 2, \cdots, m$。

则 $\bar{x} = \dfrac{1}{abm} \sum\limits_{i=1}^{a} \sum\limits_{j=1}^{b} \sum\limits_{k=1}^{m} x_{ijk}$,$\bar{x}_{i..} = \dfrac{1}{bm} \sum\limits_{j=1}^{b} \sum\limits_{k=1}^{m} x_{ijk}$,$\bar{x}_{ij.} = \dfrac{1}{m} \sum\limits_{k=1}^{m} x_{ijk}$,$\bar{x}_{.j.} = \dfrac{1}{am} \sum\limits_{i=1}^{a} \sum\limits_{k=1}^{m} x_{ijk}$,

$$SS_T = \sum_{i=1}^{a} \sum_{j=1}^{b} \sum_{k=1}^{m} (x_{ijk} - \bar{x})^2 = \sum_{i=1}^{a} \sum_{j=1}^{b} \sum_{k=1}^{m} x_{ijk}^2 - \left(\sum_{i=1}^{a} \sum_{j=1}^{b} \sum_{k=1}^{m} x_{ijk} \right)^2 / abm$$

$$SS_T = SS_A + SS_B + SS_{A \times B} + SS_e$$

其中 $SS_A = bm \sum\limits_{i=1}^{a} (\bar{x}_{i..} - \bar{x})^2 = \dfrac{1}{bm} \sum\limits_{i=1}^{a} x_{i..}^2 - \left(\sum\limits_{i=1}^{a} \sum\limits_{j=1}^{b} \sum\limits_{k=1}^{m} x_{ijk} \right)^2 / abm$

令 $R_A = \sum\limits_{i=1}^{a} \sum\limits_{j=1}^{b} \sum\limits_{k=1}^{m} x_{ijk}^2$,$P = \left(\sum\limits_{i=1}^{a} \sum\limits_{j=1}^{b} \sum\limits_{k=1}^{m} x_{ijk} \right)^2 / abm$,则 $SS_A = R_A - P$

$$SS_B = am \sum_{j=1}^{b} (\bar{x}_{.j.} - \bar{x})^2 = \dfrac{1}{am} \sum_{j=1}^{b} x_{.j.}^2 - \left(\sum_{i=1}^{a} \sum_{j=1}^{b} \sum_{k=1}^{m} x_{ijk} \right)^2 / abm$$

$$SS_{AB} = m \sum_{i=1}^{a} \sum_{j=1}^{b} (\bar{x}_{ij.} - \bar{x}_{i..} - \bar{x}_{.j.} + \bar{x})^2$$

$$SS_e = \sum_{i=1}^{a} \sum_{j=1}^{b} \sum_{k=1}^{m} (x_{ijk} - \bar{x}_{ij.})^2 = SS_T - SS_A - SS_B - SS_{A \times B}$$

相应的自由度为:$f_T = abm - 1$,$f_A = a - 1$,$f_B = b - 1$,$f_{AB} = (a-1)(b-1)$,

$f_e = abm - (a-1) - (b-1) - (a-1)(b-1) = ab(m-1)$

相应的方差为:$MS_A = SS_A / (a-1)$,$MS_B = SS_B / (b-1)$,

$MS_{A \times B} = SS_{A \times B} / [(a-1)(b-1)]$,$MS_e = SS_e / ab(m-1)$

根据方差求出相应的 F 值:$F_A = \dfrac{MS_A}{MS_e}$,$F_B = \dfrac{MS_B}{MS_e}$,$F_{AB} = \dfrac{MS_{A \times B}}{MS_e}$,由样本值,分别查出相

应的临界值 $F_\alpha[a-1,ab(m-1)]$，$F_\alpha[b-1,ab(m-1)]$，$F_\alpha[(a-1)(b-1),ab(m-1)]$，比较 F_A 和 $F_\alpha[a-1,ab(m-1)]$，F_B 和 $F_\alpha[b-1,ab(m-1)]$，F_{AB} 和 $F_\alpha[(a-1)(b-1),ab(m-1)]$ 并判断 A、B 和 $A\times B$ 是否有显著性的影响。同样列出方差分析表5-20。

表 5-20　重复试验的方差分析表

方差来源	平方和	自由度	方差	F	临界值
因素 A	SS_A	$a-1$	$MS_A=\dfrac{SS_A}{a-1}$	$F_A=\dfrac{MS_A}{MS_e}$	$F_\alpha(f_A,f_e)$
因素 B	SS_B	$b-1$	$MS_B=\dfrac{SS_B}{b-1}$	$F_B=\dfrac{MS_B}{MS_e}$	$F_\alpha(f_B,f_e)$
$A\times B$	$SS_{A\times B}$	$(a-1)(b-1)$	$MS_{A\times B}=\dfrac{SS_{A\times B}}{(a-1)(b-1)}$	$F_{AB}=\dfrac{MS_{A\times B}}{MS_e}$	$F_\alpha(f_{AB},f_e)$
试验误差 e	SS_e	$ab(m-1)$	$MS_e=\dfrac{SS_e}{ab(m-1)}$		
总和	SS_T	$abm-1$			

【例 5-6】　使用四种燃料和三种推进器做火箭射程试验，每一种组合情况做两次试验，得到火箭射程如表 5-21，试分析燃料 A，推进器 B 和它们的交互作用 $A\times B$ 对火箭的射程有没有显著影响（$\alpha=0.05$）。

表 5-21　各种组合下的火箭射程(n mile)

	B_1		B_2		B_3		$\sum$
A_1	582	526	562	412	653	608	3 343
A_2	491	428	541	505	516	484	2 965
A_3	601	583	709	732	392	407	3 424
A_4	758	715	582	510	487	414	3 466
$\sum$	4 684		4 553		3 961		13 198

此处 $a=4,b=3,m=2,n=abm=24$

$K=\sum x_{ijk}=13\,198,P=(\sum x_{ijk})^2/n=13\,198^2/24=7\,257\,800$

$SS_T=\sum(x_{ijk})^2-P=263\,830$；$SS_A=(3\,343^2+\cdots+3\,466^2)/6-P=26\,168$

$SS_B=(4\,684^2+4\,553^2+3\,961^2)/8-P=37\,098$

$SS_{AB}=[(582+526)^2+\cdots+(487+414)^2]/2-P-SS_A-SS_B=176\,869$

$SS_e=SS_T-SS_A-SS_B-SS_{AB}=23\,695$

计算相应的方差及 F 值，并列出方差分析表5-22。

表 5-22　重复试验的方差分析表

方差来源	平方和	自由度	方差	F	临界值
因素 A	26 168	3	8 723	4.42*	$F_{0.05}(3,12)=3.40$
因素 B	37 098	2	18 549	9.39**	$F_{0.01}(2,12)=5.95$
$A\times B$	176 869	6	29 478	14.93**	$F_{0.01}(6,12)=4.82$
试验误差 e	23 695	12	1975		
总和	263 830	23			

比较计算出的 F 值与查表求得的临界值,可以看出,燃料对火箭射程的影响显著,而推进器和它们的交互作用对火箭射程影响高度显著,尤其以交互作用的影响最为显著。

2.3　其他设计中的方差分析

混合型正交设计和拟水平正交设计中的方差分析,本质上与一般水平数相等的正交设计相同,只是在计算时需要注意各列水平数不同,从而其相应的自由度也不相等。

对混合型正交表 $L_8(4\times2^4)$,其总变差的平方和依然是

$$SS_T = Q - P = \sum x_k^2 - \frac{1}{8}\left(\sum x_k\right)^2$$

对于因素的变差平方和则分为两种情况:

① 对于两水平的因素 $SS = \frac{1}{8}(K_1 - K_2)^2$,自由度 $f = 2 - 1 = 1$;

② 对于四水平的因素,因为每个水平下的试验次数为 2,故 $n_a = 2$,$SS = \frac{1}{2}(K_1^2 + K_2^2 + K_3^2 + K_4^2) - \frac{1}{8}\left(\sum_{i=1}^{8} x_i\right)^2$,自由度 $f = 4 - 1 = 3$。

【例 5-7】　为了研究在不同水胶比下,石灰石粉掺量和细度对流动度和力学性能的影响,为混凝土的配合比设计提供依据,采用水泥胶砂试件的正交试验设计方法。选取因素为石灰石粉的掺量(10%,18%,26%,34%),水胶比(0.35,0.29),石灰石粉细度(610 m²/kg,350 m²/kg),采用正交表 $L_8(4\times2^4)$,通过优选得出最佳的石灰石粉含量,其因素水平表见表 5-23,试验指标为胶砂流动度、7 d 抗压强度,各项指标均为越大越好,其试验结果见表 5-24。

表 5-23　试验的因素水平表

	因素 A 石粉掺量(%)	因素 B 水胶比	因素 C 石粉细度(m²/kg)
水平 1	10	0.35	610
水平 2	18	0.29	350
水平 3	26		
水平 4	34		

表 5-24　试验方案及其结果表

组号	胶砂流动度 (mm)		7d 抗压强度 (MPa)	
	原始	同时减 120	原始	同时减 33.0
1	150	30	63.1	30.1
2	121	1	64.8	31.8
3	150	30	48.7	15.7
4	124	4	55.5	22.5
5	167	47	37.9	4.9
6	138	18	57.0	24.0
7	194	74	33.9	0.9
8	150	30	51.3	18.3

其试验指标的直观分析表列于表 5-25。从正交设计中的胶砂流动度的直观分析可以

看出,对于胶砂试件的胶砂流动度,随着石粉掺量的提高,其胶砂流动度增大;石粉细度对胶砂强度的影响并不明显。随着水胶比的降低,胶砂流动度降低,其最优方案为 $A_4B_1C_2$。

从正交设计的抗压强度的直观分析可以看出,对于 7d 抗压强度,随着石粉掺量的提高,抗压强度降低;随着水胶比的降低,石粉细度的提高,抗压强度提高。其最优试验方案为 $A_1B_2C_1$。

同时我们还可以看出,对于我们所选定的三个因素,对于所选定的两个试验指标——胶砂流动度和抗压强度,两者是相互矛盾的,其趋势正好相反,在这种情况下,只能考虑其中某个指标更重要,或者某个指标能通过其他途径去解决,或者取两者的中间值,来确定最优方案。如本例中,胶砂流动度可以通过调整外加剂的掺量来解决,那么我们可以更加注重抗压强度指标。

表 5-25　正交设计的直观分析表

	石粉掺量(%)		水胶比		石粉细度(m²/kg)	
	强度	流动度	强度	流动度	强度	流动度
K_1	271	127.9	661	183.6	588	220.1
K_2	274	104.2	533	228.6	606	192.1
K_3	305	94.9				
K_4	344	85.2				
m_1	135.5	64.0	165.2	45.9	147.0	55.0
m_2	137.0	52.1	133.2	57.2	151.5	48.0
m_3	152.5	47.4				
m_4	172.0	42.6				
极差	36.5	21.4	32.0	11.3	4.5	7.0
较优方案	A_4	A_1	B_1	B_2	C_2	C_1

对于胶砂流动度,计算同时减去 120 后的数据:$K = \sum_{i=1}^{8} y = 234$,$R = \sum_{i=1}^{8} y^2 = 10\,726$,$P = K^2/8 = 6\,844.5$。

$$SS_T = R - P = \sum_{i=1}^{8} y^2 - \frac{1}{8}\left(\sum_{i=1}^{8} y\right)^2 = 3\,881.5$$

$$SS_A = \frac{1}{2}(K_1^2 + K_2^2 + K_3^2 + K_4^2) - \frac{1}{8}\left(\sum_{i=1}^{8} x_i\right)^2 = 1\,734.5$$

$$SS_B = \frac{1}{4}(K_1^2 + K_2^2) - P = \frac{1}{8}(K_1 - K_2)^2 = 2\,048.0$$

$$SS_C = \frac{1}{4}(K_1^2 + K_2^2) - P = \frac{1}{8}(K_1 - K_2)^2 = 40.5$$

$$SS_e = SS_T - SS_A - SS_B - SS_C = 58.5$$

而对于抗压强度,计算同时减去 33.0 后的数据:$K = \sum_{i=1}^{8} y = 148.2$,$R = \sum_{i=1}^{8} y^2 = 3\,605.7$,$P = K^2/8 = 2\,745.4$。

$$SS_T = R - P = \sum_{i=1}^{8} y^2 - \frac{1}{8}\left(\sum_{i=1}^{8} y\right)^2 = 860.3$$

$$SS_A = \frac{1}{2}(K_1^2 + K_2^2 + K_3^2 + K_4^2) - \frac{1}{8}\left(\sum_{i=1}^{8} x_i\right)^2 = 501.9$$

$$SS_B = \frac{1}{4}(K_1^2 + K_2^2) - P = \frac{1}{8}(K_1 - K_2)^2 = 253.1$$

$$SS_C = \frac{1}{4}(K_1^2 + K_2^2) - P = \frac{1}{8}(K_1 - K_2)^2 = 98.0$$

$$SS_e = SS_T - SS_A - SS_B - SS_C = 7.3$$

根据计算所得的平方和 SS 值及相应的自由度,计算各自的方差及其 F 值,并列出方差分析表 5-26。

表 5-26   正交设计的抗压强度方差分析表

来源	平方和		自由度	方差		F	
	流动度	强度		流动度	强度	流动度	强度
因素 A	1 734.5	501.9	3	578.2	167.3	19.80*	46.35*
因素 B	2 048.0	253.1	1	2 048.0	253.1	70.14*	70.12*
因素 C	40.5	98.0	1	40.5	98.00	1.39	27.15*
误差 e	58.5	7.3	2	29.2	3.65		
总和	3 881.5	860.3	7				

临界值 $F_{0.01}(3,2) = 99.17$,$F_{0.05}(3,2) = 19.16$,$F_{0.01}(1,2) = 98.50$,$F_{0.05}(1,2) = 18.51$,$F_{0.25}(1,2) = 2.57$。

比较各自的 F 值与相应的临界值,可以看出,石粉含量和水胶比对胶砂试件的流动度和 7d 抗压强度均具有显著的影响,石粉细度对抗压强度也具有显著的影响,但对胶砂流动度看不出影响。

对正交表 $L_9(3^4)$,采用虚拟水平的正交设计,在试验中,将因素 C 的第 2 水平虚拟一个水平,则第 1 水平重复 3 次,第 2 水平重复 6 次,故此虚拟水平的变差平方和为 $SS = \dfrac{K_1^2}{3} + \dfrac{K_2^2}{6} - \dfrac{1}{9}\left(\sum_{i=1}^{8} x_i\right)^2$,自由度为 $f = 2 - 1 = 1$,而其他水平的变差平方和为 $SS = \dfrac{1}{3}(K_1^2 + K_2^2 + K_3^2) - \dfrac{1}{9}\left(\sum_{i=1}^{8} x_i\right)^2$,自由度 $f = 3 - 1 = 2$。

习   题

5.1   以淀粉为原料生产葡萄糖的过程中,残留的许多糖蜜可作为生产酱色的原料。在生产酱色之前应尽可能彻底除杂以保证酱色的质量,为此对除杂方法进行选择。在试验中选用 5 种不同的除杂方法,每种方法做 4 次试验,即重复 4 次,结果如下,试判断不同的除杂方法对除杂量是否有显著影响?

除杂的试验结果(g/kg)

除杂方法	除杂量(x_{ij})				合计 $\sum x_i$	平均 $\bar{x}_i$
	1	2	3	4		
A_1	25.6	24.4	25.0	25.9		
A_2	27.8	27.0	27.0	28.0		
A_3	27.0	27.7	27.5	25.9		
A_4	29.0	27.3	27.5	29.9		
A_5	20.6	21.2	22.0	21.2		
合计 $\sum$					$\sum x_{..} =$	

5.2 为了评价不同行业的服务质量,某省消费者协会分别在零售业、旅游业、航空公司、家电制造业抽取了不同的企业作为样本,其中零售业 7 家,旅游业 6 家,航空公司 5 家,家电制造业 5 家,然后统计出近期消费者对这 23 家企业的投诉次数,如下表所示。

观测值	行 业			
	零售业	旅游业	航空业	家电制造业
1	57	68	31	44
2	66	39	49	51
3	49	29	21	65
4	40	45	34	77
5	34	56	40	58
6	53	51		
7	44			

针对上表给出的数据进行单因素方差分析,并利用 LSD 和 Duncan 法检验各行业间均值是否存在显著性差异。

5.3 某厂生产液体葡萄糖,要对生产工艺进行优选试验,因素及水平如下表:

水平＼因素	A 粉浆浓度(％)	B 粉浆酸度	C 稳压时间(min)	D 工作压力($\times 10^5$ Pa)
1	16	1.5	0	2.2
2	18	2.0	5	2.7
3	20	2.5	10	3.2

试验指标有两个:(1)产量,越高越好;(2)总还原糖,在 32％～40％之间。用正交表 $L_9(3^4)$ 安排试验,各因素依次放在正交表的 1～4 列上,9 次试验所得结果依次如下,试找出生产的最优方案,并对产量进行方差分析。

产量(kg):498,568,568,577,512,540,501,550,510;

总还原糖(％):41.6,39.4,31.0,42.4,37.2,30.2,42.4,40.4,30.0。

5.4 为验证水灰比、水泥品种和粗骨料品种对混凝土"强度-超声声速"关系的影响,所选用的因素和水平表、选用的正交设计方案和试验结果分别如下表。

(1)用方差分析方法分析各因素的显著性影响;

(2)将影响不明显的因素并入误差,重新进行 F 检验。

水平＼因素	A 水灰比	B 水泥品种	C 粗骨料品种
1	0.45	矿渣水泥	河卵石
2	0.55	普通水泥	石灰石碎石
3	0.65	/	/
4	0.74	/	/

试验号	A 水灰比	B 水泥品种	C 粗骨料品种	试验结果 v/f_{cu}	
1	A_1	B_1	C_1	10.52	
2	A_1	B_2	C_2	11.27	
3	A_2	B_1	C_1	13.29	
4	A_2	B_2	C_2	14.50	
5	A_3	B_1	C_2	10.48	
6	A_3	B_2	C_1	15.81	
7	A_4	B_1	C_2	21.70	
8	A_4	B_2	C_1	20.56	

5.5　对两种不同水灰比的混凝土,进行成型方式和蒸养时间的增强效果比较试验,采用有交互作用的正交试验,所选用的因素和水平表、选用的正交设计方案和试验结果分别如下表。求出主要因素及最佳组合,并对其进行方差分析。

因素 \ 水平	A 水灰比	B 成型方式	C 蒸养时间(h)
1	0.35	插捣成型	3
2	0.45	振动成型	4

因素 \ 试验号	1 A	2 B	3 A×B	4 C	5 A×C	6 B×C	7	抗压强度(MPa)
1	1	1	1	1	1	1	1	36.9
2	1	1	1	2	2	2	2	37.8
3	1	2	2	1	1	2	2	46.3
4	1	2	2	2	2	1	1	47.2
5	2	1	2	1	2	1	2	30.6
6	2	1	2	2	1	2	1	32.9
7	2	2	1	1	2	2	1	35.4
8	2	2	1	2	1	1	2	37.5

5.6　为提高某药品的合成率,对合成条件进行优化设计,各因素及其水平如下表:

因素 \ 水平	A 温度(℃)	B 甲醇钠量(mL)	C 醛的状态	D 缩合剂量(mL)
1	35	3	固态	0.9
2	25	5	液态	1.2
3	45	4	/	1.5

将因素 C 的第 2 水平虚拟成第 3 水平安排试验,选取正交表 $L_9(3^4)$,各因素依次放在正交表的 1～4 列上,9 次试验所得合成率结果依次为:69.2,71.8,78.0,74.1,77.6,66.5,69.2,69.7,78.8,试分析试验结果,找出最优方案,并进行方差分析。

第6章 回归分析

第1节 一元线性回归分析

在实际工作中,常常会遇到某些变量之间存在一定的依赖关系,但不能精确求出确定性的线性关系,而是比较复杂的不确定的相关关系。如自由落体运动中,物体下落的距离 s 与所需时间 t 之间的关系 $s = gt^2/2$ 就是确定性的关系,球的体积 V 与直径 d 之间的关系也是确定性的关系 $V = \pi d^3/6$;而人的身高和体重之间的关系,农作物的产量与降雨量之间的关系,炼钢时含碳量与冶炼时间之间的关系等就是不确定的关系。利用最小二乘法原理使得诸因素与考核指标之间建立经验公式,即得出回归关系,凡求有关回归关系的计算方法与理论通称为回归分析(regression analysis)。所建立的回归关系提供了变量之间的一种近似表达,从而达到预测或者控制的目的。在混凝土试验中,常碰到配合比中某些参数与混凝土某些特性指标之间和各个特性指标之间存在着相关关系。例如:① 抗压强度 A 与灰水比 C/W 之间的关系 $R = Af\left(\dfrac{C}{W} - B\right)$;② 用水量 W 与坍落度 T、砂子的细度模数 M_x 等之间的关系,经过分析,我们对碎石混凝土得到如下的关系:$W = 150.30 + 0.50T - 7.50M_x + 815.91/D$;③ 抗拉强度与抗压强度之间的关系等。在数理统计学中把处理类似①②的问题称为回归分析,把处理类似③的问题称为相关分析,为简单起见,我们统称为回归分析。

回归分析是数据处理最有效的方法之一,许多试验设计,如均匀设计、回归正交设计和配方混料设计等,都是通过回归分析确定试验指标与因素之间的回归方程。

1.1 回归方程的求解

如果某相关分析中的各因素与指标之间呈线性相关,则称为线性回归(linear regression)。如因素数量仅为 1 个,则称为一元线性回归。如有几个互相独立的观测值 $(x_i, y_i)(i = 1, 2, \cdots, n)$,首先绘制成 $y-x$ 曲线,根据曲线图形确定 x 与 y 的大致相关关系。当然,由于试验误差 ε_i 的存在,不会是一个严格的线形关系,设

$$y_i = a + bx_i + \varepsilon_i (i = 1, 2, \cdots, n)。$$

a, b 是常数,ε_i 为试验误差,如果忽略 ε_i,则 $\hat{y}_i = a + bx_i$,严格线性相关,我们称之为 y 对 x 的回归线,根据最小二乘法原理,该曲线应距离所有点的距离的平方和最小,即

$$\sum_{i=1}^{n}(y_i - \hat{y}_i)^2 = \sum_{i=1}^{n}(y_i - a - bx_i)^2 \text{ 达到最小}。$$

式中 a, b 虽为未知数,但应为常数,所以对 a, b 求导应等于 0,即

$$\begin{cases} \sum_{i=1}^{n} (y_i - a - bx_i)(-1) = 0 \text{（对 } a \text{ 求导）} \\ \sum_{i=1}^{n} (y_i - a - bx_i)(-x_i) = 0 \text{（对 } b \text{ 求导）} \end{cases} \quad \text{即为：} \begin{cases} \sum_{i=1}^{n} y_i = \sum_{i=1}^{n} a + \sum_{i=1}^{n} bx_i \quad \text{(a)} \\ \sum_{i=1}^{n} x_i y_i = \sum_{i=1}^{n} ax_i + \sum_{i=1}^{n} bx_i^2 \quad \text{(b)} \end{cases}$$

(a)式乘以 $\sum_{i=1}^{n} x_i$，然后两式相减消去 a；或者将(a)式变形 $a = \frac{1}{n}(\sum_{i=1}^{n} y_i - \sum_{i=1}^{n} bx_i)$ 后代

入，解方程组得：

$$b = \frac{\sum_{i=1}^{n} x_i y_i - \frac{1}{n}(\sum_{i=1}^{n} x_i)(\sum_{i=1}^{n} y_i)}{\sum_{i=1}^{n} x_i^2 - \frac{1}{n}(\sum_{i=1}^{n} x_i)^2} = \frac{SP_{xy}}{SS_x} \tag{6-1}$$

令 $SP_{xy} = \sum_{i=1}^{n} x_i y_i - \frac{1}{n}(\sum_{i=1}^{n} x_i)(\sum_{i=1}^{n} y_i)$，SP 即为 sum of products 简写 $\tag{6-2}$

$$SS_x = \sum_{i=1}^{n} x_i^2 - \frac{1}{n}(\sum_{i=1}^{n} x_i)^2 \tag{6-3}$$

同时求出

$$SS_y = \sum_{i=1}^{n} (y_i - \bar{y})^2 = \sum_{i=1}^{n} y^2 - \frac{1}{n}\sum_{i=1}^{n} y^2 \tag{6-4}$$

则

$$a = \bar{y} - b\bar{x} \tag{6-5}$$

其中 $\bar{x} = \frac{1}{n}\sum_{i=1}^{n} x_i$，$\bar{y} = \frac{1}{n}\sum_{i=1}^{n} y_i$。

将所求 a, b 代入得 $\hat{y} = a + bx_i$ 即为所求回归线，这个回归直线通过点 $(\bar{x}, \bar{y})$，参数 b 称为回归系数。

1.2　相关系数

用上述方法得出的回归线是否有意义，还需进一步检验，因为对任意两个变量所得的试验数据，都可以按上述方法得出一条直线，但在实际中，只有当 y 与 x 之间存在某种线性相关时得出的直线才有意义，这可以通过作图的方法或用相关系数 r 来检验。

由于对每一个 x_i，只是 $y_i \approx a + bx_i$，y_i 与回归值 $\hat{y} = a + bx_i$ 之间存在一个差值，此差值称之为 x_i 处的残差(residual)，并称平方和 SS_e 为残差平方和(也称为剩余平方和、离回归平方和)。即

$$SS_e = \sum_{i=1}^{n} (y_i - \hat{y}_i)^2 = \sum_{i=1}^{n} (y_i - a - bx_i)^2 \tag{6-6}$$

为了计算上的方便，常将 SS_e 作如下的变形：

$$\begin{aligned} SS_e &= \sum_{i=1}^{n} (y_i - \hat{y}_i)^2 = \sum_{i=1}^{n} [(y_i - \bar{y}) - b(x_i - \bar{x})]^2 \\ &= \sum_{i=1}^{n} (y_i - \bar{y})^2 - 2b\sum_{i=1}^{n} (y_i - \bar{y})(x_i - \bar{x}) + b^2\sum_{i=1}^{n} (x_i - \bar{x})^2 \\ &= SS_y - 2b \cdot SP_{xy} + b^2 \cdot SS_x \end{aligned}$$

将 $b = \frac{SP_{xy}}{SS_x}$ 代入，则得 $SS_e = SS_y - b^2 \cdot SS_x = SS_y - SP_{xy}^2/SS_x$ $\tag{6-7}$

同样对 SS_y 作类似于 SS_e 的变形，

$$SS_y = \sum_{i=1}^n (y_i - \bar{y})^2 = \sum_{i=1}^n \left[(\hat{y_i} - \bar{y}) + (y_i - \hat{y_i}) \right]^2$$

$$= \sum_{i=1}^n (\hat{y_i} - \bar{y})^2 + \sum_{i=1}^n (y_i - \hat{y_i})^2 + 2\sum_{i=1}^n (\hat{y_i} - \bar{y})(y_i - \hat{y_i})$$

其中第三项为 0，且 SS_e 等于第二项，若记 SS_R 为第一项，即 $SS_y = SS_R + SS_e$，且

$$SS_R = \sum_{i=1}^n (\hat{y_i} - \bar{y})^2 = b^2 \sum_{i=1}^n (x_i - \bar{x})^2 = b^2 SS_x$$

或将式（6-7）代入，得 $SS_R = b^2 \cdot SS_x = SP_{xy}^2 / SS_x$ （6-8）

从而可看出，因素 y_i 的总平方和 $SS_T = SS_y = \sum_{i=1}^n (y_i - \bar{y})^2$ 是由两部分组成，一部分是回归平方和 SS_R，是由于 x 的变化而引起 y 变化的偏差平方和，另一部分是残差平方和 SS_e，是由于试验误差所引起的，且 $SS_T = SS_R + SS_e$。

y 对 x 直线回归效果的好坏取决于回归平方和 $SS_R = \sum_{i=1}^n (\hat{y_i} - \bar{y})^2$ 所占的比例，其比例越大，直线回归效果就越好，因此把比值 $\dfrac{SS_R}{SS_T} = \dfrac{\sum\limits_{i=1}^n (\hat{y_i} - \bar{y})^2}{\sum\limits_{i=1}^n (y - \bar{y})^2}$ 称为 x 对 y 的决定系数（coefficient of determination），记为 r^2，显然 $0 \leqslant r^2 \leqslant 1$。对决定系数求平方根，所得统计量 r 称为 x 对 y 的相关系数（coefficient of correlation 或 correlation coefficient），$|r| = \sqrt{\dfrac{SS_R}{SS_T}}$ $= \sqrt{\dfrac{b^2 SS_x}{SS_y}} = \dfrac{SP_{xy}}{\sqrt{SS_x \cdot SS_y}}$，$r$ 的符号与回归系数 b 的符号一致，物理意义如图 6-1 所示。r 的绝对值越接近于 1，x 与 y 的线性关系越好；如果 r 接近于 0，可以认为 x 与 y 之间无线性相关。

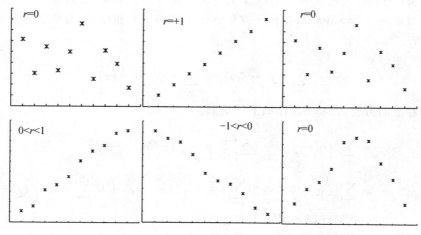

图 6-1   相关系数 r 的物理意义

　　附表 10 给出了相关系数检验表,表中 p 表示自变量数,对于一元线性回归分析,自变量个数 $p=1$,自由度等于 $n-p-1=n-2$,其中 n 为试验次数或者数据组数。表中的 5%、1% 表示不合格率即 95%、99% 的保证率,r 与样本的数量有关,表中的数据为相关关系的临界值或最小值 $r_a(f_{n-p-1})$,只有当 $r > r_a(f_{n-p-1})$ 时,才能考虑用直线描述 y 与 x 之间的关系。一般而言,样本数越大,对 r 要求越高。如果所得 r 小于表中的值,但根据经验又认为是直线关系时,可增加试验次数,进一步检验。

1.3　方差分析与检验

　　在一元回归分析中,进行方差分析与进行相关检验的目的是一致的,可更进一步地检验其变量之间建立的线性关系是否合适。

　　一元线性回归可看成单因素试验,$SS_T = SS_R + SS_e$,$SS_T = SS_y$ 的自由度 $f_T = n-1$,$f_e = n-2$,则 $f_R = 1$,如果 F 检验显著,说明 x 是引起 y 波动的重要原因,x、y 之间可以考虑有线性关系。如果 F 检验不显著,说明 x 与 y 之间建立的线性关系不合适。

　　对直线回归的检验也可通过对回归系数 b 的显著性检验——t 检验来判断。t 定义式为 $t = \dfrac{|\bar{x} - \mu_0|}{S} \sqrt{n-1}$。

　　在回归分析中,t 的计算公式为 $|t| = \dfrac{|\bar{y} - \hat{y}|}{\sqrt{(y_i - \hat{y})^2}} \sqrt{n-1} = \sqrt{\dfrac{SS_R}{MS_e}} = \sqrt{F}$

　　对于给定的显著性水平 α,查单侧 t 分布表,确定临界值 $t_{\frac{\alpha}{2}}(n-1)$,当 $|t| > t_{\frac{\alpha}{2}}(n-1)$,说明 x 对 y 的影响显著,否则影响不显著,回归直线不理想。

1.4　实例计算

　　【例 6-1】　设有某产品聚合反应温度 $x(℃)$ 与产品得率 $y(\%)$ 成线性关系,测得 10 组数据如表 6-1,并进行计算。

表 6-1　某产品温度 x 与得率 y 的试验结果及其计算表

i	x_i	y_i	x_i^2	y_i^2	$x_i y_i$
1	100	45	10 000	2 025	4 500
2	110	51	12 100	2 601	5 610
3	120	54	14 400	2 916	6 480
4	130	61	16 900	3 721	7 930
5	140	66	19 600	4 356	9 240
6	150	70	22 500	4 900	10 500
7	160	74	25 600	5 476	11 840
8	170	78	28 900	6 084	13 260
9	180	85	32 400	7 225	15 300
10	190	89	36 100	7 921	16 910
$\sum$	1 450	673	218 500	47 225	101 570

$$\bar{x} = \frac{1}{n} \sum_{i=1}^{n} x_i = \frac{1\,450}{10} = 145, \quad \bar{y} = \frac{1}{n} \sum_{i=1}^{n} y_i = \frac{673}{10} = 67.3$$

$$SP_{xy} = \sum_{i=1}^{n} x_i y_i - \frac{1}{n} \left(\sum_{i=1}^{n} x_i \right) \left(\sum_{i=1}^{n} y_i \right) = 101\,570 - \frac{1\,450 \times 673}{10} = 3\,985$$

$$SS_x = \sum_{i=1}^{n} x_i^2 - \frac{1}{n} \left(\sum_{i=1}^{n} x_i \right)^2 = 218\ 500 - \frac{1\ 450^2}{10} = 8\ 250$$

所以

$$b = \frac{SP_{xy}}{SS_{xx}} = 0.483$$

$$a = \bar{y} - b\bar{x} = 67.3 - 0.483 \times 145 = -2.735$$

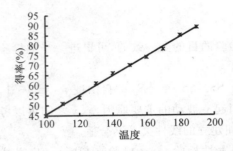

图 6-2 聚合反应温度 x 与
产品得率 y 关系图

所求回归直线方程为 $\hat{y} = a + bx_i = -2.735 + 0.483x$。

同样也可以将 x_i 减去同一个数值,如减去 100,y_i 减去同一数值如减去 45,得出的 b 值是一样的,但是对于 a 值的计算必须代入到原来的 $\bar{x}$、$\bar{y}$ 中,否则便会得出错误的结果。

通过作图的方式可对相关关系进行简单直观的验证,如图 6-2 所示,聚合反应温度与得率确实是近似直线关系。也可以通过计算相关系数 r 来精确验证。

$$SS_y = \sum_{i=1}^{n} y_i^2 - \frac{1}{n} \left(\sum_{i=1}^{n} y_i \right)^2 = 47\ 225 - \frac{673^2}{10} = 1\ 932.1$$

相关系数 $r = \dfrac{SP_{xy}}{\sqrt{SS_x \cdot SS_y}} = \dfrac{3\ 985}{\sqrt{8\ 250 \times 1\ 932.1}} = 0.998$

接近于 1,说明该回归直线较理想,该产品得率与温度的关系成线性关系。通过查附表 10 的相关系数表,取可信度为 99%,此时 $r_{0.01}(n-2) = r(8) = 0.765$,$r > r(8)$,说明回归直线理想。

对例 6-1 进行方差分析,$SS_R = b^2 SS_x = b \cdot SP_{xy} = 0.483 \times 3\ 985 = 1\ 924.8$,实际上,由于数据舍入误差的存在,$b^2 SS_x$ 与 $b \cdot SP_{xy}$ 得到的 SS_R 值可能会存在微小的差别。

$$SS_e = SS_y - SS_R = SS_y - bSP_{xy} = 1\ 932.1 - 1\ 924.8 = 7.3,$$

SS_T 的自由度 f_T 为 $n-1 = 10-1 = 9$,SS_e 的自由度为 8,$F = \dfrac{MS_A}{MS_e} = \dfrac{SS_R}{SS_e/(n-1)}$。

其方差分析表如表 6-2,从表中可以看出,该回归效果是非常显著的。通过 F 检验和方差分析的效果是一致的。

表 6-2　线性回归的方差分析表

方差来源	平方和	自由度	方差	F	临界值	显著性
回归 R	1 924.8	1	1 924.8	2 115.2	$F_{0.01}(1,8)=11.26$	** 高度显著
残差 e	7.3	8	0.91			
总和 T	1 932.1	9				

1.5　试验指标的预报与控制

得到线性回归方程以后,我们还可以对在试验范围内,但没有进行试验的数据进行预测,并可以得出其置信区间,因为因素和指标之间的相互关系有可能在我们试验的范围内是线性的,而在试验范围之外是非线性的。

如在温度 155℃,产品的得率可能会是多少,其波动的区间应该是多少呢?

我们可以得到 $\hat{y} = a + bx_i = -2.735 + 0.483x = -2.735 + 0.483 \times 155 = 72.1$

而残差的标准差 S 称为剩余标准差, $S = \sqrt{\dfrac{SS_e}{f_e}} = \sqrt{\dfrac{SS_T - b \cdot SP_{xy}}{n-2}} = \sqrt{\dfrac{7.3}{8}} = 0.955$,则预测结果的置信区间可表示为 $[y - t \times S, y + t \times S]$,如要求所预测的结果值达到 95% 的概率,则 $t = 2.0$,如果是 99% 的概率,则 $t = 3.0$。

设回归方程 $\hat{y} = a + bx_i$,对任一给定的 x_0,观测值实际上为 $y_0 = \alpha + \beta x_0 + \varepsilon_0$,在 a 与 α, b 与 β 之间存在一估计误差。上面对试验结果的预测,并没有考虑这一估计误差,如果考虑这一估计误差,那么还应对标准差进行修正,修正后的标准差 S_x 可用下式计算:

$$S_x = S\sqrt{1 + \frac{1}{n} + \frac{(x_0 - \bar{x})^2}{SS_x}}$$

由此可见,反映实际观测值变动程度的标准差 S_x 比剩余标准差大,而且回归精度与 x_0 的位置有关,当给定的 x_0 离平均值 $\bar{x}$ 越近,则回归精度越高。此外,回归精度还与试验总数 n 有关,n 越大,则精度越高,只有在 n 无穷大,而 x_0 又很靠近平均值 $\bar{x}$ 时,S_x 才近似地等于 S。

在例 6-1 中,$S_x = S\sqrt{1 + \dfrac{1}{n} + \dfrac{(x_0 - \bar{x})^2}{SS_x}} = 0.955\sqrt{1 + \dfrac{1}{10} + \dfrac{(155 - 145)^2}{8250}} = 1.007$,该测试值的实际区间应在 $[72.1 - 2.00 \times 1.007, 72.1 + 2.00 \times 1.007]$,即 $[72.1 - 2.01, 72.1 + 2.01]$ 之间。我们可以通过试验,测试 155 ℃时产品的得率,从而对预测值进行验证。

第 2 节　一元非线性回归分析

直线回归方程的拟合,是常用的一种处理方法,但有时两个变量之间不一定是线性的,而是某种曲线关系,此时往往可将曲线转化为直线关系。

曲线回归分析首先要通过绘制图形曲线或理论分析,初步确定曲线回归方程的类型,例如:是抛物线、双曲线、对数、指数、幂函数、S 形等其他类型的曲线方程,两变量之间的内在联系,一是根据理论推断,二是根据大量的实践经验数据本身来判断,确定了回归方程的类型后,通过某种数学变换,将曲线转化为直线方程,求出直线方程中的新参数值,再换算回原来的方程,从而确定曲线方程。其本质仍然是求线形回归方程。

1. 双曲线方程

如从观测值的图形中判断出曲线回归方程为双曲线方程,可设 $\dfrac{1}{y} = a + \dfrac{b}{x}$,如图 6-3 所示。

令 $y' = \dfrac{1}{y}, x' = \dfrac{1}{x}$,则 $y' = a + bx'$。

计算时把 y 值变为 $\dfrac{1}{y}$,x 值变为 $\dfrac{1}{x}$ 即可换算成直线回归方法,求出线性回归直线关系,再将其换算回来即可。

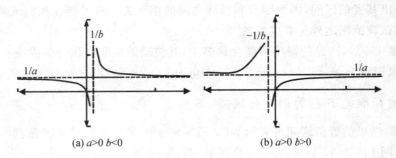

(a) $a>0$ $b<0$ (b) $a>0$ $b>0$

图 6-3   双曲线函数 $1/y = a + b/x$ 图(虚线为渐近线 $x = 1/a, y = -1/b$)

2. 对数方程 $y = a + b\lg x$

令 $x' = \lg x$，则 $y = a + bx'$。同样求出线性回归关系后，再换算回来即可。函数图像如图 6-4 所示。

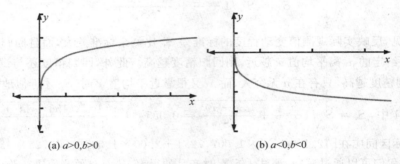

(a) $a>0,b>0$ (b) $a<0,b<0$

图 6-4   对数函数 $y = a + b\lg x$ 图

3. 指数方程 $y = a\mathrm{e}^{bx}$ 或 $y = a\mathrm{e}^{b/x}$

同时取对数 $\ln y = \ln a + bx$，令 $y' = \ln y, a' = \ln a$，则 $y' = a' + bx$。如图 6-5 所示。

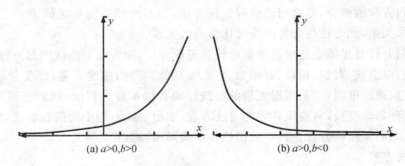

(a) $a>0,b>0$ (b) $a>0,b<0$

图 6-5   指数函数图(渐近线为 $y = 0$)

正态分布曲线 $f(x) = \dfrac{1}{\sqrt{2\pi}\sigma}\mathrm{e}^{-\frac{1}{2}\left(\frac{x-\mu}{\sigma}\right)^2}$ 就是用此方法转换而得。

4. 幂函数 $y = ax^b$

同时取对数 $\lg y = \lg a + b\lg x$，令 $y' = \lg y, a' = \lg a, x' = \lg x$，则 $y' = a' + bx'$。如图 6-6(a)所示。

5. S 形曲线 $y = \dfrac{k}{a + b\mathrm{e}^{-x}}$

令 $y' = \dfrac{k}{y}$，$\mathrm{e}^{-x} = x'$ 或，则 $y' = a + bx'$；此时渐近线为 $y = k/a$。

如为 logistic 生长曲线 $y = \dfrac{k}{1 + a\mathrm{e}^{-bx}}$，则两端取倒数 $\dfrac{k}{y} = 1 + a\mathrm{e}^{-bx}$，$y' = \ln\dfrac{k-y}{y}$，$a' = \ln a$，$b' = -b$，则 $y' = a + bx'$，渐近线为 $y = k$，如图 6-6(b)所示。

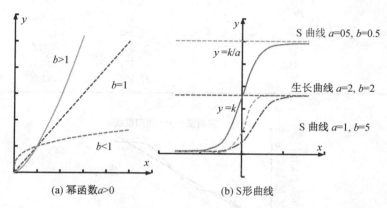

(a) 幂函数 $a > 0$　　　　(b) S 形曲线

图 6-6　幂函数及 S 形曲线图

进行一元非线性的回归，首先必须确定曲线的大致图形，确定转换的形式，通过一定的转化后，其本质还是求线性回归方程。

综上所述，常见的几种曲线方程的线性转换方法，如表 6-3 所示。

表 6-3　非线性回归的线性转换表

函数类型	函数关系式	线性变换				备注
		y'	x'	a'	b'	
双曲线函数	$1/y = a + b/x$	$1/y$	$1/x$	a	b	$y' = a + bx'$
	$y = a + b/x$	y	$1/x$	a	b	$y = a + bx'$
对数函数	$y = a + b\lg x$	y	$\lg x$	a	b	$y = a + bx'$
指数方程	$y = a\mathrm{e}^{bx}$ 或 $y = a\mathrm{e}^{b/x}$	$\ln y$	x	$\ln a$	b	取对数 $\ln y = \ln a + bx$，$y' = a' + bx$
幂函数	$y = ax^b$	$\lg y$	$\lg x$	$\lg a$	b	取对数 $\lg y = \lg a + b\lg x$
S 形曲线	$y = \dfrac{k}{a + b\mathrm{e}^{-x}}$	k/y	e^{-x}	a	b	$y' = a' + bx'$，$y' = a + bx'$
logistic 生长曲线	$y = \dfrac{k}{1 + a\mathrm{e}^{-bx}}$	$\ln\dfrac{k-y}{y}$	x	$\ln a$	$-b$	取倒数 $\dfrac{k}{y} = 1 + a\mathrm{e}^{-bx}$，$y' = a + bx'$

值得注意的是，在一定试验范围内，用不同函数拟合试验数据时，有时都可以得到显著性较好的方程，此时应注意，首先先尽量考虑其物理意义，然后尽量选择一种相对较简单的方程，数学形式越简单，可操作性越强。

【例 6-2】　试验证明混凝土 28 d 抗压强度 f_{28}（MPa）与混凝土的灰水比（C/W）之间的关系近似直线，但在混凝土试验中，习惯采用水灰比（W/C）作为参数，现有 8 组试验实测数据如表 6-4，C/W 与抗压强度 f_{28} 之间的关系见图 6-7。计算时取 y_i 为抗压强度 f_{28}，x_i 为灰水比(C/W)，先将水灰比转化为灰水比，然后再进行线性回归分析。

表 6-4　某灰水比 x_i 与 28d 抗压强度 y 的试验结果及其计算表

i	水灰比(W/C)	灰水比(C/W) x_i	y_i	x_i^2	y_i^2	x_iy_i
1	0.40	2.500	36.3	6.250	1317.7	90.75
2	0.45	2.222	35.3	4.937	1246.1	78.44
3	0.50	2.000	28.2	4.000	795.2	56.40
4	0.55	1.818	24.0	3.305	576.0	43.63
5	0.60	1.667	23.0	2.779	529.0	38.34
6	0.65	1.538	20.6	2.365	424.4	31.68
7	0.70	1.429	18.4	2.042	338.6	26.29
8	0.75	1.333	15.0	1.777	225.0	20.00
Σ		14.507	200.8	27.455	5 452.0	385.53

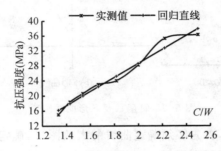

图 6-7　混凝土抗压强度与灰水比(C/W)之间的关系

$$\bar{x} = \frac{1}{n}\sum_{i=1}^{n} x_i = \frac{14.507}{8} = 1.813, \bar{y} = \frac{1}{n}\sum_{i=1}^{n} y_i = \frac{200.8}{8} = 25.10$$

$$SP_{xy} = \sum x_iy_i - \frac{1}{n}\left(\sum x_i\right)\left(\sum y_i\right) = 383.53 - \frac{14.507 \times 200.8}{8} = 21.40$$

$$SS_x = \sum x_i^2 - \frac{1}{n}\left(\sum x_i\right)^2 = 27.457 - \frac{14.507^2}{8} = 1.15$$

所以 $b = \dfrac{SP_{xy}}{SS_x} = \dfrac{21.40}{1.15} = 18.61$

$a = \bar{y} - b\bar{x} = 25.10 - 18.61 \times 1.813 = -8.64$

所以回归直线方程为 $\hat{y} = a + bx_i = -8.64 + 18.61x$

即 $f_{28} = -8.64 + 18.61(C/W)$

$$SS_y = \sum y^2 - \frac{1}{n}(\sum_{i=1}^{n} y)^2 = 5 452.0 - \frac{200.8^2}{8} = 411.92$$

相关系数 $r = \dfrac{SP_{xy}}{\sqrt{SS_x \cdot SS_y}} = \dfrac{21.40}{\sqrt{1.15 \times 411.92}} = 0.983$

通过查附表 10 的相关系数表，取可信度为 99%，此时 $r(n-2) = r(6) = 0.834$，

$r > r_{0.01}(6)$，说明回归直线理想。

做回归方程的 F 显著性检验，$SS_T = SS_y = \sum\limits_{i=1}^{n}(y_i - \bar{y})^2 = 411.92$，自由度 $f_T = n - 1 = 7$；

回归平方和 $SS_R = b^2 SS_x = b SP_{xy} = 18.61 \times 21.40 = 398.25$，自由度 $f_R = p = 1$；

残差平方和 $SS_e = SS_T - SS_R = 411.92 - 398.25 = 13.67$，自由度 $f_e = n - p - 1 = 6$。

所得一元线性回归方差分析表列于表 6-5 中，从表中可以看出，回归方程的线性关系是高度显著的，说明灰水比与抗压强度之间确实存在显著的线性关系。

表 6-5　一元线性回归分析的方差分析表

方差来源	平方和	自由度	方差	F	临界值
回归 R	398.25	1	398.25	174.67 ** （高度显著）	$F_{0.01}(1,6) = 13.75$
残差 e	13.67	6	2.28		
总和 T	411.92	7			

通过所求得的线性关系，同样可以大致预测在此范围之内的其他水灰比下的抗压强度值。如我们需要知道水灰比在 0.42 时混凝土 28 d 的抗压强度，则：

$$f_{28} = -8.64 + 18.61(C/W) = -8.64 + 18.61/0.42 = 35.7 \text{ MPa}$$

残差的标准差 $S = \sqrt{2.28} = 1.51$ MPa，

$$S_x = S\sqrt{1 + \frac{1}{n} + \frac{(x_0 - \bar{x})^2}{SS_x}} = 1.51\sqrt{1 + \frac{1}{8} + \frac{(2.381 - 1.813)^2}{1.15}} = 1.79$$

那么 f_{28} 在 $[35.7 - 2 \times 1.79, 35.7 + 2 \times 1.79]$ 即 $[35.7 - 3.58, 35.7 + 3.58]$ 范围之内。

第 3 节　二元线性回归分析

设有两个自变量分别为 x_1 和 x_2，因变量为 y，且 x_1、x_2 与因变量 y 之间存在线性关系，且因素间不存在交互作用，则 $y = b_0 + b_1 x_1 + b_2 x_2 + \varepsilon$，如果忽略 ε，则二元线性回归方程可表示为

$$\hat{y} = b_0 + b_1 x_1 + b_2 x_2$$

式中 b_0 为常数项，b_1 和 b_2 分别为 y 对 x_1 和 x_2 的偏回归系数，分别反映了自变量 x_1 和 x_2 对因变量 y 影响的程度。总共进行了 n 次试验，一系列测定值 (x_{11}, x_{12}, y_1)，(x_{21}, x_{22}, y_2)，…，(x_{i1}, x_{i2}, y_i)，…，(x_{n1}, x_{n2}, y_n)，$i = 1, 2, \cdots, n$，用最小二乘法可确定常数项 b_0 及偏回归系数 b_1 和 b_2。

与一元线性回归相似，二元线性回归方程的残差平方和可以表示为：

$$SS_e = \sum_{i=1}^{n} \left[y_i - (b_0 + b_1 x_{i1} + b_2 x_{i2}) \right]^2 \tag{6-9}$$

在最小二乘法中，满足残差平方和最小的条件是 SS_e 分别对 b_0，b_1 和 b_2 求偏导数等于 0，即

$$\frac{\partial SS_e}{\partial b_0} = -2 \sum_{i=1}^{n} \left[y_i - (b_0 + b_1 x_{i1} + b_2 x_{i2}) \right] = 0$$

$$\frac{\partial SS_e}{\partial b_1} = -2 \sum_{i=1}^{n} \left[y_i - (b_0 + b_1 x_{i1} + b_2 x_{i2}) \right] x_{i1} = 0$$

$$\frac{\partial SS_e}{\partial b_2} = -2 \sum_{i=1}^{n} \left[y_i - (b_0 + b_1 x_{i1} + b_2 x_{i2}) \right] x_{i2} = 0$$

从上面三式分别可推导出：

$$\sum_{i=1}^{n} (b_0 + b_1 x_{i1} + b_2 x_{i2}) = \sum_{i=1}^{n} y_i \tag{6-10}$$

$$b_0 \sum_{i=1}^{n} x_{i1} + b_1 \sum_{i=1}^{n} x_{i1}^2 + b_2 \sum_{i=1}^{n} x_{i1} x_{i2} = \sum_{i=1}^{n} x_{i1} y_i \tag{6-11}$$

$$b_0 \sum_{i=1}^{n} x_{i2} + b_1 \sum_{i=1}^{n} x_{i1} x_{i2} + b_2 \sum_{i=1}^{n} x_{i2}^2 = \sum_{i=1}^{n} x_{i2} y_i \tag{6-12}$$

由式(6-10)可得出：

$$b_0 = \frac{1}{n} \sum_{i=1}^{n} y_i - \frac{b_1}{n} \sum_{i=1}^{n} x_{i1} - \frac{b_2}{n} \sum_{i=1}^{n} x_{i2} = \bar{y} - b_1 \bar{x}_1 - b_2 \bar{x}_2 \tag{6-13}$$

将式(6-13)代入式(6-11)和式(6-12)得到：

$$b_1 \sum_{i=1}^{n} (x_{i1} - \bar{x}_1)^2 + b_2 \sum_{i=1}^{n} (x_{i1} - \bar{x}_1)(x_{i2} - \bar{x}_2) = \sum_{i=1}^{n} (x_{i1} - \bar{x}_1)(y_i - \bar{y})$$

$$b_2 \sum_{i=1}^{n} (x_{i2} - \bar{x}_2)^2 + b_1 \sum_{i=1}^{n} (x_{i1} - \bar{x}_1)(x_{i2} - \bar{x}_2) = \sum_{i=1}^{n} (x_{i2} - \bar{x}_2)(y_i - \bar{y})$$

做类似于式(6-1)的变换，且令

$$SS_{11} = \sum_{i=1}^{n} (x_{i1} - \bar{x}_1)^2 = \sum_{i=1}^{n} x_{i1}^2 - \frac{1}{n} \left(\sum_{i=1}^{n} x_{i1} \right)^2$$

$$SS_{22} = \sum_{i=1}^{n} (x_{i2} - \bar{x}_2)^2 = \sum_{i=1}^{n} x_{i2}^2 - \frac{1}{n} \left(\sum_{i=1}^{n} x_{i2} \right)^2$$

$$SP_{12} = SP_{21} = \sum_{i=1}^{n} (x_{i1} - \bar{x}_1)(x_{i2} - \bar{x}_2) = \sum_{i=1}^{n} x_{i1} x_{i2} - \frac{1}{n} \left(\sum_{i=1}^{n} x_{i1} \right) \left(\sum_{i=1}^{n} x_{i2} \right)$$

$$SP_{1y} = \sum_{i=1}^{n} (x_{i1} - \bar{x}_1)(y_i - \bar{y}) = \sum_{i=1}^{n} x_{i1} y_i - \frac{1}{n} \left(\sum_{i=1}^{n} x_{i1} \right) \left(\sum_{i=1}^{n} y_i \right)$$

$$SP_{2y} = \sum_{i=1}^{n} (x_{i2} - \bar{x}_2)(y_i - \bar{y}) = \sum_{i=1}^{n} x_{i2} y_i - \frac{1}{n} \left(\sum_{i=1}^{n} x_{i2} \right) \left(\sum_{i=1}^{n} y_i \right)$$

即
$$\begin{cases} SS_{11} b_1 + SP_{12} b_2 = SP_{1y} \\ SP_{21} b_1 + SS_{22} b_2 = SP_{2y} \end{cases}$$

$$SS_y = \sum_{i=1}^{n}(y_i - \bar{y})^2 = \sum_{i=1}^{n}y_i^2 - \frac{1}{n}\left(\sum_{i=1}^{n}y_i\right)^2$$

则
$$b_1 = \frac{SP_{1y}SS_{22} - SP_{2y}SP_{12}}{SS_{11}SS_{22} - SP_{21}SP_{12}} \tag{6-14}$$

$$b_2 = \frac{SP_{2y}SS_{11} - SP_{1y}SP_{21}}{SS_{11}SS_{22} - SP_{21}SP_{12}} \tag{6-15}$$

将 b_0,b_1 和 b_2 代回方程,即可求得回归方程。与一元线性回归相似,对所建立的回归方程进行显著性检验,因为需检验因变量 y 对自变量 x_1 和 x_2 的相关性,用全相关系数 R 来表征它们之间的相关程度。

同样,对每一个 x_{i1} 和 x_{i2},仅仅只是 $y_i \approx b_0 + b_1 x_{i1} + b_2 x_{i2}$,$y_i$ 与回归值 $\hat{y}$ 之间存在残差,并称平方和 SS_e 为残差平方和。同样计算出

$$
\begin{aligned}
SS_R &= \sum_{i=1}^{n}(\hat{y}_i - \bar{y})^2 = \sum_{i=1}^{n}\left[b_1(x_{i1} - \bar{x}_1) + b_2(x_{i2} - \bar{x}_2)\right]^2\\
&= b_1^2\sum_{i=1}^{n}(x_{i1} - \bar{x}_1)^2 + 2b_1 b_2\sum_{i=1}^{n}(x_{i1} - \bar{x}_1)(x_{i2} - \bar{x}_2) + b_2^2\sum_{i=1}^{n}(x_{i2} - \bar{x}_2)^2\\
&= SS_{11}b_1^2 + 2SP_{12}b_1 b_2 + SS_{22}b_2^2
\end{aligned}
$$

并将式(6-14)和式(6-15)的 b_1 和 b_2 值代入后得到 $SS_R = SP_{1y}b_1 + SP_{2y}b_2$ (6-16)

将 SS_R 推广到多元线性回归方程中,则可得 $SS_R = \sum_{j=1}^{m}SP_{jy}b_j$ (6-17)

且 $SS_T = SS_y = \sum_{i=1}^{n}(y_i - \bar{y})^2$

所以
$$R = \sqrt{\frac{SS_R}{SS_T}} = \sqrt{\frac{SP_{1y}b_1 + SP_{2y}b_2}{SS_y}} \tag{6-18}$$

如推广到多元线性回归,即得:
$$R = \sqrt{\frac{SS_R}{SS_T}} = \sqrt{\frac{\sum_{j=1}^{m}SP_{jy}b_j}{SS_y}} \tag{6-19}$$

式中 $i = 1,2,\cdots,m$,m 表示自变量的数目,全相关系数取值在 $0 \leqslant R \leqslant 1$ 之间。其物理意义类似于一元线性回归分析,R 的值越接近于 1,说明所得到的回归方程越理想,其临界值也可查附表 10,只是自变量个数取 $p = 2$。

全回归反映了所有自变量 x_j 对因变量 y 的线性相关程度,而对于每一个自变量 x_j 对因变量 y 的单独影响程度,对总回归平方和的贡献,可用偏回归平方和 SS_j 表示,$SS_j = SP_{jy}b_j$。其相应的自由度为 1。偏相关系数 $r_i = \dfrac{SP_{iy}}{\sqrt{SS_{ii}SS_y}}$。

y 对 x_1 的偏相关系数 $r_1 = \dfrac{SP_{1y}}{\sqrt{SS_{11}SS_y}}$,$y$ 对 x_2 的偏相关系数 $r_2 = \dfrac{SP_{2y}}{\sqrt{SS_{22}SS_y}}$,$x_1$ 对 x_2 的偏相关系数 $r_{12} = \dfrac{SP_{12}}{\sqrt{SS_{11}SS_{22}}}$,将 b_1 和 b_2 代入全相关系数 R 的计算公式,再用 $SS_{11}SS_{22}SS_y$ 同除各项得

出全相关系数 R 和偏相关系数 r 之间的关系。

$$R = \sqrt{\dfrac{\dfrac{SP_{1y}^2}{SS_{11}SS_y} + \dfrac{SP_{2y}^2}{SS_{22}SS_y} - 2\dfrac{SP_{12}SP_{1y}SP_{2y}}{SS_{11}SS_{22}SS_y}}{1 - \dfrac{SP_{12}SP_{21}}{SS_{11}SS_{22}}}}$$

$$= \sqrt{\dfrac{r_1^2 + r_2^2 - 2r_1r_2r_{12}}{1 - r_{12}^2}}$$

【例 6-3】 在采用氨水抑制大麦发芽时，用赤霉素促进酶的新工艺制造啤酒，发现大麦的吸氨量与大麦中原含水量及吸氨时间有关，由试验得到如表 6-6 的一组试验数据。试由该组数据求出吸氨量与含水量、吸氨时间之间的关系。由于同时减去一个数不影响残差平方和的计算结果，为了简化计算，将含水量与吸氨时间的数据分别减去各自的平均值，即将含水量减去 38.5，吸氨时间减去 215；但是计算 b_0 时 x，y 平均值必须取原数据的平均值。

表 6-6 二元线性回归试验数据

序号	1	2	3	4	5	6	7	8	9	10	11	Σ
吸氨量 y_i	6.2	7.5	4.8	5.1	4.6	4.6	2.8	3.1	4.3	4.9	4.1	52.0
含水量 x_{i1}	36.5	36.5	36.5	38.5	38.5	38.5	40.5	40.5	40.5	38.5	38.5	
吸氨时间 x_{i2}	215	250	180	250	180	215	180	215	250	215	215	
$x_{i1} - 38.5$	-2	-2	-2	0	0	0	2	2	2	0	0	0
$x_{i2} - 215$	0	35	-35	35	-35	0	-35	0	35	0	0	0

先分别计算各有关值：$SS_y = \sum\limits_{i=1}^{n} y_i^2 - \dfrac{1}{n}\left(\sum\limits_{i=1}^{n} y_i\right)^2 = 262.82 - \dfrac{52^2}{11} = 17.0$

$$SS_{11} = \sum_{i=1}^{n} x_{i1}^2 - \frac{1}{n}\left(\sum_{i=1}^{n} x_{i1}\right)^2 = 24.0 - 0 = 24.0$$

$$SS_{22} = \sum_{i=1}^{n} x_{i2}^2 - \frac{1}{n}\left(\sum_{i=1}^{n} x_{i2}\right)^2 = 7\,350 - 0 = 7\,350$$

$$SP_{12} = SP_{21} = \sum_{i=1}^{n} x_{i1}x_{i2} - \frac{1}{n}\left(\sum_{i=1}^{n} x_{i1}\right)\left(\sum_{i=1}^{n} x_{i2}\right) = 0 - 0 = 0$$

$$SP_{1y} = \sum_{i=1}^{n} x_{i1}y_i - \frac{1}{n}\left(\sum_{i=1}^{n} x_{i1}\right)\left(\sum_{i=1}^{n} y_i\right) = -16.6 - 0 = -16.6$$

$$SP_{2y} = \sum_{i=1}^{n} x_{i2}y_i - \frac{1}{n}\left(\sum_{i=1}^{n} x_{i2}\right)\left(\sum_{i=1}^{n} y_i\right) = 164.5 - 0 = 164.5$$

则 $b_1 = \dfrac{SP_{1y}SS_{22} - SP_{2y}SP_{12}}{SS_{11}SS_{22} - SP_{21}SP_{12}} = \dfrac{-16.6 \times 7\,350 - 164.5 \times 0}{24.0 \times 7\,350 - 0 \times 0} = -0.69$

$b_2 = \dfrac{SP_{2y}SS_{11} - SP_{1y}SP_{21}}{SS_{11}SS_{22} - SP_{21}SP_{12}} = \dfrac{164.5 \times 24.0 + 16.6 \times 0}{24.0 \times 7\,350 - 0 \times 0} = 0.022$

$b_0 = \bar{y} - b_1\bar{x}_1 - b_2\bar{x}_2 = \dfrac{52}{11} + 0.69 \times 38.5 - 0.022 \times 215 = 26.56$

因此,所确定的回归方程为:$\hat{y} = 26.56 - 0.69x_1 + 0.022x_2$。

全回归系数 $R = \sqrt{\dfrac{SP_{1y}b_1 + SP_{2y}b_2}{SS_y}} = \dfrac{-16.6 \times (-0.69) + 164.5 \times 0.022}{17} = 0.94$

自由度 $f = n - p - 1 = 11 - 2 - 1 = 8$,在置信度为 95% 时,$R_{0.05}(8) = 0.726$,$R > R_{0.05}(8)$,说明所建立的回归方程是有意义的。

做回归方程的 F 显著性检验,$SS_T = SS_y = \displaystyle\sum_{i=1}^{n}(y_i - \bar{y})^2 = 17.0$,自由度 $f_T = n - 1 = 10$;

回归平方和 $SS_{x1} = SP_{1y}b_1 = -16.6 \times (-0.69) = 11.454$

$$SS_{x2} = SP_{2y}b_2 = 164.5 \times 0.022 = 3.619$$

$SS_R = SP_{1y}b_1 + SP_{2y}b_2 = -16.6 \times (-0.69) + 164.5 \times 0.022 = 15.073$,自由度 $f_R = p = 2$;残差平方和 $SS_e = SS_T - SS_R = 17.0 - 15.073 = 1.927$,自由度 $f_e = n - p - 1 = 8$。

$$F = \frac{MS_A}{MS_e} = \frac{SS_R/p}{SS_e/(n-p-1)}$$

所得二元线性回归方差分析表列于表 6-7 中,从表中可以看出,回归方程的线性关系是高度显著的。其检验结果与相关系数的检验结果是一致的。

表 6-7　二元线性回归分析的方差分析表

来源	平方和	自由度	方差	F	显著性
x_1	11.454	1	11.454		
x_2	3.619	1	3.619		
回归 R	15.073	2	7.54	31.42	** 高度显著
残差 e	1.927	8	0.24		
总和 T	17.0	10		$F_{0.01}(2,8) = 8.65$	

对于二元非线性回归,也可用处理一元非线性回归相似的方法,先将其线性化,如对抛物线 $y = b_0 + b_1 x + b_2 x^2$,令 $x_2 = x^2$,则有 $y = b_0 + b_1 x + b_2 x_2$,然后再按处理二元线性回归的方法处理数据,求出回归方程的常数项 b_0 及回归系数 b_1 和 b_2,建立回归方程,并进行回归方程显著性检验。

第 4 节　多元线性回归分析

设有 m 个自变量分别为 $x_1, x_2, \cdots, x_j, \cdots, x_m$,因变量为 y,且 $x_1, x_2, \cdots, x_m$ 与因变量 y 之间存在线性关系,那么因变量 y 与 m 个自变量就构成了 m 元线性回归。若进行了 n 次试验,则 $y_i = b_0 + b_1 x_{i1} + b_2 x_{i2} + \cdots + b_j x_{ij} + \cdots + b_m x_{im} + \varepsilon_i, i = 1, 2, \cdots, n, j = 1, 2, \cdots, m$。

其中:b_0、b_1、$\cdots$、b_j、$\cdots$、b_m 是 $m + 1$ 个待估计参数,x_{i1}、x_{i2}、$\cdots$、x_{ij}、$\cdots$、x_{im} 是 x_i 的第 i 次观测值,ε_i 是 n 个相互独立且服从同一正态分布 $N(0, \sigma^2)$ 的随机变量。

如果忽略 ε,则有:

$$y_1 = b_0 + b_1 x_{11} + b_2 x_{12} + \cdots + b_m x_{1m}$$

$$y_2 = b_0 + b_1 x_{21} + b_2 x_{22} + \cdots + b_m x_{2m}$$

$$y_3 = b_0 + b_1 x_{31} + b_2 x_{32} + \cdots + b_m x_{3m}$$

$$\cdots\cdots\cdots\cdots$$

$$y_n = b_0 + b_1 x_{n1} + b_2 x_{n2} + \cdots + b_m x_{nm}$$

若写成矩阵形式,则 $\boldsymbol{Y} = \boldsymbol{XB} + \boldsymbol{\varepsilon}$

其中
$$\boldsymbol{X} = \begin{bmatrix} 1 & x_{11} & x_{12} & \cdots & x_{1m} \\ 1 & x_{21} & x_{22} & \cdots & x_{2m} \\ 1 & x_{31} & x_{32} & \cdots & x_{3m} \\ \vdots & \vdots & \vdots & \vdots & \vdots \\ 1 & x_{n1} & x_{n2} & \cdots & x_{nm} \end{bmatrix}, \boldsymbol{B} = \begin{bmatrix} b_0 \\ b_1 \\ b_2 \\ \vdots \\ b_m \end{bmatrix}$$

式中 b_0 为常数项,b_j 分别为 y 对 x_{ij} 的偏回归系数。根据最小二乘法原理,必存在一多维回归面,使得 i 个多维空间面到此回归面的偏差平方和最小,从而确定常数项 b_0 及偏回归系数 b_j。多元线性回归方程的残差平方和

$$SS_e = \sum_{i=1}^{n} \left[y_i - (b_0 + b_1 x_{i1} + b_2 x_{i2} + \cdots + b_m x_{im}) \right]^2 \tag{6-20}$$

SS_e 对 b_0 和 b_i 求偏导数,且偏导数等于 0,即

对 b_0 求偏导:$\dfrac{\partial SS_e}{\partial b_0} = -2\sum_{i=1}^{n} \left[y_i - (b_0 + b_1 x_{i1} + b_2 x_{i2} + \cdots + b_m x_{im}) \right] = 0$,变形得:

$$\sum_{i=1}^{n} (b_0 + b_1 x_{i1} + b_2 x_{i2} + \cdots + b_m x_{im}) = \sum_{i=1}^{n} y_i \tag{6-21}$$

对 b_j 求偏导:$\dfrac{\partial SS_e}{\partial b_j} = -2\sum_{i=1}^{n} \left[y_i - (b_0 + b_1 x_{i1} + b_2 x_{i2} + \cdots + b_m x_{im}) \right] x_{ij} = 0$,变形得:

$$\begin{cases} b_0 \sum_{i=1}^{n} x_{i1} + b_1 \sum_{i=1}^{n} x_{i1}^2 + b_2 \sum_{i=1}^{n} x_{i1} x_{i2} + \cdots + b_m \sum_{i=1}^{n} x_{im} x_{i1} = \sum_{i=1}^{n} x_{i1} y_i \\[2mm] b_0 \sum_{i=1}^{n} x_{i2} + b_1 \sum_{i=1}^{n} x_{i1} x_{i2} + b_2 \sum_{i=1}^{n} x_{i2}^2 + \cdots + b_m \sum_{i=1}^{n} x_{im} x_{i2} = \sum_{i=1}^{n} x_{i2} y_i \\[2mm] b_0 \sum_{i=1}^{n} x_{ij} + b_1 \sum_{i=1}^{n} x_{i1} x_{ij} + b_2 \sum_{i=1}^{n} x_{i2} x_{ij} + \cdots + b_m \sum_{i=1}^{n} x_{im} x_{ij} = \sum_{i=1}^{n} x_{ij} y_i \\[2mm] \cdots\cdots\cdots\cdots \\[2mm] b_0 \sum_{i=1}^{n} x_{im} + b_1 \sum_{i=1}^{n} x_{i1} x_{im} + b_2 \sum_{i=1}^{n} x_{i2} x_{im} + \cdots + b_m \sum_{i=1}^{n} x_{im}^2 = \sum_{i=1}^{n} x_{im} y_i \end{cases} \tag{6-22}$$

$$b_0 = \frac{1}{n} \sum_{i=1}^{n} y_i - \frac{b_1}{n} \sum_{i=1}^{n} x_{i1} - \frac{b_2}{n} \sum_{i=1}^{n} x_{i2} - \frac{b_m}{n} \sum_{i=1}^{n} x_{im} = \bar{y} - b_1 \bar{x}_1 - b_2 \bar{x}_2 - \cdots - b_m \bar{x}_m \tag{6-23}$$

这些方程用矩阵来表示,得到由式(6-21)和式(6-22)组成的正规方程,等式左边的系数矩阵用 $\boldsymbol{A}$ 表示,即

$$\begin{bmatrix} n & \sum x_{i1} & \sum x_{i2} & \cdots & \sum x_{im} \\ \sum x_{i1} & \sum x_{i1}^2 & \sum x_{i1}x_{i2} & \cdots & \sum x_{i1}x_{im} \\ \sum x_{i2} & \sum x_{i1}x_{i2} & \sum x_{i2}^2 & \cdots & \sum x_{i2}x_{im} \\ \vdots & \vdots & \vdots & & \vdots \\ \sum x_{im} & \sum x_{im}x_{i1} & \sum x_{im}x_{i2} & \cdots & \sum x_{im}^2 \end{bmatrix} \begin{bmatrix} b_0 \\ b_1 \\ b_2 \\ \vdots \\ b_m \end{bmatrix} = \begin{bmatrix} \sum y_i \\ \sum x_{i1}y_i \\ \sum x_{i2}y_i \\ \vdots \\ \sum x_{im}y_i \end{bmatrix}$$

$$\boldsymbol{A} = \begin{bmatrix} n & \sum x_{i1} & \sum x_{i2} & \cdots & \sum x_{im} \\ \sum x_{i1} & \sum x_{i1}^2 & \sum x_{i1}x_{i2} & \cdots & \sum x_{i1}x_{im} \\ \sum x_{i2} & \sum x_{i1}x_{i2} & \sum x_{i2}^2 & \cdots & \sum x_{i2}x_{im} \\ \vdots & \vdots & \vdots & & \vdots \\ \sum x_{im} & \sum x_{im}x_{i1} & \sum x_{im}x_{i2} & \cdots & \sum x_{im}^2 \end{bmatrix}, \boldsymbol{b} = \begin{bmatrix} b_0 \\ b_1 \\ b_2 \\ \vdots \\ b_m \end{bmatrix}, \boldsymbol{B} = \begin{bmatrix} \sum y_i \\ \sum x_{i1}y_i \\ \sum x_{i2}y_i \\ \vdots \\ \sum x_{i,m}y_i \end{bmatrix} = \boldsymbol{X'Y}$$

令 $\boldsymbol{X} = \begin{bmatrix} 1 & x_{11} & x_{12} & \cdots & x_{1m} \\ 1 & x_{21} & x_{22} & \cdots & x_{2m} \\ 1 & x_{31} & x_{32} & \cdots & x_{3m} \\ \cdots & \cdots & \cdots & \cdots & \cdots \\ 1 & x_{n1} & x_{n2} & \cdots & x_{nm} \end{bmatrix}$，则 $\boldsymbol{X'} = \begin{bmatrix} 1 & 1 & 1 & \cdots & 1 \\ x_{11} & x_{21} & x_{31} & \cdots & x_{n1} \\ x_{12} & x_{22} & x_{32} & \cdots & x_{n2} \\ \vdots & \vdots & \vdots & & \vdots \\ x_{1m} & x_{2m} & x_{3m} & \cdots & x_{nm} \end{bmatrix}$

$$\boldsymbol{A} = \boldsymbol{X'X} = \begin{bmatrix} 1 & 1 & 1 & \cdots & 1 \\ x_{11} & x_{21} & x_{31} & \cdots & x_{n1} \\ x_{12} & x_{22} & x_{32} & \cdots & x_{n2} \\ \vdots & \vdots & \vdots & & \vdots \\ x_{1m} & x_{2m} & x_{3m} & \cdots & x_{nm} \end{bmatrix} \begin{bmatrix} 1 & x_{11} & x_{12} & \cdots & x_{1m} \\ 1 & x_{21} & x_{22} & \cdots & x_{2m} \\ 1 & x_{31} & x_{32} & \cdots & x_{3m} \\ \vdots & \vdots & \vdots & & \vdots \\ 1 & x_{n1} & x_{n2} & \cdots & x_{nm} \end{bmatrix}$$

右边的常数项矩阵用 $\boldsymbol{B}$ 表示，即

$$\boldsymbol{B} = \begin{bmatrix} \sum y_i \\ \sum x_{i1}y_i \\ \sum x_{i2}y_i \\ \vdots \\ \sum x_{im}y_i \end{bmatrix} = \begin{bmatrix} \sum y_i \\ SP_{1y} \\ SP_{2y} \\ \vdots \\ SP_{iy} \end{bmatrix} = \begin{bmatrix} 1 & 1 & 1 & \cdots & 1 \\ x_{11} & x_{21} & x_{31} & \cdots & x_{n1} \\ x_{12} & x_{22} & x_{32} & \cdots & x_{n2} \\ \vdots & \vdots & \vdots & & \vdots \\ x_{1m} & x_{2m} & x_{3m} & \cdots & x_{nm} \end{bmatrix} \begin{bmatrix} y_1 \\ y_2 \\ y_3 \\ \vdots \\ y_n \end{bmatrix} = \boldsymbol{X'Y}$$

则 $\boldsymbol{A} = \boldsymbol{X'X}, (\boldsymbol{X'X}) \cdot \boldsymbol{b} = \boldsymbol{X'Y}$，则正规方程组可表示为 $\boldsymbol{Ab} = \boldsymbol{B}$，若 $\boldsymbol{A}$ 为方阵且行列式 $|\boldsymbol{A}| \neq 0$，则可以通过克莱姆法则、矩阵求逆法、消元法等方法得到正规方程组的唯一解 $\boldsymbol{b} = \boldsymbol{A}^{-1}\boldsymbol{B}$。因此处理多元线性回归主要是计算常数项矩阵 $\boldsymbol{B}$，结构矩阵 $\boldsymbol{X}$，系数矩阵 $\boldsymbol{A}$ 及 $\boldsymbol{A}$ 的逆矩阵 $\boldsymbol{A}^{-1}$。由线性方程组求出参数 $b_0, b_1, b_2, \cdots, b_m$ 之后，即可确定多元线性回归方程。

将式(6−23)代入式(6−22)后，并整理得

$$\text{线性方程组中：}\begin{cases} SS_{11}\, b_1 + SP_{12}\, b_2 + \cdots + SP_{1m}\, b_m = SP_{1y} \\ SP_{21}\, b_1 + SS_{22}\, b_2 + \cdots + SP_{2m}\, b_m = SP_{2y} \\ \cdots\cdots\cdots\cdots \\ SP_{n1}\, b_1 + SP_{n2}\, b_2 + \cdots + SP_{nm}\, b_m = SP_{ny} \end{cases} (i=1,2,\cdots,n, j=1,2,\cdots,m)$$

$$(6-24)$$

$$SS_{ii} = \sum_{i=1}^{n} (x_{ii} - \bar{x}_i)^2 = \sum_{i=1}^{n} x_{ii}^2 - \frac{1}{n} \left(\sum_{i=1}^{n} x_{ii} \right)^2 (i=1,2,\cdots,n)$$

$$SP_{jk} = \sum_{i=1}^{n} (x_{ij} - \bar{x}_j)(x_{ik} - \bar{x}_k) = \sum_{i=1}^{n} x_{ij} x_{ik} - \frac{1}{n} \left(\sum_{i=1}^{n} x_{ij} \right) \left(\sum_{i=1}^{n} x_{ik} \right)(j,k=1,2,\cdots,m)$$

$$SP_{jy} = \sum_{i=1}^{n} (x_{ij} - \bar{x}_j)(y_i - \bar{y}) = \sum_{i=1}^{n} x_{ij} y_i - \frac{1}{n} \left(\sum_{i=1}^{n} x_{ij} \right) \left(\sum_{i=1}^{n} y_i \right)(j=1,2,\cdots,m)$$

$$SS_y = \sum_{i=1}^{n} y_i^2 - \frac{1}{n} \left(\sum_{i=1}^{n} y_i \right)^2$$

用克莱姆法则求得的方程的解 $b_j = \dfrac{D_j}{D}$，式中 $j=1,2,\cdots,m$，D 为系数行列式，D_j 为将 D 中的第 j 列换为常数项 y_j 得到的行列式。

$$\boldsymbol{D} = \begin{bmatrix} SS_{11} & SP_{12} & \cdots & SP_{1j} & \cdots & SP_{1m} \\ SP_{21} & SS_{22} & \cdots & SP_{2j} & \cdots & SP_{2m} \\ SP_{i1} & SP_{i2} & \cdots & SP_{ij} & \cdots & SP_{im} \\ \vdots & \vdots & \vdots & \vdots & \vdots & \vdots \\ SP_{n1} & SP_{n2} & \cdots & SP_{nj} & \cdots & SP_{nm} \end{bmatrix}$$

可用推广的全回归系数进行 $R = \sqrt{\dfrac{SS_R}{SS_T}} = \sqrt{\dfrac{\sum\limits_{j=1}^{m} SP_{jy} b_j}{SS_{yy}}}$ 相关性分析，但在多元线性回归分析中，用推广的全相关系数 R 检验所建立的线性回归方程是显著的，只说明在整体上看，所建立的线性回归方程有意义，并不表明回归方程中每一个自变量 x_i 对因变量 y 的影响是显著的，所建立的回归方程最优。

实际上，若欲研究因变量 y 与 m 个自变量 $x_j(j=1,2,\cdots,m)$ 之间的关系，将有 (2^m-1) 个回归方程可供选择，其中有 m 个一元线性回归方程，有一个 m 元线性回归方程。在各个可供选择的回归方程中，包含全部自变量的回归方程未必是最优的，因为对于不同的回归方程，总变差平方和 SS 是不变的，回归方程中包含的自变量越多，回归平方和 SS_R 就越大，残差平方和 SS_e 就越小，所建立的回归方程的精度就越高。但是自变量的数目越多，计算的工作量就越大，而且如果将对因变量 y 的影响不大或不产生影响的自变量包括在回归方程中，残差平方和 SS_e 不会因此而减少很多，然而由于自变量数目的增多，而使残余方差的自由度减少，方差增大，反而会影响回归方程的精度。

求出 y 对 $x_1,x_2,\cdots,x_j,\cdots,x_m$ 多元线性回归方程后，更关注哪些因素对试验结果的影响较大，哪些是主要影响因素，哪些是次要影响因素，即判断因素的主次。常用的判断因素主次的方法有以下三种。

（1）偏回归系数的标准化

回归系数 b_i 表示因素 x_i 在其他因素不变的情况下，x_i 变化一个单位引起 y 值变化的大小，它的绝对值越大，表明该因素对 y 值的影响越大，在回归方程中的重要性越大，因此也可以根据回归系数的大小来筛选自变量。

值得注意的是，回归系数的大小，同自变量的所取单位有关，因此不能从通常的回归系数的大小直接来判定各自变量对因变量的影响程度。为了能对各回归系数进行比较，需消除各自变量所取单位的影响，为此采用标准回归系数来比较它们的影响程度。标准回归系数绝对值很大的自变量，表示它对因变量的影响大，必须要包括在回归方程中，而回归系数小的自变量，则不应该包括在回归方程中。故通过比较自变量的标准回归系数，可以估计自变量对因变量影响的相对大小。标准回归系数 b_j' 可按下式计算：

$$b_j' = b_j \sqrt{\frac{SP_{jy}}{SS_y}}$$

（2）偏回归系数的 F 检验

对于每个自变量 x_j，其偏回归平方和 $SS_j = SP_{jy} b_j$。

一般情况下 $n \geqslant m$，不考虑交互作用时 $n = m$，此时总回归平方和 $SS_R = SP_{1y} b_1 + \cdots + SP_{jy} b_j \cdots + SP_{ny} b_m = \sum_{j=1}^{m} SP_{jy} b_j$。

SS_j 的大小表示了 x_j 对 y 的影响程度大小，其对应的自由度 $f = 1$，因此方差 $MS_j = SS_j$，则偏回归系数的 F 检验为 $F_j = \dfrac{SS_j}{MS_e} = \dfrac{SS_j}{SS_e/(n-m-1)}$。

（3）偏回归系数的 t 检验

在回归分析中，t 的计算公式为 $|t_j| = \sqrt{\dfrac{SS_R}{MS_e}} = \dfrac{b_j}{\sqrt{MS_e/SP_{ji}}} = \sqrt{F_j}$，可以看出 t 检验和 F 检验是相似的。

对于给定的显著性水平 α，查单侧 t 分布表，确定临界值 $t_{\frac{\alpha}{2}}(n-m-1)$，当 $|t_j| > t_{\frac{\alpha}{2}}(n-m-1)$ 时，说明 x_j 对 y 的影响显著，否则影响不显著，可以直接从回归方程中去掉该未知数，以简化回归方程。

【例 6-4】　某化合物的合成试验中，为了提高产品得率 y，选取某反应温度（x_1）、反应时间（x_2）和催化剂含量（x_3）三个因素，设 y 与因素 x_1、x_2 和 x_3 呈线性关系，试求三元线性回归方程，并判断因素的主次（$\alpha = 0.05$）。

表 6-8　试验数据表

试验号	反应温度 x_1	反应时间 x_2	催化剂含量 x_3	产量 y
1	70	10	1	7.6
2	70	10	3	10.3
3	70	30	1	8.9
4	70	30	3	11.2
5	90	10	1	8.4
6	90	10	3	11.1
7	90	30	1	9.8
8	90	30	3	12.6

解：根据计算公式，将 x_1,x_2,x_3 各自减去其平均值用公式直接计算，结果如表 6-9 所示。

$$SP_{12} = SP_{21} = \sum_{i=1}^{n} (x_{i1} - \bar{x}_1)(x_{i2} - \bar{x}_2)$$

$$SP_{jk} = \sum_{i=1}^{n} (x_{ij} - \bar{x}_j)(x_{ik} - \bar{x}_k) = \sum_{i=1}^{n} x_{ij}x_{ik} - \frac{1}{n}\left(\sum_{i=1}^{n} x_{ij}\right)\left(\sum_{i=1}^{n} x_{ik}\right) (j,k = 1,2,3)$$

$$SP_{jy} = \sum_{i=1}^{n} (x_{ij} - \bar{x}_j)(y_i - \bar{y}) = \sum_{i=1}^{n} x_{ij}y_i - \frac{1}{n}\left(\sum_{i=1}^{n} x_{ij}\right)\left(\sum_{i=1}^{n} y_i\right) \text{ 其中 } j = 1,2,3$$

表 6-9　数据分析和处理表

序号	x_1	x_2	x_3	y	y^2	$x_1 x_2$ *	$x_2 x_3$ *	$x_3 x_1$ *	$x_1 y$ *	$x_2 y$ *	$x_3 y$ *
1	70	10	1	7.6	57.76	100	10	10	23.9	23.9	2.4
2	70	10	3	10.3	106.09	100	−10	−10	−3.1	−3.1	0.3
3	70	30	1	8.9	79.21	−100	−10	10	10.9	−10.9	1.1
4	70	30	3	11.2	125.44	−100	10	−10	−12.1	12.1	1.2
5	90	10	1	8.4	70.56	−100	10	−10	−15.9	15.9	1.6
6	90	10	3	11.1	123.21	−100	−10	10	11.1	−11.1	1.1
7	90	30	1	9.8	96.04	100	−10	−10	−1.9	−1.9	0.2
8	90	30	3	12.6	158.76	100	10	10	26.1	26.1	2.6
$\sum$	640	160	16	79.9	817.07	0	0	0	39.0	51.0	10.5
平均	80	20	2	9.9875	102.1						

注：* 自变量、因变量的数值分别减去各自的平均值再计算

$$SS_{11} = \sum_{i=1}^{n} (x_{i1} - \bar{x}_1)^2 = 4 \times (70 - 80)^2 + 4 \times (80 - 90)^2 = 800$$

$$SS_{22} = \sum_{i=1}^{n} (x_{i2} - \bar{x}_2)^2 = 4 \times (10 - 20)^2 + 4 \times (30 - 20)^2 = 800$$

$$SS_{33} = \sum_{i=1}^{n} (x_{i3} - \bar{x}_3)^2 = 4 \times (1 - 2)^2 + 4 \times (3 - 2)^2 = 8$$

因此得方程组

$$\begin{cases} SS_{11}b_1 + SP_{12}b_2 + SP_{13}b_3 = SP_{1y} \\ SP_{21}b_1 + SS_{22}b_2 + SP_{23}b_3 = SP_{2y} \\ SP_{31}b_1 + SP_{32}b_2 + SS_{33}b_3 = SP_{3y} \\ b_0 = \bar{y} - b_1\bar{x}_1 - b_2\bar{x}_2 - b_3\bar{x}_3 \end{cases} \Rightarrow \begin{cases} 800b_1 = 39.0 \\ 800b_2 = 51.0 \\ 8b_3 = 10.5 \\ b_0 = 9.99 - 80b_1 - 20b_2 - 2b_3 \end{cases}$$

解得 $b_1 = 0.04875, b_2 = 0.06375, b_3 = 1.3125, b_0 = 2.1875$。

得 $\hat{y} = 2.1875 + 0.04875x_1 + 0.06375x_2 + 1.3125x_3$

$$SS_y = \sum_{i=1}^{n} y_i^2 - \frac{1}{n}\left(\sum_{i=1}^{n} y_i\right)^2 = 817.07 - \frac{79.9^2}{8} = 19.069$$

$$SS_{x1} = SP_{1y}b_1 = 39 \times 0.048\ 75 = 1.901$$

$$SS_{x2} = SP_{2y}b_2 = 51 \times 0.063\ 75 = 3.251$$

$$SS_{x3} = SP_{3y}b_3 = 10.5 \times 1.312\ 5 = 13.781$$

$SS_R = SP_{1y}b_1 + SP_{2y}b_2 + SP_{3y}b_3 = 18.933$，自由度 $f_R = p = 3$；残差平方和 $SS_e = SS_T - SS_R = 19.069 - 13.781 = 0.136$，自由度 $f_e = n - p - 1 = 4$。

$$F = \frac{MS_A}{MS_e} = \frac{SS_R}{SS_e/(n-1)}$$

所得三元线性回归方差分析表列于表 6-10 中，从表中可以看出，回归方程的线性关系是高度显著的。其检验结果与相关系数的检验结果是一致的。

表 6-10　三元线性回归分析的方差分析表

来源	平方和	自由度	方差	F	显著性
回归 x_1	1.901	1	1.901	55.91	** 高度显著
回归 x_2	3.251	1	3.251	95.62	** 高度显著
回归 x_3	13.781	1	13.781	405.32	** 高度显著
回归 R	18.933	3	6.311	185.62	** 高度显著
残差 e	0.136	4	0.034		
总和 T	19.069	7		$F_{0.01}(1,4) = 21.20$	$F_{0.01}(3,4) = 16.69$

可以看出，各因素均对试验结果都有显著性的影响，根据偏回归系数 F_j 的大小，可以看出三个因素的主次顺序为 $x_3 > x_2 > x_1$，即催化剂含量＞反应时间＞反应温度。

对偏回归系数进行标准化和 t 检验，可得

$$b'_j = b_j \sqrt{\frac{SS_{jj}}{SS_y}}，则 \ b'_1 = 0.048\ 75 \sqrt{\frac{800}{19.069}} = 0.316$$

$$|t_j| = \frac{b_j}{\sqrt{MS_e/SS_{jj}}} = \sqrt{F_j}，|t_1| = \frac{0.048\ 75}{\sqrt{0.034/800}} = 7.48 = \sqrt{55.91}$$

同理，分别计算 $b'_2, b'_3, |t_2|, |t_3|$，计算结果如表 6-11 所示。

表 6-11　偏回归系数进行标准化 b'_j 和 t 检验

来源	偏回归系数 b'_j	偏回归系数 t 检验
x_1	0.316	7.48
x_2	0.413	9.78
x_3	0.850	20.13

可见，各种检验方法的结果是一致的，三个因素的主次顺序均为 $x_3 > x_2 > x_1$。

习　　题

6.1　一种物质吸附另一种物质的能力与温度有关，在不同温度下吸附量的测试结果如下表所示。

序号 i	1	2	3	4	5	6	7	8	9
温度 x(℃)	1.5	1.8	2.4	3.0	3.5	3.9	4.4	4.8	5.0
吸附量 y(mg)	4.8	5.7	7.0	8.3	10.9	12.4	13.1	13.6	15.3

试求吸附量与温度的一元回归方程,并用相关系数和方差分析方法对方程进行显著性检验。

6.2 合成纤维抽丝工段第一导丝盘的速度是影响丝质量的重要参数,今发现它和电流的周波有密切关系,生产中测得数据如下表所示。

序号 i	1	2	3	4	5	6	7	8	9	10
电流周波 x	49.2	50.0	49.3	49.0	49.0	49.5	49.8	49.9	50.2	50.2
导丝盘速度 y	16.7	17.0	16.8	16.6	16.7	16.8	16.9	17.0	17.0	17.1

试求速度关于周波的一元回归方程,并用相关系数和方差分析方法对方程进行显著性检验。

6.3 试验证明:混凝土 28 d 抗压强度 f_{28},y_i 与混凝土的灰水比(C/W) x_i 之间的关系近似直线,但是在混凝土试验中,习惯采用水灰比作为参数,现有 12 组试验实测数据如下表所示,试建立回归直线方程,并判断是否存在显著的线性相关,用相关系数及方差分析检验。

序号 i	1	2	3	4	5	6	7	8	9	10	11	12
水灰比(W/C)	0.76	0.73	0.70	0.67	0.64	0.61	0.58	0.55	0.52	0.49	0.46	0.43
f_{28}(MPa)	15.6	14.1	18.0	20.9	22.9	23.8	28.4	29.3	30.9	31.1	31.0	32.8

6.4 为研究超声波声速 v(km/s)与混凝土的抗压强度 f(MPa)之间的相关关系,测得 12 组试验数据如下表所示。

序号 i	1	2	3	4	5	6	7	8	9	10	11	12
v (km/s)	3.32	3.48	3.45	3.77	3.75	3.78	3.98	4.02	4.07	4.35	4.40	4.70
f(MPa)	3.8	4.0	4.7	8.4	8.8	8.8	11.2	11.6	12.0	19.6	20.0	23.4

根据经验已知抗压强度 f 与波速 v 之间的关系近似为 $f = a \cdot e^{bv}$。试建立混凝土抗压强度与超声波声速之间的回归方程,并进行相关分析和方差分析。

6.5 某化合物的合成试验中,为了提高产品得率 y,选取配比(x_1)、溶剂量(x_2)和反应时间(x_3)三个因素,试验结果如下表所示,试用线性回归模型来拟合试验数据,并进行回归曲线的显著性检验。

试验号	配比 x_1	溶剂量 x_2	反应时间 x_3	得率 y
1	1.0	13	1.5	0.330
2	1.4	19	3.0	0.336
3	1.8	25	1.0	0.294
4	2.2	10	2.5	0.476
5	2.6	16	0.5	0.209
6	3.0	22	2.0	0.451
7	3.4	28	3.5	0.482

第 7 章　均匀设计法

第 1 节　均匀设计的基本理论与方法

前面讨论的正交试验设计,是利用正交表安排试验的均衡分散性与整齐可比性,可以较少的试验次数来获得基本上能反应全面情况的试验结果,是一种优异的试验设计方法。为了保证整齐可比性的特点,简化数据处理,试验点不能在试验范围内充分地均衡分散,因此试验点不能过少。由于这一原因,当欲考察的因素数较多,特别是因素水平数较多时,正交试验设计的试验次数仍然很多。如要考察 5 个因素的影响,每个因素有 5 个水平,用正交表安排试验,至少要进行 25 次试验,试验工作量仍然不少。如果不考虑试验数据的整齐可比性,而让试验点在试验范围内充分地均衡分散,则可以从全面试验中挑选出比正交试验设计更少的试验点作为代表进行试验,这种着眼于试验点充分地均衡分散的试验设计方法,称为均匀试验设计法(uniform design)。

1.1　均匀设计的特点

均匀设计表是我国数学家方开泰应用数论方法构造出来的,同正交设计一样,均匀试验设计也需要用规格化的表格来安排试验。用均匀设计法来安排试验的规格化表格,称为均匀设计表,简称均匀表或 U 表。均匀表是均匀设计的基础,其表示形式为 $U_n(q^s)$ 或 $U_n^*(m^k)$,其中 n 表示试验次数,m 为因素水平数,k 为因素的个数。如 $U_{11}(11^{10})$ 表示 10 因素 11 水平表,总共需进行 11 次试验。

在数学上,均匀度 D 的定义为:在试验区域上的 m 个试验点,如表示为一个 $m \times k$ 的矩阵,

$$X = \begin{bmatrix} x_{11} & \cdots & x_{1k} \\ \vdots & & \vdots \\ x_{m1} & \cdots & x_{mk} \end{bmatrix}$$

其中 k 表示因素的个数,m 为试验点的个数,$0 \leqslant x_{ij} \leqslant 1$;用 $D(X)$ 表示均匀度,则均匀度需满足以下的条件:

(1) $D(X)$ 在 X 的行交换和列交换是不变的,即改变试验点的编号,或改变因素的编号,不影响 D 值。

(2) 若将 X 关于平面 $x_j = 1/2$ 反射,即将 X 的任一列 $(x_{1j}, x_{2j}, \cdots, x_{mj})'$ 变为 $(1-x_{1j}, 1-x_{2j}, \cdots, 1-x_{mj})'$,$D$ 值相同,即旋转不变性。

(3) D 不仅能度量矩阵 X 的均匀性,而且能度量 X 投影至 R^s 任意子空间的均匀性,因为由因子设计的理论可知低维空间的效应(主效应,低阶交互效应)。

Korobov 在 1959 年针对多元积分的数值解问题提出的好格子点法,在相当范围内能获

得不错的近似均匀设计,方开泰于 1980 年应用到均匀设计的构造中,后来又进一步修正。

均匀表的均匀分散性可用均匀度的偏差(discrepancy)表示,偏差值越小,表示均匀度越好。常用的计算方法有 Lp -星偏差、中心化偏差 CD、可卷偏差 WD、离散偏差 DD 及 Lee 偏差 LD 等,但采用不同方法计算的偏差结果有所不同。各种偏差都有其自身的特点,方开泰总结出如下的结论:

(1)各种偏差均具有对设计矩阵列的行变换、列变换的不变性。

(2)Lp -星偏差($p \neq \infty$),未考虑设计点投影的均匀性,而其他的均匀性测度($MD/CD/WD/DD/LD$)照顾到所有低维投影的均匀性。

(3)Lp -星偏差不满足反射不变性,而推广的 $CD/WD/DD/LD$ 均满足反射不变性。

(4)理论上,用中心化偏差 CD 和可卷偏差 WD 来构造均匀设计比较合适,具有更好的均匀性,因为它们对试验点有更多的选择。MD 虽然也是在 R^s 上选择试验点,但没有反射不变性。

(5)离散偏差和 Lee 偏差更适合用于探索均匀设计、因子设计和组合设计之间的关系。其中离散偏差只能判断设计中对应分量是否相等,对于多水平的情况不太合适。

如进行两因素六水平的均匀设计,设计的第一列都固定为 1,2,3,4,5,6,而第二列,用穷举法搜索全部的组合有 6! =720 种置换,设计发现,采用中心化偏差、可卷偏差和 Lee 偏差的设计分别有 2、26、38 个具有最小偏差值的设计,且其偏差值分别为 0.087 3,0.012 85,0.083 3。对比一个均匀性差的设计 U6 - 1、均匀性一般的设计 U6 - 2,且在中心化偏差(U6 - 3)、可卷偏差(U6 - 4)和 Lee 偏差(U6 - 2/4)下各选择一个均匀设计,如表 7-2 所示。此处可卷偏差与 Lee 偏差下的均匀设计一致,但不是一定会重合。

表 7-1 两因素六水平的设计

U6 - 1		U6 - 2		U6 - 3		U6 - 4/U6 - 5	
1	5	1	3	1	4	1	6
2	4	2	6	2	2	2	4
3	3	3	2	3	6	3	1
4	2	4	5	4	1	4	3
5	1	5	1	5	5	5	5
6	6	6	4	6	3	6	2

表 7-2 两因素六水平设计的不同偏差值

	星偏差 $D*$	Lp-星偏差 D_2*	修正 L_2-星偏差 MD	中心化偏差 CD	可卷偏差 WD	Lee偏差 LD
U6-1	0.270 8	0.083 6	0.107 8	0.102 3	0.139 4	0.159 6
U6-2	0.229 2	0.068 3	0.096 4	0.090 2	0.129 8	0.083 3
U6-3	0.201 4	0.064 5	0.093 7	0.087 3	0.133 7	0.138 9
U6-4	0.243 1	0.077 2	0.102 9	0.097 1	0.128 5	0.083 3

均匀设计表具有以下的特点:

(1)表中安排的因素及其水平的每个因素的每个水平只做一次试验,亦即每一列无水平重复数。

(2)均匀设计表的试验次数与水平数相等,因而水平数与试验次数是等量地增加的。

（3）任意两个因素的试验点，点在平面的格子点上。每行每列有且仅有一个试验点。均匀设计表 $U_6^*(6^6)$ 试验点的分布如图 7-1 所示。

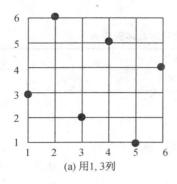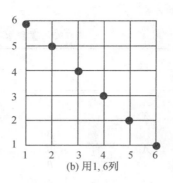

(a) 用 1,3 列　　　　　　(b) 用 1,6 列

图 7-1　均匀设计表 $U_6^*(6^6)$ 试验点的分布

（4）试验点的分布很均匀，但因为不同列分散性不同，表中任意两列并不等价，因此各列不能随意变动。与正交表不同，每个均匀设计表必须有一个附加的使用表。但可以依原来的次序进行平滑，即将原表的第一个水平和最后一个水平连接起来，构成一个封闭圈，再从任意处开始，按原方向或反方向进行排序。

附表 11 列出了部分常用的均匀设计表，在每一张均匀设计表后附有一张该表的使用表，配合使用。均匀设计中，关于用设计合理的选择表来降低均匀度的偏差的研究较多，并通过在均匀表 U 的右上角加"∗"与不加"∗"代表两种不同分散度的均匀设计表，一般加"∗"的均匀设计表均匀分散性更好、偏差更小，应优先选用。当试验次数为偶数时，可用试验次数比它多 1 的奇数均匀设计表划去最后一行来安排偶数试验次数的试验。与正交试验设计相比，均匀试验设计的特点在于：

（1）试验工作量少，这是均匀设计的一个突出优点。如考察 5 个因素的影响，每个因素有 5 个水平，用正交表安排试验，至少要进行 25 次试验，而用均匀试验设计表来安排 5 因素 5 水平试验，只需进行 5 次试验。虽然试验点减少了很多，但其试验结果仍能反映分析体系的基本特征。

（2）在正交设计中，当考察某一因素各水平效应时，其他因素与待考察因素各水平组合的机会是相等的，正交设计表中各列的地位是相等的，因此欲考察的因素安排在任何一列都是允许的。均匀设计表则不同，表中各列的地位是不平等的，因此，因素安排在设计表格的哪一列是不能随便变动的，需根据试验中欲考察的实际因素个数，依照附在每一张均匀设计后的使用表来确定因素所应处的列号。如对于 $U_{11}(11^{10})$ 表，如果只安排 2 因素 11 水平试验，则将因素安排在第 1 与第 7 列，若考察 4 个因素，则将因素安排在第 1,2,5,7 列。

（3）由于试验安排的特点，试验数据失去了整齐可比性，因此，不能像正交试验设计那样，用方差分析来处理数据，而需要用回归分析法来处理试验数据，计算工作量较大。

（4）由于均匀试验设计法的试验次数少，试验精度差，为了提高试验精度，可采用试验次数较多的均匀设计表来重复安排因素各水平的试验。如考察 5 个因素的影响，每个因素取 6 个水平，可选用 $U_{13}(13^{12})$ 表安排试验。根据均匀设计表的使用表，将因素 A,B,C,D,E 分别安排在均匀设计表相应的列内，再将该表的第 13 号试验划去，并将各因素 6 个水平的每一水平在均匀设计表中重复安排一次，如将因素 A 的水平 1 安排为第 1 与第 2 号试验，水平 2 安排为第 3 与第 4 号试验,水平 3 安排为第 5 与第 6 号试验,水平 4 安排为第 7 与第 8 号试验,水平 5 安排为第 9 与第 10 号试验,水平 6 安排为第 11 与第 12 试验。试验的具体安排如表 7-3 所示。

表 7-3　重复水平试验的具体安排表

试验号	列号,因素									
	1 列,A		2 列,B		3 列,C		4 列,D		5 列,E	
1	1	A_1	6	B_3	8	C_4	9	D_5	10	E_5
2	2	A_1	12	B_6	3	C_2	5	D_3	7	E_4
3	3	A_2	5	B_3	11	C_5	1	D_1	4	E_2
4	4	A_2	11	B_6	6	C_3	10	D_5	1	E_1
5	5	A_3	4	B_2	1	C_1	6	D_3	11	E_6
6	6	A_3	10	B_5	9	C_5	2	D_1	8	E_4
7	7	A_4	3	B_2	4	C_2	11	D_6	5	E_3
8	8	A_4	9	B_5	12	C_6	7	D_4	2	E_1
9	9	A_5	2	B_1	7	C_4	3	D_2	12	E_6
10	10	A_5	8	B_4	2	C_1	12	D_6	9	E_5
11	11	A_6	1	B_1	10	C_5	8	D_4	6	E_3
12	12	A_6	7	B_4	5	C_3	4	D_2	3	E_2
13	13		13		13		13		13	

由于均匀试验设计只要进行少数的试验即可找到基本上适用的分析条件,因此,它在零星样品的快速分析,确定待考察的试验范围,试验条件的初选方面都大有用处。

1.2　均匀设计方法

当研究 m 个因素对响应值 y 的影响时,在不考虑因素高次项与因素之间交互作用的条件下,只需选用试验次数等于因素数的均匀设计表来安排试验就可以了,而当要考虑因素的高次项与因素之间的交互作用时,需用多项式回归来描述相应函数。若研究的因素为 m,在回归方程中,一次项与二次项各有 m 项,交互效应项有 C_m^2 项,共有($2m+C_m^2$)项,因此至少要选用($2m+C_m^2$)次试验的均匀设计表来安排试验。例如要研究 3 因素的影响,如果因素与响应值之间的关系为线性,选用 $U_5(5^4)$ 表安排试验;当各因素与响应值之间的关系为二次多项式,而又要考虑因素之间的交互作用时,则回归方程的一次项与二次项各有 3 项,因素之间的交互作用项有 $C_m^2=3$ 项,除常数项不计外,在回归方程中至少有 9 个待定系数,因此应选用 $U_9(9^6)$ 表来安排试验。

在安排试验之前,应根据专业知识来判断与选择回归方程中的交互作用项与高次项,对于那些对响应值 y 没有显著影响或影响较小的较好作用项与高次项应尽量不要安排在试验中,以减少试验工作量。

均匀试验设计主要根据因素水平来选用均匀设计表,并按均匀使用表来安排试验方案,但是在试验方案设计时不考虑因素间的交互作用。

【例 7-1】 羧甲基纤维钠是一种代替淀粉的化学原料。为寻找它的最佳生产条件,运用均匀试验设计技术进行 3 因素 5 水平试验。

(1)因素与水平的选取

根据专业理论知识和实践经验,选择影响试验结果的 3 个主要因素,并确定它们的变化范围:碱化时间 120~180 min;烧碱浓度:25%~29%;醚化时间:90~150 min。将各因素分为 5 个水平,选用均匀设计表 $U_5(5^4)$ 来进行试验设计,寻求最佳的生产条件。其因素与水平表如表 7-4 所示。

表 7-4 因素水平表

水平 \ 因素	A 碱化时间,min	B 烧碱浓度,%	C 醚化时间,min
1	120	25	90
2	135	26	105
3	150	27	120
4	165	28	135
5	180	29	150

(2)选择均匀设计表及表头设计

$U_5(5^4)$ 最多可安排 4 因素 5 水平的试验,本次试验的因素数为 3,查 $U_5(5^4)$ 的均匀设计使用表,将 A,B,C 分别安排在 1,2,4 列上。

(3)确定试验方案

表头设计完后,即按表头设计规定,水平按"对号入座"的原则填到相应的 $U_5(5^4)$ 表中,得到均匀试验设计法的试验方案。如表 7-5 所示。

表 7-5 因素水平的试验安排表

试验号	1列,A		2列,B		3列		4列,C	
1	1	120	2	26	3		4	135
2	2	135	4	28	1		3	120
3	3	150	1	25	4		2	105
4	4	165	3	27	2		1	90
5	5	180	5	29	5		5	150

显而易见,本试验的范围很宽,仅做 5 次试验太少了,会影响试验的精度,为了提高试验精度,可将各因素的水平重复一次,采用 $U_{11}(11^{10})$ 表,或者将 $U_{11}(11^{10})$ 表删去最后一行,使用 $U_{10}(10^{10})$ 表,选用相应的列号为 1,5,7。得到的试验方案如表 7-6 所示。

表 7-6 $U_{10}(10^{10})$ 试验方案

试验号	1列,A		5列,B		7列,C	
1	1	120	5	29	7	105
2	2	135	10	29	3	120
3	3	150	4	28	10	150
4	4	165	9	28	6	90
5	5	180	3	27	2	105
6	6	120	8	27	9	135
7	7	135	2	26	5	150
8	8	150	7	26	1	90
9	9	165	1	25	8	120
10	10	180	6	25	4	135

也可将水平重新细分成 10 或 11 个水平,使试验点分布更均匀,因为本例中因素 B 烧碱浓度如按 1‰ 来划分,只能取 5 个水平,所以可将因素 A 碱化时间和因素 C 醚化时间取 10 个水平,而将 B 仍取 5 个水平,使用 $U_{10}(10^{10})$ 表进行均匀性设计,得到的第 5 列因素 B 的数据分布同上。如将本例各个因素取 11 个水平,使用 $U_{11}(11^{10})$ 表如表 7-7 所示。

表 7-7　$U_{11}(11^{10})$ 试验方案

试验号	因素,列号						
	1 列,A		5 列,B		7 列,C		
1	1	120	5	27	7	126	
2	2	126	10	29.5	3	102	
3	3	132	4	26.5	10	144	
4	4	138	9	29	6	120	
5	5	144	3	26	2	96	
6	6	150	8	28.5	9	138	
7	7	156	2	25.5	5	114	
8	8	162	7	28	1	90	
9	9	168	1	25	8	132	
10	10	174	6	27.5	4	108	
11	11	180	11	30	11	150	

均匀设计表中水平数为奇数的表的最末一个试验都是各因素的高水平相遇,这样有时会产生不良后果。表 7-7 中最后一次试验是所有因素的第 11 水平相遇。为避免这种情况发生,可通过平滑将因素的水平次序做适当调整,例如,可将因素的水平顺序进行平滑如下,这样最后一次的试验条件变为 $A_5B_{11}C_{11}$,可有效地避开因素高水平相遇而产生的不良后果。

120	126	132	138	144	150	156	162	168	174	180
6	7	8	9	10	11	1	2	3	4	5

试验结果采用直观分析法,由于均匀设计允许的因素水平数较多,水平间隔较小,研究因素的范围宽,试验点在整个试验区域内分布均匀,试验结果具有较好的代表性,因此,响应值最佳的试验点所对应的试验条件,即使不是全面试验中的最佳条件,相对来说,也是更接近于全面试验中的最佳条件的,因此,可以直接采用它作为相对较优的试验条件来使用。

1.3　混合水平的均匀设计

均匀设计也可采用拟水平法安排试验。如某试验方案中,欲考虑三个因素 A、B、C,其中因素 A 和 B 有 3 个水平,而因素 C 为 2 水平。若我们选择均匀表 $U_6^*(6^4)$,将因素 A、B 安排在前两列,并将前两列的水平进行合并,则 {1,2}=1,{3,4}=2,{5,6}=3. 同时将因素 C 安排在第三列,同时将第 3 列的水平合并为 2 水平,即 {1,2,3}=1,{4,5,6}=2。这样即得到一个混合水平的均匀设计表,如表 7-8 所示

表 7-8 U_6^* (6^4) 均匀设计表

试验号	列号							试验号	列号						
	1	A	2	B	3	C	4		1	A	2	B	3	C	4
1	1	1	2	1	3	1	6	6	4	2	1	1	5	2	3
2	2	1	4	2	6	2	5	7	5	3	3	2	1	1	2
3	3	2	6	3	2	1	4	8	6	3	5	3	4	3	1

第 2 节　均匀设计中的回归分析

2.1　回归方程的建立

用均匀设计法安排试验，试验结果一般不能用方差分析来处理，而要用多元回归分析来处理数据。多元回归常用响应函数一般可设计为如下的形式：

$$\hat{y} = b_0 + \sum_{j=1}^{m} b_j x_j + \sum_{j,k=1}^{m} b_{jk} x_j x_k + \sum_{j=1}^{m} b_{jj} x_j^2$$

式中：$j,k = 1,2,\cdots,m$，且 $k > j$，其中 b_{jk} 共有 $T = C_m^2 = \dfrac{m \times (m-1)}{2}$ 项。式中 $x_j x_k$ 反映了两因素之间的交互效应，x_j^2 反映了因素二次项的影响。

但在均匀设计法分析测试中，即使响应函数是非线性函数，一般也不考虑因素的三次项与三因素之间的交互作用，因此，上式可简化为：

$$\hat{y} = b_0 + \sum_{j=1}^{m} b_j X_j$$

式中回归系数 $b_0 = \bar{y} - \sum_{j=1}^{n} b_j \bar{x}_j$，其中 $\bar{x}_j = \dfrac{1}{n}\sum_{i=1}^{n} x_{ij}$，$\bar{y} = \dfrac{1}{n}\sum_{i=1}^{n} y_i$

回归系数 b_j 可由下列方程组求得：

线性方程组中：$\begin{cases} SS_{11}\, b_1 + SP_{12}\, b_2 + \cdots + SP_{1m}\, b_m = SP_{1y} \\ SP_{21}\, b_1 + SS_{22}\, b_2 + \cdots + SP_{2m}\, b_m = SP_{2y} \\ \cdots \\ SP_{n1}\, b_1 + SP_{n2}\, b_2 + \cdots + SP_{nm}\, b_m = SP_{ny} \end{cases}$

$$SS_{ii} = \sum_{i=1}^{n} (x_{ii} - \bar{x}_i)^2 = \sum_{i=1}^{n} x_{ii}^2 - \frac{1}{n}\left(\sum_{i=1}^{n} x_{ii}\right)^2 (i = 1,2,\cdots,n)$$

$$SP_{jk} = \sum_{i=1}^{n} (x_{ij} - \bar{x}_j)(x_{ik} - \bar{x}_k) = \sum_{i=1}^{n} x_{ij} x_{ik} - \frac{1}{n}\left(\sum_{i=1}^{n} x_{ij}\right)\left(\sum_{i=1}^{n} x_{ik}\right)(j,k = 1,2,\cdots,m)$$

$$SP_{jy} = \sum_{i=1}^{n} (x_{ij} - \bar{x}_j)(y_i - \bar{y}) = \sum_{i=1}^{n} x_{ij} y_i - \frac{1}{n}\left(\sum_{i=1}^{n} x_{ij}\right)\left(\sum_{i=1}^{n} y_i\right)(j = 1,2,\cdots,m)$$

$$SS_y = \sum_{i=1}^{n} y_i^2 - \frac{1}{n}\left(\sum_{i=1}^{n} y_i\right)^2$$

式中：x_{ij}，x_{ik} 表示 $x._{j}$，$x._{k}$ 在第 i 次试验中的取值，y_i 表示 y 第 i 次试验的结果。

2.2　回归方程的显著性检验与精度

为了确定所建立的回归方程是否有意义，需进行统计检验。由于 y 的总偏差平方和 SS_T 可以分解为回归平方和 SS_R 与残差平方和 SS_e。

$$SS_T = SS_y = \sum_{j=1}^{n}(y_j - \bar{y})^2 = \sum_{j=1}^{n}y_j^2 - \frac{1}{n}\left(\sum_{j=1}^{n}y_j\right)^2，自由度 f_T = n-1。$$

$$SS_R = \sum_{j=1}^{n}(\hat{y} - \bar{y})^2，自由度 f_R = m。$$

$$SS_e = SS_T - SS_R，自由度 f_e = n - m - 1。$$

回归方差 $MS_R = \dfrac{SS_R}{m}$，残余方差 $MS_e = \dfrac{SS_e}{n-m-1}$，残余标准差 $S = \sqrt{MS_e}$。

显著性检验 $F = \dfrac{MS_R}{MS_e}$，若 F 大于 F 分布表中相应的显著性水平 α 和自由度 (f_R,f_e) 时的临界值 $F_\alpha(f_R,f_e)$，则说明所建立的回归方程是有意义的。

2.3　标准回归系数

回归系数绝对值的大小，与因素所用的单位有关，因此，必须将不同单位的各回归系数标准化，求出标准化回归系数 b_j'，通过比较 b_j' 的绝对值来判断各影响因素的相对大小。b_j' 与因素 x_j 所用单位无关，其绝对值越大，表示该因素对 y 值的影响越大。

$$b_i' = b_i\sqrt{\frac{SP_{iy}}{SS_y}}$$

【例 7-2】　某啤酒厂在啤酒生产过程中进行某项试验。选择的因素有 A 底水（g）和 B 吸氨时间（min），结合专业知识分析，其中 A 取值范围为 136.5～140.5，B 取值范围为170～250，均取 9 个水平，试验考核指标为 y 吸氨量（g）。

分析：这是一个 2 因素 9 水平的试验，选择均匀设计表 $U_9(9^6)$ 比较合适，由 $U_9(9^6)$ 的使用表可知，两个因素应该分别安排在第 1 列和第 3 列，试验方案及试验结果见表 7-9。

表 7-9　试验方案及试验结果

试验号 \ 列号	第 1 列，A 底水		第 3 列，B 吸氨时间		y 吸氨量
1	1	136.5	4	200	5.8
2	2	137.0	8	240	6.3
3	3	137.5	3	190	4.9
4	4	138.0	7	230	5.4
5	5	138.5	2	180	4.0
6	6	139.0	6	220	4.5
7	7	139.5	1	170	3.0
8	8	140.0	5	210	3.6
9	9	140.5	9	250	4.1

直观分析：由测定结果可以看到，第 2 号试验获得的吸氨量 y 最大，所以相对较好的条件为 A 底水 137.0 g 和 B 吸氨时间 240 min。

回归分析：为简化计算，对因素 A 和 B 的各水平做线性变换：

$$x_{i1} = \frac{A_{i1} - 136}{0.5}, i = 1, 2, \cdots, 9$$

$$x_{i2} = \frac{B_{i2} - 160}{10}, i = 1, 2, \cdots, 9$$

分别计算得：$x_{11} = 1, x_{21} = 2, \cdots, x_{12} = 4, x_{22} = 8, \cdots$。计算结果表明，经过线性变换后因素水平值恰好是均匀设计表中相应列的水平数字。则：

$$\bar{x}_1 = \frac{1}{n} \sum_{i=1}^{n} x_{i1} = \frac{1}{9}(1 + 2 + \cdots + 9) = 5, \bar{x}_2 = \frac{1}{n} \sum_{i=1}^{n} x_{i2} = \frac{1}{9}(4 + 8 + \cdots + 9) = 5$$

$$\bar{y} = \frac{1}{n} \sum_{i=1}^{n} y_i = \frac{1}{9}(5.8 + 6.3 + \cdots + 4.1) = \frac{41.6}{9} = 4.62$$

$$SS_{11} = \sum_{i=1}^{9}(x_{i1} - \bar{x}_1)^2 = 60, SS_{22} = \sum_{i=1}^{9}(x_{i2} - \bar{x}_2)^2 = 60$$

$$SP_{12} = SP_{21} = \sum_{i=1}^{9}(x_{i1} - \bar{x}_1)(x_{i2} - \bar{x}_2) = 6.0$$

$$SP_{1y} = \sum_{i=1}^{9}(x_{i1} - \bar{x}_1)(y_i - \bar{y}) = -19.6$$

$$SP_{2y} = \sum_{i=1}^{9}(x_{i2} - \bar{x}_2)(y_i - \bar{y}) = 11.0$$

从而得正规方程组为

$$\begin{cases} SS_{11}b_1 + SP_{12}b_2 = 60b_1 + 6b_2 = -19.6 \\ SP_{21}b_1 + SS_{22}b_2 = 6b_1 + 60b_2 = 11.0 \end{cases}$$

解得：$b_1 = -0.348, b_2 = 0.218$

因此，$b_0 = \bar{y} - b_1 \bar{x}_1 - b_2 \bar{x}_2 = 5.270$

则求得其回归方程为

$$\hat{y} = b_0 + b_1 x_1' + b_2 x_2' = 5.270 - \frac{0.348(x_1 - 136)}{0.5} + \frac{0.218(x_2 - 160)}{10}$$

回归平方和 $SS_R = b_1 SP_{1y} + b_2 SP_{2y} = (-0.348) \times (-19.6) + 0.218 \times 11.0 = 9.219, f_R = 2$

残差平方和 $SS_e = SS_y - SS_R = 9.235 - 9.219 = 0.016, f_e = 6$

$$F = \frac{SS_R / f_R}{SS_e / f_e} = \frac{9.219/2}{0.016/6} = 1\,728.56$$

回归分析表见表 7-10，由于 $F_{0.01}(2,6) = 10.92, F \gg F_{0.01}(2,6)$，故回归方程高度显著。

表 7-10　均匀设计中的方差分析表

方差来源	平方和 S	自由度 f	方差	F	临界值	显著性
回归	9.219	2	4.61	1 728.56	$F_{0.01}(2, n-3)$	＊＊
残余	0.016	6	0.002 67		$= F_{0.01}(2,6) = 10.92$	
总计	9.235	8				

最后经线性变换得回归方程为 $\hat{y} = 96.44 - 0.696x_1 + 0.022x_2$。

由上式可以看出,指标 y 随因素 A 增加而减少,随因素 B 的增加而增加,利用此方程可寻找试验范围内的最优工艺条件,也可以对指标 y 进行预测和控制。

【例 7-3】 用均匀设计表 $U_{13}(13^{12})$ 安排试验,研究灰化温度 T_c、灰化时间 t_c、原子化温度 T_a、原子化时间 t_a 对石墨炉原子吸收分光光度法测定钯吸光度值 A 的影响。因研究 4 个因素,根据 $U_{13}(13^{12})$ 的使用表,试验安排在第 1,6,8 与 10 列。试验的具体安排和结果列于表 7-11,试对所研究的因素作出评价。

表 7-11　试验安排和结果

试验号	1 列,T_c(℃)		6 列,t_c(s)		8 列,T_a(℃)		10 列,t_a(s)		A
1	1	200	6	26	8	2 800	10	8	0.151
2	2	350	12	50	3	2 600	7	7	0.113
3	3	500	5	26	11	3 000	4	5	0.199
4	4	650	11	50	6	2 700	1	4	0.116
5	5	800	4	18	1	2 500	11	9	0.091
6	6	950	10	42	9	2 900	8	7	0.142
7	7	1 100	3	18	4	2 600	5	6	0.099
8	8	1 250	9	42	12	3 000	2	4	0.135
9	9	1 400	2	10	7	2 800	12	9	0.128
10	10	1 550	8	34	2	2 500	9	8	0.029
11	11	1 700	1	10	10	2 900	6	6	0.116
12	12	1 900	7	34	5	2 700	3	5	0.016
求加 $\sum$	/	12 350	/	360	/	33 000	/	78	1.335

直观分析:由测定结果可以看到,第 3 号试验获得的钯吸光度值 A 最大,测定钯的灵敏度最高。从已考察过的试验条件看,相对较好的条件为:灰化温度 50℃,灰化时间 26 s,原子化温度 3 000℃,原子化时间 5 s。

回归分析:根据原子化机理知道,灰化温度、原子化温度对吸光度的影响是非线性的,灰化时间、原子化时间的影响比较复杂,用二次多项式来拟合吸光度 A 与灰化温度、原子化温度、灰化时间、原子化时间的关系。在不考虑因素之间交互作用的情况下,可用下式来描述它们之间的关系:

$$A = b_0 + b_1 x_1 + b_2 x_2 + b_3 x_3 + b_4 x_4 + b_5 x_1^2 + b_6 x_2^2 + b_7 x_3^2 + b_8 x_4^2$$

式中:x_1, x_2, x_3, x_4 分别代表灰化温度、原子化温度、灰化时间、原子化时间。

根据上面的推导计算 SP_{ik} 与 SP_{iy},

$$SS_{11} = \sum_{j=1}^{n} x_{1j}^2 - \frac{1}{n}\left(\sum_{j=1}^{n} x_{1j}\right)\left(\sum_{j=1}^{n} x_{1j}\right) = 1.601 \times 10^7 - \frac{1}{12}(1.235 \times 10^4)^2 = 3.302 \times 10^6$$

$$SP_{12} = \sum_{i=1}^{n} x_{i1} x_{i2} - \frac{1}{n}\left(\sum_{i=1}^{n} x_{i1}\right)\left(\sum_{i=1}^{n} x_{i2}\right) = 3.431 \times 10^5 - \frac{1}{12}(1.235 \times 10^4) \times 360$$
$$= -2.740 \times 10^4$$

同理 $SP_{13} = SP_{31} = 3.394\,5 \times 10^7 - (1.235 \times 10^4)(3.300 \times 10^4)/12 = -1.750 \times 10^4$

$SP_{14} = SP_{41} = 7.930 \times 10^4 - (1.235 \times 10^4) \times 78/12 = -9.750 \times 10^2$

$$SP_{15} = SP_{51} = 2.334\,387\,5 \times 10^{10} - (1.235 \times 10^4)(1.60125 \times 10^7)/12 = 6.864 \times 10^9$$

$$SP_{16} = SP_{61} = 1.176\,78 \times 10^7 - (1.235 \times 10^4)(1.304 \times 10^4)/12 = -1.653 \times 10^4$$

$$SP_{17} = SP_{71} = 9.365\,95 \times 10^{10} - (1.235 \times 10^4)(9.110 \times 10^7)/12 = -9.758 \times 10^7$$

$$SP_{18} = SP_{81} = 5.451 \times 10^5 - (1.235 \times 10^4) \times 542/12 = -1.271 \times 10^4$$

$$SP_{1y} = \sum_{i=1}^{n} x_{i1} y_i - \frac{1}{n}\left(\sum_{i=1}^{n} x_{i1}\right)\left(\sum_{i=1}^{n} y_i\right) = 1.181\,8 \times 10^3 - \frac{1}{12}(1.235 \times 10^4)(1.335)$$

$$= -1.922 \times 10^2$$

…………

$$SP_{jy} = \sum_{i=1}^{n} x_{ij} y_j - \frac{1}{n}\left(\sum_{i=1}^{n} x_{ij}\right)\left(\sum_{i=1}^{n} y_i\right)$$

用同样的方法可以计算出正规方程组中的其他 SP_{jk} 与 SP_{jy}，计算结果列于下表 7-12 中。

表 7-12　正规方程组的 SP_{jk} 与 SP_{jy}

	x_1	x_2	x_3	x_4	x_5	x_6	x_7	x_8	y
x_1	3.302×10^6	-2.740×10^4							
x_2	-2.740×10^4	2.240×10^3							
x_3	-1.750×10^4	-800.0	3.500×10^5						
x_4	-975.0	-128.0	-1600.0	35.00					
x_5	6.864×10^9	-5.583×10^7	-4.013×10^7	-2.126×10^6	1.502×10^{13}				
x_6	-1.653×10^6	1.344×10^5	-4.800×10^4	-7680.0	-3.458×10^9	8.370×10^6			
x_7	-9.758×10^7	-4.400×10^6	1.925×10^9	-8.800×10^6	-2.539×10^{11}	-2.828×10^8	1.060×10^{13}		
x_8	-1.271×10^4	-1644.0	-2.080×10^4	455.0	-3.023×10^7	-9.916×10^4	-1.143×10^8	5.990×10^3	
Y	-192.2	-0.476	67.75	$-0.112\,5$	-4.321×10^5	-14.99	3.737×10^5	-1.413	2.752×10^{-2}

将表中的 SP_{jk} 与 SP_{jy} 代入方程组，可求出回归系数，建立回归方程。所建立的回归方程为

$$A = 3.836 \times 10^{-1} + 1.000 \times 10^{-5} x_1 - 3.324 \times 10^{-3} x_2 - 3.529 \times 10^{-4} x_3 + 1.421 \times 10^{-2} x_4$$

$$- 3.584 \times 10^{-8} x_1^2 + 4.034 \times 10^{-5} x_2^2 + 9.852 \times 10^{-8} x_3^2 - 1.076 \times 10^{-3} x_4^2$$

对回归方程进行显著性检验：$SS_T = \sum_{i=1}^{n} y_i^2 - \frac{1}{n}\left(\sum_{i=1}^{n} y_i\right)^2 = 2.7516 \times 10^{-2}$

自由度 $f_T = 12 - 1 = 11$。

$$SS_R = \sum_{i=1}^{n} (\hat{y} - \bar{y})^2 = 2.736\ 2 \times 10^{-2}，自由度\ f_R = 8。$$

$SS_e = SS_T - SS_R = 2.751\ 6 \times 10^{-2} - 2.736\ 2 \times 10^{-2} = 1.54 \times 10^{-4}$，

自由度 $f_e = 12 - 8 - 1 = 3$。

回归方差 $MS_R = SS_R / f_R = 2.736\ 2 \times 10^{-2} / 8 = 3.420 \times 10^{-3}$，

残余方差 $MS_e = SS_e / f_e = 1.540 \times 10^{-4} / 3 = 5.133 \times 10^{-5}$

则：$F = \dfrac{MS_R}{MS_e} = \dfrac{3.420 \times 10^{-3}}{5.133 \times 10^{-5}} = 66.6$

由于 $F_{0.01}(8,3) = 27.49, F > F_{0.01}(8,3)$，表明所建立的回归方程是有意义的。

计算标准回归系数 b_i'，

$$b_1' = b_1 \sqrt{\frac{SP_{1y}}{SS_T}} = 1.000 \times 10^{-5} \sqrt{\frac{3.302 \times 10^6}{2.752 \times 10^{-2}}} = 0.109\ 6$$

$$b_2' = -3.324 \times 10^{-3} \sqrt{\frac{2.240 \times 10^3}{2.752 \times 10^{-2}}} = -0.948\ 3$$

……………

$$b_7' = 9.852 \times 10^{-8} \sqrt{\frac{1.060 \times 10^{13}}{2.752 \times 10^{-2}}} = 1.933\ 1$$

$$b_8' = -1.076 \times 10^{-3} \sqrt{\frac{5.990 \times 10^3}{2.752 \times 10^{-2}}} = -0.502\ 0$$

计算结果列于表 7-13 中。由表中的数据可以看到，原子化温度的影响最显著，其次是灰化时间，原子化时间在所研究的时间范围内对钯吸光度的影响相对较小。

表 7-13　回归系数 b_i 与标准回归系数 b_i'

回归系数 b_i	b_0	b_1	b_2	b_3	b_4	b_5	b_6	b_7	b_8
计算值	3.836×10^{-1}	1.000×10^{-5}	-3.324×10^{-3}	-3.529×10^{-4}	1.421×10^{-2}	-3.584×10^{-8}	4.034×10^{-5}	9.852×10^{-8}	-1.076×10^{-3}
标准回归系数 b_i'	b_0'	b_1'	b_2'	b_3'	b_4'	b_5'	b_6'	b_7'	b_8'
计算值	0.383 6	0.109 6	0.948 3	-1.259	0.506 8	$-0.837 3$	0.703 5	1.933 1	$-0.502 0$

习　　题

7.1　某玻璃防雾剂的配方研究过程中，考察三个因素对玻璃防雾性能 y 的影响。三个因素分别是：PVA 含量（x_1/g）和 ZC 含量（x_2/g），LAS 含量（x_3/g）。结合专业知识分析，其中 x_1 取值范围为 0.5~3.5，x_2 取值范围为 3.5~9.5，x_3 取值范围为 0.1~1.9，均取 7 个水平。

试选用合适的均匀设计表，并列出试验方案。

7.2　用二甲酚橙分光光度法测定微量的锆，为了寻找合适的显色条件，采用吸光度作为评价指标 y，值越大越好。选择四个因素：显色剂用量（x_1/mL），酸度（x_2/mol/L），温度（x_3/℃）和稳定时间（x_4/h）。结合专业知识分析，其中 x_1 取值范围为 0.1~1.3，x_2 取值范围为 0.1~1.3，x_3 取值范围为 20~80，x_4 取值范围为 0~24,均取 13 个水平。

试选用合适的均匀设计表,并列出试验方案。

7.3　在淀粉接枝丙烯酸制备高吸水树脂的试验中,为了提高树脂吸盐水的能力,考察了丙烯酸用量(x_1/mL),引发剂用量(x_2/%),丙烯酸中和度(x_3/%)和甲醛用量(x_4/mL)四个因素。结合专业知识分析,其中 x_1 取值范围为 12~32,x_2 取值范围为 0.3~1.1,x_3 取值范围为 48~92,x_4 取值范围为 0.2~1.4,每个因素取 9 个水平,考察指标 y 为吸盐水的倍率。

选择均匀设计表 $U_9(9^5)$ 安排试验,试验安排在第 1,2,3 与 5 列,试验方案与结果如下表所示。试分析最优工艺条件,计算回归方程,并对回归结果进行方差分析。

试验方案及结果表

试验号	第 1 列,x_1 丙烯酸		第 2 列,x_2 引发剂		第 3 列,x_3 中和度		第 5 列,x_4 甲醛		y
1	1	12.0	2	0.4	4	64.5	8	1.25	34
2	2	14.5	4	0.6	8	86.5	7	1.10	42
3	3	17.0	6	0.8	3	59.0	6	0.95	40
4	4	19.5	8	1.0	7	81.0	5	0.80	45
5	5	22.0	1	0.3	2	53.5	4	0.65	55
6	6	24.5	3	0.5	6	75.5	3	0.50	59
7	7	27.0	5	0.7	1	48.0	2	0.35	60
8	8	29.5	7	0.9	5	70.0	1	0.20	61
9	9	32.0	9	1.1	9	92.0	9	1.40	63

7.4　利用废弃塑料制备清漆的研究中,以提高清漆的附着力 y(综合评分值)为目标,结合专业知识,选择了四个因素,废弃塑料用量(x_1/kg:14~32),改性剂用量(x_2/kg:5~15),增塑剂用量(x_3/kg:5~20)和混合剂用量(x_4/kg:50~70)四个因素,每个因素取 10 个水平。

选择均匀设计表 $U_{10}^*(10^8)$ 安排试验,试验安排在第 1,3,4 与 5 列,试验方案与结果如下表所示。试分析最优工艺条件,计算回归方程,并对回归结果进行方差分析,分析各因素的主次顺序,并求出最优方案。

试验方案及结果表

试验号	第 1 列,x_1 废塑料		第 3 列,x_2 改性剂		第 4 列,x_3 增塑剂		第 5 列,x_4 混合剂		y
1	1	14	3	7	4	12	5	58	40
2	2	16	6	10	8	18	10	68	45
3	3	18	9	13	1	5	4	56	90
4	4	20	1	5	5	14	9	66	41
5	5	22	4	8	9	19	3	54	40
6	6	24	7	11	2	8	8	64	90
7	7	26	10	15	6	16	2	52	87
8	8	28	2	6	10	20	7	62	40
9	9	30	5	9	3	10	1	50	48
10	10	32	8	12	7	17	6	60	100

第8章　回归设计（响应曲面设计）

传统的回归分析，主要为被动地处理由试验所得到的数据，而对试验安排不提出要求。这样盲目地增加了试验次数，而且所分析出的结果往往无法提供充分的信息，造成在多因素试验分析中，由于设计缺陷而达不到预期的试验目的。而单纯的正交设计不能在一定试验范围内根据样本去确定变量间的相关关系及相应的回归方程。而回归设计就是将试验安排（如正交设计）、数据处理、回归分析结合起来考虑。在试验中，通过适当的安排试验点，使得在每个点上获得的数据含有最大的信息，并且各自变量（因素）向量间满足正交性以便于回归分析，然后再用回归分析分析处理数据。

回归设计（regression design），就是在因子空间先设计合理的试验点，以便于建立有效的回归方程，从而解决生产中的优化问题。因为响应 y 与自变量 $x_1, x_2, \cdots, x_m$ 之间的关系用图形的方式描述为 $x_1, x_2, \cdots, x_m$ 区域上的一个曲面，所以也称为响应曲面设计（response surface method）。它是在多元线性回归的基础上用主动收集数据的方法获得具有较好性质的回归方程的一种试验设计方法。回归设计有回归正交设计、回归旋转设计、回归 D 最优设计等。其中回归正交设计是回归设计中最简单、最常用，也最具代表性的设计方法，它是回归分析和正交设计有机结合而成的一种新的试验设计方法，兼容了正交试验设计与回归分析的优点。当自变量只有一次方时，一般采用一次回归正交设计，当存在二次方时，则为二次回归组合设计。

第 1 节　一次回归正交设计

1.1　基本原理

一次回归正交设计（first - order regression orthogonal design）就是利用回归正交原理，建立试验指标（y）与 m 个试验因素 $x_1, x_2, \cdots, x_m (j=1,2,\cdots, m)$ 之间的多元回归方程，若试验共进行了 i 次（$i=1,2,\cdots, n$），则

$$\hat{y} = b_0 + b_1 x_1 + b_2 x_2 + \cdots + b_m x_m \text{ 或}$$

$$\hat{y} = b_0 + \sum_{j=1}^{m} b_j x_j + \sum_{k<j} b_{kj} x_{ik} x_{ij}, (j=1,2,\cdots, m)$$

式中 b_0 为常数项，b_1、b_2、$\cdots$、b_j、$\cdots$、b_m 分别为 y 对自变量 x_1、x_2、$\cdots$、x_j、$\cdots$、x_m 的偏回归系数。

它解决的是多元线性回归问题。由于一般多元回归的试验点是随意定的，使得一般多元回归的计算过程非常复杂，需要用自变量 x 取值所构成的系数矩阵 A 求其逆矩阵。

$$X = \begin{bmatrix} 1 & x_{11} & x_{12} & \cdots & x_{1m} & x_{11} \cdot x_{12} & x_{11} \cdot x_{13} & \cdots & x_{1,m-1} \cdot x_{1m} \\ 1 & x_{21} & x_{22} & \cdots & x_{2m} & x_{21} \cdot x_{22} & x_{21} \cdot x_{23} & \cdots & x_{1,m-1} \cdot x_{1m} \\ \vdots & \vdots & \vdots & \vdots & \vdots & \vdots & \vdots & & \vdots \\ 1 & x_{i1} & x_{i2} & \cdots & x_{im} & x_{i1} \cdot x_{i2} & x_{i1} \cdot x_{i3} & & x_{i,m-1} \cdot x_{im} \\ 1 & x_{n1} & x_{n2} & \cdots & x_{nm} & x_{n1} \cdot x_{n2} & x_{n1} \cdot x_{n3} & & x_{n,m-1} \cdot x_{nm} \end{bmatrix}$$

系数矩阵 A

$$A = X'X = \begin{bmatrix} n & \sum x_{i1} & \sum x_{i2} & \cdots & \sum x_{im} & \sum x_{i1}x_{i2} & \sum x_{i1}x_{i3} & \cdots & \sum x_{i1}x_{im} \\ & \sum x_{i1}^2 & \sum x_{i1}x_{i2} & \cdots & \sum x_{i1}x_{im} & \sum x_{i1}^2 x_{i2} & \sum x_{i1}^2 x_{i3} & \cdots & \sum x_{i1}x_{i,m-1}x_{im} \\ & & \sum x_{i2}^2 & \cdots & \sum x_{i2}x_{im} & \sum x_{i1}x_{i2}^2 & \sum x_{i1}x_{i2}x_{i3} & \cdots & \sum x_{i2}x_{i,m-1}x_{im} \\ & & & \sum x_{ij}^2 & \vdots & \vdots & \vdots & \cdots & \vdots \\ & & & & \sum x_{im}^2 & \sum x_{i1}x_{i2}x_{im} & \sum x_{i1}x_{i3}x_{im} & \cdots & \sum x_{i,m-1}x_{im}^2 \\ & & & & & \sum (x_{i1}x_{i2})^2 & \sum x_{i1}^2 x_{i2}x_{i3} & \cdots & \sum x_{i1}x_{i2}x_{i,m-1}x_{im} \\ & & & & & & \sum (x_{i1}x_{i3})^2 & \cdots & \sum x_{i1}x_{i3}x_{i,m-1}x_{im} \\ & & & & & & & & \sum (x_{i,m-1}x_{im})^2 \end{bmatrix}$$

由线性对数可知,若系数矩阵为对角阵时,即结构矩阵中的任一列的和为零,任意两列的相应元素乘积之和为零,此时逆矩阵的计算比较简单。即

$$\sum_{i=1}^{n} x_{ij} = 0 \ (i \neq j) \ \text{且} \ \sum_{i=1}^{n} x_{ik}x_{ij} = 0 \ (j = 1,2,\cdots,m)$$

如正交表 $L_4(2^3)$ 中的水平符号 2 用 -1 代换,代换后可明显地看出正交表的正交性,如表 8-1 所示,即每列所有数字之和为零,且任意两列相乘之和为零。$L_8(2^7)$ 水平符号 2 用 -1 代换,如表 8-2 所示。

<table>
<tr><td colspan="4" align="center">表 8-1(a)　$L_4(2^3)$</td><td colspan="4" align="center">表 8-1(b)　代换后 $L_4(2^3)$</td></tr>
<tr><td>试验号</td><td>1</td><td>2</td><td>3</td><td>试验号</td><td>1</td><td>2</td><td>3</td></tr>
<tr><td>1</td><td>1</td><td>1</td><td>1</td><td>1</td><td>1</td><td>1</td><td>1</td></tr>
<tr><td>2</td><td>1</td><td>2</td><td>2</td><td>2</td><td>1</td><td>-1</td><td>-1</td></tr>
<tr><td>3</td><td>2</td><td>1</td><td>2</td><td>3</td><td>-1</td><td>1</td><td>-1</td></tr>
<tr><td>4</td><td>2</td><td>2</td><td>1</td><td>4</td><td>-1</td><td>-1</td><td>1</td></tr>
</table>

表 8-2　$L_8(2^7)$

试验号	x_1	x_2	$x_1 x_2$	x_3	$x_1 x_3$	$x_2 x_3$	$x_1 x_2 x_3$
1	1	1	1	1	1	1	1
2	1	1	1	-1	-1	-1	-1
3	1	-1	-1	1	1	-1	-1
4	1	-1	-1	-1	-1	1	1
5	-1	1	-1	1	-1	1	-1
6	-1	1	-1	-1	1	-1	1
7	-1	-1	1	1	-1	-1	1
8	-1	-1	1	-1	1	1	-1

1.2 设计与数据处理方法

1.2.1 确定因素的变化范围

根据试验指标 y，选择主要的影响因素；确定 m 个因素 $x_j(j=1,2,\cdots,m)$，并确定因素的取值范围即水平为 $[x_{j1},x_{j2}]$，x_{j1}，x_{j2} 分别为因素的下限和上限。并将其平均值定义为零水平，即 $x_{j0}=(x_{j1}+x_{j2})/2$。

上限和零水平之差称为因素 x_j 的变化区间，用 Δ_j 表示，即

$$\Delta_j = x_{j2} - x_{j0} = x_{j0} - x_{j1} = (x_{j2} - x_{j1})/2$$

因素和水平范围的取值，一般需要根据足够的专业知识或预备试验。

1.2.2 对因素的水平进行编码

编码的目的是将试验指标 y 对因素的回归关系转化为 y 对编码值的回归关系。编码值定义为：$z_j=(x_j-x_{j0})/\Delta_j$。通过编码公式，对因素做线性变化后，可得到因素与编码值的对应关系。此时试验因素的水平，被编为 $-1,0,1$，即 $z_{j1}=-1$，$z_{j0}=0$，$z_{j2}=1$。一般称 x_j 为自然变量，称 z_j 为规范变量。编码后，因素水平的编码表如表 8-3 所示，对于不同试验方案，均只需对规范变量进行计算。

表 8-3 因素水平编码表

自然变量	因素 z_j	z_1	z_2	$\cdots$	z_m
下限 x_{j1}	下水平 -1	z_{11}	z_{21}	$\cdots$	z_{m1}
中心 $x_{j0}=(x_{j1}+x_{j2})/2$	零水平 0	z_{10}	z_{20}	$\cdots$	z_{m0}
上限 x_{j2}	上水平 1	z_{12}	z_{22}	$\cdots$	z_{m2}
变化间距 $\Delta_j=(x_{j2}-x_{j1})/2$		Δ_1	Δ_2	$\cdots$	Δ_m

1.2.3 确定零水平的重复次数

在一次回归正交试验中，因为每个因素只有两个水平点，而且不设重复，很难得到一个正确无偏误差估计。回顾一下 2 因素 2 水平试验中，当因素的水平为连续型变量时，可设置中心点，作为零水平。

因此增加零水平的重复系数不仅可以考察因素的线性变化，而且可以得到试验的一个纯误差，以对匹配的回归方程进行拟合性测验。这些零水平的取值是各个因素的基准水平，其重复的次数应根据实际情况和试验的要求而定。

1.2.4 选择正交表，确定试验方案

根据选择的因素和水平数量，选择合适的正交表。与正交试验类似，在确定试验方案之前，要将规范变量安排在正交表相应的列中，即进行表头设计。如需考察三个因素 x_1、x_2、x_3，根据正交表 $L_8(2^7)$，应将三个因素 x_1、x_2、x_3 分别安排在第 1、2、4 列，如表 8-2 所示。如需考虑两两之间的交互作用，其设计可如表 8-4 所示。其中第 9 号和第 10 号试验称为零水平或中心试验，目的主要是为了进行更精确的统计分析（如回归的失拟检验等），得到精确度较高的回归方程。安排零水平试验，也可在一定程度上减少前面各试验点的重复次数，同时可将零水平合理安排在试验初始、中间和最后等，或采用随机化原则来安排，通过零水平的重复来估计试验误差。当然，如果不要求高精度，也可不安排零水平试验。

表 8-4　三因素一次回归正交表 $L_8(2^7)$

试验号	z_1	z_2	z_3	$z_1 z_2$	$z_1 z_3$	$z_2 z_3$
1	1	1	1	1	1	1
2	1	1	-1	1	-1	-1
3	1	-1	1	-1	1	-1
4	1	-1	-1	-1	-1	1
5	-1	1	1	-1	-1	1
6	-1	1	1	-1	1	-1
7	-1	-1	1	1	-1	-1
8	-1	-1	-1	1	1	1
9	0	0	0	0	0	0
10	0	0	0	0	0	0

　　从表 8-2 还可以看出,第三列的编码等于第 1、第 2 列编码的乘积,同样第 5 列的编码等于第 1、第 4 列的乘积,即交互作用列的编码表中对应两列因素列编码的乘积,所以用回归正交法安排正交表时,也可以不参考正交表的交互作用表,直接根据这个规律写出交互作用列的编码,这有时比原正交表的使用更方便。

1.2.5　统计分析

　　对于一次回归正交设计的回归方程,采用规范变量,由于 $\sum_{i=1}^{n} z_{ij} = 0(i \neq j)$,且 $\sum_{i=1}^{m} z_{ki} z_{ji} = 0$, $\sum_{i=1}^{n} z_{ij}^2 = n\ (j = 1, 2, \cdots, n)$,此时系数矩阵

$$A = X'X =
\begin{bmatrix}
n & \sum z_{i1} & \sum z_{i2} & \cdots & \sum z_{im} & \sum z_{i1} z_{i2} & \sum z_{i1} z_{i3} & \cdots & \sum z_{i1} z_{im} \\
& \sum z_{i1}^2 & \sum z_{i1} z_{i2} & \cdots & \sum z_{i1} z_{im} & \sum z_{i1}^2 z_{i2} & \sum z_{i1}^2 z_{i3} & \cdots & \sum z_{i1} z_{i,m-1} z_{im} \\
& & \sum z_{i2}^2 & \cdots & \sum z_{i2} z_{im} & \sum z_{i1} z_{i2}^2 & \sum z_{i1} z_{i2} z_{i3} & \cdots & \sum z_{i2} z_{i,m-1} z_{im} \\
& & & \sum z_{ij}^2 & \vdots & \vdots & \vdots & \vdots & \vdots \\
& & & & \sum z_{im}^2 & \sum z_{i1} z_{i2} z_{im} & \sum z_{i1} z_{i3} z_{im} & \cdots & \sum z_{i,m-1} z_{im}^2 \\
& & & & & \sum (z_{i1} z_{i2})^2 & \sum z_{i1}^2 z_{i2} z_{i3} & \cdots & \sum z_{i1} z_{i2} z_{i,m-1} z_{im} \\
& & & & & & \sum (z_{i1} z_{i3})^2 & \cdots & \sum z_{i1} z_{i3} z_{i,m-1} z_{im} \\
& & & & & & & & \sum (z_{i,m-1} z_{im})^2
\end{bmatrix}$$

$$=
\begin{bmatrix}
n & 0 & 0 & \cdots & 0 & 0 & 0 & \cdots & 0 \\
& \sum z_{i1}^2 & 0 & \cdots & 0 & 0 & 0 & \cdots & 0 \\
& & \sum z_{i2}^2 & \cdots & 0 & 0 & 0 & \cdots & 0 \\
& & & \sum z_{ij}^2 & \vdots & \vdots & \vdots & \vdots & \vdots \\
& & & & \sum z_{im}^2 & 0 & 0 & \cdots & 0 \\
& & & & & \sum (z_{i1} z_{i2})^2 & 0 & \cdots & 0 \\
& & & & & & \sum (z_{i1} z_{i3})^2 & \cdots & 0 \\
& & & & & & & & \sum (z_{i,m-1} z_{im})^2
\end{bmatrix}$$

$$\text{右边的常数项矩阵 } \boldsymbol{B} = \begin{bmatrix} \sum y_i \\ \sum x_{i1} y_i \\ \sum x_{i2} y_i \\ \vdots \\ \sum x_{i,m} y_i \\ \sum x_{i1} x_{i2} y_i \\ \sum x_{i1} x_{i3} y_i \\ \vdots \\ \sum x_{i,m-1} x_{im} y_i \end{bmatrix} = \begin{bmatrix} B_0 \\ SP_{1y} \\ SP_{2y} \\ \vdots \\ SP_{my} \\ SP_{11y} \\ SP_{12y} \\ \vdots \\ SP_{m-1,m,y} \end{bmatrix}$$

$$\text{若未增加零水平项,则 } \boldsymbol{A} = \begin{bmatrix} n & 0 & 0 & \cdots & 0 \\ 0 & n & 0 & \cdots & 0 \\ 0 & 0 & n & \cdots & 0 \\ \vdots & \vdots & \vdots & \vdots & \vdots \\ 0 & 0 & 0 & \cdots & n \end{bmatrix}$$

$$\text{此时,回归方程的常数项矩阵 } \boldsymbol{b} = \begin{bmatrix} b_0 \\ b_1 \\ b_2 \\ \vdots \\ b_m \\ b_{12} \\ b_{13} \\ \vdots \\ b_{m-1,m} \end{bmatrix} = \boldsymbol{A}^{-1} \boldsymbol{B} = \begin{bmatrix} \sum y_i/n \\ \sum x_{i1} y_i/n \\ \sum x_{i2} y_i/n \\ \vdots \\ \sum x_{i,m} y_i/n \\ \sum x_{i1} x_{i2} y_i/n \\ \sum x_{i1} x_{i3} y_i/n \\ \vdots \\ \sum x_{i,m-1} x_{im} y_i/n \end{bmatrix}$$

$$\text{若增加零水平项 } m_0\text{,则 } \boldsymbol{A} = \begin{bmatrix} n & 0 & 0 & \cdots & 0 \\ 0 & n-m_0 & 0 & \cdots & 0 \\ 0 & 0 & n-m_0 & \cdots & 0 \\ \vdots & \vdots & \vdots & \vdots & \vdots \\ 0 & 0 & 0 & \cdots & n-m_0 \end{bmatrix}$$

$$\text{此时,回归方程的常数项矩阵 } \boldsymbol{b} = \begin{bmatrix} b_0 \\ b_1 \\ b_2 \\ \vdots \\ b_m \\ b_{12} \\ \vdots \\ b_{m-1,m} \end{bmatrix} = \boldsymbol{A}^{-1} \boldsymbol{B} = \begin{bmatrix} \sum y_i/n \\ \sum x_{i1} y_i/(n-m_0) \\ \sum x_{i2} y_i/(n-m_0) \\ \vdots \\ \sum x_{i,m} y_i/(n-m_0) \\ \sum x_{i1} x_{i2} y_i/(n-m_0) \\ \vdots \\ \sum x_{i,m-1} x_{im} y_i/(n-m_0) \end{bmatrix}$$

综上所述,由于正交试验设计具有均衡分散、整齐可比性的特点,对正交试验结果进行回归分析,建立多元线性回归方程,较之通常的多元线性回归要简单得多。其主要优点在于:

(1)当各因素诸水平的数值保持等差级数且水平数为奇数时,可以消除回归系数间的相关性,使演算过程大为简化。

(2)回归系数具有直观性,可以直接用来判断因素的影响是否显著。当某一自变量的回归系数接近于零时,可认为该因素对试验指标无显著影响,而从回归方程中去掉,去掉后,无需对其他各项的回归系数作重新计算。

1.3 方差分析

方差分析与回归分析相似,计算各平方和及自由度,总平方和

$$SS_T = \sum_{i=1}^n (y_i - \bar{y})^2 = \sum_{i=1}^n y_i^2 - \frac{1}{n}\left(\sum_{i=1}^n y_i\right)^2,\ 自由度\ f_T = n-1;$$

偏回归平方和 $SS_j = \left(\sum x_{ij} y_i\right)^2 / (n - m_0)$,相应的自由度为 1。

交互作用项的偏回归平方和 $SS_{kj} = \left(\sum x_{ik} x_{ij} y_i\right)^2 / (n - m_0)$,相应的自由度为 1。

$$SS_R = \sum_{j=1}^m SS_j + \sum_{k,j=1}^m SS_{kj};\ SS_e = SS_T - SS_R。$$

其正交方差分析表如表 8-5 所示:

表 8-5 回归正交设计的结果分析表

试验号	z_0	z_1	$\cdots$	z_j	$\cdots$	z_m	$\cdots$	$z_1 z_2$	$\cdots$	$z_k z_j$	$\cdots$	$z_{m-1} z_m$	y_i
1	1	z_{11}	$\cdots$	z_{1j}		z_{1m}	$\cdots$	$z_{11}z_{12}$	$\cdots$	$z_{1k}z_{1j}$		$z_{1,m-1}z_{1,m}$	y_1
2	1	z_{21}	$\cdots$	z_{2j}		z_{2m}	$\cdots$	$z_{21}z_{22}$	$\cdots$	$z_{2k}z_{2j}$		$z_{2,m-1}z_{2,m}$	y_2
$\cdots$	$\cdots$	$\cdots$		$\cdots$		$\cdots$		$\cdots$		$\cdots$		$\cdots$	$\cdots$
i	1	z_{i1}	$\cdots$	z_{ij}		z_{im}	$\cdots$	$z_{i1}z_{i2}$	$\cdots$	$z_{ik}z_{ij}$		$z_{i,m-1}z_{i,m}$	y_i
$\cdots$	$\cdots$	$\cdots$		$\cdots$		$\cdots$		$\cdots$		$\cdots$		$\cdots$	$\cdots$
n	1	z_{n1}	$\cdots$	z_{nj}		z_{nm}	$\cdots$	$z_{n1}z_{n2}$	$\cdots$	$z_{nk}z_{nj}$		$z_{n,m-1}z_{n,m}$	y_n
$B_j = SP_{jy}$ 或 SP_{kjy}	$\sum_{i=1}^n y_i$			$\sum_{i=1}^n z_{ij} y_i$						$\sum_{i=1}^n z_{ik} z_{ij} y_i$			$\sum_{i=1}^n y_i$
$b_{0j} = \sum_{i=1}^n z^2$	n			$n - m_0$									$\sum_{i=1}^n y_i^2$
$SS_j = B_j^2 / b_{0j}$	/			$SP_{jy}^2/\sum z^2 = SP_{jy}^2/(n-m_0)$						$SP_{kjy}^2/\sum z^2 = SP_{kjy}^2/(n-m_0)$			/
$b_j = B_j / b_{0j}$	SP_{jy}/n			$SP_{jy}/\sum z^2 = SP_{jy}/(n-m_0)$						$SP_{kjy}/\sum z^2 = SP_{kjy}/(n-m_0)$			/

表 8-6 回归的方差分析表

方差来源	平方和	自由度	方差	F	临界值
回归 x_1	SS_1	1			$F_\alpha(1, f_e)$
$\vdots$	$\cdots$	1			
回归 x_j	SS_j	1	$MS_j = SS_j$	MS_j / MS_e	
$\vdots$	$\cdots$	1			
回归 x_m	SS_m	1			
交互 kj	SS_{12}	1			
	$\cdots$	1			
	SS_{kj}	1	$MS_{kj} = SS_{kj}$	MS_{kj} / MS_e	
	$SS_{m-1,m}$	1			
残差 e	SS_e	f_e	$MS_e = SS_e / f_e$		
总和 T	SS_T	n			

1.4 失拟性检验

当存在零水平试验 $m_0 \geq 2$ 时,可进行回归方程的失拟性(lack of fit)检验。前述检验只能说明相对于残差平方和而言,各因素对试验结果的影响十分显著,回归方程在试验点上的拟合较好,不能说明在整个研究范围内的回归方程都能与实测值有好的拟合。为了检验其拟合情况,可安排 $m_0 \geq 2$ 次的零水平重复试验。

计算零水平重复试验次数 m_0 的误差平方和

$$SS_{0l} = \sum_{i=1}^{m_0}(y_{0i} - \bar{y}_0)^2 = \sum_{i=1}^{m_0} y_i^2 - \frac{1}{n}\left(\sum_{i=1}^{m_0} y_{i0}\right)^2,\text{自由度 } f_{0l} = m_0 - 1,\text{方差 } MS_{0l} = SS_{0l}/f_{0l}。$$

由于仅回归系数 b_0 与零水平 m_0 有关,所以增加零水平后回归平方和 SS_R 无变化,定义失拟平方和为:$SS_{lf} = SS_T - SS_R - SS_{0l} = SS_e - SS_{0l}$,该平方和表示了回归方程未能拟合的部分,包括考虑其他因素及各 X_j 的高次项所引起的误差平方和。相应的自由度为 $f_{lf} = f_e - f_{0l}$,方差 $MS_{lf} = SS_{lf}/f_{lf}$。

此时 $F_{lf} = MS_{lf}/MS_{0l} = \dfrac{SS_{lf}/f_{lf}}{SS_{0l}/f_{0l}} = \dfrac{SS_{lf}/(f_e - m_0 + 1)}{SS_{0l}/(m_0 - 1)}$。对应给定的显著性水平 α(一般可取 0.1),当 $F_{lf} < F_\alpha(f_{lf}, f_{0l})$,回归方程失拟不显著,否则说明所建立的回归方程拟合得不好,需进一步改进,引入别的因素或建立更高次的回归方程。

最后应该注意的是,回归得到的方程采用的是规范变量与试验指标之间的关系,应对编码值进行回代,得到自然变量与试验指标的回归关系式。

1.5 实例计算

【例 8-1】 某单位试制高强混凝土,拟通过复合掺用矿渣 x_1、石膏 x_2 和铁粉 x_3 来提高混凝土的抗压强度。矿渣掺量为 10%、15%、20%,石膏掺量为 2.0%、3.5%、5.0%,铁粉掺量为 3%、6%、9%,选用了正交表 $L_9(3^4)$,将矿渣、石膏、铁粉顺序安排在表的第 1,2,3 列,按正交表的规定进行了 9 次抗压强度试验。试进行:(1)建立多元线性回归方程;(2)做回归方程的显著性检验;(3)预报当矿渣掺量 18%、石膏掺量 2.0%、铁粉掺量 5% 时混凝土强度的置信区间。

解:设混凝土的抗压强度 y 与矿渣掺量 x_1、石膏掺量 x_2、铁粉掺量 x_3 之间,近似地具有线性关系,则有 $\hat{y} = b_0 + b_1 x_1 + b_2 x_2 + b_3 x_3$。

依据正交表试验所得到的相应结果列于表 8-7 中。

表 8-7 $L_9(3^4)$ 正交试验结果

试验号	1 矿渣掺量(%)		2 石膏掺量(%)		3 铁粉掺量(%)		4 不安排	抗压强度(MPa)
1	1	10	1	2.0	1	3	1	76.5
2	1	10	2	3.5	2	6	2	81.0
3	1	10	3	5.0	3	9	3	75.8
4	2	15	1	2.0	2	6	3	85.7
5	2	15	2	3.5	3	9	1	89.0
6	2	15	3	5.0	1	3	2	76.5
7	3	20	1	2.0	3	9	2	90.7
8	3	20	2	3.5	1	3	3	86.7
9	3	20	3	5.0	2	6	1	86.0
平均	15		3.5		6			83.1

方法 1：根据最小二乘法原则,建立方程组,求回归系数 b_1、b_2、b_3 及常数项 b_0 的解。

$$\begin{cases} SS_{11}b_1 + SP_{12}b_2 + SP_{13}b_3 = SP_{1y} \\ SP_{21}b_1 + SS_{22}b_2 + SP_{23}b_3 = SP_{2y} \\ SP_{31}b_1 + SP_{32}b_2 + SS_{33}b_3 = SP_{3y} \\ b_0 = \bar{y} - b_1\bar{x}_1 - b_2\bar{x}_2 - b_3\bar{x}_3 \end{cases}$$

利用正交试验的特点,对数据作简化处理。将自变量、因变量的数值分别减去各自的平均值,并列表计算见表 8-8。

表 8-8　$L_9(3^4)$ 正交试验结果计算表

序号	x_1	x_2	x_3	y	x_1^2	x_2^2	x_3^2	y^2	x_1x_2	x_2x_3	x_3x_1	x_1y	x_2y	x_3y
1	−5	−1.5	−3	−6.6	25	2.25	9	43.56	7.5	4.5	15	33.0	9.9	19.8
2	−5	0	0	−2.1	25	0	0	4.41	0	0	0	10.5	0	0
3	−5	1.5	3	−7.3	25	2.25	9	53.29	−7.5	4.5	−15	36.5	−10.95	−21.9
4	0	−1.5	0	2.6	0	2.25	0	6.76	0	0	0	0	−3.9	0
5	0	0	3	5.9	0	0	9	34.81	0	0	0	0	0	17.7
6	0	1.5	−3	−6.6	0	2.25	9	43.56	0	−4.5	0	0	9.9	19.8
7	5	−1.5	3	7.6	25	2.25	9	57.76	−7.5	−4.5	15	38.0	−11.4	22.8
8	5	0	−3	3.6	25	0	9	12.96	0	0	−15	18.0	0	−10.8
9	5	1.5	0	2.9	25	2.25	0	8.41	7.5	0	0	14.5	4.35	0
Σ	0	0	0	0	150	13.5	54	265.52	0	0	0	150.5	−21.9	47.4

$SP_{jy} = \sum_{i=1}^{9} x_{ij}y_i - \frac{1}{n}\sum_{i=1}^{9}x_{ij}\sum_{i=1}^{9}y_i$	$SS_{rr} = \sum_{i=1}^{9} x_{ir}^2 - \frac{1}{n}\left(\sum_{i=1}^{9}x_{ir}\right)^2$	$SP_{jk} = \sum_{i=1}^{9} x_{ij}x_{ik} - \frac{1}{n}\sum_{i=1}^{9}x_{ij}\sum_{i=1}^{9}x_{ik}$
$SP_{1y} = 150.5 - 0 = 150.5$	$SS_{11} = 150 - 0 = 150$	$SP_{12} = SP_{21} = 0 - 0 = 0$
$SP_{2y} = -21.9 - 0 = -21.9$	$SS_{22} = 13.5 - 0 = 13.5$	$SP_{23} = SP_{32} = 0 - 0 = 0$
$SP_{3y} = 47.4 - 0 = 47.4$	$SS_{33} = 54 - 0 = 54$	$SP_{31} = SP_{13} = 0 - 0 = 0$

$$SS_y = \sum_{i=1}^{9} y_i^2 - \frac{1}{n}\left(\sum_{i=1}^{9} y_i\right)^2 = 265.52 - 0 = 265.52$$

解方程组：
$$\begin{cases} 150 \times b_1 + 0 \times b_2 + 0 \times b_3 = 150.5 \\ 0 \times b_1 + 13.5 \times b_2 + 0 \times b_3 = -21.9 \\ 0 \times b_1 + 0 \times b_2 + 54 \times b_3 = 47.4 \end{cases}$$
可得
$$\begin{cases} b_1 = \dfrac{150.5}{150} = 1.00 \\ b_2 = \dfrac{-21.9}{13.5} = -1.62 \\ b_3 = \dfrac{47.4}{54} = 0.88 \end{cases}$$

$b_0 = 83.1 - 1.0 \times 15 + 1.62 \times 3.5 - 0.88 \times 6 = 79.05$

从而得 $\hat{y} = 79.05 + (x_1 - 15) - 1.62(x_2 - 3.5) + 0.88(x_3 - 6)$

方法 2：如转换成 z_j 的形式,$z_j = (x_j - x_{j0})/\Delta_j$,$z_1 = (x_1 - 15)/5$,$z_2 = (x_2 - 3.5)/1.5$,$z_3 = (x_3 - 6)/3$,如表 8-9 所示。

表 8-9　编码后的正交计算表

序号	z_1	z_2	z_3	y	z_1^2	z_2^2	z_3^2	y^2	$z_1 z_2$	$z_2 z_3$	$z_3 z_1$	$z_1 y'$	$z_2 y'$	$z_3 y'$
1	-1	-1	-1	76.5	1	1	1	5 852.25	1	1	1	6.6	6.6	6.6
2	-1	0	0	81.0	1	0	0	6 561.00	0	0	0	2.1	0	0
3	-1	1	1	75.8	1	1	1	5 745.64	-1	1	-1	7.3	-7.3	-7.3
4	0	-1	0	85.7	0	1	0	7 344.49	0	0	0	0	-2.6	0
5	0	0	1	89.0	0	0	1	7 921.00	0	0	0	0	0	5.9
6	0	1	-1	76.5	0	1	1	5 852.25	0	-1	0	0	-6.6	6.6
7	1	-1	1	90.7	1	1	1	8 226.49	-1	-1	1	7.6	-7.6	7.6
8	1	0	-1	86.7	1	0	1	7 516.89	0	0	-1	3.6	0	-3.6
9	1	1	0	86.0	1	1	0	7 396.00	1	0	0	2.9	2.9	0
$\sum$	0	0	0	747.9	6	6	6	62 416.01	0	0	0	30.1	-14.6	15.8

$$SP_{jy} = \sum_{i=1}^{9} x_{ij} y_i - \frac{1}{n} \sum_{i=1}^{9} x_{ij} \sum_{i=1}^{9} y_i$$

$SP_{1y} = 30.1 - 0 = 30.1$

$SP_{2y} = -14.6 - 0 = -14.6$

$SP_{3y} = 15.8 - 0 = 15.8$

$$SS_{rr} = \sum_{i=1}^{9} x_{ir}^2 - \frac{1}{n} \left(\sum_{i=1}^{9} x_{ir} \right)^2$$

$SS_{11} = 6 - 0 = 6$

$SS_{22} = 6 - 0 = 6$

$SS_{33} = 6 - 0 = 6$

$$SP_{jk} = \sum_{i=1}^{9} x_{ij} x_{ik} - \frac{1}{n} \sum_{i=1}^{9} x_{ij} \sum_{i=1}^{9} x_{ik}$$

$SP_{12} = SP_{21} = 0 - 0 = 0$

$SP_{23} = SP_{32} = 0 - 0 = 0$

$SP_{31} = SP_{13} = 0 - 0 = 0$

因为 $b_j = SP_{jy}/n$，零水平 $m_0 = 3$；所以 $b_0 = 747.9/9 = 83.1$；$b_1 = 30.1/6 = 5.017$；$b_2 = -14.6/6 = -2.433$；$b_3 = 15.8/6 = 2.633$；

从而得

$$\hat{y} = 83.1 + 5.017 z_1 - 2.433 z_2 + 2.633 z_3$$
$$= 83.1 + 5.017 \times (x_1 - 15)/5 - 2.433 \times (x_2 - 3.5)/1.5 + 2.633 \times (x_3 - 6)/3$$
$$= 78.99 + 1.02 \times (x_1 - 15) - 1.622 \times (x_2 - 3.5) + 0.878 \times (x_3 - 6)$$

与解法 1 结果相同。

做回归方程的 F 显著性检验，$SS_T = SS_{yy} = \sum_{c=1}^{n} (y_i - \bar{y})^2 = 265.52$

自由度 $f_T = n - 1 = 8$；

回归平方和 $SS_R = SP_{1y} b_1 + SP_{2y} b_2 + SP_{3y} b_3 = 150.5 \times 1.0 + 21.9 \times 1.62 + 47.4 \times 0.88 = 227.69$，自由度 $f_R = p = 3$；

残差平方和 $SS_e = SS_T - SS_R = 265.52 - 227.69 = 37.83$，自由度 $f_e = n - p - 1 = 5$。

所得多元线性回归方差分析表列于表 8-10 中。

表 8-10　正交设计回归分析的方差分析表

方差来源	平方和 SS	自由度 f	方差 MS	F	临界值	显著性
回归 R	227.69	3	75.90	10.03	$F_{0.05}(3,5) = 5.41$	*显著
残差 e	37.83	5	7.57		$F_{0.01}(3,5) = 12.06$	
总和 SS_T	265.52	8				

从表中可以看出，回归方程的线性关系是显著的。同时我们还可以看出，x_2 的回归系数为负值，即石膏掺量过多会使混凝土抗压强度下降，实际工程选用时应该加以注意。

如果想知道矿渣掺量为 18%，石膏掺量为 2%，铁粉掺量为 5% 时的抗压强度，则将 $x_1 = 18$，$x_2 = 2$，$x_3 = 5$，代入所得到的回归方程 $\hat{y} = 79.05 + x_1 - 1.62 x_2 + 0.88 x_3$，得

$$\hat{y} = 79.05 + 18 - 1.62 \times 2 + 0.88 \times 5 = 98.21(\text{MPa})$$

而残差的标准差 $S = \sqrt{\dfrac{SS_e}{f_e}} = \sqrt{\dfrac{37.83}{5}} = 2.75$，保证率为 95% 时的 $t = 2.00$，数据的波动值为：$t \times S = 2.00 \times 2.75 = 5.50$ MPa。

那么该数值的变化区间应该为 $98.21 \pm 2.00 \times 2.75 = (98.21 \pm 5.50)$ MPa，即此时混凝土的抗压强度应该在 $92.71 \sim 103.71$ MPa 之间变化。

【例 8-2】 从某植物中提取黄酮类物质，为了对提取工艺进行优化，选择三个相对重要的因素，即乙醇浓度 x_1、液固比 x_2 和回流次数 x_3 进行正交回归试验，已知 $x_1 : 60\% \sim 80\%$；$x_2 : 8 \sim 12$；$x_3 : 1 \sim 3$，并考虑 x_1 和 x_2 的交互作用，试通过回归试验确定黄酮提取率与三个因素之间的函数关系式。

解：（1）确定因素的水平及其编码表，如表 8-11 所示。

表 8-11　因素水平编码表

因素 z_j	z_1	z_2	$\cdots$	z_3
下水平	60	8	$\cdots$	1
零水平	70	10	$\cdots$	2
上水平	80	12	$\cdots$	3
变化间距 Δ_j	10	2	$\cdots$	1

（2）试验方案及计算，结果如表 8-12 所示，试验含零水平试验 $m_0 = 3$，$n = 10$。

表 8-12　3 因素一次回归正交设计计算表

试验号	x_0	x_1	x_2	$x_1 x_2$	x_3	试验结果		$x_1 y$	$x_2 y$	$x_1 x_2 y$	$x_3 y$
1	1	1	1	1	1	y_1	8.0	8.0	8.0	8.0	8.0
2	1	1	1	1	-1	y_2	7.3	7.3	7.3	7.3	-7.3
3	1	1	-1	-1	1	y_3	6.9	6.9	-6.9	-6.9	6.9
4	1	1	-1	-1	-1	y_4	6.4	6.4	-6.4	-6.4	-6.4
5	1	-1	1	-1	1	y_5	6.9	-6.9	6.9	-6.9	6.9
6	1	-1	1	-1	-1	y_6	6.5	-6.5	6.5	-6.5	-6.5
7	1	-1	-1	1	1	y_7	6.0	-6.0	-6.0	6.0	6.0
8	1	-1	-1	1	-1	y_8	5.1	-5.1	-5.1	5.1	-5.1
9	1	0	0	0	0	y_9	6.6	0.0	0.0	0.0	0.0
10	1	0	0	0	0	y_{10}	6.5	0.0	0.0	0.0	0.0
$\sum$	10	0	0	0	0	$\displaystyle\sum_{i=1}^{n} y_i$	66.2	4.1	4.3	-0.3	2.5
$\sum z^2$	10	8	8	8	8	$\displaystyle\sum_{i=1}^{n} y_i^2$	443.54				
SP_{jy}/SP_{kjy}	66.2	4.1	4.3	-0.3	2.5	$SS_T =$	5.296				
$SS_j = SP_{jy}^2/n$		2.101	2.311	0.011	0.781	$SS_R =$	5.204				
$b_j = SP_{jy}/n$	6.620	0.5125	0.5375	-0.0375	0.3125	$SS_e =$	0.092				

可以得出，规范变量 z_i 与因变量 y 的回归方程为：

$$\hat{y} = 6.62 + 0.5125\,z_1 + 0.5375\,z_2 - 0.0375\,z_1 z_2 + 0.3125\,z_3$$

由于各偏回归系数的绝对值 $b_2 > b_1 > b_3 \gg b_{12}$，因此各因素的影响次序为 $x_2 > x_1 > x_3 > x_{12}$，且 $b_{12} = -0.0375$，接近 0，甚至可以不考虑其交互作用。

$$\sum_{i=1}^{n} y_i^2 = 443.54$$

$$SS_T = \sum_{i=1}^{n} (y_i - \bar{y})^2 = \sum_{i=1}^{n} y_i^2 - \frac{1}{n} \left(\sum_{i=1}^{n} y_i \right)^2 = 443.54 - 66.2^2/10 = 5.296$$

$$SS_R = \sum_{j=1}^{m} SS_j + \sum_{k,j=1}^{m} SS_{kj} = 2.101 + 2.311 + 0.011 + 0.781 = 5.204$$

$$SS_e = SS_T - SS_R = 5.296 - 5.204 = 0.092$$

表 8-13　方差分析表

方差来源	平方和	自由度	方差	F	显著性
回归 x_1	2.101	1	2.101	114.185	** 高度显著
回归 x_2	2.311	1	2.311	125.598	** 高度显著
回归 x_3	0.781	1	0.781	42.446	** 高度显著
交互 x_{12}	0.011	1	0.011	0.598	不显著
回归 R	5.204	4	1.301	70.707	** 高度显著
残差 e	0.092	5	0.0184		
总和 T	5.296	9		$F_{0.01}(1,5) = 16.26$	$F_{0.01}(4,5) = 11.39$

交互作用影响不明显，回归方程可简化为：$y = 6.62 + 0.5125 z_1 + 0.5375 z_2 + 0.3125 z_3$。并将不显著项合并为误差，方差分析表如表 8-14 所示。

表 8-14　合并误差后方差分析表

方差来源	平方和	自由度	方差	F	显著性
回归 x_1	2.101	1	2.101	123.588	** 高度显著
回归 x_2	2.311	1	2.311	135.941	** 高度显著
回归 x_3	0.781	1	0.781	45.941	** 高度显著
回归 R	5.193	3	1.731	101.824	** 高度显著
残差 e	0.103	6	0.017		
总和 T	5.296	9		$F_{0.01}(1,6) = 13.75$	$F_{0.01}(3,6) = 9.78$

（3）失拟分析

① 零水平平方和：$SS_{0l} = \sum_{i=1}^{m_0} (y_{0i} - \bar{y}_0)^2 = \sum_{i=1}^{m_0} y_{i0}^2 - \frac{1}{n} \left(\sum_{i=1}^{m_0} y_{i0} \right)^2 = (6.6^2 + 6.5^2) - (6.6 + 6.5)^2/2 = 0.005$

自由度 $f_{0l} = m_0 - 1 = 2 - 1 = 1$，

方差 $MS_{0l} = SS_{0l}/f_{0l} = 0.005$。

② 失拟平方和 $SS_{lf} = SS_e - SS_{0l} = 0.103 - 0.005 = 0.098$

自由度 $f_{lf} = f_e - f_{0l} = 6 - 1 = 5$

方差 $MS_{lf} = SS_{lf}/f_{lf} = 0.098/5 = 0.0196$。

③ F 检验：$F_{lf} = MS_{lf}/MS_{0l} = 0.0196/0.005 = 3.92$，查表 $F_{0.1}(5,1) = 57.24$，失拟

结果不显著,回归模型拟合良好。

(4) 方程回代

$z_1 = (x_1 - 70)/10, z_2 = (x_2 - 10)/2, z_3 = (x_3 - 2)/1$,对回归方程进行回代,

$\hat{y} = 6.62 + 0.5125(x_1 - 70)/10 + 0.5375(x_2 - 10)/2 + 0.3125(x_3 - 2)$,整理后

$\hat{y} = -0.28 + 0.05125\,x_1 + 0.26875\,x_2 + 0.3125\,x_3$。

第 2 节 二次回归组合设计

2.1 基本原理

二次回归组合设计建立在一次回归设计的基础上,但自变量为二次方。假设 m 个因素 $x_1, x_2, \cdots, x_m (j = 1, 2, \cdots, m)$,试验指标为 y,二次回归方程的一般形式为

$$\hat{y} = b_0 + \sum_{j=1}^{m} b_j x_j + \sum_{j=1}^{m} b_{jj} x_j^2 + \sum_{k<j} b_{kj} x_k x_j \quad (j = 1, 2, \cdots, m; k = 1, 2, \cdots, m-1, j \neq k)$$

式中 b_0 为常数项,b_j、b_{kj}、b_{jj} 为偏回归系数。

可以看出,该方程项数共有 $q = 1 + m + m + m(m-1)/2 = (m+1)(m+2)/2$,即回归系数共有 q 个。要估算出回归系数,试验次数 $n \geq (m+1)(m+2)/2$,且每个因素至少要取 3 个水平。用一元回归方程的方法来安排试验,往往不能满足这一条件。如当因素 $m = 3$ 时,二次回归方程的项数为 10,试验次数 $n \geq 10$。如果用正交表 $L_9(3^4)$ 来安排试验,则试验次数不符合要求;如进行全面试验,则为 $3^3 = 27$,次数偏多。为解决这一问题,可以在一次回归正交设计的基础上再增加一些特定的试验点,通过适当组合形成试验方案,即组合设计,可分为二次回归正交设计(quadratic regression orthogonal design)和二次回归连贯设计(quadratic regression coherent design)。

回归正交组合设计由三类试验点组成,即两水平试验、星号试验和零水平试验。

设因素(自变量)数量为 m,则两水平试验次数为 r_c,全面试验时,次数为 $m_c = 2^m$;采用正交设计 $L_n(2^k)$,$k < m$,常取 $k = m-1$ 或 $m-2$,则 $m_c = 2^{m-1}$ 或 2^{m-2} 次。如在二元二次组合设计中为 $2^2 = 4$ 次,三元中为 $2^3 = 8$。

星号试验次数 $m_r = 2m$,星号点与中心点的距离 r 称为星号臂,根据一定的要求(如正交性、旋转性)来调节。

零水平试验次数为 m_0,为零水平的重复试验次数,可以为 1 次,也可以为多次。

总试验次数 $n = m_c + m_r + m_0$。

当因素数 $m = 2$ 时,设为 x_1 和 x_2,指标(因变量)为 y,且 x_1、x_2 与因变量 y 之间的二次正交回归方程可表示为

$$\hat{y} = b_0 + b_1 x_1 + b_2 x_2 + b_{11} x_1^2 + b_{22} x_2^2 + b_{12} x_1 x_2$$

方程共有 6 个回归系数,试验次数 $n \geq 6$,而两水平全面试验次数为 4 次,因此在此基础上增加 5 次试验,试验点分布如图 8-1 所示,方案如表 8-15 所示。

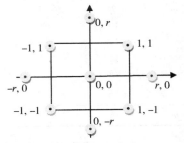

图 8-1 $m = 2$ 时的二次回归组合设计分布图

表 8-15　二元二次回归正交组合设计试验方案

	试验号	Z_1	Z_2	Y	说明
m_c	1	1	1	y_1	
	2	1	-1	y_2	两水平全面试验
	3	-1	1	y_3	$2^m = 2^2$
	4	-1	-1	y_4	
m_r	5	r	0	y_5	
	6	$-r$	0	y_6	星号试验
	7	0	r	y_7	$m_r = 2m$
	8	0	$-r$	y_8	
m_0	9	0	0	y_9	零水平试验

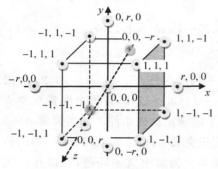

图 8-2　$m=3$ 时的二次回归组合设计分布图

当因素(自变量)数 $m = 3$ 时,设为 x_1、x_2 和 x_3,指标(因变量)为 y,且 x_1、x_2、x_3 与因变量 y 之间的三元二次正交回归方程可表示为

$$\hat{y} = b_0 + b_1 x_1 + b_2 x_2 + b_3 x_3 + b_{11} x_1^2 + b_{22} x_2^2 + b_{33} x_3^2 + b_{12} x_1 x_2 + b_{13} x_1 x_3 + b_{23} x_2 x_3$$

方程共有 10 个回归系数,试验次数 $n \geqslant 10$,而两水平全面试验次数为 8 次,因此在此基础上增加 7 次试验,试验点分布如图 8-2 所示,方案如表 8-16 所示。

表 8-16　三元二次回归正交组合设计试验方案

	试验号	Z_1	Z_2	Z_3	Y	说明
m_c	1	1	1	1	y_1	
	2	1	1	-1	y_2	
	3	1	-1	1	y_3	
	4	1	-1	-1	y_4	两水平全面试验
	5	-1	1	1	y_5	$2^m = 2^3$
	6	-1	1	-1	y_6	
	7	-1	-1	1	y_7	
	8	-1	-1	-1	y_8	
m_r	9	r	0	0	y_9	
	10	$-r$	0	0	y_{10}	星号试验
	11	0	r	0	y_{11}	$m_r = 2m$
	12	0	$-r$	0	y_{12}	
	13	0	0	r	y_{13}	
	14	0	0	$-r$	y_{14}	
m_0	15	0	0	0	y_{15}	零水平试验

用组合设计试验点比三水平的全面试验要少,且是在一次回归的基础上获得,当一次回归不显著时,只需要在一次回归试验的基础上,再补加星号点和中心点试验即可。

2.2　二次回归正交组合设计

2.2.1　基本原理

与一次回归正交设计相似，先将自然变量 x_j 转化为规范变量 z_j。试验方案中的交互作用项和二次项的编码可分别由 z_1 和 z_2 求得，即 $z_1 z_2$ 编码为 z_1 和 z_2 编码的乘积，z_1^2 的编码为 z_1 编码的平方。将上述编码列入组合设计表中，即可得到组合设计方案表。二元二次回归设计如表 8-17 所示，三元二次回归设计如表 8-18 所示。

表 8-17　二元二次回归组合设计

	试验号	z_1	z_2	$z_1 z_2$	z_1^2	z_2^2	y
m_c	1	1	1	1	1	1	y_1
	2	1	-1	-1	1	1	y_2
	3	-1	1	-1	1	1	y_3
	4	-1	-1	1	1	1	y_4
m_r	5	r	0	0	r^2	0	y_5
	6	$-r$	0	0	r^2	0	y_6
	7	0	r	0	0	r^2	y_7
	8	0	$-r$	0	0	r^2	y_8
m_0	9	0	0	0	0	0	y_9

表 8-18　三元二次回归组合设计

	试验号	z_0	z_1	z_2	z_3	$z_1 z_2$	$z_1 z_3$	$z_2 z_3$	z_1^2	z_2^2	z_3^2	y
m_c	1	1	1	1	1	1	1	1	1	1	1	y_1
	2	1	1	1	-1	1	-1	-1	1	1	1	y_2
	3	1	1	-1	1	-1	1	-1	1	1	1	y_3
	4	1	1	-1	-1	-1	-1	1	1	1	1	y_4
	5	1	-1	1	1	-1	-1	1	1	1	1	y_5
	6	1	-1	1	-1	-1	1	-1	1	1	1	y_6
	7	1	-1	-1	1	1	-1	-1	1	1	1	y_7
	8	1	-1	-1	-1	1	1	1	1	1	1	y_8
m_r	9	1	r	0	0	0	0	0	r^2	0	0	y_9
	10	1	$-r$	0	0	0	0	0	r^2	0	0	y_{10}
	11	1	0	r	0	0	0	0	0	r^2	0	y_{11}
	12	1	0	$-r$	0	0	0	0	0	r^2	0	y_{12}
	13	1	0	0	r	0	0	0	0	0	r^2	y_{13}
	14	1	0	0	$-r$	0	0	0	0	0	r^2	y_{14}
m_0	15	1	0	0	0	0	0	0	0	0	0	y_{15}

可以看出，二次组合设计是在一次回归正交设计基础上，加入星号点和零水平试验组成的。星号试验的加入，并不破坏一次变量和交互作用列的正交性，只是 x_0 和 x_j^2 列破坏了正交性。因为

$$
\begin{cases}
\displaystyle\sum_{i=1}^{n} x_{ij}^2 = m_c + 2r^2 \neq 0 \\[2mm]
\displaystyle\sum_{i=1}^{n} x_0 x_{ij}^2 = m_c + 2r^2 \neq 0 \quad (n = m_c + 2m + m_0) \\[2mm]
\displaystyle\sum_{i=1}^{n} x_{ik}^2 x_{ij}^2 = m_c \neq 0
\end{cases}
$$

二次回归组合设计方法不具有正交性。为了使结构矩阵具有正交性，必须使上述三式为零，为满足该要求，数学家已经证明，必须满足下列两个条件：

(1) 星号臂长 r 与因素个数 m_r，零水平试验次数 m_0 和两水平试验点个数 m_c 有关。

$$r^2 = \frac{\sqrt{(m_e + 2m + m_0) \cdot m_c} - m_c}{2} = \frac{\sqrt{n \cdot m_c} - m_c}{2}$$

(2) 需对 x_{ij}^2 进行中心化处理，即对其进行如下线性变换：$x'_{ji} = x_{ji}^2 - \dfrac{\sum\limits_{i=1}^{n} x_{ji}^2}{n}$ 计算。

通过上述处理后，组合设计即可具有正交性。所以组合设计时，可由条件(2)变换式求 r 与 r^2，也可查表 8-19。

表 8-19　r 与 r^2 表

m_0	r(变量总数 m)						r^2(变量总数 m)					
	2	3	4(1/2 实施)	4	5(1/2 实施)	5	2	3	4(1/2 实施)	4	5(1/2 实施)	5
1	1.000	1.215	1.353	1.414	1.547	1.596	1.000	1.477	1.831	2.000	2.390	2.547
2	1.078	1.287	1.414	1.483	1.607	1.662	1.162	1.657	1.999	2.198	2.580	2.762
3	1.147	1.353	1.471	1.547	1.664	1.724	1.317	1.831	2.164	2.390	2.770	2.972
4	1.210	1.414	1.525	1.607	1.719	1.784	1.464	2.000	2.326	2.580	2.950	3.183
5	1.267	1.471	1.575	1.664	1.771	1.841	1.606	2.164	2.481	2.770	3.140	3.389
6	1.320	1.525	1.623	1.719	1.820	1.896	1.742	2.325	2.634	2.950	3.310	3.595
7	1.369	1.575	1.688	1.771	1.868	1.949	1.873	2.481	2.849	3.140	3.490	3.799
8	1.414	1.623	1.711	1.820	1.914	2.000	2.000	2.633	2.928	3.310	3.660	4.000
9	1.457	1.668	1.752	1.868	1.958	2.049	2.123	2.782	3.070	3.490	3.830	4.198
10	1.498	1.711	1.792	1.914	2.000	2.097	2.243	2.928	3.211	3.660	4.000	4.397

如当 $m_0 = 1$ 时，对于二元二次回归正交组合设计，$m_c = 2$，$r = 1$。二次项中心化之后，

$z'_{1i} = z_{1i}^2 - \dfrac{\sum\limits_{i=1}^{n} z_{1i}^2}{n} = 1 - \dfrac{6}{9} = \dfrac{1}{3}$，$z'_{17} = z_{17}^2 - \dfrac{\sum\limits_{i=1}^{n} z_{1i}^2}{n} = 0 - \dfrac{6}{9} = -\dfrac{2}{3}$，其编码表如表 8-20 所示。

表 8-20　二元二次回归组合设计

	试验号	z_1	z_2	$z_1 z_2$	z_1^2	z_2^2	z'_1	z'_2	y
m_c	1	1	1	1	1	1	1/3	1/3	y_1
	2	1	-1	-1	1	1	1/3	1/3	y_2
	3	-1	1	-1	1	1	1/3	1/3	y_3
	4	-1	-1	1	1	1	1/3	1/3	y_4
m_r	5	r	0	0	r^2	0	1/3	$-2/3$	y_5
	6	$-r$	0	0	r^2	0	1/3	$-2/3$	y_6
	7	0	r	0	0	r^2	$-2/3$	1/3	y_7
	8	0	$-r$	0	0	r^2	$-2/3$	1/3	y_8
m_0	9	0	0	0	0	0	$-2/3$	$-2/3$	y_9

如当 $m_0 = 1$ 时,对于表 8-18 中三元二次回归 $m = 3$,$r = 1.215$,$r^2 = 1.477$。二次项中心化之后,$\sum\limits_{i=1}^{n} z_{1i}^2 = 8 + 1.477 \times 2 = 10.954$,$z'_{1i} = z_{1i}^2 - \dfrac{\sum\limits_{i=1}^{n} z_{1i}^2}{n} = 1 - \dfrac{10.954}{15} = 0.270$,$z'_{17} =$

$z_{17}^2 - \dfrac{\sum\limits_{i=1}^{n} z_{1i}^2}{n} = 0 - \dfrac{10.954}{15} = -0.730$。

2.2.2　因素水平的编码表

自然变量 x_j 的水平为 $[x_{-jr}, x_{jr}]$,x_{-jr}、x_{jr} 分别为因素的下限和上限。x_{j1}、x_{j2} 分别为因素的下水平 -1 和上水平 1。考虑星号臂,则零水平 $x_{j0} = (x_{jr} + x_{-jr})/2 = (x_{j1} + x_{j2})/2$。变化区间 $\Delta_j = (x_{jr} - x_{-jr})/2r$;自变量 $x_{j1} = x_{j0} - \Delta_j$,$x_{j2} = x_{j0} + \Delta_j$;规范变量 $z_j = (x_j - x_{j0})/\Delta_j$。试验因素的水平,被编为 $-r$、-1、0、1、r,即 $z_{-jr} = -r$,$z_{j1} = -1$,$z_{j0} = 0$,$z_{j2} = 1$、$z_{jr} = r$。编码后,因素水平的编码表如表 8-21 所示,对于不同试验方案,均只需对规范变量进行计算。

表 8-21　因素水平编码表

自变量	因素 z_j	z_1	z_2	$\cdots$	z_m
下限 x_{-jr}	下水平 -1	z_{11}	z_{21}		z_{m1}
$x_{j1} = x_{j0} - \Delta_j$	下星号臂 $-r$	z_{-1r}	z_{-2r}		z_{-mr}
中心 x_{j0}	零水平 0	z_{10}	z_{20}		z_{m0}
$x_{j2} = x_{j0} + \Delta_j$	上星号臂 r	z_{1r}	z_{2r}		z_{mr}
上限 x_{jr}	上水平 1	z_{12}	z_{22}	$\cdots$	z_{m2}
	变化间距 Δ_j	Δ_1	Δ_2	$\cdots$	Δ_m

2.2.3　方案确定

根据因素数量 m 选择合适的正交表,确定两水平试验次数 m_c,星号试验次数 m_r 也能随之确定。可参考表 8-22 所示设计表头。

表 8-22　正交表的选用

因素数 m	选用正交表	表头设计	m_c	m_r
2	$L_4(2^3)$	第 1,2 列	$2^2 = 4$	4
3	$L_8(2^7)$	第 1,2,4 列	$2^3 = 8$	6
4(1/2 实施)	$L_8(2^7)$	第 1,2,4,7 列	$2^{4-1} = 8$	8
4	$L_{16}(2^{15})$	第 1,2,4,8 列	$2^4 = 16$	8
5(1/2 实施)	$L_{16}(2^{15})$	第 1,2,4,8,15 列	$2^{5-1} = 16$	10
5	$L_{32}(2^{31})$	第 1,2,4,8,16 列	$2^5 = 32$	10

2.2.4　结果分析

对平方项进行中心处理后,方程 $\hat{y} = b_0 + \sum\limits_{j=0}^{m} b_j x_j + \sum\limits_{j=0}^{m} b_{jj} x_j^2 + \sum\limits_{k<j} b_{kj} x_{ik} x_{ij}$ 变为:

$$\hat{y} = b_0 + \sum_{j=0}^{m} b_j x_j + \sum_{j=0}^{m} b_{jj} x'_{ij} + \sum_{k<j} b_{kj} x_{ik} x_{ij} \quad (j = 1, 2, \cdots, m; k = 1, 2, \cdots, m-1, j \neq k)$$

与一次回归正交设计相似，进行方差分析、回归分析、失拟分析。

$$n = m_c + m_r + m_0; b_{0j} = \sum_{i=1}^{n} z_{ij}{}^2, SP_{jy} \text{ 或 } SP_{kjy} = \sum_{i=1}^{n} z_{ij} y_i \text{ 或 } \sum z_{ik} z_{ij} y_i, b_j = SP_{jy}/b_{0j},$$

$$SS_j = SP_{jy}^2/b_{0j} \text{。} SS_T = \sum_{i=1}^{n} (y_i - \bar{y})^2 = \sum_{i=1}^{n} y_i^2 - \frac{1}{n}(\sum_{i=1}^{n} y_i)^2, SS_R = \sum_{j=1}^{m} SS_j + \sum_{k,j=1}^{m} SS_{kj},$$

$$SS_e = SS_T - SS_R \text{。}$$

即 $b_0 = \sum_{i=1}^{n} y_i/n = \bar{y}, b_j = \sum_{i=1}^{n} z_{ij} y_i / \sum_{i=1}^{n} z_{ij}^2, b_{ij} = \sum_{i=1}^{n} z_{ik} z_{ij} y_i / \sum_{i=1}^{n} (z_{ik} z_{ij})^2, b_j{}' = \sum_{i=1}^{n} z'_{ij} y_i / \sum_{i=1}^{n} z'^2_{ij}$ 。

数据处理表如表 8-23 所示。

表 8-23 回归正交设计的结果分析表

试验号	z_0	z_1	z_j	z_m	$z_1 z_2$	$z_k z_j$	$z_{m-1} z_m$	z'_1	z'_j	z'_m	y_i
1	1	z_{11}	z_{1j}	z_{1m}	$z_{11} z_{12}$	$z_{1k} z_{1j}$	$z_{1,m-1} z_{1,m}$	z'_{11}	z'_{1j}	z'_{1m}	y_1
2	1	z_{21}	z_{2j}	z_{2m}	$z_{21} z_{22}$	$z_{2k} z_{2j}$	$z_{2,m-1} z_{2,m}$	z'_{21}	z'_{2j}	z'_{2m}	y_2
…	…		…			…			…		…
i	1	z_{i1}	z_{ij}	z_{im}	$z_{i1} z_{i2}$	$z_{ik} z_{ij}$	$z_{i,m-1} z_{i,m}$	z'_{i1}	z'_{ij}	z'_{im}	y_i
…	…		…			…			…		…
N	1	z_{n1}	z_{nj}	z_{nm}	$z_{n1} z_{n2}$	$z_{nk} z_{nj}$	$z_{n,m-1} z_{n,m}$	z'_{n1}	z'_{nj}	z'_{nm}	y_n
$b_{0j} = \sum_{i=1}^{n} z^2$	n	$m_c + 2r^2$			m_c			$\sum_{i=1}^{n} z'^2_{ij}$			$\sum_{i=1}^{n} y_i^2$
$B_j = SP_{jy} \text{ 或 } SP_{kjy} \sum_{i=1}^{n} y_i$		$\sum_{i=0}^{n} z_{ij} y_i$			$\sum_{i=1}^{n} z_{ik} z_{ij} y_i$			$\sum_{i=1}^{n} z'_{ij} y_i$			$\sum_{i=1}^{n} y_i$
$b_j = B_j/b_{0j}$	SP_{jy}/n	$SP_{jy}/\sum z^2 = SP_{jy}/(m_c + 2r^2)$			$SP_{kjy}/\sum z^2 = SP_{kjy}/m_c$			$SP_{jy}/\sum_{i=1}^{n} z'^2_{ij}$			/

2.3 实例计算

【例 8-3】 为提高钻头寿命，在机床上进行试验，考察钻头的寿命 y 与轴向振动频率 x_1 及振幅 x_2 的关系。$x_1 = [125, 375]$，$x_2 = [1.5, 5.5]$，采用二次正交组合设计方法，在中心点进行三次试验，试验结果如下所示，分析 x_1、x_2 与 y 之间的关系。

y_1	y_2	y_3	y_4	y_5	y_6	y_7	y_8	y_9	y_{10}	y_{11}
161	129	166	135	187	170	174	146	203	185	230

解：(1) 计算星号臂

因素 $m = 2$，$m_0 = 3$，$r = 1.147$。

(2) 对各因素的水平进行编码

$x_1 = [125, 375]$，$x_{1r} = 375$，$x_{-1r} = 125$，零水平 $x_{10} = (125 + 375)/2 = 250$。

变化区间 $\Delta_j = (x_{jr} - x_{-jr})/2r = (375 - 125)/(2 \times 1.147) \approx 109$，$x_{\pm 1} = x_{10} \pm \Delta_j$。

规范变量 $z_j = (x_j - x_{j0})/\Delta_j$。试验因素的水平，被编为 $z = \pm r$、± 1、0。编码后，因素水平的编码表如表 8-24 所示。

表 8-24　因素水平编码表

因素 z_j	x_1	x_2
下水平 -1	125	1.5
下星号臂 $-r$	141	1.76
零水平 0	250	3.5
上星号臂 r	359	5.24
上水平 1	375	5.5
变化间距 Δ_j	$\Delta_1 = 109$	$\Delta_2 = 1.74$

（3）组合设计

二次项中心化，$z'_{1i} = z_{1i}^2 - \dfrac{\sum\limits_{i=1}^{n} z_{1i}^2}{n} = z_{1i}^2 - \dfrac{6.634}{11} = 1 - 0.603 = 0.397$

$$z'_{17} = z_{17}^2 - \frac{\sum\limits_{i=1}^{n} z_{1i}^2}{n} = 0 - 0.603 = -0.603, \cdots\cdots$$

计算所有，试验方案与结果如表 8-25 所示。

表 8-25　二元二次回归组合设计

试验号	z_1	z_2	$z_1 z_2$	z_1^2	z_2^2	z'_1	z'_2	y	
1	1	1	1	1	1	0.397	0.397	y_1	161
2	1	-1	-1	1	1	0.397	0.397	y_2	129
3	-1	1	-1	1	1	0.397	0.397	y_3	166
4	-1	-1	1	1	1	0.397	0.397	y_4	135
5	1.147	0	0	1.317	0	0.714	-0.603	y_5	187
6	-1.147	0	0	1.317	0	0.714	-0.603	y_6	170
7	0	1.147	0	0	1.317	-0.603	0.714	y_7	174
8	0	-1.147	0	0	1.317	-0.603	0.714	y_8	146
9	0	0	0	0	0	-0.603	-0.603	y_9	203
10	0	0	0	0	0	-0.603	-0.603	y_{10}	185
11	0	0	0	0	0	-0.603	-0.603	y_{11}	230

（4）数据处理

数据处理结果如表 8-26 所示，方差分析表如表 8-27 所示。

表 8-26　数据处理表

	z_0	z_1	z_2	$z_1 z_2$	z'_1	z'_2		y
$b_{0j} = \sum\limits_{i=1}^{n} z_{ij}^2$	11	6.631	6.631	4	3.468	3.468	$\sum\limits_{i=1}^{n} y_i^2$	332 138
$B_j = SP_{jy}$ 或 SP_{kjy}	1 886	8.499	95.116	1	-76.260	-124.989	SS_T	8 774.727
$SS_j = B_j^2 / b_{0j}$		10.893	1 364.357	0.25	1 676.928	4 504.686	SS_R	7 557.114
$b_j = B_j / b_{0j}$	171.455	1.282	14.344	0.250	-21.990	-36.041	SS_e	1 217.613

$$SS_T = \sum_{i=1}^{n} y_i^2 - \frac{1}{n}(\sum_{i=1}^{n} y_i)^2 = 332\,138 - \frac{1\,886^2}{11} = 8\,774.727, SS_R = \sum_{j=1}^{m} SS_j + \sum_{k,j=1}^{m} SS_{kj};$$

$$SS_e = SS_T - SS_R。$$

表 8-27　方差分析表

方差来源	平方和	自由度	方差	F	显著性
回归 x_1	10.893	1	10.893	0.045	
回归 x_2	1 364.357	1	1 364.357	5.603	* 显著
交互 x_{12}	0.25	1	0.25	0.001	
二次项 z_1'	1 676.928	1	1 676.928	6.886	* 显著
二次项 z_2'	4 504.686	1	4 504.686	18.498	** 高度显著
回归 R	7 557.114	5	1 511.422 8	6.206	* 显著
残差 e	1 217.613	5	243.522 6		
总和 T	8 774.727	10		$F_{0.01}(1,5)=16.26$ $F_{0.05}(1,5)=6.61$	$F_{0.01}(5,5)=10.97$ $F_{0.05}(5,5)=5.05$

规范变量 z_i 与试验指标 y 的回归方程为：

$$\hat{y} = 171.455 + 1.282 z_1 + 14.344 z_2 + 0.25 z_1 z_2 - 21.99 z_1' - 36.041 z_2'$$

由于各偏回归系数的绝对值 $b_2' > b_1' > b_2 > b_1 \gg b_{12}$，结合方差分析结果，仅需考虑 z_2、z_2' 和 z_1'，因此方程可简化为 $\hat{y} = 171.455 + 14.344 z_2 - 21.99 z_1' - 36.041 z_2'$。

（5）失拟分析

$$SS_{0l} = \sum_{i=1}^{m_0} (y_{0i} - \overline{y}_0)^2 = \sum_{i=1}^{m_0} y_{i0}^2 - \frac{1}{n}(\sum_{i=1}^{m_0} y_{i0})^2$$

$$= (203^2 + 185^2 + 230^2) - (203 + 185 + 230)^2/3 = 1\,024$$

自由度 $f_{0l} = m_0 - 1 = 3 - 1 = 2$，方差 $MS_{0l} = SS_{0l}/f_{0l} = 512$。

失拟平方和 $SS_{lf} = SS_e - SS_{0l} = 1\,217.613 - 1\,024 = 193.613$，自由度 $f_{lf} = f_e - f_{0l} = 5 - 2 = 3$，

方差 $MS_{lf} = SS_{lf}/f_{lf} = 193.613/3 = 64.54$。

F 检验：$F_{lf} = MS_{lf}/MS_{0l} = 64.54/512 = 0.126$。

查表 $F_{0.1}(3,2) = 9.16$，失拟结果不显著，回归模型拟合良好。

（6）方程回代

$z_1' = z_1^2 - 0.603$，$z_2' = z_2^2 - 0.603$，对回归方程进行回代，

$\hat{y} = 171.455 + 14.344 z_2 - 21.99(z_1^2 - 0.603) - 36.041(z_2^2 - 0.603)$，整理后

$\hat{y} = 206.448 + 14.344 z_2 - 21.99 z_1^2 - 36.041 z_2^2$

$z_1 = (x_1 - 250)/109 = 0.009\,2x_1 - 2.294$，$z_2 = (x_2 - 3.5)/1.74 = 0.573\,5x_2 - 2.007$。

第 3 节　二次回归连贯设计

二次回归连贯设计是在一次回归正交设计的基础上，补充星号试验点，主要应用于一次

回归正交设计失拟的场合,充分利用一次回归的试验信息,以满足实际需要,这种设计方法称为二次回归连贯设计。与二次回归正交设计有较大的相似性,设计步骤和分析与二次回归正交设计相同,但也有一定的区别。最大的区别在于,连贯设计星号臂的设计在原有的上、下水平之外,扩大了 r 倍,而正交组合设计的星号水平在上、下水平之内。各自的规范变量如表 8-28 所示。

表 8-28　正交组合设计与回归连贯设计规范变量区别表

正交组合设计			回归连贯设计		
自然变量 x	因素 z_j		自然变量 x	因素 z_j	
下限 x_{-jr}	下水平	-1	$x_{-jr}=x_{j0}-r\Delta_j$	下星号臂	$-r$
$x_{j1}=x_{j0}-\Delta_j$	下星号臂	$-r$	下限 x_{j1}	下水平	-1
中心 x_{j0}	零水平	0	x_{j0}	零水平 z_0	0
$x_{j2}=x_{j0}+\Delta_j$	上星号臂	r	上限 x_{j2}	上水平	1
上限 x_{jr}	上水平	1	$x_{jr}=x_{j0}+r\Delta_j$	上星号臂	r
变化间距	$\Delta_j=(x_{jr}-x_{-jr})/2r$		变化间距	$\Delta_j=(x_{j2}-x_{j1})/2$	

因素编码仍利用一次回归正交设计的编码公式:

自然变量的水平范围为 $[x_{j1},x_{j2}]$,x_{j1},x_{j2} 分别为因素的下限和上限。零水平:$x_{j0}=(x_{j1}+x_{j2})/2$。变化区间:$\Delta_j=(x_{j2}-x_{j1})/2$。因此 $z_{j1}=(x_{j0}-x_{j1})/\Delta_j$,$z_{j2}=(x_{j2}-x_{j0})/\Delta_j$ 对应于 $x=-r$ 和 r 时,$z_{-jr}=z_0-r\cdot\Delta_j$,$z_{jr}=z_0+r\cdot\Delta_j$。

【例 8-4】　欲建立溶液电导率与镓的浓度 x_1、苛性碱的浓度 x_2 的线性关系,各因素试验考查范围为 x_1:30~70 g/L,x_2:90~150 g/L。为建立线性回归模型,采用一次回归设计,选用 $L_4(2^3)$ 的正交表进行试验,零水平重复 4 次,测得结果如下:

No.	y_1	y_2	y_3	y_4	y_5	y_6	y_7	y_8
电导率	5.0	6.7	8.5	2.0	2.8	3.2	3.4	3.0

计算结果如表 8-29 所示。

表 8-29　数据分析处理结果表

试验号	z_0	z_1	z_2	z_1z_2	平方和
$b_{0j}=\sum\limits_{i=1}^{n}z_{ij}^2$	8	4	4	4	$\sum\limits_{i=1}^{n}y_i^2=184.78$
$B_j=SP_{jy}$ 或 SP_{kjy}	34.60	1.20	4.80	-8.20	$SS_T=35.135$
$b_j=B_j/b_{0j}$	4.325	0.30	1.20	-2.05	$SS_R=22.930$
$SS_j=B_j^2/b_{0j}$		0.36	5.76	16.81	$SS_e=12.205$

分析得回归方程为 $\hat{y}=4.33+0.30z_1+1.20z_2-2.05z_1z_2$

$$SS_T=\sum_{i=1}^{n}y_i^2-\frac{1}{n}\left(\sum_{i=1}^{n}y_i\right)^2=184.78-\frac{34.6^2}{11}=35.135,SS_R=\sum_{j=1}^{m}SS_j+\sum_{k,j=1}^{m}SS_{kj};$$

$$SS_e=SS_T-SS_R。$$

表 8-30　方差分析表

来源	平方和	自由度	方差	F	显著性
回归 x_1	0.36	1	0.36	0.118	
回归 x_2	5.76	1	5.76	1.888	
交互$_{12}$	16.81	1	16.81	5.509	** 较显著
回归 R	22.93	3	7.64	2.505	有影响
残差 e	12.205	4	3.05125		
总和 T	35.135	7			

$F_{0.01}(1,4)=21.2, F_{0.01}(3,4)=16.69$
$F_{0.10}(1,4)=4.54; F_{0.05}(3,4)=6.59; F_{0.10}(3,4)=4.19; F_{0.25}(3,4)=2.05$

总体回归的置信水平才 75%，进行失拟分析。

$$SS_{0l} = \sum_{i=1}^{m_0} (y_{0i} - \bar{y}_0)^2 = \sum_{i=1}^{m_0} y_{i0}^2 - \frac{1}{n}\left(\sum_{i=1}^{m_0} y_{i0}\right)^2 = 0.20, \text{自由度 } f_{0l} = m_0 - 1 = 3.$$

失拟平方和 $SS_{lf} = SS_T - SS_R - SS_{0l} = SS_e - SS_{0l} = 12.005, f_{lf} = f_e - f_{0l} = 4 - 3 = 1.$

其失拟水平 $F_{lf} = \dfrac{SS_{lf}/f_{lf}}{SS_{0l}/f_{0l}} = \dfrac{12.005/1}{0.20/3} = 180.075 > F_{0.01}(1,3) = 34.1$

该回归方程严重失拟。因此，在此基础上，补做星号试验。因为 $m = 2, m_0 = 4$，查表 8-19，$r = 1.210$，因此编码表如表 8-31 所示。

表 8-31　因素水平编码表

因素 x_j	x_1	x_2
下星号臂 $-r$	74.2	156.3
下水平 -1	70	150
零水平 0	50	120
上水平 1	30	90
上星号臂 r	25.8	83.7
变化间距 Δ_j	20	30

增加的试验结果如下所示：

No.	y_9	y_{10}	y_{11}	y_{12}
电导率	5.9	4.9	5.8	2.9

重新分析得表 8-32：

表 8-32　重新分析数据表

试验号	z_0	z_1	z_2	$z_1 z_2$	z_1'	z_2'	试验结果	
1	1	1	1	1	0.423	0.423	y_1	5.0
2	1	1	-1	-1	0.423	0.423	y_2	6.7
3	1	-1	1	-1	0.423	0.423	y_3	8.5
4	1	-1	-1	1	0.423	0.423	y_4	2.0

试验号	z_0	z_1	z_2	$z_1 z_2$	z_1'	z_2'	试验结果	
5	1	0	0	0	-0.577	-0.577	y_5	2.8
6	1	0	0	0	-0.577	-0.577	y_6	3.2
7	1	0	0	0	-0.577	-0.577	y_7	3.4
8	1	0	0	0	-0.577	-0.577	y_8	3.0
9	1	1.21	0	0	0.887	-0.577	y_9	5.9
10	1	-1.21	0	0	0.887	-0.577	y_{10}	4.9
11	1	0	1.21	0	-0.577	0.887	y_{11}	5.8
12	1	0	-1.21	0	-0.577	0.887	y_{12}	2.9
b_{0j}	12	6.928	6.928	4	4.287	4.287	$\sum\limits_{i=1}^{n} y_i^2$	285.65
$B_j = SP_{jy}$ 或 SP_{kjy}	54.100	2.410	8.309	-8.200	6.796	3.721	$SS_T =$	41.749
$b_j = B_j/b_{0j}$	4.508	0.348	1.199	-2.050	1.585	0.868	$SS_R =$	41.615
$SS_j = B_j^2/b_{0j}$	41.749	0.838	9.965	16.810	10.772	3.230	$SS_e =$	0.134

分析得回归方程为 $y = 4.508 + 0.348 z_1 + 1.199 z_2 - 2.050 z_1 z_2 + 1.585 z_1' + 0.868 z_2'$

$$SS_T = \sum_{i=1}^{n} y_i^2 - \frac{1}{n}\left(\sum_{i=1}^{n} y_i\right)^2 = 285.65 - \frac{54.1^2}{11} = 41.749, \quad SS_R = \sum_{j=1}^{m} SS_j + \sum_{k,j=1}^{m} SS_{kj};$$

$SS_e = SS_T - SS_R$。

进行方差分析得下表 8-33。

表 8-33　方差分析表

来源	平方和	自由度	方差	F	显著性
回归 x_1	0.838	1	0.838	38.091	** 高度显著
回归 x_2	9.965	1	9.965	452.955	** 高度显著
交互 x_{12}	16.81	1	16.81	764.091	** 高度显著
回归 z_1'	10.772	1	10.772	489.636	** 高度显著
回归 z_2'	3.230	1	3.23	146.818	** 高度显著
回归 R	41.615	5	8.323	378.318	** 高度显著
残差 e	0.134	6	0.022		
总和 T	41.749	11		$F_{0.01}(1,6)=13.65$	$F_{0.01}(5,6)=8.75$

失拟平方和 $SS_{lf} = SS_e - SS_{0l} = 0.134 - 0.020 = 0.114$

$$F_{lf} = \frac{SS_{lf}/f_{lf}}{SS_{0l}/f_{0l}} = \frac{0.114/1}{0.20/3} = 1.71 < F_{0.01}(1,3) = 34.1$$

将 $z_1 = (x_1 - 50)/20 = 0.050 x_1 - 2.5, z_2 = (x_2 - 120)/30 = 0.033 x_2 - 4$；

$z_1' = (z_1^2 - 0.577) = (0.050 x_1 - 2.5)^2 - 0.577 = 0.0025 x_1^2 - 0.25 x_1 + 5.673$；

$z_2' = (z_2^2 - 0.577) = (0.033 x_2 - 4)^2 - 0.577 = 0.0011 x_2^2 - 0.264 x_2 + 15.423$

回代，$\hat{y} = 4.508 + 0.348 z_1 + 1.199 z_2 - 2.050 z_1 z_2 + 1.585 z_1' + 0.868 z_2'$

$= 4.508 + 0.348 \times (0.050 x_1 - 2.5) + 1.199 \times (0.033 x_2 - 4) - 2.050 \times (0.050 x_1 - 2.5) \times$

$(0.033 x_2 - 4) + 1.585 \times (0.0025 x_1^2 - 0.25 x_1 + 5.673) + 0.868 \times (0.0011 x_2^2 - 0.264 x_2 + 15.423)$

$$= 0.718 + 0.031\,x_1 - 0.019x_2 - 0.003\,x_1x_2 + 0.004x_1^2 - 0.001x_2^2$$

即为所求得的方程。

第 4 节　回 归 旋 转 设 计

回归正交设计中,由于各因素所取水平,对应的各个预测值的方差也不相同,其预测值的方差随试验点在因子空间的位置不同而呈现较大的差异。由于误差的干扰,不易根据预测值寻找最优区域。为了克服这个不足,发展了回归旋转设计方法。

旋转性是指试验因素空间中与试验中心距离相等的球面上各组合的预测值的方差具有几乎相当的特性,具有这种性质的回归设计称为回归旋转设计。其意义在于可以直接比较各处理组合预测值的好坏,从而找出预测值相对优良的区域。

4.1　基本原理

评价一个回归方程的"精度",可以用预测值的方差来衡量,即

$$S(\hat{y}) = S(b_0 + b_1x_1 + \cdots + b_jx_j + \cdots + b_mx_m) = S(b_0) + \sum_{j=1}^{m} S(b_j)x_j^2 + \sum_{i<j} \mathrm{Cov}(b_i,b_j)x_ix_j$$

可以看出,预测值的方差除与试验点 $x = (x_1, x_2, \cdots, x_m)$ 在空间的位置有关,而且与 $S(b_j)$ 和 $\mathrm{Cov}(b_i, b_j)$ 有关,即与结构矩阵有关。

在一次回归正交设计中 $\sum_{i<j} \mathrm{Cov}(b_i,b_j)x_ix_j = 0, S(b_0) = S(b_1) = \cdots = S(b_m) = \dfrac{\sigma^2}{n}$

其中 σ^2 为随机误差 ε 的方差, $\sum_{j=1}^{m} x_j^2 = \rho^2$ 为 m 维编码空间内的一个球面,球心在原点,半径为 ρ。

$$S(\hat{y}) = S(b_0) + \sum_{j=1}^{m} S(b_j)x_j^2 = \frac{\sigma^2}{n}(1 + \rho^2)$$

n_0 次试验基础上,当增加零水平重复次数 m_0 时,总次数 $n = n_0 + m_0$,

$$S(\hat{y}) = \frac{\sigma^2}{n_0}\left(\frac{n_0}{n_0 + m_0} + \rho^2\right)$$

可见,在同一球面上,预测值的方差相等,这个性质称为旋转性。此时,试验者可以直接比较各点预测值的好坏,从而找出预测值相对较优的区域。在旋转设计中,预测值的方差仅与因素空间各试验点到试验中心的距离 ρ 有关,而与方向无关;ρ 越大,方差越大。显然一次回归正交设计具有旋转性,而二次回归正交设计不具有旋转性。

回归旋转设计,一方面基本保留了回归正交设计的优点,即试验次数较少,计算方便,部分地消除了回归系数间的相关性;另一方面,能使二次回归设计具有旋转性,有助于克服预测值的方差依赖于试验点在因子空间中位置这个缺点。

旋转设计包括一次、二次和三次旋转设计,最常见的为二次回归旋转设计。下面以三元二次回归方程来讨论回归正交的旋转性问题。

三元二次回归正交设计的模型为

$$\hat{y} = b_0 + b_1\,x_1 + b_2\,x_2 + b_3\,x_3 + b_{11}\,x_1^2 + b_{22}\,x_2^2 + b_{33}\,x_3^2 + b_{12}\,x_1\,x_2$$
$$+ b_{13}\,x_1\,x_3 + b_{23}\,x_2\,x_3$$

回归正交设计中,信息矩阵 $\boldsymbol{A} = \boldsymbol{X}'\boldsymbol{X} =$

$$
\begin{bmatrix}
n & \sum x_{i1} & \sum x_{i2} & \cdots & \sum x_{im} & \sum x_{i1}x_{i2} & \cdots & \sum x_{i,m-1}x_{im} & \sum x_{i1}^2 & \cdots & \sum x_{im}^2 \\
& \sum x_{i1}^2 & \sum x_{i1}x_{i2} & \cdots & \sum x_{i1}x_{im} & \sum x_{i1}^2x_{i2} & \cdots & \sum x_{i1}x_{i,m-1}x_{im} & \sum x_{i1}^3 & \cdots & \sum x_{i1}x_{im}^2 \\
& & \sum x_{i2}^2 & \cdots & \sum x_{i2}x_{im} & \sum x_{i1}x_{i2}^2 & \cdots & \sum x_{i2}x_{i,m-1}x_{im} & \sum x_{i1}^2x_{i2} & \cdots & \sum x_{i2}x_{im}^2 \\
& & & \cdots & \sum x_{im}^2 & \sum x_{i1}x_{i2}x_{im} & \cdots & \sum x_{i,m-1}x_{im}^2 & \sum x_{i1}^2x_{im} & \cdots & \sum x_{im}^3 \\
& & & & & \sum (x_{i1}x_{i2})^2 & \cdots & \sum x_{i1}x_{i2}x_{i,m-1}x_{im} & \sum x_{i1}^3x_{i2} & \cdots & \sum x_{i1}x_{i2}x_{im}^2 \\
& & & & & & \vdots & & \vdots & & \vdots \\
& & & & & & & \sum (x_{i,m-1}x_{im})^2 & \sum x_{i1}^2x_{i,m-1}x_{im} & \cdots & \sum x_{i,m-1}x_{im}^3 \\
& & & & & & & & \sum x_{i1}^4 & \cdots & \sum x_{i1}^2x_{im}^2 \\
& & & & & & & & & & \sum x_{im}^4
\end{bmatrix}
$$

从第二行起,第二行等于第一行乘以对角线上的 x_{i1} 即可,第三行也等于第一行乘以对角线上的 x_{ij} 即可。上述信息矩阵中的元素可用一般形式 $\sum x_{a1}^{Q_1} x_{ai}^{Q_i} x_{am}^{Q_m}$ 表示。一般地,在 m 个因素的 d 次回归方程中,共有 C_{m+d}^d 阶对称方阵,矩阵中元素的一般形式 $\sum x_{a1}^{Q_1} x_{ai}^{Q_i} x_{am}^{Q_m}$ 中的指数 $Q_1,\cdots,Q_i,\cdots,Q_m$ 取 $0,1,2,\cdots,2d$ 等非负整数,满足 $0 \leqslant Q_1 + \cdots + Q_i + \cdots + Q_m \leqslant 2d$,且 $\boldsymbol{A}$ 中元素可以分为两类,即指数 $Q_1,\cdots,Q_i,\cdots,Q_m$ 均为偶数,或其中一项为奇数。

为了使旋转设计成为可能,m 元 d 次回归设计必须满足旋转条件和非退化条件,具体要求为:

(1) 旋转条件

$$
\sum x_{a1}^{Q_1} x_{a2}^{Q_2} x_{a3}^{Q_3} = \begin{cases} \lambda_Q \dfrac{n \prod\limits_{i=1}^{m} Q_i!}{2^{Q/2} \prod\limits_{i=1}^{m} (Q_i/2)!}, & \text{所有指数均为偶数;} \\[4mm] 0, & \text{指数中一项为奇数。} \end{cases}
$$

式中,n 为试验次数,λ_Q 为待定参数,$Q = Q_1 + Q_2 + Q_3$ 为偶数,且 $\lambda_0 = 1$

在三因素二次回归设计中,$m = 3, d = 2, \boldsymbol{A} =$

$$
\begin{bmatrix}
n & \sum x_{a1} & \sum x_{a2} & \sum x_{a3} & \sum x_{a1}x_{a2} & \sum x_{a1}x_{a3} & \sum x_{a2}x_{a3} & \sum x_{a1}^2 & \sum x_{a2}^2 & \sum x_{a3}^2 \\
& \sum x_{a1}^2 & \sum x_{a1}x_{a2} & \sum x_{a1}x_{a3} & \sum x_{a1}^2x_{a2} & \sum x_{a1}^2x_{a3} & \sum x_{a1}x_{a2}x_{a3} & \sum x_{a1}^3 & \sum x_{a1}x_{a2}^2 & \sum x_{a1}x_{a3}^2 \\
& & \sum x_{a2}^2 & \sum x_{a2}x_{a3} & \sum x_{a1}x_{a2}^2 & \sum x_{a1}x_{a2}x_{a3} & \sum x_{a2}^2x_{a3} & \sum x_{a1}^2x_{a2} & \sum x_{a2}^3 & \sum x_{a2}x_{a3}^2 \\
& & & \sum x_{a3}^2 & \sum x_{a1}x_{a2}x_{a3} & \sum x_{a1}x_{a3}^2 & \sum x_{a2}x_{a3}^2 & \sum x_{a1}^2x_{a3} & \sum x_{a2}^2x_{a3} & \sum x_{a3}^3 \\
& & & & \sum (x_{a1}x_{a2})^2 & \sum x_{a1}^2x_{a2}x_{a3} & \sum x_{a1}x_{a2}^2x_{a3} & \sum x_{a1}^3x_{a2} & \sum x_{a1}x_{a2}^3 & \sum x_{a1}x_{a2}x_{a3}^2 \\
& & & & & \sum (x_{a1}x_{a3})^2 & \sum x_{a1}x_{a2}x_{a3}^2 & \sum x_{a1}^3x_{a3} & \sum x_{a1}x_{a2}^2x_{a3} & \sum x_{a1}x_{a3}^3 \\
& & & & & & \sum (x_{a2}x_{a3})^2 & \sum x_{a1}^2x_{a2}x_{a3} & \sum x_{a2}^3x_{a3} & \sum x_{a2}x_{a3}^3 \\
& & & & & & & \sum x_{a1}^4 & \sum (x_{a1}x_{a2})^2 & \sum (x_{a1}x_{a3})^2 \\
& & & & & & & & \sum x_{a2}^4 & \sum (x_{a2}x_{a3})^2 \\
& & & & & & & & & \sum x_{a3}^4
\end{bmatrix}
$$

A 中元素可用一般形式 $\sum x_{a1}^{Q_1} x_{a2}^{Q_2} x_{a3}^{Q_3}$ 表示,其中 x 的指数 Q_1、Q_2 和 Q_3 分别取 $0,1,2,3$,4,且所有指数之和不能超过 4,即 $0 \leqslant Q_1 + Q_2 + Q_3 \leqslant 4$;当 $Q_1 = Q_2 = Q_3 = 0$ 时,即为第 1 行第 1 列的 n,$Q_1 = Q_2 = 0$,$Q_3 = 4$,即为第 10 行第 10 列的 $\sum x_{a3}^4$。

当指数 Q_1、Q_2 和 Q_3 均为偶数时,$\sum x_{a1}^{Q_1} x_{a2}^{Q_2} x_{a3}^{Q_3}$ 的值有以下三种:

$$\sum x_{a1}^{Q_1} x_{a2}^{Q_2} x_{a3}^{Q_3} = \sum x_{ai}^2 = \lambda_Q \frac{n \prod\limits_{i=1}^{m} Q_i!}{2^{Q/2} \prod\limits_{i=1}^{m} (Q_i/2)!} = \lambda_2 \frac{n \cdot 0! \cdot 0! \cdot 2!}{2^{2/2} 0! \cdot 0! \cdot 1!} = n \cdot \lambda_2$$

$$\sum x_{a1}^{Q_1} x_{a2}^{Q_2} x_{a3}^{Q_3} = \sum x_{ai}^4 = \lambda_4 \frac{n \cdot 0! \cdot 0! \cdot 4!}{2^{4/2} 0! \cdot 0! \cdot 2!} = 3n \cdot \lambda_4$$

$$\sum x_{a1}^{Q_1} x_{a2}^{Q_2} x_{a3}^{Q_3} = \sum x_{ai}^2 x_{aj}^2 = \lambda_4 \frac{n \cdot 0! \cdot 2! \cdot 2!}{2^{4/2} 0! \cdot 1! \cdot 1!} = n \cdot \lambda_4$$

其他元素均为 0,则三因素二次回归设计中,$m = 3$,$d = 2$

$$A = X'X = \begin{bmatrix} n & & & & & & \lambda_2 n & \lambda_2 n & \lambda_2 n \\ & \lambda_2 n & & & & & & & \\ & & \lambda_2 n & & & & & & \\ 0 & & & \lambda_2 n & & & 0 & & 0 \\ & & & & \lambda_4 n & & & & \\ & & & & & \lambda_4 n & & & \\ 0 & & & & & \lambda_4 n & & & \\ \lambda_2 n & & & & & & 3\lambda_4 n & \lambda_4 n & \lambda_4 n \\ \lambda_2 n & & & & & & \lambda_4 n & 3\lambda_4 n & \lambda_4 n \\ \lambda_2 n & & & 0 & & & \lambda_4 n & \lambda_4 n & 3\lambda_4 n \end{bmatrix}$$

则
$$C = \frac{1}{n} \begin{bmatrix} 1 & & & & & & \lambda_2 & \lambda_2 & \lambda_2 \\ & \lambda_2 & & & & & & & \\ & & \lambda_2 & & & & & & \\ 0 & & & \lambda_2 & & & 0 & & 0 \\ & & & & \lambda_4 & & & & \\ & & & & & \lambda_4 & & & \\ 0 & & & & & \lambda_4 & & & \\ \lambda_2 & & & & & & 3\lambda_4 & \lambda_4 & \lambda_4 \\ \lambda_2 & & & & & & \lambda_4 & 3\lambda_4 & \lambda_4 \\ \lambda_2 & & & 0 & & & \lambda_4 & \lambda_4 & 3\lambda_4 \end{bmatrix} = \frac{A}{n}$$

（2）退化条件

信息矩阵虽然具有旋转性,但其逆矩阵是否存在? 当信息矩阵 X 取行列式时,逆矩阵一定存在,回归系数有唯一解,回归系数存在的条件,即非退化条件,此时只需逆矩阵存在,即矩阵存在逆矩阵。

$$C = \frac{1}{n}|A| = \lambda_2^m \lambda_4^L \cdot \begin{vmatrix} 1 & \lambda_2 & \lambda_2 & \cdots & \lambda_2 \\ \lambda_2 & 3\lambda_4 & \lambda_4 & \cdots & \lambda_4 \\ \lambda_2 & \lambda_4 & 3\lambda_4 & \cdots & \lambda_4 \\ \vdots & \vdots & \vdots & 3\lambda_4 & \vdots \\ \lambda_2 & \lambda_4 & \lambda_4 & \cdots & 3\lambda_4 \end{vmatrix}_{m+1}$$

$$= \lambda_2^m \lambda_4^L \left[(m+2)\lambda_4 - m\lambda_2^2\right] \begin{vmatrix} 2\lambda_4 & 0 & \cdots & 0 \\ 0 & 2\lambda_4 & \cdots & 0 \\ \vdots & \vdots & & \vdots \\ 0 & 0 & 0 & 2\lambda_4 \end{vmatrix}_{m-1}$$

$$= \lambda_2^m \lambda_4^L \left[(m+2)\lambda_4 - m\lambda_2^2\right] (2\lambda_4^2)^{m-1}$$

可以看出，欲使 $|C| = n^{-1}|A| \neq 0$，即保持矩阵 A 非退化，必须要有 $(m+2)\lambda_4 - m\lambda_2^2 \neq 0$ 即 $\frac{\lambda_4}{\lambda_2^2} \neq \frac{m}{m+2}$，进行旋转设计时必须使待定参数 λ_Q 满足此条件。

综上所述，旋转条件是旋转设计的必要条件，非退化条件是使旋转设计成为可能的充分条件，二者结合起来才能构成一项旋转设计方案。在实际操作时主要借助于组合设计来实现。

采用组合设计选取的试验点，完全能够满足非退化条件，即二次回归设计中的信息矩阵 A 不会退化。此外，采用组合设计，其信息矩阵 A 的元素中，$\sum_a x_{a_j} = \sum_a x_{a_i} x_{a_j}^2 = \sum_a x_{a_i}^2 x_{a_j} = 0$，而它的偶次方元素，$\sum_a x_{a_i}^2 = m_c + 2r^2$，$\sum_a x_{a_i}^4 = m_c + 2r^4$，$\sum_a x_{a_i}^2 x_{a_j}^2 = m_c$，均不等于零，完全符合回归设计旋转条件的要求。

为了获得旋转设计方案，还必须根据旋转条件确定 r 值，事实上二次旋转设计中，只要由 $\sum x_{a_j}^4 = 3\sum x_{a_i}^2 x_{a_j}^2$，就可求出 r 值。在组合设计下，当为两水平全面试验时，$m_c = 2^m$，前式变为 $2^m + 2r^4 = 3 \times 2^m$，解方程得 $r = 2^{\frac{m}{4}}$。

（3）旋转组合设计正交性的实现

二次旋转组合设计具有同一球面上各试验点的预测值 $\hat{y}$ 的方差相等的优点，但回归计算较繁琐。如果使它获得正交性，就能大大简化计算过程。

要使二次回归旋转组合设计获得正交性，就必须消除常数项 b_0 与平方项 b_{jj} 之间以及平方项 b_{ii} 和 b_{jj} 之间的相关性，方法如下：

① 消除常数项 b_0 与平方项 b_{jj} 之间相关性：对平方项进行中心化变换即可实现，即

$$x'_{a_j} = x_{a_j}^2 - \frac{1}{n}\sum_a x_{a_j}^2$$

② 消除平方项 b_{ii} 和 b_{jj} 之间的相关性：必须使 $\lambda_4 = \lambda_2^2$ 或 $\frac{\lambda_4}{\lambda_2^2} = 1$。在组合设计中 $\frac{\lambda_4}{\lambda_2^2} =$

$$\frac{m_c m + 2r^4}{(m_c + 2r^2)^2} \cdot \frac{n}{m+2}$$

③ 对于 m 个因素的二次旋转组合设计,上式的 m,m_c,r 都是固定的。因此,只有适当地调整 n 才能使 $\frac{\lambda_4}{\lambda_2^2}=1$。而 $n=m_c+m_r+m_0$ 中 m_c、m_r 也是固定的,这样只能通过中心点的试验次数 m_0 使 $\frac{\lambda_4}{\lambda_2^2}=1$。由此可见,适当选取 m_0,就能使二次旋转组合设计具有一定的正交性。为方便设计,已将 m 元不同实施的 m_0 和 n 列入表 8-34 中。

表 8-34 二次正交旋转组合设计参数表

m	m_c	m_r	m_0	n	r
2(全实施)	4	4	8	16	1.414
3(全实施)	8	6	9	23	1.682
4(全实施)	16	8	12	36	2.000
4(1/2 实施)	8	8	7	23	1.682
5(全实施)	32	10	17	59	2.378
5(1/2 全实施)	16	10	10	36	2.000
6(1/2 全实施)	32	12	15	59	2.378
6(1/4 全实施)	16	12	8	36	2.000
7(1/2 全实施)	64	14	22	100	2.828
7(1/4 全实施)	32	14	13	59	2.378
8(1/2 全实施)	128	16	33	177	3.364
8(1/4 全实施)	64	16	20	100	2.828
8(1/8 全实施)	32	16	11	59	2.378

综上,只要对平方项施行中心变换,并适当调整 m_0 就能获得二次正交旋转组合设计方案。

4.2 旋转组合设计的通用性

二次回归旋转组合设计,具有同一球面上各试验点的预测值 $\hat{y}$ 的方差相等的优点,且它还存在不同半径球面上各试验点的预测值 $\hat{y}$ 的方差不等的缺点。于是提出了旋转设计的通用性问题。所谓"通用性",就是试验在保持旋转性的基础上,还具有使各试验点与中心的距离 ρ 在因子空间编码值区间 $0<\rho<1$ 的范围内,预测值 $\hat{y}$ 的方差基本相等的性质。同时具有旋转性和通用性的设计,称为通用旋转组合设计。

首先来看预测值 $\hat{y}$ 的方差。已知在 m 个因素情况下,其预测值 $\hat{y}$ 的方差为

$$S(\hat{y})=\frac{(m+2)\sigma^2}{[(m+2)\lambda_4-m]\frac{n}{\lambda_4}}\cdot\left[1+\frac{\lambda_4-1}{\lambda_4}\rho^2+\frac{(m+1)\lambda_4-(m-1)}{2\lambda_4^2(m+2)}\rho^4\right]$$

上式是在 $\lambda_2=1$ 的约定下得到的,这种约定并非本质的。对于 λ_4 的要求,总的来说使 ρ_i 处的值与 $\rho=0$ 处的值之差的平方和为最小,即

$$Q(\lambda_4)=f_0^2(\lambda_4)\sum_{i=1}^n\left[f_1(\lambda_4)\rho_i^2+f_2(\lambda_4)\rho_i^4\right]^2$$ 为最小。式中:$f_0(\lambda_4)=\dfrac{(m+2)}{[(m+2)\lambda_4-m]\frac{n}{\lambda_4}}$,

$f_2(\lambda_4)=\dfrac{(m+1)\lambda_4-(m-1)}{2\lambda_4^2(m+2)}$,$f_1(\lambda_4)=\dfrac{\lambda_4-1}{\lambda_4}$。

于是,对于不同的 m,均可计算满足 λ_4。当 λ_4 确定后,由关系可计算出不同 m 的试验处

理数 n ,即 $n = \dfrac{(m_c + 2r^2)^2 (m + 2)\lambda_4}{m_c m + 2r^4}$

当计算结果不是整数时,n 可取与其最靠近的值,然后再由 $m_0 = n - m_c - m_r$ 计算出不同 m 值的 m_0 ,结果列于表 8-35。

表 8-35　二次通用旋转组合设计参数表

m	m_c	m_r	r	λ_4	n	m_0
2	4	4	1.414	0.81	13	5
3	8	6	1.682	0.86	20	6
4(1/2 全实施)	8	8	1.682	0.86	20	4
4	16	8	2.000	0.86	31	7
5(1/2 全实施)	16	10	2.000	0.89	32	6
5	32	10	2.378	0.89	52	10
6(1/2 全实施)	32	12	2.378	0.90	53	9
7(1/2 全实施)	64	14	2.828	0.92	92	14
8(1/2 全实施)	128	16	3.364	0.93	165	21
8(1/4 全实施)	64	16	2.828	0.93	93	13

4.3　二次回归旋转组合设计及统计分析

回归旋转设计具体方法、设计步骤,与回归正交设计大体相似,其差异主要表现在星号臂长 r 与因素个数 m_r ,零水平试验次数 m_0 等方面。

设计的基本步骤如下:

(1) 根据因素数量 m 和设计方法(全面试验或正交设计半实施),查表 8-34,确认星号臂长度 r 。

(2) 确认零水平和变化区间。

设研究因素 m 个,自然变量 x_j 的水平为 $[x_{-jr}, x_{jr}]$,x_{-jr} ,x_{jr} 分别为因素的下限和上限,考虑星号臂后,则零水平 $x_{j0} = (x_{j1} + x_{j2})/2 = (x_{jr} + x_{-jr})/2$ 。变化区间 Δ_j 为

$$\Delta_j = (x_{j2} - x_{j1})/2 = (x_{jr} - x_{-jr})/2r$$

(3) 对因素水平进行编码,如表 8-36 所示。

表 8-36　因素水平编码表

因素 z_j	z_1	z_2	⋯	z_m
下星号臂—r	z_{-1r}	z_{-2r}		z_{-mr}
下水平—1	z_{11}	z_{21}	⋯	z_{m1}
零水平 0	z_{10}	z_{20}	⋯	z_{m0}
上水平 1	z_{12}	z_{22}	⋯	z_{m2}
上星号臂 r	z_{1r}	z_{2r}		z_{mr}
变化间距 Δ_j	Δ_1	Δ_2	⋯	Δ_m

(4) 选择适当的组合设计表,即可设计出二次回归旋转组合方案。

常用的两因素和三因素二次正交旋转组合设计的结构矩阵列于表 8-37。

表 8-37　二元二次旋转组合设计

试验号		z_0	z_1	z_2	z_1z_2	z_1'	z_2'	y
m_c	1	1	1	1	1	0.5	0.5	y_1
	2	1	1	−1	−1	0.5	0.5	y_2
	3	1	−1	1	−1	0.5	0.5	y_3
	4	1	−1	−1	1	0.5	0.5	y_4
m_r	5	1	1.414	0	0	1.5	−0.5	y_5
	6	1	−1.414	0	0	1.5	−0.5	y_6
	7	1	0	1.414	0	−0.5	1.5	y_7
	8	1	0	−1.414	0	−0.5	1.5	y_8
m_0	9	1	0	0	0	−0.5	−0.5	y_9
	10	1	0	0	0	−0.5	−0.5	y_{10}
	11	1	0	0	0	−0.5	−0.5	y_{11}
	12	1	0	0	0	−0.5	−0.5	y_{12}
	13	1	0	0	0	−0.5	−0.5	y_{13}
	14	1	0	0	0	−0.5	−0.5	y_{14}
	15	1	0	0	0	−0.5	−0.5	y_{15}
	16	1	0	0	0	−0.5	−0.5	y_{16}
$a_j = \sum z_j^2$		16	8	8	4	8	8	

表 8-38　三元二次旋转组合设计

试验号		z_0	z_1	z_2	z_3	z_1z_2	z_1z_3	z_2z_3	z_1'	z_2'	z_3'	y
m_c	1	1	1	1	1	1	1	1	0.406	0.406	0.406	y_1
	2	1	1	1	1	1	1	1	0.406	0.406	0.406	y_2
	3	1	1	−1	−1	−1	−1	1	0.406	0.406	0.406	y_3
	4	1	1	−1	−1	−1	−1	1	0.406	0.406	0.406	y_4
	5	1	−1	1	−1	−1	1	−1	0.406	0.406	0.406	y_5
	6	1	−1	1	−1	−1	1	−1	0.406	0.406	0.406	y_6
	7	1	−1	−1	1	1	−1	−1	0.406	0.406	0.406	y_7
	8	1	−1	−1	1	1	−1	−1	0.406	0.406	0.406	y_8
m_r	9	1	1.682	0	0	0	0	0	2.234	−0.594	−0.594	y_9
	10	1	−1.682	0	0	0	0	0	2.234	−0.594	−0.594	y_{10}
	11	1	0	1.682	0	0	0	0	−0.594	2.234	−0.594	y_{11}
	12	1	0	−1.682	0	0	0	0	−0.594	2.234	−0.594	y_{12}
	13	1	0	0	1.682	0	0	0	−0.594	−0.594	2.234	y_{13}
	14	1	0	0	−1.682	0	0	0	−0.594	−0.594	2.234^2	y_{14}
m_0	15	1	0	0	0	0	0	0	−0.594	−0.594	−0.594	y_{15}
	16	1	0	0	0	0	0	0	−0.594	−0.594	−0.594	y_{16}
	17	1	0	0	0	0	0	0	−0.594	−0.594	−0.594	y_{17}
	18	1	0	0	0	0	0	0	−0.594	−0.594	−0.594	y_{18}
	19	1	0	0	0	0	0	0	−0.594	−0.594	−0.594	y_{19}
	20	1	0	0	0	0	0	0	−0.594	−0.594	−0.594	y_{20}
	21	1	0	0	0	0	0	0	−0.594	−0.594	−0.594	y_{21}
	22	1	0	0	0	0	0	0	−0.594	−0.594	−0.594	y_{22}
	23	1	0	0	0	0	0	0	−0.594	−0.594	−0.594	y_{23}
$a_j = \sum z_j^2$		23	13.658	13.658	13.658	8	8	8	15.887	15.887	15.887	

（5）采用与二次回归组合设计相似的计算方法,计算各回归系数,建立回归方程。

（6）进行回归方程的方差分析,并进行失拟检验。

（7）将各编码换算成水平值,进行回归方程的回代。

4.4　等径设计

等径设计是由均匀分布在圆(因数数量 $j=2$)、球(因数数量 $j=3$),超球体(因数数量 $j>3$)上的设计点组成,并形成一种规则的正多边形或多面体,如 $j=2$ 时的五边形、六边形和八边形等。等径的意思是指试验点均衡分布在以中心点为心、等距圆周或球面上。对于 $j=3$,正十二面体和正二十面体都是等径设计。经数学证明,下列等径的响应曲面设计均具有斜率和响应面的可旋转性:

对于 2 个变量的等径设计,在半径 r 圆上为 n_1 点 $(n_1 \geqslant 5)$,增加 n_c 个中心点 $(n_c \geqslant 5)$;

对于 3 个变量的二十面体的 12 个顶点 $(0,\pm a,\pm b)$, $(\pm b,0,\pm a)$, $(\pm a,0,\pm b)$ 。其中 $a/b=1.618$,加上 n_c 个中心点 $(0,0,0)$ 。十二面体的 20 个顶点 $(0,\pm c^{-1},\pm c)$, $(\pm c,0,\pm c)$, $(\pm c^{-1},\pm c,0)$, $(\pm 1,\pm 1,\pm 1)$,其中 $c=1.618$,加 n_c 个中心点 $(0,0,0)$ 。

对各种旋转设计的异同点进行比较,如表 8-39 所示。

表 8-39　不同旋转设计的异同点

类型	不同点			共同点
	优良性	m_0 的选取	回归系数计算与检验	
旋转设计	旋转性	任选	t 检验	1) 都具有旋转性 2) 都采用组合设计 $n = m_c + m_r + m_0$ 3) 都采用计算格式表列示试验方案及结果分析 4) 都进行回归系数、回归方程和失拟三项统计检验
正交旋转设计	正交性＋旋转性	较多, $m_0 = 4(1 + m_c^{1/2}) - 2m_r$	同回归正交设计	
通用旋转设计	通用性＋旋转性	较少		

4.5　实例计算

【例 8-5】　应用三元二次回归正交旋转设计进行木瓜蛋白酶解虾蛋白研究,研究酶用量、温度、底物浓度三因素对酸溶性肽得率的影响方程式,其中酶用量 (x_1) 的上下水平分别为 6 000 U/g 和 3 600 U/g,温度 (x_2) 的上下水平分别为 65℃ 和 55℃,底物浓度 (x_3) 的上下水平分别为 5% 和 3%。试验结果如表 8-40 所示。

表 8-40　三元二次回归正交旋转设计试验结果表

No.	y_1	y_2	y_3	y_4	y_5	y_6	y_7	y_8	y_9	y_{10}	y_{11}	y_{12}
得率/%	29.43	30.01	32.38	31.09	30.45	29.7	30.75	30.1	39.47	30.9	32.4	30.47
No.	y_{13}	y_{14}	y_{15}	y_{16}	y_{17}	y_{18}	y_{19}	y_{20}	y_{21}	y_{22}	y_{23}	
得率/%	30.1	30.4	36.95	31.09	34.3	36.3	34.6	34.7	35.1	36.4	33.6	

解:（1）因子编码

查表得 $r=1.682$,依据公式 $x_{j0} = \dfrac{x_{j1} + x_{j2}}{2}$, $\Delta_j = \dfrac{x_{jr} - x_{-jr}}{2r}$, $z_j = \dfrac{x_j - x_{j0}}{\Delta_j}$,计算有关数据如表 8-41 所示。

表 8-41　因子编码表

规范变量 z_j	酶用量 $x_1/(\text{U/g})$	温度 $x_2/℃$	底物浓度 $x_3/\%$
上星号臂 r	6 000	65	5
上水平 1	5 513	63	4.6
零水平 0	4 800	60	4
下水平 −1	4 087	57	3.4
下星号臂 r	3 600	55	3
变化间距 Δ_j	713	3	0.6

（2）正组合设计

由于因素数 $m = 3$，故可以选择表进行试验方案设计。

（3）回归方程建立

计算各回归系数与平方和，计算结果如表 8-42 所示。

表 8-42　计算结果表

试验号	z_0	z_1	z_2	z_3	z_1z_2	z_1z_3	z_2z_3	z_1'	z_2'	z_3'
	23	13.658	13.658	13.658	8	8	8	15.887	15.887	15.887
$B_j = SP_{jy}$ 或 SP_{kjy}	750.69	16.324 7	−1.483 7	1.605 4	−3.33	−0.69	−1.77	−2.933 5	−24.203 5	−30.905 9
$b_j = B_j/a_j$	32.638 7	1.195 2	−0.108 6	0.117 5	−0.416 3	−0.086 3	−0.221 3	−0.188 4	−1.523 5	−1.945 6
$SS_j = B_j^2/a_j$		19.510 9	0.161 1	0.188 6	1.739 5	0.059 6	0.391 8	0.563 9	36.874 8	60.138 4

$$SS_T = \sum_{i=1}^{n} y_i^2 - \frac{1}{n}\left(\sum_{i=1}^{n} y_i\right)^2 = 24\ 676.943\ 9 - \frac{750.69^2}{23} = 175.392\ 5,$$

$$SS_R = \sum_{j=1}^{m} SS_j + \sum_{k,j=1}^{m} SS_{kj} = 119.628\ 6; SS_e = SS_T - SS_R = 55.763\ 9。$$

由组合设计计算表可得方程的各个回归系数，因此建立回归方程如下：

$\hat{y} = 32.638\ 7 + 1.195\ 2z_1 - 0.108\ 6z_2 + 0.117\ 5z_3 - 0.416\ 3z_1z_2 - 0.086\ 3z_1z_3 - 0.221\ 3z_2z_3 - 0.188\ 4z_1' - 1.523\ 5z_2' - 1.945\ 6z_3'$

（4）回归方程及偏回归系数的显著性检验，如表 8-43 所示。

表 8-43　方差分析表

差异源	SS	f	MS	F	显著性
z_1	19.510 9	1	19.510 9	4.548 5	
z_2	0.161 1	1	0.161 1	0.037 6	
z_3	0.188 6	1	0.188 6	0.044 0	
z_1z_2	1.739 5	1	1.739 5	0.405 5	
z_1z_3	0.059 6	1	0.059 6	0.013 9	
z_2z_3	0.391 8	1	0.391 8	0.091 3	
z_1'	0.563 9	1	0.563 9	0.131 5	
z_2'	36.874 8	1	36.874 8	8.596 5	*
z_3'	60.138 4	1	60.138 4	14.019 9	* *
回归	119.628 6	9	13.292 1	3.098 8	*
残差	55.763 9	13	4.289 5		
总和	175.392 5	$n-1=22$	$F_{0.01}(1,13)=9.07$，$F_{0.01}(9,13)=4.19$		
			$F_{0.05}(1,13)=4.67$，$F_{0.05}(9,13)=2.71$		

（5）失拟性检验

零水平重复试验的平方和为

$$SS_{0l} = \sum_{i=1}^{m_0} y_{0i}^2 - \frac{1}{m_0}\left(\sum_{i=1}^{m_0} y_{0i}\right)^2 = 10\,913.250\,6 - \frac{1}{9} \times (313.04)^2 = 25.023\,8$$

其自由度为 $f_{0l} = m_0 - 1 = 8$

失拟平方和为 $SS_{lf} = SS_e - SS_{0l} = 55.763\,9 - 25.023\,8 = 30.740\,1$

其自由度为 $f_{lf} = f_e - f_{0l} = 5$

进行 F 检验：$F_{lf} = \dfrac{SS_{lf}/f_{lf}}{SS_{0l}/f_{0l}} \approx 1.965\,5 < F_{0.1}(5,8) = 2.73$

检验结果表明，失拟不显著，回归模拟与实际情况拟合得很好。

（6）回归方程回代

由二次项中心化公式可得 $z_2' = z_2^2 - \dfrac{1}{n}\sum_{i=1}^{n} z_{2i}^2 \approx z_2^2 - 0.593\,8$

$$z_3' = z_3^2 - \frac{1}{n}\sum_{i=1}^{n} z_{3i}^2 \approx z_3^2 - 0.593\,8$$

代入回归方程，则有

$$\hat{y} = 32.638\,7 - 1.523\,5(z_2^2 - 0.593\,8) - 1.945\,6(z_3^2 - 0.593\,8)$$
$$= 34.698\,7 - 1.523\,5z_2^2 - 1.945\,6z_3^2$$

根据编码公式，有 $z_2 = \dfrac{x_2 - x_{20}}{\Delta_j} = \dfrac{x_2 - 60}{3} \approx 0.333\,3x_2 - 20$

$$z_3 = \frac{x_3 - x_{30}}{\Delta_j} = \frac{x_3 - 4}{0.6} \approx 1.666\,7x_3 - 6.666\,7$$

所以 $\hat{y} = 32.698\,7 - 1.523\,5(0.333\,3x_2 - 20)^2 - 1.945\,6(1.666\,7x_3 - 6.666\,7)^2$

$$= 20.311\,3x_2 + 43.235\,6x_3 - 0.169\,3x_2^2 - 5.404\,4x_3^2 - 661.172\,4$$

习　　题

8.1　一次回归正交设计、二次回归组合设计、回归旋转设计三种设计方法各有什么优缺点，三者都具有正交性吗？三种设计方法有何异同？

8.2　回归设计中编码的作用是什么？零水平重复试验的作用是什么？

8.3　二次回归组合设计和旋转组合设计中，为什么要进行星号试验，如何计算星号臂？

8.4　什么是正交性？什么是旋转性？如何实现正交性？如何实现旋转性？

8.5　某试验指标为 y，已知因素 $A \in [10,15]$、$B \in [1,2]$、$C \in [25,35]$、$D \in [75,85]$ 对该指标的关系为一次线性关系，选用正交表 $L_8(2^7)$，采用一次回归正交设计法，测得试验结果如下。

No.	y_1	y_2	y_3	y_4	y_5	y_6	y_7	y_8
结果/%	66.3	69.0	64.5	61.8	64.7	62.2	57.0	62.0

建立 y 关于变量 x_1,x_2,x_3,x_4 的回归方程,并对回归方程进行方差分析。

8.6 硝酸蒽醌中,某物质的含量 y 与三个因子有关,即 x_1(亚硝酸钠/g)、x_2(大苏打/g)和 x_3(反应时间/h)。已知 $x_1:5.0\sim9.0$,$x_2:2.5\sim4.5$,$x_3:1\sim3$。为提高该物质的含量,考虑交互作用 x_1x_3,x_2x_3,试求出变量的编码公式,建立 y 关于变量 x_1,x_2,x_3 的回归方程,并对回归方程进行方差分析。所使用的试验方案及试验结果如表所示。

试验号	x_0	x_1	x_2	x_3	x_1x_3	x_2x_3	试验结果 Y	
1	1	1	1	1	1	1	y_1	92.35
2	1	1	1	-1	-1	-1	y_2	86.10
3	1	1	-1	1	1	-1	y_3	89.58
4	1	1	-1	-1	-1	1	y_4	87.05
5	1	-1	1	1	-1	1	y_5	85.70
6	1	-1	1	-1	1	-1	y_6	83.26
7	1	-1	-1	1	-1	-1	y_7	83.95
8	1	-1	-1	-1	1	1	y_8	83.38

8.7 某产品的提取率 y 与时间 z_1、温度 z_2、真空度 z_3 和提取液浓度 z_4 有关。试验时,各因素控制范围为时间 $10\sim20$ min,温度 $40\sim60$℃,真空度 $650\sim750$ mmHg,浓度 $40\%\sim50\%$。试按多元线性回归正交设计进行方案设计与分析,试验结果如下。

No.	y_1	y_2	y_3	y_4	y_5	y_6	y_7	y_8	y_9	y_{10}	y_{11}
结果	10.5	5.5	12	14	10	12	8.5	3	8.5	9.4	8.2

(1) 确定因素试验水平及编码。试列出所使用的试验方案表。

(2) 若考虑全面因素间的全部一级交互作用,试设计其试验方案。

(3) 若仅考虑时间和温度间的一级交互作用,试验方案及试验结果如下表所示,试建立回归方程,并做失拟性检验。

试验号	x_0	x_1	x_2	x_1x_2	x_3	x_4	试验结果 y	
1							y_1	10.5
2							y_2	5.5
3							y_3	12.0
4							y_4	14.0
5							y_5	10.0
6							y_6	12.0
7							y_7	8.5
8							y_8	3.0
9							y_9	8.5
10							y_{10}	9.4
11							y_{11}	8.2

8.8 某研究采用三元二次回归正交旋转组合设计法,研究榨汁压力、加压速度和物料量三个因素对茶叶出汁率的影响,欲建立回归方程式,并进行显著性分析。根据实际经验,压力(kPa)的变化范围为

490～784,加压速度(kPa/s)为 98～748,物料量(g)为 100～400,试验结果如下表所示。

No.	y_1	y_2	y_3	y_4	y_5	y_6	y_7	y_8	y_9	y_{10}	y_{11}	y_{12}
得率/%	43.6	39.6	48.73	48.73	47.26	42.97	50.73	45.33	41.86	40.11	49.4	45.73
No.	y_{13}	y_{14}	y_{15}	y_{16}	y_{17}	y_{18}	y_{19}	y_{20}	y_{21}	y_{22}	y_{23}	
得率/%	45.83	40.06	46.40	45.13	48.72	45.48	46.24	47.52	42.53	43.2	49.28	

第9章 混料设计

在材料、化工、食品、低温超导等领域的一些试验中,是将不同材料混合,并通过一定的工艺来形成产品。混料是指若干种不同成分的物质混合或合成一种稳定的物质或产品,如不锈钢由铁、铬、镍、碳等元素组成;礼花的闪光剂由镁、钠、锶和固定剂组成;混凝土由水泥、石子、砂子和水组成;各种组分的比例(proportion)称为配比或配合比,配方是材料技术的核心,产品的配方往往是产品品质的保证,也是厂家的重要技术机密,如何选择各种配料在总配料中所占的比例,是生产厂家技术人员的核心目标。确定材料配比或配合比的试验称为配料试验。通过合理地选择少量的不同配比,考察出各组分(因素)在所有混合料中所占比例对指标(响应)的影响,以确定材料或产品的最佳配比的试验设计方法,则称为混料试验设计(mixture experiment design)或配方试验设计(formula experiment design)。

通常混料试验中的组分不少于3种。作为混料的试验物品中,不变的成分不应作为混料成分,如不锈钢中的碳,但应作为混料试验的条件因素。混料中微量成分的含量变化,一般不会引起大比例成分的显著变化,因此微量成分含量的确定通常采用普通的因子设计,不用混料设计。混料试验就是考察混料的某种特性或综合性能与各种混料成分之间的关系,如考察铁、镍、铜和铬在不锈钢中的含量变化对抗拉强度和延伸率等的影响而进行的试验。

配方设计的本质就是建立试验指标 y 与各组分 x_j 的回归方程,再利用回归方程来求取最佳配方。设某材料有 m 个组分,用 $x_1, x_2, \cdots, x_m$ 表示配方中 m 种组分各占的百分比,显然,每个组分的比例为非负数,且总和等于1,即混合料中各组分配比的基本约束条件有两个:① $x_1 + x_2 + \cdots + x_m = 1$;② $1 > x_j \geqslant 0$,$j = 1, 2, 3, \cdots, m$。可见配方试验各组分一般以百分比表示,且因素间不是相互独立的,因此不能用独立变量设计方法。

设某产品有3种组分,每种组分所占比例为 x_1, x_2, x_3,若 y 表示试验指标,则指标 y 与 x 的三元二次回归方程应为:

$$\hat{y} = b_0 + b_1 x_1 + b_2 x_2 + b_3 x_3 + b_{11} x_1^2 + b_{22} x_2^2 + b_{33} x_3^2 + b_{12} x_1 x_2$$
$$+ b_{13} x_1 x_3 + b_{23} x_2 x_3$$

因为 $b_0 = b_0(x_1 + x_2 + x_3)$,$x_1^2 = x_1(1 - x_2 - x_3)$,$x_2^2 = x_2(1 - x_1 - x_3)$,$x_3^2 = x_3(1 - x_1 - x_2)$,

所以回归方程,可转化为没有常数项,仅含交互项的三元一次方程:

$$\hat{y} = b_1 x_1 + b_2 x_2 + b_3 x_3 + b_{12} x_1 x_2 + b_{13} x_1 x_3 + b_{23} x_2 x_3$$

又因为 $x_3 = 1 - x_1 - x_2$,因此也可变为如下的二元二次方程:

$$\hat{y} = b_0 + b_1\,x_1 + b_2\,x_2 + b_{11}\,x_1^2 + b_{22}\,x_2^2 + b_{12}\,x_1\,x_2$$

可见,混料设计有其独特的特点。

将配方试验区域记为 $T^s = \{(x_1, x_2, \cdots, x_j, \cdots, x_m) \mid x_j \geqslant 0,\ j = 1, 2, \cdots, m,\ x_1 + x_2 + \cdots + x_m = 1\}$,试验区域满足单纯形法的标准形式:

$$\text{Max } Y = \sum b_j x_j$$

$$\begin{cases} \sum b_{ij}\,x_j = b_i\,(i = 1, 2, \cdots, n) \\ x_j \geqslant 0\,(j = 1, 2, \cdots, m) \end{cases}$$

单纯形法的标准形式有下面三个特征:

(1) 目标函数统一为求极大值,也可以为求极小值;

(2) 所有约束条件(非负条件除外)都是等式,右端常数项为非负;

(3) 所有变量为非负。

如为三组分的混料试验,则为 2 -标准单纯形;若试验因素为 m,则试验区域为 $(m-1)$ -标准单纯形。

针对各种回归模型、试验区域、各种"最优性"等要求,提出了许多种混料回归设计方案。单纯形格子设计(simplex - lattice)是 Scheffe(1958)最先提出的混料回归设计方案,也是最基本的设计方案,很多其他设计方案的构成要用到单纯形格子设计。之后 1963 年,Scheffe 提出了单纯形重心设计(simplex - centroid),这两种设计的试验点数多数位于单纯形因素空间的边界上,而现实中,往往需要的是完全混料试验,即每个成分的比例须大于 0,于是提出了极端顶点设计、D 最优设计、Cox 设计和轴设计。

对于 m 组分,回归方程含 d 阶时,常用点集 $\{m, d\}$ 表示。

对于一般的 $(m-1)$ 维正规单纯形(有 m 个顶点)d 阶格子点集 $\{m, d\}$,即 m 组分 d 阶,共有 $\dfrac{(m+d-1)!}{d!(m-1)!}$ 个点。正好与所采用的 d 阶完全型规范多项式回归方程中待估计的回归系数的个数相等,故单纯形格子设计是饱和设计,是在"试验次数最少"意义下的最优设计。常用的单纯形格子设计的试验点数及相应的完全型规范多项式回归方程阶数 d 之间的关系如表 9-1 所示。

表 9-1　回归方程所需试验点数

变量数	回归方程阶数		
	2	3	4
3	6	10	15
4	10	20	35
5	15	35	70
6	21	56	126
8	36	120	330
10	55	220	715

各格子点的正规单纯形坐标(重心坐标)的计算,方法如下:取 m 个互相正交的单位向量,$\boldsymbol{a}_1 = (1, 0, \cdots, 0)$,$\boldsymbol{a}_2 = (0, 1, \cdots, 0)$,$\cdots$,$\boldsymbol{a}_m = (0, 0, \cdots, 1)$,则这 m 个单位向量的顶点便

围成一个 $(m-1)$ 维正规单纯形,此正规单纯形上任一点 A 都可以表示为

$$A = j_1 \boldsymbol{a}_1 + j_2 \boldsymbol{a}_2 + \cdots + j_m \boldsymbol{a}_m = (j_1, j_2, \cdots, j_m)$$

其中 $j_1, j_2, \cdots, j_m \geqslant 0$, $j_1 + j_2 + \cdots + j_m = 1$。当 $j_1, j_2, \cdots, j_m$ 都取分母是 d 的分数时,即 $j_i = a_i/d$。

第 1 节　单纯形格子设计

在给定的混料回归模型下,将试验点取在相应阶数的正规单纯形格子点上的试验设计称为单纯形格子设计。

1.1　单纯形格子理论

对于由约束条件①$x_1 + x_2 + \cdots + x_m = 1$;②$1 > x_j \geqslant 0$, $j = 1, 2, 3, \cdots, m$,构成的正规单纯形因子空间,试验点可以取在正规单纯形的格子点上,构成单纯形格子设计,如图 9-1 的等边三角形的各点为 $\{3, d\}$ 单纯形格子点。取值在这些格子点上,可以保证试验点分布均匀,而且计算简单、准确,回归系数只是相应格子点的响应值的简单函数。

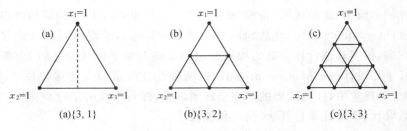

图 9-1　$\{3, d\}$ 单纯形格子点设计

将高为 1 的等边三角形三条边各二等分,则此三角形的三个顶点与三个边中点的总体称为二阶格子点集,记为 $\{3, 2\}$,如图 9-1(b)所示。3 表示正规单纯形的顶点个数,2 表示每边的等分数,每点的坐标如表 9-2 所示。

表 9-2　$\{3, 2\}$ 单纯形格子设计

试验号	组分格点			试验号	组分格点		
	x_1	x_2	x_3		x_1	x_2	x_3
1	1	0	0	4	1/2	1/2	0
2	0	1	0	5	1/2	0	1/2
3	0	0	1	6	0	1/2	1/2

将等边三角形各边三等分,对应分点连成与一边平行的直线,在等边三角形上形成许多格子,这些格子的顶点的总体称为三阶格子点集,记为 $\{3, 3\}$,如图 9-1(c)所示。前面的 3 指明正规单纯形顶点个数,即组分数量,后面的 3 指明了每个组分的取值数,每点的坐标如表 9-3 所示。用类似的方法,可做出其他各种格子点集。三顶点正规单纯形的四阶格子点集记为 $\{3, 4\}$,总共有 15 个点。

表 9-3　{ 3,3 }单纯形格子设计

试验号	组分格点			试验号	组分格点		
	x_1	x_2	x_3		x_1	x_2	x_3
1	1	0	0	6	2/3	0	1/3
2	0	1	0	7	1/3	0	2/3
3	0	0	1	8	0	2/3	1/3
4	2/3	1/3	0	9	0	1/3	2/3
5	1/3	2/3	0	10	1/3	1/3	1/3

四顶点正规单纯形$\{4,d\}$的二阶和三阶格子点集分别用$\{4,2\}$和$\{4,3\}$表示,如图 9-2 所示。

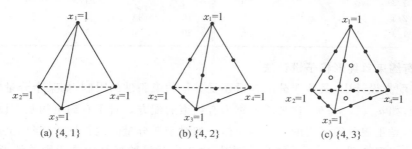

(a) {4,1}　　　　　(b) {4,2}　　　　　(c) {4,3}

图 9-2　$\{4,d\}$单纯形格子点设计

1.2　无约束单纯形格子设计法

在无约束的配方设计中,各组分 x_j 的变化范围可以用高为 1 的正单纯形表示,每种组分取值与阶数 d 有关,且为 $1/d$ 的整数倍,即 $x_j=0$、$1/d$、$2/d$、$\cdots$、$(d-1)/d$、1。如果对每个组分 x_j 的百分比进行线性变换(即编码),则规范变量 $z_j=x_j$,所以不必区分规范变量与自然变量。以 $m=4$ 为例,算出$\{4,2\}$,$\{4,3\}$各点的坐标。

(1) 对于$\{4,2\}$,$m=4$,$d=2$,x_j只能取 0、$1/2$、1 三个值,此时 x_1、x_2、x_3、x_4 只有两种取法:

① 某个 x_j 为 1,其余为 0,有 4 个点,如表 9-4 中试验号 1～4 所示。

② 某两个 x_j 为 1/2,其余者为 0,有 6 个点。如表 9-4 中试验号 5～10 所示。

(2) 对于$\{4,3\}$,$m=4$,$d=3$。x_j只能取 0、$1/3$、$2/3$、1 四个值,此时 x_1、x_2、x_3、x_4 有三种取法:

① 某个 x_j 为 1,其余者为零,有 4 个点,如表 9-5 中试验号 1～4 所示;

② 某个 x_j 为 2/3,另一个为 1/3,其余两个为 0,有 12 个点,如表 9-5 中试验号 5～16 所示;

③ 某 3 个 x_j 为 1/3,剩下 1 个 x_j 为 0,有 4 个点,如表 9-5 中试验号 17～20 所示。

表 9-4　{ 4,2 }单纯形格子设计

试验号	组分格点				试验号	组分格点			
	x_1	x_2	x_3	x_4		x_1	x_2	x_3	x_4
1	1	0	0	0	6	1/2	0	1/2	0
2	0	1	0	0	7	1/2	0	0	1/2
3	0	0	1	0	8	0	1/2	1/2	0
4	0	0	0	1	9	0	1/2	0	1/2
5	1/2	1/2	0	0	10	0	0	1/2	1/2

表 9-5　{4,3}单纯形格子设计

试验号	组分格点				试验号	组分格点			
	x_1	x_2	x_3	x_4		x_1	x_2	x_3	x_4
1	1	0	0	0	11	0	2/3	1/3	0
2	0	1	0	0	12	0	1/3	2/3	0
3	0	0	1	0	13	0	2/3	0	1/3
4	0	0	0	1	14	0	1/3	0	2/3
5	2/3	1/3	0	0	15	0	0	2/3	1/3
6	1/3	2/3	0	0	16	0	0	1/3	2/3
7	2/3	0	1/3	0	17	1/3	1/3	1/3	0
8	1/3	0	2/3	0	18	1/3	1/3	0	1/3
9	2/3	0	0	1/3	19	1/3	0	1/3	1/3
10	1/3	0	0	2/3	20	0	1/3	1/3	1/3

1.3　有约束单纯形格子设计法

在某些配方设计中,某些成分的含量还受其他约束条件的限制,如某个分量的含量有上下限的限制,如 $a_j \leqslant x_j \leqslant b_j$,这种配方称为有约束的配方。对于有约束的配方设计,空间变得更加复杂,是正规单纯形内的一个几何体。如对于三分量的混料试验,当有上下界约束条件时,有可能出现如图 9-3 所示的几种情况,由于实际试验区域为非规则单纯形,因此往往不能简单使用单纯形格子点设计,但可采用通过规范变量转换成无约束单纯形格子点设计表,或极端顶点设计等方法进行试验设计。

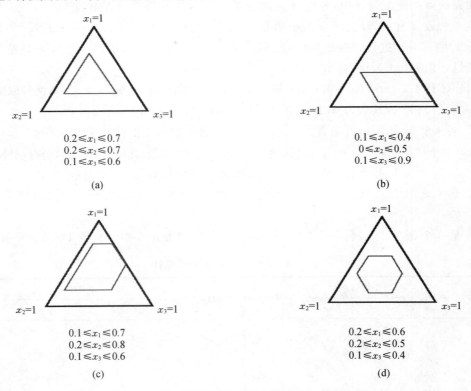

图 9-3　有上下界约束的{3,d}单纯形格子点设计

对于仅有上界或下界约束的单纯形格子点设计,此时试验范围内为原正规形内的一个小正规单纯形,如图 9-3(a)所示,此时应将自然变量 $x_j(j=1,2,\cdots,m)$ 转换成规范变量 z_j,然后根据 z_j 选择单纯形格子点设计表。编码公式如下:

$$z_j = \frac{x_j - a_j}{1 - \sum\limits_{j=1}^{m} a_j} \quad \text{或者} \quad x_j - a_j = (1 - \sum_{j=1}^{m} a_j)z_j$$

如某产品由三种组分组成,所占百分比为 x_1,x_2,x_3,且 $x_1 \geqslant a_1,x_2 \geqslant a_2,x_3 \geqslant a_3$,且 $a_1 + a_2 + a_3 < 1, x_1 + x_2 + x_3 = 1$,则

$$x_1 = [1 - (a_1 + a_2 + a_3)]z_1 + a_1$$
$$x_2 = [1 - (a_1 + a_2 + a_3)]z_2 + a_2$$
$$x_3 = [1 - (a_1 + a_2 + a_3)]z_3 + a_3$$

显然,当无下界约束时,可推导出 $z_j = x_j$。

1.4 单纯形格子设计法

单纯形格子设计的基本步骤如下:

(1) 明确试验目标 y,确定混料组分 x_j

根据配方试验目的,结合专业知识,查找现有文献,选择配方的组成以及各组分的百分比范围。各配方的实际百分比用 $x_1,x_2,\cdots,x_m$ 表示。

(2) 选择单纯形格子点设计表,列出试验方案表

结合现有理论,确定配方的阶数 d,根据组分数 m 和所确定的阶数 d,选择相应的 $\{m,d\}$ 单纯形格子设计表。表中数值为规范变量 $z_j(j=1,2,3,\cdots,m)$,因此,需要将自然变量 x_j 转化为规范变量 z_j,并列出试验方案表。

(3) 建立回归方程

在单纯形混料配方设计中,m 种组分的 d 次 Scheffe 正则多项式回归方程如下:

$d=1$ 的一次混料试验 $\{m,1\}$ 一次式为:$\hat{y} = \sum\limits_{j=1}^{m} b_j x_j$

$d=2$ 的二次混料试验 $\{m,2\}$ 二次式为:$\hat{y} = \sum\limits_{j=1}^{m} b_j x_j + \sum\limits_{k<j} b_{kj} x_k x_j$

$d=3$ 的三次混料试验 $\{m,3\}$ 三次式分为不完全式和完全式,不完全式为:

$$\hat{y} = \sum_{j=1}^{m} b_j x_j + \sum_{k<j} b_{kj} x_k x_j + \sum_{l<k<j} b_{lkj} x_l x_k x_j$$

完全式为:

$$\hat{y} = \sum_{j=1}^{m} b_j x_j + \sum_{k<j} b_{kj} x_k x_j + \sum_{k<j} \gamma_{kj} x_k x_j (x_k - x_j) + \sum_{l<k<j} b_{lkj} x_l x_k x_j$$

上述方程中 $j = 1,2,3,\cdots,m, k = 1,2,3,\cdots,m-1, l = 1,2,3,\cdots,m-2$。

一般的混料试验多用一次、二次多项式模型。对于混料二次多项式模型而言,其待估参数的个数要比一般 p 元二次多项式模型少 $p+1$ 个。当采用更复杂的高次方程时,则称为 Scheffe 多项式回归方程或规范多项式回归方程。

直接将每号试验的编码及试验结果代入对应的回归模型中，即可求出各回归系数。每一个回归系数的值只依赖于按一定规律对应的所取格子点的试验值，而与其他任何点的试验值都无关，各回归系数都可表示成所取格子点试验值的简单线性组合。如 $\{m,2\}$ 二阶单纯形格子设计有：

$$\begin{cases} b_j = y_j \ (j = 1,2,\cdots,p) \\ b_{hj} = 4\,y_{hj} - 2(y_h + y_j) \quad (h < j; h,j = 1,2,\cdots,p) \end{cases}$$

对于 $\{m,3\}$ 三阶单纯形格子设计有

$$\begin{cases} b_j = y_j \\ b_{hj} = 9(y_{hhj} + y_{hjj} - y_h - y_j)/4 \\ \gamma_{hj} = 9(3\,y_{hhj} - 3\,y_{hjj} - y_h + y_j)/4 \\ b_{hjk} = 27\,y_{hjk} - 27(y_{hhj} + y_{hjj} + h_{hhk} + y_{hkk} + y_{jjk} + y_{jkk})/4 \\ \qquad + 9(y_h + y_j + y_k)/2 \\ (h,j,k = 1,2,\cdots,p; h < j < k) \end{cases}$$

式中 y_h 是当 x_h 为 1 而其余分量为 0 时的格子点的试验值；y_{hj} 是当 x_h 为 1/2，x_j 为 1/2，其余各分量皆为 0 时的格子点的试验值；y_{hhj} 是当 x_h 为 2/3，x_j 为 1/3，其余各分量为 0 时的格子点的试验值；y_{hjk} 是当 x_h、x_j 和 x_k 皆为 1/3，其余各分量为 0 时的格子点的试验值。

（4）确定最优配方

根据所得回归方程和约束条件，可以预测最佳的试验指标值及对应的规范变量取值。可采用 Excel 中的规划求解工具求最佳配方。

（5）回归方程回代

1.5 实例计算

【例 9-1】 某 $\{3,2\}$ 单纯形格子设计的试验方案设计。设置重复，可更好地估计误差方差。因此试验中单一成分的试验点安排两次重复，有两种成分的试验点安排三次重复，试验方案与结果见表 9-6。

表 9-6 $\{3,2\}$ 单纯形格子设计方案及数据分析

试验点	成分比例			试验指标				$\bar{y}$	回归系数
	x_1	x_2	x_3	y					b
1	1	0	0	y_1	11.0	12.4		11.7	$b_1 = y_1 = 11.7$
2	0	1	0	y_2	8.8	10.0		9.4	$b_2 = y_2 = 9.4$
3	0	0	1	y_3	16.8	16.0		16.4	$b_3 = y_3 = 16.4$
4	0.5	0.5	0	y_{12}	15.0	14.8	16.1	14.9	$b_{12} = 4 \times [y_{12} - (y_1/2 + y_2/2)] = 17.4$
5	0.5	0	0.5	y_{13}	17.7	16.4	16.6	17.05	$b_{13} = 4 \times [y_{13} - (y_1/2 + y_3/2)] = 12.0$
6	0	0.5	0.5	y_{23}	10.0	9.7	11.8	9.85	$b_{23} = 4 \times [y_{23} - (y_2/2 + y_3/2)] = -12.2$

所得回归方程为：

$$\hat{y} = 11.7x_1 + 9.4x_2 + 16.4x_3 + 17.4x_1x_2 + 12.0x_1x_3 - 12.2x_2x_3$$

用最小二乘的方法求出参数的估计,由于现在仍是饱和设计,宜采用逐步回归分析,剔除不显著的回归项,使残差平方和和自由度不为 0 时,可以进行各项显著性检验。或者设置重复,估计误差方差,进行各项显著性检验。

【例 9-2】 某种葡萄汁饮料主要有三种组分:纯净水(x_1)、白砂糖(x_2)和红葡萄浓缩汁(x_3),其中纯净水(x_1)$\geqslant 50\%$,白砂糖(x_2)含量$\geqslant 5\%$,红葡萄浓缩汁(x_3)含量$\geqslant 10\%$,试通过配方试验确定最优配方。试验指标 y 为综合评分,得分越高越好。

解: 依据题意,有

$x_1 \geqslant 0.5, x_2 \geqslant 0.05, x_3 \geqslant 0.1$,且 $a_1 + a_2 + a_3 = 0.65 < 1, x_1 + x_2 + x_3 = 1$,则

$$x_1 = 0.35z_1 + 0.5; x_2 = 0.35z_2 + 0.05; x_3 = 0.35z_3 + 0.1$$

由于 $m = 3$,选择 $\{3, 2\}$ 单纯形格子进行试验方案设计,其回归方程计为

$$\hat{y} = b_1 z_1 + b_2 z_2 + b_3 z_3 + b_{12} z_1 z_2 + b_{13} z_1 z_3 + b_{23} z_2 z_3$$

所得方案设计和试验结果如表 9-7 所示。

表 9-7 $\{3, 2\}$ 单纯形格子进行试验方案

试验点	规范变量			成分			指标 y	回归系数 b
	z_1	z_2	z_3	纯净水 x_1	白砂糖 x_2	红葡萄浓缩汁 x_3		
1	1	0	0	0.85	0.05	0.10	6.5	6.5
2	0	1	0	0.50	0.40	0.10	5.5	5.5
3	0	0	1	0.50	0.05	0.45	7.5	7.5
4	0.5	0.5	0	0.675	0.225	0.10	8.5	10.0
5	0.5	0	0.5	0.675	0.05	0.275	6.8	−0.8
6	0	0.5	0.5	0.50	0.225	0.275	5.4	−4.4

所得回归方程为:

$$\hat{y} = 6.5z_1 + 5.5z_2 + 7.5z_3 + 10.0z_1 z_2 - 0.8z_1 z_3 - 4.4z_2 z_3$$

根据规划求解法,可求得 $z_1 = 0.55$,$z_2 = 0.45$,$z_3 = 0$,时,得到 y 最大值 8.525。可得此时 $x_1 = 0.35z_1 + 0.5 = 0.6925$;$x_2 = 0.35z_2 + 0.05 = 0.1725$;$x_3 = 0.1$。

最后进行方程回代:

$$\hat{y} = 6.5 \times \frac{x_1 - 0.5}{0.35} + 5.5 \times \frac{x_2 - 0.05}{0.35} + 7.5 \times \frac{x_3 - 0.1}{0.35} + 10.0 \times \frac{x_1 - 0.5}{0.35} \times \frac{x_2 - 0.05}{0.35} - 0.8 \times$$

$$\frac{x_1 - 0.5}{0.35} \times \frac{x_3 - 0.1}{0.35} - 4.4 \times \frac{x_2 - 0.05}{0.35} \times \frac{x_3 - 0.1}{0.35}$$

【例 9-3】 根据已有文献得知,采用粗细两种燃料粉混合时,各项烧结指标可得到不同程度的改善,根据数学上的最优化理论,燃料粉各粒级之间一定存在一个最佳的比例关系。因此考察 4 种燃料粒度($z_1 = 0.0 \sim 0.5$ mm,$z_2 = 0.5 \sim 2.0$ mm,$z_3 = 2.0 \sim 3.0$ mm,$z_4 = 3.0 \sim 5.0$ mm)对烧结强度 y 的影响规律。考虑到二次效应,燃料质量占炉料质量的 4%。

此项混料试验可归结为条件

$$\begin{cases} z_1 + z_2 + z_3 + z_4 = 4 \\ z_j \geqslant 0 (j=1,2,3,4) \end{cases}$$

的约束下求 y 关于 $z_j(j=1,2,3,4)$ 的回归方程。

首先将自然变量 $z_j(j=1,2,3,4)$ 规范化为 $x_j(j=1,2,3,4)$，则有

$$x_j = \frac{1}{4} z_j \quad (j=1,2,3,4)$$

试验采用四维二阶单纯形格子点集 $\{4,2\}$ 设计，试验方案、试验结果及回归系数计算结果如表 9-8 所示。

表 9-8 $\{4,2\}$ 单纯形格子设计方案及试验结果

试验号	编码因素				自然因素				$y/\%$		回归系数 b
	z_1	z_2	z_3	z_4	x_1	x_2	x_3	x_4			
1	1	0	0	0	4	0	0	0	y_1	26.2	$b_1 = y_1 = 26.2$
2	0	1	0	0	0	4	0	0	y_2	23.0	$b_2 = y_2 = 23.0$
3	0	0	1	0	0	0	4	0	y_3	21.5	$b_3 = y_3 = 21.5$
4	0	0	0	1	0	0	0	4	y_4	21.0	$b_4 = y_4 = 21.0$
5	1/2	1/2	0	0	2	2	0	0	y_{12}	26.0	$b_{12} = 4 \times [y_{12} - (y_1/2 + y_2/2)] = 5.6$
6	1/2	0	1/2	0	2	0	2	0	y_{13}	23.8	$b_{13} = 4 \times [y_{13} - (y_1/2 + y_3/2)] = -0.2$
7	1/2	0	0	1/2	2	0	0	2	y_{14}	27.5	$b_{14} = 4 \times [y_{14} - (y_1/2 + y_4/2)] = 15.6$
8	0	1/2	1/2	0	0	2	2	0	y_{23}	21.5	$b_{23} = 4 \times [y_{23} - (y_2/2 + y_3/2)] = -3.0$
9	0	1/2	0	1/2	0	2	0	2	y_{24}	22.3	$b_{24} = 4 \times [y_{24} - (y_2/2 + y_4/2)] = 1.2$
10	0	0	1/2	1/2	0	0	2	2	y_{34}	21.7	$b_{34} = 4 \times [y_{34} - (y_3/2 + y_4/2)] = 1.8$

将表中试验数据代入 m 维二阶单纯形格子设计，即可得出各回归系数，如

$$b_1 = y_1 = 26.2; b_{12} = 4y_{12} - 2(y_1 + y_2) = 5.6$$

最后得烧结矿强度 y 关于燃料各种粒度比例的回归方程

$$\hat{y} = 26.2 x_1 + 23.0 x_2 + 21.5 x_3 + 21.0 x_4 + 5.6 x_1 x_2 - 0.2 x_1 x_3$$

$$+ 15.6 x_1 x_4 - 3.0 x_2 x_3 + 1.2 x_2 x_4 + 1.8 x_3 x_4$$

第 2 节 单纯形重心设计

2.1 单纯形重心设计理论

在 p 维单纯形中，任意 2 个顶点组成 1 条棱边，棱的中点即为其重心，称为二顶点重心；任意 3 个顶点组成 1 个正三角形，该三角形的中心即为其重心，称为三顶点重心。如此，p 顶点重心就是该单纯形的重心。显然，单个顶点的重心就是顶点本身，称为顶点重心。很明显，一个 p 维正单纯形中，j 顶点重心 $(j=1,2,\cdots,p)$ 计有 C_p^j 个。混料设计时，如果仅有 j 个顶点重心 $(j=1,2,\cdots,p)$ 作为试验点，这种设计就称为单纯形重心混料设计，或简称单纯形重心设计。

在一个 p 组分单纯形重心设计中,其试验方案由下列试验点组成:

顶点重心,以 $(1,0,0,\cdots,0)$ 为代表的 $C_p^1 = p$ 个顶点;

二顶点重心,即棱边中点,以 $(1/2,1/2,0,\cdots,0)$ 为代表的 $C_p^2 = \dfrac{p(p-1)}{2}$ 个;

三角形的中心,以 $(1/3,1/3,1/3,\cdots,0)$ 为代表的 $C_p^3 = \dfrac{p(p-1)(p-2)}{3!}$ 个三顶点重心;

…………

以 $(1/p,1/p,1/p,\cdots,1/p)$ 为代表的 C_p^p 个 p 顶点重心。

试验点数共 $n = C_p^1 + C_p^2 + \cdots + C_p^p = 2^p - 1$

由该试验方案可求得回归方程

$$\hat{y} = \sum_{j=1}^{p} b_j x_j + \sum_{h<j} b_{hj} x_h x_j + \cdots + bp! \prod_{j=1}^{p} x_j \tag{9-1}$$

方程(9-1)亦称为 p 元 $d(d \leqslant p)$ 次重心多项式,其待估计的系数共有 $n = C_p^1 + C_p^2 + \cdots + C_p^p = 2^p - 1$ 个。可以看出,单纯形重心设计具有两个明显的特征:

(1) 单纯形重心设计是饱和设计。例如,方程(9-1),由于 $d = p$,试验次数 $N = 2^p - 1$,而回归系数的个数 q 也等于 $2^p - 1$。

(2) 所有试验点的坐标与回归方程的次数 d 无关,且试验点的非零坐标均相等,这就消除了由于非零坐标不相等对回归系数估计值的影响。

【例 9-4】　给出混料试验 $\{3,3\}$ 的单纯形重心设计方案。混料试验 $\{3,3\}$ 的单纯形重心设计共有 $N = C_3^1 + C_3^2 + C_3^3 = 7$ 个试验点。如图 9-4 所示,这 7 个试验点分布在正三角形的 3 个顶点、3 条边的中点及三角形的中心上。显然,它们都是重心,即 3 个顶点重心,3 个二顶点重心和 1 个三顶点重心。其试验方案如表 9-9 所示。指标值 y 的标记如表 9-9 中的 y 栏所示。

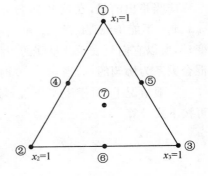

图 9-4　试验点分布图

表 9-9　试验方案表

试验值		x_1	x_2	x_3	y
顶点重心	1	1	0	0	y_1
	2	0	1	0	y_2
	3	0	0	1	y_3
二顶点重心	4	1/2	1/2	0	y_{12}
	5	1/2	0	1/2	y_{13}
	6	0	1/2	1/2	y_{23}
三顶点重心	7	1/3	1/3	1/3	y_{123}

若 $m=3$,欲求的三元三次回归方程为

$$\hat{y} = \sum_{j=1}^{3} b_j x_j + \sum_{h<j} b_{hj} x_h x_j + \cdots + b_{123} x_1 x_2 x_3$$

回归方程中回归系数的计算公式为

$$\begin{cases} b_j = y_j \quad (j=1,2,3) \\ b_{hj} = 4y_{hj} - 2(y_h + y_j) \quad (h,j=1,2,3; h<j) \\ b_{123} = 27y_{123} + 3(y_1 + y_2 + y_3) - 12(y_{12} + y_{13} + y_{23}) \end{cases} \quad (9-2)$$

从回归系数计算公式(9-2)中可以看出,b_j 只与试验指标值 y_j 有关,b_{hj} 只与前面 6 个指标值 y_j 和 y_{hj} 有关,而只有 b_{123} 才与 y_{123} 有关。可见,回归系数与试验指标的不同标记有关。

例如,一次项回归系数仅与下标是 1 个数字的试验指标有关,而二次项回归系数仅与下标数字个数不大于 2 的指标有关,等等。因此,如果仅考虑 p 元一次回归方程,只需做 C_p^1 个顶点重心试验即可。当线性混料回归方程失拟时,可在原试验基础上补做 C_p^2 个二顶点重心试验,即可求得 p 元二次重心多项式回归方程。若不再需要求更高次回归方程时,y_{123} 所对应的三顶点重心试验可以省略不做。

2.2 单纯形重心设计法

应当指出的是,在混料回归方程中,交互项并不表明分量间的交互作用。如交互项 $b_{hj} x_h x_j$,不能单纯理解为 x_h 和 x_j 的交互作用,这是因为它们受混料条件的限制,不能独立变动,所以它们只表示分量间的一种非线性混合关系。当 $b_{hj} > 0$ 时,Scheffe 称这种非线性混合关系为协调的;而当 $b_{hj} < 0$ 时,则称之为对抗的。

一般情况下,对于 $\{p,d\}$ 混料试验,相应的 d 次重心多项式方程(9-1)中各回归系数可按下式计算

$$b_{sr} = r \sum_{t=1}^{r} (-1)^{r-t} t^{r-1} y_t(S_r) \quad (9-3)$$

式中 $r=1,2,\cdots,d$;S_r 为 p 个成分中某 r 个的集合;$y_t(S_r)$ 为从这 r 个成分中取 t 个的全部 C_r^t 个组合的试验指标值的总和。

例如,$p=4,d=3$ 时,三次重心多项式回归方程为

$$\hat{y} = \sum_{j=1}^{4} b_j x_j + \sum_{h<j} b_{hj} x_h x_j + \sum_{h<j<k} b_{hjk} x_h x_j x_k$$

上式中各回归系数按公式(9-3)计算如下。

$r=1$ 时,$b_j = 1 \times \left[(-1)^{1-1} \times 1^{1-1} \times y_j \right] = y_j \quad (j=1,2,3,4)$

$r=2$ 时,

$$b_{hj} = 2\left[(-1)^{2-2} \times 2^{2-1} y_{hj} + (-1)^{2-1} \times 1^{2-1}(y_h + h_j) \right]$$
$$= 4y_{hj} - 2(y_h + y_j)(h,j=1,2,3,4; h<j)$$

$r=3$ 时,

$$b_{hjk} = 3\big[(-1)^{3-3} \times 3^{3-1} \times y_{hjk} + (-1)^{3-2} \times 2^{3-1}(y_{hj} + y_{hk} + y_{jk})$$

$$+ (-1)^{3-1} \times 1^{3-1} \times (y_h + y_j + y_k)\big]$$

$$= 27 y_{hjk} - 12(y_{hj} + y_{hk} + y_{jk}) + 3(y_h + y_j + y_k)$$

$$(h, j, k = 1, 2, 3, 4; h < j < k)$$

【例 9-5】　为了研究在试验室中模拟燃料的抗震性能使用的 RM 评分法来替代燃料的道路行驶性能评分法,拟设计一组试验,系统地变动燃料的特性,来检验这两种评分法无差异的假设是否成立。试验指标为两种评分法之差。

所研究的燃料的 3 个组分为:石蜡环烷(x_1),二芳香烃(x_2),二烯烃(x_3),并且满足 $x_1 + x_2 + x_3 = 1$。宜选用 $\{3,3\}$ 单纯形重心设计,试验方案、试验结果、回归系数的计算表如表 9-10 所示。

表 9-10　试验方案及结果

试验号	x_1	x_2	x_3	y		回归系数 b
1	1	0	0	y_1	4.6	$b_1 = y_1 = 4.6$
2	0	1	0	y_2	4.9	$b_2 = y_2 = 4.9$
3	0	0	1	y_3	0.8	$b_3 = y_3 = 0.8$
4	1/2	1/2	0	y_{12}	4.8	$b_{12} = 4 \times [y_{12} - (y_1/2 + y_2/2)] = 0.2$
5	1/2	0	1/2	y_{13}	3.8	$b_{13} = 4 \times [y_{13} - (y_1/2 + y_3/2)] = 4.4$
6	0	1/2	1/2	y_{23}	3.0	$b_{23} = 4 \times [y_{23} - (y_2/2 + y_3/2)] = 0.6$
7	1/3	1/3	1/3	y_{123}	3.7	$b_{123} = 27 y_{123} + 3(y_1 + y_2 + y_3) - 12(y_{12} + y_{23} + y_{13}) = -8.4$

因此,可得三元三次重心多项式回归方程为:

$$\hat{y} = 4.6 x_1 + 4.9 x_2 + 0.8 x_3 + 0.2 x_1 x_2 + 4.4 x_1 x_3 + 0.6 x_2 x_3 - 8.4 x_1 x_2 x_3$$

尚需指出,在 p 分量单纯形重心设计所安排的试验中,除 p 顶点重心试验外,其余 j 顶点($j < p$)重心试验时,混料的成分中总有一个或几个是零。但在实际试验中,不等于零的成分是大多数,而且,一般情况下也不容许大多数成分为零。因此,为了使单纯形重心设计能适用于这类实际情况,需要对混料的实际成分进行新的编码。

2.3　有下界约束的单纯形重心设计法

在一些混料设计中,各分量除了受混料条件的约束外,常常还要受下界约束条件的限制。p 分量有下界约束的混料问题就是要在条件

$$\begin{cases} x_j \geqslant a_j \geqslant 0 \\ \sum\limits_{j=1}^{p} x_j = 1 \end{cases} \qquad (j = 1, 2, \cdots, p; a_j \text{ 是常数}) \qquad (9-4)$$

限制下安排试验。式(9-4)中,a_j 是分量 $x_j(j = 1, 2, \cdots, p)$ 的下界,即该分量实际取值的最小值,并且下界 a_j 必须满足

$$\sum_{j=1}^{p} a_j < 1 \qquad\qquad (9-5)$$

这是有下界约束的混料问题具有实际试验意义的充分必要条件。

在仅受混料条件约束的混料设计中,由于无需对各分量进行编码,因此,为了方便,通常都用 x_j 表示各分量。但在有下界约束和后面将叙述的兼受上、下界约束的 p 分量混料问题中,通常用 $z_j(j=1,2,\cdots,p)$ 表示混料中第 j 个实际分量,即自然因素。为了应用回归设计的方法求取混料回归方程,必须对 x_j 进行编码。相应于 x_j 的编码分量,即编码因素记为 $z_j(j=1,2,\cdots,p)$。例如,$p=3$ 时,有下界约束的混料试验是要受条件

$$\begin{cases} x_j \geqslant a_j \geqslant 0 \\ x_1 + x_2 + x_3 = 1 \end{cases} \qquad (j=1,2,3; a_j \text{是常数})$$

的约束的。如图 9-3(a)所示,试验区域是正三角形 $x_1 x_2 x_3$ 之内的小正三角形 $z_1 z_2 z_3$。对于小正三角形 $z_1 z_2 z_3$ 上任一点,如果采用小三角形的单纯形坐标系 $z_1 - z_2 - z_3$ 表示,则对于大三角形的单纯形坐标系 $x_1 - x_2 - x_3$ 有下界约束的混料问题,就会变成对于小三角形坐标系无下界约束的混料问题。这样,我们就可以在小三角形上施行三次单纯形重心设计。

与一般的回归设计类似,坐标系 $x_1 - x_2 - x_3$ 是实际成分的变化空间,即自然空间,而坐标系 $z_1 - z_2 - z_3$ 则是编码成分的变化空间,即编码空间。我们知道,单纯形顶点的位置完全决定了单纯形的形状,因此,单纯形坐标系表示的自然空间与编码空间的转换公式可由单纯形的顶点坐标确定。小三角形 3 个顶点关于坐标系 $x_1 - x_2 - x_3$ 和 $z_1 - z_2 - z_3$ 的坐标表示如下:

$$x_1 - x_2 - x_3 \text{坐标系} \qquad z_1 - z_2 - z_3 \text{坐标系}$$

$$\begin{bmatrix} 1-(a_2+a_3) \\ a_2 \\ a_3 \end{bmatrix} \longleftrightarrow \begin{bmatrix} 1 \\ 0 \\ 0 \end{bmatrix}$$

$$\begin{bmatrix} a_1 \\ 1-(a_1+a_3) \\ a_3 \end{bmatrix} \longleftrightarrow \begin{bmatrix} 0 \\ 1 \\ 0 \end{bmatrix}$$

$$\begin{bmatrix} a_1 \\ a_2 \\ 1-(a_1+a_2) \end{bmatrix} \longleftrightarrow \begin{bmatrix} 0 \\ 0 \\ 1 \end{bmatrix}$$

于是,设计区域内任何一点关于自然空间和编码空间的坐标变换式为

$$\begin{bmatrix} x_1 \\ x_2 \\ x_3 \end{bmatrix} = \begin{bmatrix} 1-(a_2+a_3) & a_1 & a_1 \\ a_2 & 1-(a_1+a_3) & a_2 \\ a_3 & a_3 & 1-(a_1+a_2) \end{bmatrix} \begin{bmatrix} z_1 \\ z_2 \\ z_3 \end{bmatrix} \qquad (9-6)$$

经过整理,式(9-6)可变为

$$\begin{bmatrix} x_1 \\ x_2 \\ x_3 \end{bmatrix} = (1 - \sum_{j=1}^{3} a_j) \begin{bmatrix} z_1 \\ z_2 \\ z_3 \end{bmatrix} + \begin{bmatrix} a_1 \\ a_2 \\ a_3 \end{bmatrix} \tag{9-7}$$

一般地，对于 p 分量有下界约束的混料问题，设计区域中任一点的坐标关于自然空间和编码空间的变换式为

$$X = (1 - \sum_{j=1}^{p} a_j)Z + a \tag{9-8}$$

式中

$$X = \begin{bmatrix} x_1 \\ x_2 \\ \vdots \\ x_p \end{bmatrix} \quad Z = \begin{bmatrix} z_1 \\ z_2 \\ \vdots \\ z_p \end{bmatrix} \quad a = \begin{bmatrix} a_1 \\ a_2 \\ \vdots \\ a_p \end{bmatrix}$$

于是，各分量的变换式为

$$x_j = (1 - \sum_{j=1}^{p} a_j)z_j + a_j \tag{9-9}$$

或者

$$z_j = (x_j - a_j)/(1 - \sum_{j=1}^{p} a_j) \tag{9-10}$$

这样，自然空间与编码空间就建立了一一对应的关系。通过上述变换公式，可以将混料的实际成分变成编码成分，将有下界约束的混料问题变换为无下界约束的混料问题，然后进行单纯形重心设计，求取回归方程。

【例 9-6】　试制某种火箭推进剂，3 种混料成分受下界约束的限制分别为：黏合剂 $x_1 \geqslant 0.2$；氧化剂 $x_2 \geqslant 0.4$；燃料 $x_3 \geqslant 0.2$。试验目的是要找出使弹性模量大于 3 000 的混料，并且黏合剂用量越少越好。

显然，本例是有下界约束的混料问题。其试验区域即设计区域是大正三角形内的一个小正三角形。由于 $a_1 = 0.2, a_2 = 0.4, a_3 = 0.2$，而 $a_1 + a_2 + a_3 = 0.8, (1 - \sum_{j=1}^{3} a_j) = 1 - (0.2 + 0.4 + 0.2) = 0.2$

因此，试验区域内任一点的坐标关于自然空间与编码空间的变换关系式为

$$\begin{bmatrix} x_1 \\ x_2 \\ x_3 \end{bmatrix} = 0.2 \times \begin{bmatrix} z_1 \\ z_2 \\ z_3 \end{bmatrix} + \begin{bmatrix} 0.2 \\ 0.4 \\ 0.2 \end{bmatrix} \tag{9-11}$$

宜用三次单纯形重心设计的饱和设计，试验次数 $N = 2^p - 1 = 7$。利用式（9-11）可计算出 7 个试验点的实际配料比，即试验方案。试验结果如表 9-11 所示。

表 9-11　试验方案及结果

试验号	自然变量（实际成分）			编码变量			弹性模量		回归系数 b
	x_1	x_2	x_3	z_1	z_2	z_3			
1	0.4	0.4	0.2	1	0	0	y_1	2 350	$b_1 = y_1 = 2\,350$
2	0.2	0.6	0.2	0	1	0	y_2	2 450	$b_2 = y_2 = 2\,450$
3	0.2	0.4	0.4	0	0	1	y_3	2 650	$b_3 = y_3 = 2\,650$
4	0.3	0.5	0.2	1/2	1/2	0	y_{12}	2 400	$b_{12} = 4 \times [y_{12} - (y_1/2 + y_2/2)] = 0$
5	0.3	0.4	0.3	1/2	0	1/2	y_{13}	2 750	$b_{13} = 4 \times [y_{13} - (y_1/2 + y_3/2)] = 1\,000$
6	0.2	0.5	0.3	0	1/2	1/2	y_{23}	2 950	$b_{23} = 4 \times [y_{23} - (y_2/2 + y_3/2)] = 1\,600$
7	0.266	0.466	0.266	1/3	1/3	1/3	y_{123}	3 000	$b_{123} = 27 y_{123} + 3(y_1 + y_2 + y_3) -$ $12(y_{12} + y_{23} + y_{13}) = 6\,150$

根据公式（9－2）或（9－3）可计算各回归系数。最后可求得 y 关于编码成分 x_j 的回归方程

$$\hat{y} = 2\,350 z_1 + 2\,450 z_2 + 2\,650 z_3 + 1\,000 z_1 z_3 + 1\,600 z_2 z_3 + 6\,150 z_1 z_2 z_3 \qquad (9-12)$$

经过控制点的适宜性检验，认为用方程（9－12）描述此三分量混料系统是适宜的。为满足试验要求，还必须求取在条件的约束下合适的配料比。利用条件

$$\begin{cases} \sum x_j = 1 \\ x_j \geqslant 0 \end{cases} (j = 1, 2, \cdots, m) 和 \begin{cases} x_1 = x_{1\min} \\ y \geqslant 3000 \end{cases}$$

画出指标估计值 $\hat{y}$ 的等值线，并考虑到 x_1 需趋于最小，最后估计出较好的混料点为 $z_1 = 0.05$；$z_2 = 0.41$；$z_3 = 0.54$。于是实际成分的混料点为

$$\begin{bmatrix} x_1 \\ x_2 \\ x_1 \end{bmatrix} = 0.2 \times \begin{bmatrix} z_1 \\ z_2 \\ z_1 \end{bmatrix} + \begin{bmatrix} 0.2 \\ 0.4 \\ 0.2 \end{bmatrix} = 0.2 \times \begin{bmatrix} 0.05 \\ 0.41 \\ 0.54 \end{bmatrix} + \begin{bmatrix} 0.2 \\ 0.4 \\ 0.2 \end{bmatrix} = \begin{bmatrix} 0.210 \\ 0.482 \\ 0.308 \end{bmatrix}$$

即满足试验要求的推进剂的合适配料比为 21％ 的黏合剂、48.2％ 的氧化剂和 30.8％ 的燃料。这一推进剂的弹性模量的实测值为 3010，且黏合剂用量接近下界。

2.4　极端顶点混料设计

许多混料问题常常会同时兼受上下界约束条件

$$\begin{cases} \sum x_j = 1 \quad (j = 1, 2, \cdots, m) \\ 0 \leqslant a_j \leqslant x_j \leqslant b_j \leqslant 1 \end{cases} (a_j, b_j 是常数) \qquad (9-13)$$

的限制。对于这类问题已有多种设计方法，仅介绍一种简便的极端顶点设计法。对于单纯形坐标系，满足兼有上下界约束条件（9－13）的点的总体就是 p 维正单纯形内的一个 p 维凸多面体。此多面体的顶点，即在限制平面 $z_j = a_j$ 与 $z_j = b_j$ 的交线上满足 $\sum_{j=1}^{p} x_j = 1$ 的点，称为极端顶点。如回归模型中的未知参数个数多于极端顶点个数，还需要补充一些由极端顶点构成的棱、面、体的重心作为试验点。利用极端顶点点集所构成的混料试验方案称为极端顶点设计。

极端顶点设计主要分两步：①寻找极端顶点；②补充边界面（或线、体）的重心试验点。

对于约束条件(9—13),若令

$$R = 1 - \sum_{j=1}^{m} a_j$$

显然 R 为每一混料成分,即试验因素的最大变程。由此每一个因素的实际上界为

$$b'_j = \min\{b_j, a_j + R\}$$

这样,我们可以把约束条件 (9—13) 换写成等价的

$$\begin{cases} 0 \leqslant a_j \leqslant x_j \leqslant b_j \leqslant 1 \\ \sum x_j = 1, b'_j = \min\{b_j, a_j + R\} \end{cases} \quad (9—14)$$

现在对因素 x_j 编码,即转换成规范变量 z_j。令

$$z_j = (x_j - a_j)/R$$

对于编码 z_j,约束条件 (9—14) 就化为

$$\begin{cases} \sum z_j = 1 \quad (j = 1, 2, \cdots, m) \\ 0 \leqslant z_j \leqslant b''_j \leqslant 1 \end{cases} \quad (9—15)$$

式中 $b''_j = (b'_j - a_j)/R = \min\{(b_j - a_j)/R, 1\}$。

显然,约束条件(9—15)可看成如下所示的单纯形区域与正规单纯形的重叠区域。

单纯形区域 $\begin{cases} \sum x_j = 1 \\ z_j \leqslant b''_j \leqslant 1 \ (j = 1, 2, \cdots, m) \end{cases}$

正规单纯形 $\begin{cases} x_j \geqslant 0 \\ \sum_{j=1}^{p} x_j = 1 \end{cases}$ $\begin{cases} \sum x_j = 1 \\ z_j \geqslant 0 \ (j = 1, 2, \cdots, m) \end{cases}$

现在对编码因素 z_j 寻找极端顶点,其算法如下:

(1) 若 $b''_j = 1$,则点 $(0, \cdots, 0, \overset{j}{1}, 0, \cdots, 0)$ 是极端顶点。

(2) 若 $b''_j < 1$,则对一切满足 $b''_j + b''_h > 1$ 的 $h, j \neq h$,点 $(0, \cdots, 0, \overset{j}{b''_j}, 0, \cdots, 0, 1 - \overset{h}{b''_j}, 0, \cdots, 0)$ 都是极端顶点。

(3) 若 $b''_j + b''_h < 1$,对一切满足 $b''_j + b''_h + b''_k > 1$ 的 $k, k \neq j、h$,点 $(0, \cdots, 0, \overset{j}{b''_j}, 0, \cdots, 0, \overset{h}{b''_h}, 0, \cdots, 0, \overset{k}{\overbrace{1 - b''_j - b''_h}}, 0, \cdots, 0)$ 都是极端顶点。

继续下去,就能找到 z_j 的全部极端顶点。然后利用编码公式

$$x_j = a_j + R z_j$$

就能得到自然因素 z_j 的极端顶点。

【例 9—7】 某种闪光装置的化学成分受到如下的约束:

镁 x_1:$0.40 \leqslant x_1 \leqslant 0.60$;

硝酸钠 x_2:$0.10 \leqslant x_2 \leqslant 0.50$;

硝酸锶 x_3:$0.10 \leqslant x_3 \leqslant 0.50$;

固定剂 x_4:$0.03 \leqslant x_4 \leqslant 0.08$。

试寻求闪光亮度(单位1 000烛光)最大的混料。

第一步寻求极端顶点:

(1) 先算出自然因素的最大变程:$R = 1 - \sum\limits_{j=1}^{m} a_j = 0.37$

(2) 寻找编码因素的实际上界 $b_j''(j = 1,2,3,4)$。由公式 $b_j'' = \min\{(b_j - a_j)/R, 1\}$ 得

$$b_1'' = \min\{(0.60 - 0.40)/0.37, 1\} = \frac{0.20}{0.37}$$

$$b_2'' = \min\{(0.50 - 0.10)/0.37, 1\} = 1$$

$$b_3'' = \min\{(0.50 - 0.10)/0.37, 1\} = 1$$

$$b_4'' = \min\{(0.08 - 0.03)/0.37, 1\} = \frac{0.05}{0.37}$$

(3) 确定编码因素的极端顶点

由 $b_2'' = 1$ 和 $b_3'' = 1$ 可知

① $(0,1,0,0)$ 和 ② $(0,0,1,0)$ 是极端顶点;

由 $b_1'' < 1, b_1'' + b_2'' > 1$ 和 $b_1'' + b_3'' > 1$ 可知

③ $(0.20/0.37, 0.17/0.37, 0, 0)$ 和 ④ $(0.20/0.37, 0, 0.17/0.37, 0)$ 是极端顶点;

由 $b_4'' < 1, b_4'' + b_2'' > 1$ 和 $b_4'' + b_3'' > 1$ 可知

⑤ $(0, 0.32/0.37, 0, 0.05/0.37)$ 和 ⑥ $(0, 0, 0.32/0.37, 0.05/0.37)$ 是极端顶点;

由 $b_1'' + b_4'' < 1, b_1'' + b_4'' + b_2'' > 1$ 和 $b_1'' + b_4'' + b_3'' > 1$ 可知

⑦ $(0.20/0.37, 0.12/0.37, 0, 0.05/0.37)$ 和 ⑧ $(0.20/0.37, 0, 0.12/0.37, 0.05/0.37)$ 是极端顶点。

(4) 利用编码公式:$x_j = a_j + 0.37 z_j$

将上述编码因素 x_j 的8个极端顶点①~⑧返回到自然因素 z_j 的极端顶点,如表9-12中试验点1~8。例如,1号试验点的坐标是

$$x_1 = a_1 + 0.37 z_1 = 0.4 + 0 = 0.4$$

$$x_2 = a_2 + 0.37 z_2 = 0.1 + 0.37 = 0.47$$

$$x_3 = a_3 + 0.37 z_3 = 0.1 + 0 = 0.1$$

$$x_4 = a_4 + 0.37 z_4 = 0.03 + 0 = 0.03$$

得到1~8号的方案设计。

第二步,确定边界面重心试验点:

利用已找出的8个极端顶点确定所有的边界面,确定边界面重心。每个边界面重心的坐标是此边界面上各顶点坐标的平均值。由于同一个边界面上的点有一个坐标值相同,因此,对于本例,可找到6个边界面:对于 x_1,有相同坐标的顶点是①、②、⑤、⑥和③、④、⑦、⑧。这样,就找到了两个垂直于 x_1 的边界面;同理可找到一个垂直于 x_2,由顶点②、④、⑥、⑧组成的边界面;一个垂直于 x_3,由顶点①、③、⑤、⑦组成的边界面和两个垂直于 x_4,分别由顶点①、②、③、④和⑤、⑥、⑦、⑧组成的边界面。以上述重心作为试验点,则有6个边界面重心,配列于表9-12中试验号9~14,这样就构成了极端顶点设计的15点试验方案。例如,由顶点①、②、③、④构成的边界面重心作为13号试验点的坐标是:

$$x_1(13) = 1/4[x_1(1) + x_1(2) + x_1(3) + x_1(4)] = 0.50$$
$$x_2(13) = 1/4[x_2(1) + x_2(2) + x_2(3) + x_2(4)] = 0.235$$
$$x_3(13) = 1/4[x_3(1) + x_3(2) + x_3(3) + x_3(4)] = 0.235$$
$$x_4(13) = 1/4[x_4(1) + x_4(2) + x_4(3) + x_4(4)] = 0.030$$

	试验号	组成边界面的实验点	x_1	x_2	x_3	x_4	y
边界面重心	9	①、②、⑤、⑥	0.4	0.272 5	0.272 5	0.055	190
	10	③、④、⑦、⑧	0.6	0.172 5	0.172 5	0.055	310
	11	②、④、⑥、⑧	0.5	0.100 0	0.345 0	0.055	220
	12	①、③、⑤、⑦	0.5	0.345 0	0.100 0	0.055	260
	13	①、②、③、④	0.5	0.235 0	0.235 0	0.030	260
	14	⑤、⑥、⑦、⑧	0.5	0.210 0	0.210 0	0.080	410

第三步，确定总体重心

总体重心是所有极端顶点构成的凸多面体的重心，其坐标是所有顶点坐标的平均值。一个总体重心，列于试验号 15。

表 9-12　极端顶点设计方案及结果

	试验号	z_1	z_2	z_3	z_4	x_1	x_2	x_3	x_4	y
极端顶点	1	0	1	0	0	0.4	0.47	0.1	0.03	145
	2	0	0	1	0	0.4	0.1	0.47	0.03	75
	3	0.20/0.37	0.17/0.37	0	0	0.6	0.27	0.1	0.03	220
	4	0.20/0.37	0	0.17/0.37	0	0.6	0.1	0.27	0.03	195
	5	0	0.32/0.37	0	0.05/0.37	0.4	0.42	0.1	0.08	230
	6	0	0	0.32/0.37	0.05/0.37	0.4	0.1	0.42	0.08	180
	7	0.20/0.37	0.12/0.37	0	0.05/0.37	0.6	0.22	0.1	0.08	350
	8	0.20/0.37	0	0.12/0.37	0.05/0.37	0.6	0.1	0.22	0.08	300
边界面重心	9	0.00	0.47	0.47	0.07	0.40	0.272 5	0.272 5	0.055	190
	10	0.54	0.20	0.20	0.07	0.60	0.172 5	0.172 5	0.055	310
	11	0.27	0.00	0.66	0.07	0.50	0.100 0	0.345 0	0.055	220
	12	0.27	0.66	0.00	0.07	0.50	0.345 0	0.100 0	0.055	260
	13	0.27	0.36	0.36	0.00	0.50	0.235 0	0.235 0	0.030	260
	14	0.27	0.30	0.30	0.14	0.50	0.210 0	0.210 0	0.080	410
总体重心	15	0.27	0.33	0.33	0.07	0.5	0.222 5	0.222 5	0.055	425

由于实际试验区域没有规则的几何形状，故计算回归系数不像单纯形重心设计那样简便，而通常必须利用回归分析法求回归系数。

将数据输入 Excel 中，计算交互作用的乘积项，即 $x_1 x_2$，$x_1 x_3$，$x_1 x_4$，$x_2 x_3$，$x_2 x_4$，$x_3 x_4$，然后利用 Excel(参考第 11 章 1.4 节)的回归分析可进行二次回归方程的求解。具体做法为：选择"数据"菜单下的"数据分析"菜单，然后选择"回归"；输入"Y 值的输入区域"和"X 值的输入区域(含相关项)"，选择包含标志项，则需勾选"标志位于第一列"复选框，勾选"常数为 0""残差"和"线性拟合图"复选框。点击"确定"按钮，即可得到回归分析的统计结果，如图 9-5 所示。

SUMMARY OUTPUT

回归统计	
Multiple R	0.992
R Square	0.983
Adjusted R Square	0.753
标准误差	59.912
观测值	15

方差分析

	df	SS	MS	F	Significance F
回归分析	10	1 057 452.72	105 745.27	29.46	0.002 597
残差	5	17 947.28	3 589.46		
总计	15	1 075 400			

	Coefficients	标准误差	t Star	P-value
Intercept	0			
x_1	$-1\,557.5$	893.1	$-1.743\,9$	0.141 6
x_2	$-2\,351.3$	993.8	$-2.365\,9$	0.064 3
x_3	$-2\,426.4$	993.8	$-2.441\,4$	0.058 5
x_4	14 357.6	53 419.5	0.268 8	0.798 8
x_{12}	8 299.7	3 780.9	2.195 1	0.079 6
x_{13}	8 075.9	3 780.9	2.136 0	0.085 8
x_{14}	$-6\,608.6$	59 506.9	$-0.111\,1$	0.915 9
x_{23}	3 213.6	1 964.5	1.635 9	0.162 8
x_{24}	$-16\,981.9$	60 062.5	$-0.282\,7$	0.788 7
x_{34}	$-17\,111.0$	60 062.5	$-0.284\,9$	0.787 2

图 9-5 极端顶点设计中的 Excel 回归分析结果

即可得到二次多项式回归方程:

$$\hat{y} = -1\,557.5x_1 - 2\,351.3x_2 - 2\,426.4x_3 + 14\,357.6x_4 + 8\,299.7x_1x_2 + 8\,075.9x_1x_3 - 6\,608.6x_1x_4 + 3\,213.6x_2x_3 - 16\,981.9x_2x_4 - 17\,111x_3x_4$$

经过检验,相关系数 R 很高,F 的显著水平很低,因此方程拟合得很好。用非线性规划求得最优配方是 $(0.523\,3, 0.229\,9, 0.166\,8, 0.080\,0\,0)$,相应的预测亮度 $\hat{y} = 397.48$。

2.5 D-最优极端顶点混料设计

对于同时兼受上下界约束条件的混料问题,往往采用极端顶点设计。但从上节所述极端顶点设计的整个过程来看,它并没有考虑任何优良性。特别是当极端顶点较多时,对于极端顶点点集进行全面试验是很不适宜的。为了在极端顶点点集中寻找 D-最优设计点集,本节仅简要介绍 XVERT 算法。

设有 p 个试验因素 $z_1, z_2, \cdots, z_p$,它们受式(9-13)条件的约束。进行 D-最优极端顶点设计的 XVERT 算法,主要分两个阶段:一是寻找极端顶点;二是寻找 D-最优设计点集。具体方法步骤如下:

第一步寻找极端顶点:

(1)按因素变程 $b_j - a_j$ 的大小,从小到大将因素 x_j 进行重新编号,使编号后规范变量 z_j 的变程最小,z_p 的变程最大。

(2)对于变程较小的前$(p-1)$个因素,将其上下限看成 2 个水平,构造 1 个两水平全面试验。

（3）计算第 p 个因素 z_p 的水平

$$z_p = 1 - \sum_{j=1}^{p-1} x_j$$

（4）若计算出的 z_p 满足 $a_p \leqslant z_p \leqslant b_p$，则此点就是极端顶点，这点构成设计的核心点。否则就按计算出来的 z_p 所接近的那个 a_p 或 b_p 中的一个作为 z_p 的水平。

（5）对计算的 z_p 落在 $[a_p, b_p]$ 以外的点，以下述方法产生一些附加点：变动其他 $(p-1)$ 个因素中的一个，使其满足等式 $\sum_{j=1}^{p-1} x_j = 1$，于是对于落在 $[a_p, b_p]$ 外的每一点，便产生一个附加点的可选子集，而每一个可选子集最多含有 $(p-1)$ 个附加点。这些附加点的每一个因素取值均在约束条件式（9—13）确定的区域内，因此它们都是极端顶点。

第二步寻找 D-最优极端顶点子集：

（1）将所有核心点和由每一个可选子集中各选一个附加点组成一个方案。对应于 x_p 落在 $[a_p, b_p]$ 以外的不同点有不同的可选子集。若这种点有 k 个，则有 k 个可选子集，若第 i 个可选子集中点数为 n_i，则所有可能的方案数为 $\sum_{i=1}^{k} n_i$ 个。

（2）对每一个方案，计算它的信息矩阵 $\boldsymbol{A}$ 的行列式 $|\boldsymbol{A}|$，或其逆矩阵 $\boldsymbol{C}$ 的行列式值 $|\boldsymbol{C}|$。比较所有方案的 $|\boldsymbol{A}|$ 值或 $|\boldsymbol{C}|$ 值，其中使 $|\boldsymbol{A}| = \max$ 或 $|\boldsymbol{C}| = \min$ 的方案就是欲寻求的 D-最优意义下的极端顶点设计。

【例 9-8】 设有 3 个因素 z_1、z_2、z_3，它们的试验区域为 $x_1 : 0.10 \leqslant x_1 \leqslant 0.70$；$x_2 : 0 \leqslant x_2 \leqslant 0.70$；$x_3 : 0.10 \leqslant x_3 \leqslant 0.60$；

（1）变程 $(b_j - a_j)$ 分别为 0.6、0.7、0.5，按变程大小排列，有 $z_1 = x_3, z_2 = x_1, z_3 = x_2$。

（2）本例 $p = 3$，所以应先对 z_1、z_2 进行 2^2 的 4 点设计，然后按公式：

$$z_p = 1 - \sum_{j=1}^{p-1} x_j$$

计算相应的 x_3 的值，列入下表中。

点	z_1	z_2	z_3
A	0.1	0.1	0.8
B	0.6	0.1	0.3
C	0.1	0.7	0.2
D	0.6	0.7	-0.3

（3）由表中知 B、C 两点在试验区域内，所以是极端顶点，它们构成方案的核心点。

（4）A、D 两点不在试验区域内，需要调整 z_3 值，把 0.8 调整为其接近的上限 0.7，将 -0.3 调整为 0，这样便产生 2 个可选子集，每个子集有 2 个附加点，见下表。

A 点产生的子集				D 点产生的子集			
点	z_1	z_2	z_3	点	z_1	z_2	z_3
A	0.1	0.1	0.8	D	0.6	0.7	-0.3
A_1	0.1	0.2	0.7	D_1	0.6	0.4	0
A_2	0.2	0.1	0.7	D_2	0.3	0.7	0

（5）这样可得到 6 个极端顶点，如下表。

极端顶点	编号	z_1	z_2	z_3
B	1	0.6	0.1	0.3
C	2	0.1	0.7	0.2
A_1	3	0.1	0.2	0.7
A_2	4	0.2	0.1	0.7
D_1	5	0.6	0.4	0
D_2	6	0.3	0.7	0

（6）所有可能的四点方案总共有 4 个，即 (1,2,4,5),(1,2,3,6),(1,2,4,5),(1,2,4,6)。

（7）计算每一个方案的 $|A| = |X'X|$ 或 $|C| = |A^{-1}|$，全部列于下表。显然第 1 方案 (1,2,3,5) $|A| = $ max 或 $|C| = $ min，故该方案就是所需的 D-最优极端顶点设计。

方案	极端顶点号	$|A|$	$|C| = |A^{-1}|$
1	1,2,3,5	0.170 0	5.88
2	1,2,3,6	0.159 8	6.26
3	1,2,4,5	0.167 4	5.97
4	1,2,4,6	0.144 0	6.94

第 3 节　配方均匀设计

采用单纯形设计虽然比较简单，但是试验边界上的点过多，缺乏典型性，为了克服上述缺点，可以运用均匀设计思想来进行配方设计，即配方均匀设计。

若有 p 种混料分量的试验，其试验区域为 X，欲比较几种不同混料配方，这些配方对应 X 中的几个点。混料均匀设计的核心思想，就是使这几个点在试验区域中散布尽可能均匀。

混料均匀设计的主要步骤如下：

（1）给定 p 和 n 根据附表 6 选用合适的均匀设计表，或直接利用格子点法构造适用的均匀设计表 $UM_n^*(n^{p-1})$ 或 $UM_n(n^{p-1})$，可用 $\{q_{ik}\}$ 表示 UM_n 表中的元素。

（2）对于选定的 UM_n 表，可如同均匀设计中试验方案编制时的做法一样，直接把相应列上的分量的不同水平安排在相应的字码位置上。

对于 U_n 表，对每个 i，计算

$$C_{ki} = \frac{2q_{ki} - 1}{2n} \qquad (k = 1, 2, \cdots, n) \qquad (9-16)$$

则各分量 x 为

$$\begin{cases} x_{ki} = (1 - C_{ki}^{1/(p-i)}) \prod_{j=1}^{i-1} C_{ki}^{1/(p-i)} & (i = 1, 2, \cdots, p-1) \\ x_{kp} = \prod_{j=1}^{p-1} C_{kj}^{1/(p-j)} & (k = 1, 2, \cdots, n) \end{cases} \qquad (9-17)$$

例如当 $n = 11, p = 3$ 时，

$$x_{k1} = 1 - \sqrt{C_{k1}} \quad x_{k2} = \sqrt{C_{k1}}(1 - C_{k2}) \quad x_{k3} = \sqrt{C_{k1}}C_{k2} \tag{9-18}$$

式(9-17)可以用递推方法以节省计算量,其计算如下:

①　令 $g_{kp} = 1, g_{k0} = 0 \quad (k = 1, 2, \cdots, n)$

②　递推计算 $g_{kj} = g_{k,j+1}C_{kj}^{1/k} \quad (k = 1, 2, \cdots, n)$

③　计算 $x_{kj} = \sqrt{g_{kj} - g_{k,j+1}}(j = 1, 2, \cdots, p; k = 1, 2, \cdots, n)$

则 $\{x_{ki}\}$ 就给出了对应 p, n 的混料均匀设计,并记为 $UM_n(n^p)$。

由于编制 $UM_n(n^p)$ 表的程序简单,故通常不列出各种混料均匀设计表。用混料均匀设计表安排好试验后,根据试验目的,获取试验指标 y。进一步的分析和以前一样,也是用回归分析。当因素间没有交互作用时,用线性模型;当因素间有交互作用时,用二次型回归模型,或其他非线性回归模型。

【例 9-9】　在研制一种新型金属材料中,选择 3 种主要金属的含量 x_1, x_2, x_3 作为试验因素,混料试验的约束条件为 $x_1 + x_2 + x_3 = 1$。

根据专业知识和试验要求,选用 $UM_{15}(15^3)$ 安排试验,试验方案和试验结果如表 9-13 所示。

表 9-13　$UM_{15}(15^3)$ 试验方案与试验结果

i \ j	x_1	x_2	y	i \ j	x_1	x_2	y
1	0.817	0.055	8.508	9	0.247	0.326	9.809
2	0.684	0.179	9.464	10	0.204	0.557	9.732
3	0.592	0.340	9.935	11	0.163	0.809	8.933
4	0.517	0.048	9.400	12	0.124	0.204	9.971
5	0.452	0.210	10.680	13	0.087	0.456	9.881
6	0.394	0.384	9.748	14	0.051	0.727	8.892
7	0.342	0.592	9.698	15	0.017	0.033	10.139
8	0.293	0.118	10.238				

利用回归分析求得的回归方程为

$$\hat{y} = 10.09 + 0.797x_1 - 3.454x_1^2 - 2.673x_2^2 + 0.888x_1x_2$$

相应的 $R = 0.90, \hat{\sigma} = 0.289$。

由于混料条件 $x_1 + x_2 + x_3 = 1$,故表中仅列出 2 个混料分量 x_1、x_2,所以回归方程中仅有 x_1、x_2。

【例 9-10】　一混料有 x_1、x_2、x_3 三个分量,分别受如下约束

$$\begin{cases} 0.60 \leqslant x_1 \leqslant 0.80 \\ 0.15 \leqslant x_2 \leqslant 0.25 \\ 0.05 \leqslant x_3 \leqslant 0.15 \\ x_1 + x_2 + x_3 = 1 \end{cases}$$

为提高产品质量,欲寻求新的混料配比。

本项混料试验由于 x_1 的含量较高,可以将 x_2 和 x_3 在试验区域 X 内按独立变量的均匀设计选表 $UM_n^*(n^{p-1})$ 或 $UM_n(n^{p-1})$,然后用 $x_1 = 1 - x_2 - x_3$ 给出 x_1 的含量。若 x_2 和 x_3

都在 X 内取 11 个水平,并选用 $UM_{11}^*(11^2)$ 来安排 x_2 和 x_3,则试验方案不够理想,因为 x_1 只有 3 个水平:0.64、0.70、0.76。若选用表 $UM_{11}(11^2)$,试验方案如表 9-14 所示,可见不仅 x_2 和 x_3 都有 11 个水平,而且 x_1 也有 11 个水平。

表 9-14　$UM_{11}(11^2)$ 试验方案

i \ j	x_1	$x_2(1)$	$x_3(5)$	i \ j	x_1	$x_2(1)$	$x_3(5)$
1	0.74	0.15(1)	0.11(7)	7	0.70	0.21(7)	0.09(5)
2	0.77	0.16(2)	0.07(3)	8	0.73	0.22(8)	0.05(1)
3	0.69	0.17(3)	0.14(10)	9	0.65	0.23(9)	0.12(8)
4	0.72	0.18(4)	0.10(6)	10	0.68	0.24(10)	0.08(4)
5	0.75	0.19(5)	0.06(2)	11	0.60	0.25(11)	0.15(11)
6	0.67	0.20(6)	0.13(9)				

习　　题

9.1　免烧砖是由水泥、石灰和黏土三种材料组成,为进步一提高免烧砖的软化系数,必须优化配比。由于成本和其他条件的要求,水泥、石灰、黏土三种材料有以下的约束条件:黏土 $x_1 \geq 90\%$,水泥 $x_2 \geq 4\%$,石灰 $x_3 > 0$,且 $x_1 + x_2 + x_3 = 1$,选用了 $\{3,2\}$ 单纯形格子点设计,测得 6 个试验结果(软化系数)依次为:0.82,0.65,0.66,0.95,0.83,0.77,试推出回归方程的表达式。

9.2　已知某合成剂由三种组分组成,它们的实际百分含量分别为 x_1,x_2,x_3,但受下界条件约束,$x_1 \geq 0.2,x_2 \geq 0.4,x_3 \geq 0.2$,试验指标为越大越好。运用单纯形重心配方设计,寻找该合成剂的最优配方,7 个试验结果依次为 50,150,350,100,450,650,700。试推出回归方程的表达式。

9.3　混凝土配合比设计中,主要组分为胶凝材料 $x_1(x_1 \geq 10\%)$,砂 $x_2(x_2 \geq 25\%)$,石 $x_3(x_3 \geq 35\%)$ 和水 $x_4(x_4 \geq 3\%)$ 四个组分。试采用配方设计中的单纯形格子设计法,列出该试验的试验安排表。需作简要分析,列出编码公式等,并将实验安排填在下表中。

试验号	自然变量(实际成分)				编码变量				指标
	x_1	x_2	x_3	x_4	z_1	z_2	z_3	z_4	
1									y_1
2									y_2
3									y_3
4									y_4
5									y_{12}
6									y_{13}
7									y_{14}
8									y_{23}
9									y_{24}
10									y_{34}

第10章 稳 健 设 计

众所周知,产品质量是企业赢得客户的一个最关键的因素。任何产品,其总体质量一般可分为用户质量(外部质量)和技术质量(内部质量)。用户质量是指用户所能感受到的、所见到的、所触到的或所听到的体现产品好坏的一些质量特性。技术质量是指产品在优良的设计和制造质量下达到理想功能的稳健性(robustness)。如某因素变化对产品性能影响不大,该产品对该因素的变化是不敏感的,即稳健,或称产品性能对该因素变化具有稳健性。

稳健设计的目的是提高产品质量,减少质量损失。此处所指质量,是指理想质量的概念,即产品功能或服务能够符合规定技术要求的程度,一般可用产品的一些技术特性与规定的标准值的一致性程度来表征,若产品的技术特性与标准值有差异,则会造成生产厂家和社会的损失。因此,稳健设计可定义为用较低的费用设计出高质量的产品,要求既包含工艺性,又包含经济性,对产品性能、质量、成本作综合考虑,选择出最佳设计,既提高了产品质量又降低了成本。稳健设计又称为三阶段设计法。

第1节 稳健设计理论与方法

1.1 稳健设计的基本概念

大多数工业产品的质量,可采用特定功能或特性的测定数值结果来评定,该数值即为产品的质量特性值,或输出值,一般用 y 来表征。在进行产品设计时,首先要考虑的是如何保证它的内部质量特性满足规定的技术要求。但由于制造和使用中,受很多因素的影响,产品的质量总是存在一定的波动,即实际质量特性 y 与名义值(或目标值 y_0)之间总是存在一定的偏差 Δy,Δy 越小,则产品的质量越好。因此在产品设计中,任何一个设计参数或质量特性均由两部分组成:名义值或目标值 y_0 和偏差 Δy。容差就是所规定的最大容许偏差。显然,规定的容差越小,该尺寸的可制造性越差,制造费用也越高。

设产品的质量目标值 y_0,变差为 Δy,Δy 服从正态分布 $\Delta y \sim N(0,\sigma^2)$,产品质量的波动范围为 $y_0 \pm \Delta y$,Δy 也可称为质量特性的容差,是产品质量特性波动的允许界限。如某产品的抗压强度规定为 (50 ± 2) MPa,则其容差为 2 MPa,目标值为 50 MPa。

当测量值 $|y_i - y_0| > \Delta y$ 为不合格品,当 $|y_i - y_0| \leqslant \Delta y$ 为合格品。在合格品中,又可划分为 n 个等级,如 A、B、C、$\cdots$ 或优、良、中等。第 i 级品质特性值的允许偏差为

$$(i-1)\Delta y/n < |y_i - y_0| \leqslant i\Delta y/n$$

如果某一产品的质量特性服从正态分布 $y \sim N(\mu,\sigma^2)$,按正态分布的 3σ 原则,质量容差可取 $\Delta y = 3\sigma$,此时,则有

$|y_i - y_0| \leqslant \Delta y/3$,为 A 级产品,占 68.3%;

$\Delta y/3 < |y_i - y_0| \leqslant 2\Delta y/3$，为 B 级产品，占 27.2%；

$2\Delta y/3 < |y_i - y_0| \leqslant \Delta y$，为 C 级产品，占 4.2%；

$|y_i - y_0| > \Delta y$，为 D 级产品，占 0.3%

产品功能波动客观存在，有功能波动就会造成社会损失。当产品特性值 y 与目标值 y_0 不相等时，就认为造成了质量损失。所谓质量损失函数是指定量表述产品功能波动与社会损失之间关系的函数。考虑到 y 的随机性，产品质量的平均损失函数

$$E(L) = E(y - y_0)^2 = E\left[(y - \mu) + (\mu - y_0)\right]^2$$
$$= E(y - \mu)^2 + E(\mu - y_0)^2 = \sigma^2 + \Delta y^2$$

其中 μ 为测试平均值，$\sigma^2 = E(y - \mu)^2$ 为质量指标的方差，即测定值与设计目标值的偏差，反映了数据的波动，它表示了输出特性变差的大小，即稳健性。

$\Delta y^2 = E(\mu - y_0)^2$ 表示测定值（质量特性）与目标值的方差，即灵敏度。

要想获得高质量的产品，则需使损失函数最小，即质量指标的方差 σ^2 小，又要使偏差 Δy^2 小。

致力于减小波动（质量指标方差）的设计称为方差稳健性设计和分析。稳健性设计阶段致力于减小 σ^2，从相对误差角度考虑，μ/σ 等价于 μ^2/σ^2，希望其越大越好。在控制波动的情况下，再致力减少偏差 Δy，则称为灵敏度稳健性设计。一般来说，减小偏差比减小波动要容易一些。

除了波动和容差是稳健设计的评定指标外，信噪比（S/N 或 SN）也常作为评定稳健性的指标。信噪比是指信号量与噪音的比率，用来描述抵抗内外干扰因素所引起的质量波动的能力，或称产品的稳定性或稳健性。信噪比越大表示产品越稳健。信噪比是稳健性设计中用以度量产品质量特性的稳健性指标，是测量质量的一种尺度。

$$\eta = \frac{信号功率}{噪声功率} = \frac{S}{N}$$

式中：S 是信号功率，N 是噪声功率。

η 的定义是不严格的，是某些特征量的一种特定表达式，不同问题用不同量作为信噪比，同一问题也可采用不同量。如测量中常把 $\eta = \mu^2/\sigma^2$ 作为信噪比，评价稳定性常用 $\eta = 1/S_e$（S_e 为误差方差）作为信噪比。为了使用方便，取 10 倍常用对数值作信噪比，单位是分贝（dB），如

$$\eta = 10\lg\frac{\mu^2}{\sigma^2}, \quad \eta = 10\lg\frac{1}{S} = -10\lg S$$

在稳健设计中，信噪比的确定主要根据目标特性来决定。望目特性是指存在理想的目标值 y_0，希望质量特性值围绕目标值 y_0 波动，且波动越小越好。即 $\sigma = |\mu - y_0| \to \min$ 和 $\Delta y = |y - \mu| \to \min$。如某要求零件尺寸为（$10 \pm 0.05$）mm，则该轴的望目特征值为 10 mm，而对一批加工轴的实际平均直径应满足 $\sigma = |d - d_0| \leqslant 0.05$。大量实践可知，对特征量的要求，有的是越小越好，即为望小特性；有的越大越好，即望大特性。引入 η 后，通常都是越大越好，利于分析问题。

望小特性信噪比，就是希望质量特性在允许的上限范围内越小越好（理想值为零），且波动 σ 越小越好，即 $\bar{y} \to \min$ 和 $\Delta y = |y - \mu| \to \min$。

相当于取目标值 $y_0 = 0$，损失函数 $L(y) = y^2$，平均损失为 $E(y^2)$。因为 $E(y^2) = \mu^2 + \sigma^2$，因此平均损失函数要求特性指标平均值要小，且波动程度 σ^2 小，$\eta = \dfrac{1}{\mu^2 + \sigma^2}$。

望大特性信噪比,就是希望质量特性在允许的下限值内取值越大越好(理想值为无穷大),且波动越小越好,即 $\bar{y} \rightarrow \max$ 和 $\Delta y = |y - \mu| \rightarrow \min$。其倒数 $1/y$ 则为望小质量特性,损失函数 $L(y) = 1/y^2$,平均损失为 $E(1/y^2)$。

实际上,任何一种产品,都有一些影响因素影响其质量,对待这些因素,一般有两种态度:其一是尽可能消除这些因素,但是实际上往往很难实现,即使可能亦需要花费很大的代价,这是不值得的;其二是尽量降低这些因素的影响,使产品特性对这些因素的变化不十分敏感。由此而发展出一种面向产品质量的提高性能稳健性的新工程方法,称为工程稳健设计(engineering robustness design)。如使产品对原材料品质的变差不灵敏,从而可以在特定的情况下,使用一些价廉(低级)的原材料;使产品性能对制造上的变差不灵敏,从而降低加工精度,减少产品的制造费用;使产品对使用环境的变化不灵敏,就可以提高产品使用的可靠性,减少操作费用等。

1.2　稳健设计的本质与步骤

田口玄一(Taguchi)在 1957 年提出最初的稳健设计理论与方法,就是在试验中采用信噪比,并与正交设计相结合,以解决许多不同特征值的综合评价问题。其本质就是以容差、信噪比等为综合指标的正交设计。设计方法与一般的正交设计相似,一般步骤主要分为以下五步:

① 确定产品的质量评价指标,即确定试验指标。常用的试验指标有容差 Δy(灵敏度)、波动(S 或 σ)(稳健性)、信噪比等。

② 选择质量指标的影响因素。稳健设计中的因素,应分析各种可控与不可控因素对产品质量影响。

③ 依据影响因素,建立质量设计模型,选定设计指标函数,并设计试验方案。模型中所包含的参数应能充分显示出各个功能因素的变差对产品质量特性的影响。采用不同的评价指标,构建合理的试验方案,就形成了不同稳健设计的模型与分类。

④ 按试验方案进行试验,并对试验结果进行数据分析与计算。

⑤ 寻求稳健设计的解或最优解,获得设计方案。

稳健设计不仅提倡充分利用廉价的元件来设计和制造出高品质的产品,而且使用先进的试验技术来降低设计试验费用,这也正是稳健设计对传统思想的革命性改变,为企业增加效益指出了一个新方向。

1.3　稳健设计的指标函数

利用功能特性评定产品质量的好坏,必须有两项指标:一是要看质量特性 y 是否在允许的输出空间内;二是要看功能特性的均值与目标值 y_0 的差异。常用的指标函数有以下几种:

(1)废品率 P_d

废品率指废品数(质量特性值超出允许范围)与被检验产品的总数之比,取值范围为 $0 \sim 1$,最优值为 0,此时质量损失 L 定义为:$L = KP_d/(1 - P_d)$

(2)功能特性函数

当已知质量特性 y 服从对称正态分布时,一般可用功能特性函数 C_p(对称的正态分布)或 C_{pk}(非对称的正态分布)来表征产品的质量。设产品质量的允许上限为 y_u,下限为 y_L。当均值与目标值 y_0 重合时,定义功能特性函数

$$C_p = (y_u - y_L)/(6S_y) = 2\Delta y/(6S_y) = \Delta y/(3S_y)$$

若 $C_p = 1$,则质量特性的允许宽度"3σ",即为常说的 3σ 原则。也可令 $C_p = 0.5$、1.5、2 等。
非对称分布时,$C_p = \min\{(y_u - y_0)/(3S_y), (y_0 - y_L)/(3S_y)\}$

(3) 质量损失函数(quality loss function)

最常用的指标函数,也是 Taguchi 稳健设计最初提出的基础函数,可分为以下几种类型:阶梯型、非对称型、单边增、单边减、二次型等质量损失函数,最常用的为二次型,即为前述的平均损失函数

$$E(L) = E(y - y_0)^2 = E[(y - \mu) + (\mu - y_0)]^2 = E(y - \mu)^2 + E(\mu - y_0)^2$$
$$= \sigma^2 + \Delta y^2$$

(4) 质量信息熵函数

当质量特性不满足正态分布时,很难用功能特性指数 C_p 和平均质量损失 L 来评定所设计产品的功能特性的满意程度。此时可考虑用质量信息或信息量大小来评定。定义质量特性满足要求的概率 P 作为信息量大小的指标,P 越大,则信息量越小,因此定义质量信息熵函数为:$I = -\ln(P)$。如某个设计同时存在 m 项质量特性指标,其质量信息熵函数 $I = \sum -\ln(P_i)$。当 $P = 1$ 时,产品全部满足要求,$I = 0$,产品设计很好。

1.4 稳健设计的因素分析

影响产品质量的因素有很多,可能来自于设计、制造和使用三个方面。这些因素,有些是可控的,有些是不可控的。

可控因素是指在设计和制造中可以控制的因素,因此又可称为控制变量、设计变量。但由于制造条件和工艺方面的差异,可控因素也存在变差。

不可控因素是指对产品特性有影响,但是在设计和制造中又难以控制的因素,如原材料差异、环境条件、工作人员。这类因素,又称之为噪声因素。根据对质量特性产生波动的原因,又可将噪声分为以下三类:

外噪声:指产品在使用或运行过程中,由于环境和使用因素的差异或变化而影响产品质量特性稳定性的因素。如车床精度由于温度变化的影响,时针的快慢受温度和湿度的影响等。

内噪声:存放和使用过程,随时间变化的推移而直接影响产品质量特性的因素。如材料的老化、失效、磨损、腐蚀、蠕变等。

物间噪声:是指产品由于在生产中人、机、料等的差异而使产品质量特性发生波动的因素。如制造参数、原材料性能的波动等。

稳健设计的基本思想是把产品的稳健性设计到产品和制造过程中,通过控制源头质量来抵御大量的下游生产或顾客使用中的噪声或不可控因素的干扰,这些因素包括使用环境和使用方式等,如环境湿度、材料老化、制造误差、零件间的波动等。

产品质量设计的要素包括信号因素 y_0(输入因素)、设计变量(参数)x,噪声因素 N(不可控因素)和质量特性 y(输出因素)。

信号因素(S)(输入值 y_0,设计指标要求)指定产品灵敏度预期值,质量特性要达到的目标值或规定的技术条件 y_0 及其所限定的容差 Δy。要求:易于控制、检测、校正或调整

设计变量 x:是产品设计中可控因子的集合,能被设计者自由控制的因子,可控因素 x_i 的集合,其水平被选出,使产品对所有噪声因子的反应灵敏度最小。

控制因子(C):能被设计者自由控制的因子,可控因素 x_i 的集合,其水平被选出,使产品

对所有噪声因子的反应灵敏度最小。

噪声因子（N）：影响产品性能但不被设计控制的因子，如外部的环境或荷载因子、产品非统一性造成的变差、恶化所引起的性能退化等，是不可控因素 N_i 的集合。

质量特性 y：是设计结果的输出，受到设计变量 x 和噪声因素 N 的影响，因此是 x，N 的线性、非线性、显式或隐式的随机函数。

$$Y = y(x, N)$$

通过测量一组观测值 $(x_i、y_i)(i=1,2,\cdots,n)$，计算 y 的平均值 $\bar{y}$ 和标准差 S。理论上 $\bar{y} \equiv y_0$，标准差满足 $|k \cdot S| \leqslant |\Delta y|$。其中 k 为常数，随概率分布而定，若为正态分布，可取 $k=3$。

稳健性设计的功效在于帮助设计人员找到一组最佳的产品或工艺设计参数，使产品在最低廉的成本条件下（或最宽松的工艺条件下），达到输出性能最高的稳健性。

第 2 节 稳健设计模型与指标函数

2.1 损失模型（Taguchi 稳健设计）

基于损失模型的稳健设计，又称为 Taguchi 稳健设计或三次设计，需经过系统设计、参数设计和容差设计的三次设计而得名。也有一些文章把三次设计中的参数设计看作为 Taguchi 设计，不过从广义上讲，Taguchi 稳健设计更多地应包括参数设计和容差设计两个方面的内容。

Taguchi 稳健设计有两个基本工具：信噪比和正交试验设计。前者是将损失模型转化为信噪比指标并作为衡量产品的特征值；后者是用正交表通过对试验因子水平的安排和试验以确定参数值的最佳组合。从这个意义上讲，Taguchi 稳健设计也可认为是信噪比设计和正交试验设计。

Taguchi 稳健设计的产品质量指标函数采用质量损失函数来表示，并引入信噪比的概念，来模拟噪声因素对质量特性的影响。常用的质量损失函数有以下几种：

（1）望目特性的质量损失函数与信噪比

如前所述，如图 10-1 所示。

设产品的质量目标值 $y_0 (y_0 \neq 0)$，实际值为 y，若 $y \neq y_0$，则造成质量损失 L，在产品销售后所需要支付的成本。其损失函数为 $L(y)$，且 $y - y_0$ 的值越大，$L(y)$ 越大。$L(y)$ 在 $y = y_0$ 处存在二阶导数，按泰勒公式展开，则有

$$L(y) = L(y_0) + L'(y_0)(y - y_0) + \frac{L''(y)}{2!}(y - y_0)^2 + \cdots$$

若略去二阶以上的项，则可得质量损失函数为 $L(y) = K(y - y_0)^2$。其中 $K = L''(y_0)/2!$ 是不依赖于 y 的常数，称为质量损失系数。

可以看出，质量损失与偏离目标值 y_0 的偏差平方成正比，不仅不合格品会产生质量损失，即使合格品也会产生质量损失。这就是 Taguchi 对产品质量的一个观点。质量损失函数 $L(y)$ 为随机变量，因此求其期望值

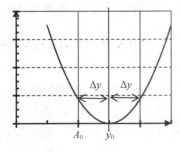

图 10-1 平均质量损失函数

$$E(L) = K\{E(y - y_0)^2\} = K[(\mu - y_0)^2 + \sigma_y^2]$$

式中 μ、σ_y^2 分别为 y 的期望值和方差。质量损失系数 K 对于正确评价质量损失具有重要的影响,常用的确定方法有以下两种:

根据功能界限 Δ_0 和相应的损失 A_0 确定 K。

所谓功能界限 Δ_0 是指产品能够正常发挥功能的极限值。当 $|y_i - y_0| > \Delta_0$ 时产品丧失功能,设此时的损失为 L_0,因此 $L_0 = K\Delta_0^2$,故有 $K = L_0/\Delta_0^2$。

根据容差界限 Δy 和相应的损失 A 确定 K。

所谓容差界限 Δy,是指合格品的范围,当 $|y_i - y_0| > \Delta y$ 时产品丧失功能,设此时的损失为 L,因此 $L = K\Delta y^2$,故有 $K = L/\Delta y^2$。

望目特性中,y 服从正态分布 $y \sim N(\mu, \sigma_y^2)$,希望 $\mu = y_0$,且 σ_y^2 越小越好,定义 μ^2 为信号(signal),σ_y^2 为噪声(Noise),信噪比 $\eta = \mu^2/\sigma_y^2$,取对数,化为分贝表示 $SN = 10\lg\frac{\mu^2}{\sigma_y^2}$,其中,

μ、σ_y^2 均可采用无偏估计和方差来代替,$\sigma^2 = S_y^2 = \dfrac{\sum\limits_{i=1}^{n}(y_i - \bar{y})^2}{n-1}$;$\bar{y}$ 是测试平均值,但 μ^2 不是

$\bar{y}^2$,$\mu^2 = \bar{y}^2 - \dfrac{S_y^2}{n} = \dfrac{\sum\limits_{i=1}^{n} \cdot y_i^2}{n^2} - \dfrac{S_y^2}{n}$。

$SN = 10\lg\dfrac{\mu^2}{\sigma_y^2} = 10\lg\left(\dfrac{\bar{y}^2 - S_y^2/n}{S_y^2}\right)$,当 n 足够大时,S_y^2/N 远小于平均值,此时 $SN = 10\lg\dfrac{\bar{y}^2}{S_y^2} = 20\lg\dfrac{\bar{y}}{S_y}$,就是离差系数的倒数,在概率论中,常用离差系数的倒数来作为随机变量欠佳性的一种量度。

(2)望小特性的质量损失函数与信噪比

即为特性值非负,越小越好,目标值 $y_0 = 0$。如计算机的响应时间、汽车污染、电路的电流损失、加工误差等。其质量损失函数为

$$E(L) = K\{E(y)^2\} = K(\sigma_y^2 + \mu^2), \quad K = L_0/\Delta_0^2 = L/\Delta y^2。$$

平均损失函数要求特性指标平均值要小,且波动程度 σ^2 小,因此可以要求 $\sigma_y^2 + \mu_y^2$ 越小越好,定义信噪比 $\eta = \dfrac{1}{\mu^2 + \sigma^2}$。取对数,化为分贝表示 $SN = 10\lg\left(\dfrac{1}{\mu^2 + \sigma^2}\right) = -10\lg(\mu^2 + \sigma^2)$,因为 $\sigma_y^2 + \mu^2$ 是 y^2 的期望值,因此可以由 $E\{y^2\}$ 的无偏估计代替,因此望小特性的信噪比 $SN = -10\lg\left(\dfrac{1}{n}\sum\limits_{i=1}^{n} y_i^2\right)$。

(3)望大特性的质量损失函数与信噪比

即为特性值非负,越大越好,0 值最差,随着性能值的增大,性能越来越好。如黏结强度等。其质量损失函数为 $E(L) = K\{E(1/y^2)\} = K\{1/\mu^2\}\{1 + 3\sigma_y^2/\mu^2\}$,$K = L_0/\Delta_0^2 = L/\Delta y^2$。因为要求 $\sigma_y^2 + \mu^2$ 越大越好,定义信噪比 $\eta = \mu^2 + \sigma^2$,因为 $\{1/\mu^2\}\{1 + 3\sigma_y^2/\mu^2\}$ 的无偏估计为 $\dfrac{1}{n}\sum\limits_{i=1}^{n}\dfrac{1}{y_i^2}$,因此 $SN = -10\lg\left(\dfrac{1}{n}\sum\limits_{i=1}^{n}\dfrac{1}{y_i^2}\right)$。

（4）不对称型的质量损失函数

在有些情况下，产品的输出特性在一侧的偏差比另一侧偏差的危害性更大，此时可在两侧取不同的质量损失系数 K 来描述。如，$K_1 = A_0/\Delta_0{}^2 = A/\Delta y^2$，$K_2 = A_0/\Delta_0{}'^2 = A/\Delta y'^2$。

上述 4 种不同类型特性的质量损失函数，如果测得一组功能特性值：y_1、y_2、$\cdots$、y_n，则 μ、σ_y^2 可用统计平均值和方差来估计。

表 10-1　不同类型特性的损失函数、期望损失及估计值、信噪比计算公式

类型	损失函数 $L(y)$	期望损失		信噪比	
		值	估计值	信噪比法	损失函数法
望目		$K[(\mu - y_0)^2 + \sigma_y^2]$	$K[(-y_0)^2 + S_y^2]$	$20\lg \dfrac{\bar{y}}{S_y}$	$-10\lg\left(\dfrac{1}{n}\sum\limits_{i=1}^{n}(y_i - y_0)^2\right)$
望小		$K(\sigma_y^2 + \mu^2)$	$K(\bar{y}^2 + S_y^2)$	$-10\lg(\bar{y}^2 + S_y^2)$	$-10\lg\left(\dfrac{1}{n}\sum\limits_{i=1}^{n} y_i^2\right)$
望大			$K\left(\dfrac{1 + 3S_y^2/\bar{y}^2}{\bar{y}^2}\right)$	$-10\lg\dfrac{1 + 3S_y^2/\bar{y}^2}{\bar{y}^2}$	$-10\lg\left(\dfrac{1}{n}\sum\limits_{i=1}^{n}\dfrac{1}{y_i^2}\right)$

必须指出，Taguchi 稳健设计方法中，作为评定产品质量优良的信噪比仅比较适合于服从正态分布和近似正态分布的情况，且其与方差、均值成正比。而且采用信噪比也使得质量特性 y 与目标值 y_0 的关系、特性 y 的分布与容差的关系变得模糊。

Taguchi 三次设计法的基本内容是：

（1）系统设计（第一次设计）。该设计主要是根据用户需求探索新产品功能原理，确定产品的基本结构和分析综合功能，因此又可称为概念设计或功能设计。实际上就类似于试验设计中，在初步确定所用的材料、零部件、装配系统和制造工艺等，满足产品功能要求下尽可能选用价廉材料和低费用的前提下，试验指标及评价方法等的设计与确定。系统设计对于减小产品质量特性的波动和降低制造费用具有重要的作用。当产品通过参数设计其质量特性达不到要求时，必须重新确定或修改产品的基本结构。

（2）参数设计（第二次设计）。它是 Taguchi 稳健设计最核心的内容，主要是采用正交设计方法，确定能使质量特性波动最小的可控因素、水平及试验点。

参数设计通常采用线性或非线性函数。在相同可控因素 x 的容差 Δx 时，通过调整设计参数的平均值，使质量特性 y 的方差 σ_y^2 最小，如图 10-2 所示。一般都尽可能采用原材料波动较大的廉价材料，以使产品在质量和成本两个方面均得到满意的结果。

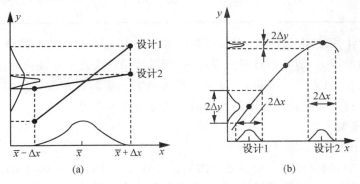

图 10-2　参数设计和容差设计的效果图

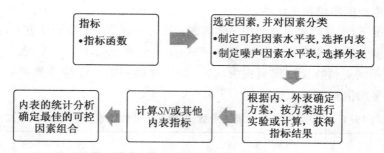

图 10-3　参数设计流程图

参数设计中,若因素为随机变量,满足正态分布,当已知中心值 x_0 和标准差 S 时,对于 2 水平因素,第 1 水平 $= x_0 - S$;第 2 水平 $= x_0 + S$;对于 3 水平因素,第 1 水平 $= x_0 - S$;第 2 水平 $= x_0$;第 3 水平 $= x_0 + S$。

参数设计时,一般用两个正交表,即安排试验因素的内表和安排噪声因素的外表,总试验次数等于内表试验次数和外表试验次数之和。如某试验可控因素选择 5 个因素 A、B、C、D、E,每个因素选择 2 个水平,则内表选择正交表 $L_8(2^7)$,噪声因素选择 3 个因素 U、V、W,每个因素选择 2 个水平,则外表可选用正交表 $L_4(2^3)$,则总共需进行 $8 \times 4 = 32$ 次试验。如试验方案表如表 10-2 所示。

表 10-2　稳健设计内表和外表试验方案

试验号	可控因素——内表 $L_8(2^7)$							不可控因素——外表 $L_4(2^3)$				信噪比 SN
								试验号 1	2	3	4	
	1	2	3	4	5	6	7	因素 U　1	1	2	2	
	A	B	C	D	E			因素 V　1	2	1	2	
								因素 W　1	2	2	1	
1	1	1	1	1	1	1	1	y_{11}	y_{12}	y_{13}	y_{14}	
2	1	1	1	2	2	2	2	y_{21}	y_{22}	y_{23}	y_{24}	
3	1	2	2	1	1	2	2	…………				
4	1	2	2	2	2	1	1	…………				
5	2	1	2	1	2	1	2	…………				
6	2	1	2	2	1	2	1	…………				
7	2	2	1	1	2	2	1	…………				
8	2	2	1	2	1	1	2	…………				

（3）容差设计（第三次设计）。它是调整产品质量和成本关系的一种重要方法,是产品质量设计的最后阶段,一般在通过参数设计后,产品质量还需进一步提高时进行。如果通过第二步的参数设计,其容差已经很好,就不需再进行第三步的容差设计。如在设计中,可利用非线性效应通过加大可控因素的容差来减小质量特性 y 的方差 σ_y^2。

2.2　其他模型

（1）响应面模型

大部分设计中,响应量和自变量之间的关系形式是未知的。因此响应面设计中的第一步是求出 $f(x)$ 函数的适当的近似,通常在自变量的某个范围内用低次多项式近似,如一次

模型和二次模型

$$\hat{y} = b_0 + b_1 x_1 + b_2 x_2 + \cdots + b_m x_m$$

$$\hat{y} = b_0 + \sum_{i=0}^{m} b_j x_j + \sum_{j=0}^{m} b_{jj} x_j^2 + \sum_{k<j} b_{kj} x_k x_j$$

基于响应面模型的稳健设计,一般分为三个步骤:因素的筛分、寻域和优化。先用少数几次试验筛分出影响产品质量的特性(响应量 y)或者与噪声因素相互影响的主要设计参数,从这些试验中拟合出线性模型,通过模型分析查明在设计空间中,参数的变动范围,并应弄清楚应按哪个方向去寻找最佳的设计参数值。当设计参数的变动区域确定后,拟合出二阶的响应面模型,通过模型的分析,确定设计参数的最佳组合。

(2)容差模型

望目特性采用损失函数作为稳健设计的目标函数,比信噪比更稳健

$$\Phi(\bar{x}) = \omega_1 (\mu - y_0)^2 + \omega_2 \sigma^2$$

式中 ω_1 和 ω_2 均为权重函数。

(3)随机模型

同时考虑可控因素与不可控因素、调整设计变量同时考虑容差。

三个准则:超出容差范围评定稳健性;考虑优质性(实际值与目标值的差异),灵敏度指数 SI;约束可行性(产品原材料或使用等的限制)。

(4)成本-质量模型

建立成本与容差之间的模型:

7 种常用模型:指数、幂函数、负平方($C(t) = a_0/t^2$)、指数与幂函数混合、线性或指数混合、三次多项式、四次多项式。

3 种新的模型:指数与分式混合、指数和倒指数混合、倒指数积与指数复合。

成本-质量模型:质量损失函数,交互优化设计,逐步逼近最小。

$$C(\bar{x}, \Delta x) = KE\{(y - \mu)^2\} = K[(\mu - y_0)^2 + \sigma_y^2]$$

2.3　实例分析

【例 10-1】　某简支 I 型梁的计算简图如图 10-4 所示,要求在给定跨度 L、荷载和 Q 下确定梁的尺寸,使截面面积最小。

已知设计参数:梁材料的允许弯曲应力为 $\sigma_s = 16\,\text{kN/cm}^2$,弹性模量 $E = 2 \times 10^4\,\text{kN/cm}^2$;最大载荷 $P = 600\,\text{kN}$;$Q = 50\,\text{kN}$;梁的跨度 $L = 200\,\text{cm}$。此问题的设计函数有两个:

(1)截面面积 $y_1(x) = 2x_2 x_4 + x_3(x_1 - 2x_4)$;

(2)垂直挠度 $y_2(x) = PL^3/48EI$;

式中 I 为梁截面的惯性矩 $I = [x_1^3 x_2 - (x_1 - 2x_4)^3 (x_2 - x_3)]/12$。

约束函数为弯曲应力

$$y_3(x) = \frac{180\,000\,x_1}{x_3(x_1 - 2x_4)^3 + 2x_2 x_4(4x_4^3 + 3x_1(x_1 - 2x_4))} + \frac{15\,000\,x_{21}}{x_3^3(x_1 - 2x_4) + 2x_4 x_2^3} \leqslant 16$$

边界约束条件(单位 cm): $10 \leqslant x_1 \leqslant 80$; $10 \leqslant x_2 \leqslant 50$; $0.9 \leqslant x_3 \leqslant 5$; $0.90 \leqslant x_4 \leqslant 5$;

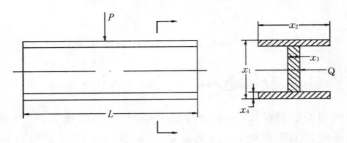

图 10-4　简支梁计算简图

将每一个设计变量在规定范围内取 4 个水平,忽略各因素间的交互作用,其因素水平表如表 10-3 所示。

表 10-3　简支梁 I 的因素水平表

	自变量 x_1	自变量 x_2	自变量 x_3	自变量 x_4
水平 1	10	10	0.9	0.9
水平 2	33.3	23.3	2.3	2.3
水平 3	56.7	36.7	3.4	3.6
水平 4	80	50	5.0	5.0

采用正交表 $L_{16}(4^5)$,计算三个目标函数的信噪比 SN_1、SN_2、SN_3。设计变量的变差取 3 个水平,且 Δx 的设计值为 1%,并采用外表正交表 $L_9(3^4)$ 分析设计试验,即每个试验号下进行 9 次试验,共进行了 $16 \times 9 = 144$ 次试验,并计算每个试验的信噪比,结果如表 10-4 所示。显然,$y_1(x)$ 和 $y_2(x)$ 为望小特性,$y_3(x)$ 为望目特性,因此

$$SN_1 \text{ 和 } SN_2 = -10\lg\left(\frac{1}{n}\sum_{i=1}^{n} y_i^2\right)$$

$$SN_3 = 10\lg\frac{\mu^2}{\sigma_y^2} = 10\lg\left(\frac{\bar{y}_3^2 - S_{y3}^2/9}{S_{y3}^2}\right)$$

表 10-4　简支梁试验方案与结果表 $L_{16}(4^5)$

试验号	1	x_1	2	x_2	3	x_3	4	x_4	SN_1	SN_2	SN_3
1	1	10	1	10	1	0.9	1	0.9	−28.09	−21.62	48.89
2	1		2	23.3	2	2.3	2	2.3	−41.56	−9.55	38.49
3	1		3	36.7	3	3.4	3	3.6	−48.77	−4.45	33.72
4	1		4	50	4	5.0	4	5.0	−53.98	−1.59	30.98
5	2	33.3	1		2		3		−42.41	11.75	15.36
6	2		2		1		4		−48.10	19.66	17.65
7	2		3		3		1		−46.99	15.66	20.45
8	2		4		4		2		−50.46	21.93	16.52
9	3	56.7	1		3		4		−48.57	25.80	11.15
10	3		2		4		3		−52.37	30.57	3.18
11	3		3		1		2		−46.68	28.66	11.72
12	3		4		2		1		−46.70	26.17	14.04
13	4	80	1		4		2		−52.33	33.91	15.35
14	4		2		3		1		−50.20	32.42	17.50
15	4		3		2		4		−54.45	41.32	−0.46
16	4		4		1		3		−52.58	40.90	2.48

表 10-5　正交设计的直观分析表

	自变量 x_1			自变量 x_2			自变量 x_3			自变量 x_4		
	SN_1	SN_2	SN_3	SN_1	SN_2	SN_3	SN_1	SN_2	SN_3	SN_1	SN_2	SN_3
K_1	-172.40	-37.21	152.08	-171.40	49.84	90.75	-175.45	67.60	80.74	-171.98	52.63	100.88
K_2	-187.96	69.00	69.98	-192.23	73.10	76.82	-185.12	69.69	67.43	-191.03	74.95	82.08
K_3	-194.32	111.20	40.09	-196.89	81.19	65.43	-198.00	75.70	78.89	-196.13	78.77	54.74
K_4	-209.56	148.55	34.87	-203.72	87.41	64.02	-205.67	78.55	69.96	-205.10	85.19	59.32
m_1	-43.100	-9.303	38.020	-42.850	12.460	22.688	-43.863	16.900	20.185	-42.995	13.158	25.220
m_2	-46.990	17.250	17.495	-48.058	18.275	19.205	-46.280	17.423	16.858	-47.758	18.738	20.520
m_3	-48.580	27.800	10.023	-49.223	20.298	16.358	-49.500	18.925	19.723	-49.033	19.693	13.685
m_4	-52.390	37.138	8.718	-50.930	21.853	16.005	-51.418	19.638	17.490	-51.275	21.298	14.830
极差	9.3	46.4	29.3	8.1	9.4	6.7	7.6	2.7	3.3	8.3	8.1	11.5
较优	A1	A4	A4	B1	B4	B4	C1	C4	C2	D1	D4	D3

可以看出,各因素对约束函数的影响顺序为 $x_1 > x_4 > x_2 > x_3$,其各因素的最优设计值均为第一水平。若将约束的极限值 16 取值计算 $10\lg(16)^2 = 24.08$,在后续的设计中,可删除违反约束的水平值,即 x_1 的第一水平和 x_4 的第一水平,减小设计范围。

计算 $K = \sum_{i=1}^{16} y$,$R = \sum_{i=1}^{16} y^2$,$P = K^2/16$。

$$SS_T = R - P = \sum_{i=1}^{16} y^2 - \frac{1}{16}\left(\sum_{i=1}^{16} y\right)^2$$

$$SS_{A/B/C/D} = \frac{1}{4}(K_1^2 + K_2^2 + K_3^2 + K_4^2) - \frac{1}{16}\left(\sum_{i=1}^{16} x_i\right)^2$$

$$SS_e = SS_T - SS_A - SS_B - SS_C - SS_D。$$

根据计算所得的平方和 S 值及相应的自由度,计算各自的方差及其 F 值,并列出方差分析表,如表 10-6 所示。

表 10-6　方差分析表

方差来源	平方和			自由度	方差			F		
	SN_1	SN_2	SN_3		SN_1	SN_2	SN_3	SN_1	SN_2	SN_3
x_1	177.67	4 832.31	2 198.36	3	59.22	1 610.77	732.79	11.36	2 156.03	104.22
x_2	145.54	202.77	115.33	3	48.51	67.59	38.44	9.31	90.47	5.47
x_3	135.14	19.54	32.14	3	45.05	6.51	10.71	8.64	8.71	1.52
x_4	146.72	150.14	343.50	3	48.91	50.05	114.50	9.39	66.99	16.28
误差 e	15.63	2.24	21.09	3	5.21	0.75	7.03			
总和	620.70	5 207.00	2 710.42	15						

可以看出,各因素对截面积(y_1)的影响均较大。x_1 对垂直挠度(y_2)的影响最大,其贡献率可达 92.7%,远高于其他函数,因此后续研究可将 x_1 选定在较优值($x_1 = 56.7$ 或 80)。x_3 对垂直挠度、约束函数的影响贡献率均较低,因此固定取值第一水平($x_3 = 0.9$),综合后,可减小设计条件和边界:$x_1 = 80$;$10 \leqslant x_2 \leqslant 50$;$x_3 = 0.9$;$2.3 \leqslant x_4 \leqslant 5$。

在初步设计的基础上,可在缩小设计空间的基础上,进行下一次试验设计。或者直接求出每个因素非劣解解集(满足约束条件的解)。如各组的试验结果如表 10-7 所示。

表 10-7　试验的结果集

	x_1	x_2	x_3	x_4	截面积/cm^2	挠度/cm	应力/MPa
1	1	1	1	1	113.86	0.0492	~~20.412~~
2	1	2	2	2	130.24	0.0402	13.591
3	1	3	3	3	146.62	0.0343	9.956
4	1	4	4	4	163.00	0.0300	7.719
5	2	1	2	3	175.04	0.0258	0.1858
6	2	2	1	4	215.36	0.0200	0.4873
7	2	3	4	1	255.68	0.0165	0.5901
8	2	4	3	2	296.00	0.0141	0.6292
9	3	1	3	4	236.68	0.0174	1.760
10	3	2	4	3	301.12	0.0133	1.448
11	3	3	1	2	365.56	0.0108	1.242
12	3	4	2	1	430.00	0.00922	1.098
13	4	1	4	2	297.86	0.0132	1.859
14	4	2	3	1	386.24	0.00996	1.453
15	4	3	2	4	474.62	0.00808	1.208
16	4	4	1	3	563.00	0.00685	1.044

　　如图 10-5 所示,作出截面积与挠度关系图,可根据工程问题中目标函数的阈值来区分优选设计与非优选设计,综合多重因素,从而确定问题的合理解。

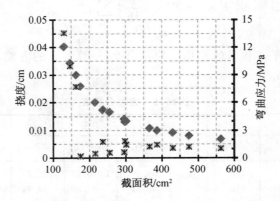

图 10-5　简支梁截面积-弯曲应力-挠度关系图

习　　题

　　10.1　为提高树脂零件的抗冲击能力,同时考虑树脂的流动性,经过文献分析和大量试验研究,认为零件生产的两个关键因素为:挤压过程的螺栓转速 n(r/min)和工艺温度 t(℃)。正常水平值为 250 r/min,$t=240$ ℃,认为提高转速和温度有利于提高产品质量,取中心值 $n=270$ r/min,$t=250$ ℃为中心的八边形等径因子设计。$242<n<298,236<t<264$,试验结果如下表所示,建立 y 关于变量 x_1,x_2 的回归方程,并对回归方程进行方差分析。

试验号		z_1	z_2	z_1z_2	z_1^2	z_2^2	y	抗冲击	流动性
m_c	1	0.714	0.714	0.51	0.51	0.51	y_1	20.8	52.8
	2	0.714	−0.714	−0.51	0.51	0.51	y_2	20.5	50.9
	3	−0.714	0.714	−0.51	0.51	0.51	y_3	20.0	52.5
	4	−0.714	−0.714	0.51	0.51	0.51	y_4	19.8	50.8
m_r	5	1	0	0	1	0	y_5	21.0	51.3
	6	−1	0	0	1	0	y_6	19.6	51.5
	7	0	1	0	0	1	y_7	20.3	53.0
	8	0	−1	0	0	1	y_8	19.6	50.2
m_0	9	0	0	0	0	0	y_9	21.5	52.2
	10	0	0	0	0	0	y_{10}	21.3	52.0
	11	0	0	0	0	0	y_{11}	21.8	51.9

第 11 章　试验设计软件及其应用

目前有很多现成的统计分析软件使试验设计和数据处理变得更加简单和准确。常用的统计软件有 SAS、SPSS、Minitab、Excel 等。前两项功能强大,但不够普及。

SAS 系统是"统计分析系统"(statistical analysis system)的缩写,被誉为是世界上功能最强大的统计软件,是一个用于数据分析和决策支持的大型集成式、模块化的组合软件系统。软件的核心功能大致分为数据访问、数据管理、数据分析、数据呈现四项,具体由三十多个专用模块组合而成,功能包括:客户机/服务器计算、数据访问、数据存储及管理、应用开发、图形处理、数据分析、报告编制、质量控制、项目管理、计算机性能评估、运筹学方法、计量经济学与预测等,其中 Base SAS 模块是 SAS 系统的核心,承担着主要的数据管理任务,并管理用户使用环境,进行用户语言的处理,调用其他 SAS 模块和产品。因为其包含内容太多,使用者需要更多的知识去驾驭,一般适用于企业使用。

SPSS 软件,原意为 statistical package for the social sciences,即"社会科学统计软件包"。它是世界上最早的统计分析软件,由美国斯坦福大学的三位研究生于 20 世纪 60 年代末研制,同时成立了 SPSS 公司,并于 1975 年在芝加哥组建了 SPSS 总部。和 SAS 相同,SPSS 也由多个模块构成,在 SPSS 11 中,SPSS 一共由十个模块组成,其中 SPSS Base 为基本模块,其余九个模块为 Advanced Models、Regression Models、Tables、Trends、Categories、Conjoint、Exact Tests、Missing Value Analysis 和 Maps,分别用于完成某一方面的统计分析功能,它们均需要挂接在 Base 上运行。使用 Windows 的窗口方式展示各种管理和分析数据方法的功能,使用对话框展示出各种功能选择项,只要掌握一定的 Windows 操作技能,粗通统计分析原理,就可以使用。并采用类似 Excel 表格的方式输入与管理数据,数据接口较为通用,能方便地从其他数据库中读入数据,因此可以满足非统计专业人士的工作需要。该软件主要吸收较为成熟的统计方法,且输出结果不能为 Word 等常用文字处理软件直接打开,只能采用拷贝、粘贴的方式加以交互。

Minitab 公司 1972 年成立于美国的宾夕法尼亚州州立大学(Pennsylvania State University)。公司产品 Minitab 是一个全方位的统计软件包,它提供了普通统计学所涉及的所有功能,如描述性统计分析、假设检验、相关与回归分析、多元统计分析等。Minitab 软件是现代质量管理统计的领先者,主要为质量改善和概率应用提供准确和易用的工具。与其他传统软件相比,Minitab 最大的特点是其可提供强大的"可视化"统计输出功能,与 Office 具有良好的兼容性,图表直观且容易理解,以及其使用不要求具有非常专业的统计学知识。它结合以人为本的操作平台和功能强大的后台支持,因此 Minitab 被称为"非统计学者的统计软件",极适用于具备初级或中级统计学基础的学生和工程师,以及其他相关人员使用。

第 1 节　Excel 在统计分析中的应用

1.1　Excel 的内置函数

Excel 内置 400 多个函数,函数其实质就是内置公式。可用于方差分析的内置函数,除常用的平均值函数 AVERAGE、求和函数 SUM、样本的标准差函数 STDEV 等外,还提供了众多可用于统计、财务、数学计算及各种工程计算的函数。常用的统计函数有求平方和函数 DEVSQ、协方差函数 COVAR、计算 F 的概率分布函数 FDIST、返回 F 分布的临界值函数 FINV、计算 F 检验结果函数 FTEST 等。常用函数及其说明如表 11-1 所示。

表 11-1　统计分析中 Excel 常用函数及其说明

常用函数	函数说明
VAR	估算样本方差 $\dfrac{\sum\limits_{i=1}^{n}(x_i-\bar{x})^2}{n-1}$,即 S^2。语法 VAR(number1,[number2],…)
VARP	估算样本总体的方差,即 σ^2。语法和公式同 VAR
COVAR	协方差函数 $\mathrm{Cov}(x,y)=\dfrac{1}{n}\sum\limits_{i=1}^{n}(x_i-\bar{x})(y_i-\bar{y})$,语法 COVAR(array1,array2)
DEVSQ	计算数据点与样本平均值偏差的平方和 $\sum\limits_{i=1}^{n}(x_i-\bar{x})^2$,语法 DEVSQ(number1,[number2],…)
FDIST	计算 F 概率分布,即计算显著性程度,语法 FDIST(x,freedom1,freedom2),x 指在方差分析中计算出的 F 值、freedom1 为分子自由度、freedom2 为分母自由度条件下的 F 概率分布函数的函数值。如 FDIST(15.18,4,10)=0.0003
FINV	返回 F 概率分布的逆函数。语法 FINV(P,freedom1,freedom2),P 为累积 F 分布的概率值,即显著性水平 α。freedom1/freedom2 含义同 FDIST。FINV(0.0003,4,10)=15.18
FTEST	计算 F 检验结果函数,返回当 array1 和 array2 的方差无明显差异时的双尾概率
LINEST	线性回归拟合曲线函数
INTERCEPT	利用已知的 X,Y 值计算直线与 Y 轴的截距,语法 INTERCEPT(y,x)
SLOPE	计算线性回归直线的斜率,语法 SLOPE(y,x)
GROWTH	返回指数曲线趋势值
CORREL/PEARSON	返回 array1 和 array2 单元格区域相关系数 r。语法 CORREL(array1,array2)
RSQ	计算决定系数 R^2
STEYX	线性回归计算 y 预测值产生的残差标准误差
TREND	计算一条线性回归拟合曲线的一组纵坐标值(Y 值)
LOGEST	指数回归拟合曲线函数

1.2　Excel 工具库

Excel 的数据分析功能是非常强大的,而且它提供了多种数据分析工具包,如统计分析、财务分析、工程分析、规划求解工具等,使用这些工具时,只需提供需要分析的数据和参数,就能得出相应的结果。下面主要介绍"数据分析"和"规划求解"工具库的安装与调用。

"分析工具库"的安装,Excel 2000 可通过点击"工具"中"加载宏"完成安装,点击"加载宏"后,会弹出"加载宏"对话框,见图 11-1(a)。其中包括"Internet Assistant VBA""查阅向导""分析工具库""规划求解""条件求和向导"等内容,见图 11-1(b)。此处仅介绍

"分析工具库"的使用。勾选"分析工具库"且加载成功后,Excel"工具"菜单下会出现新增加的"数据分析"命令,见图 11-1(c)。点击"数据分析"命令后,即可显示"数据分析"对话框,见图 11-1(d)。

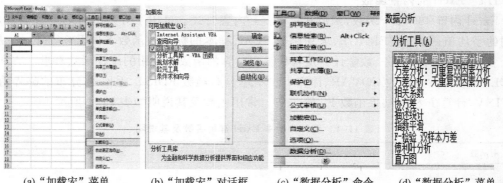

(a)"加载宏"菜单	(b)"加载宏"对话框	(c)"数据分析"命令	(d)"数据分析"菜单

图 11-1　Excel 2000 分析工具库安装

Excel 2007 后版本,可通过点击"文件"菜单,选择"选项",弹出"选项"窗口,选择左边的"加载项"类别,选择"分析数据库",如图 11-2(a)所示;在窗口的下面,可以看到下拉框中的"Excel 加载项"已经选中了。点击"转到"按钮,弹出"加载宏"对话框,如图 11-2(b),所示选中"分析工具库""分析工具库—VBA 函数""规划求解",点击"确定"按钮。也可通过目录文件夹"Microsoft Office\\Office14\\Library\\Analysis"点击文件"Analysis32. xll"来完成加载宏。加载成功后,Excel"数据"菜单下会出现新增加的"数据分析"和"规划求解"命令,如图 11-2(c)所示。

"数据分析"工具可提供单因素方差分析、无(有)重复两因素的方差分析、相关分析、协方差、统计描述等 19 类不同的分析工具。"规划求解"可用于回归分析和解方程等。

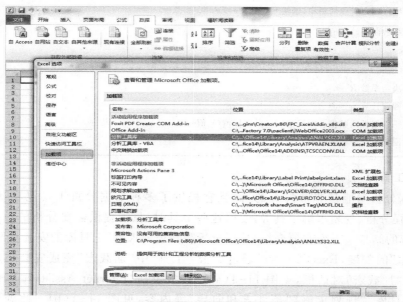

(a)"文件\选项\加载项\分析数据库"菜单

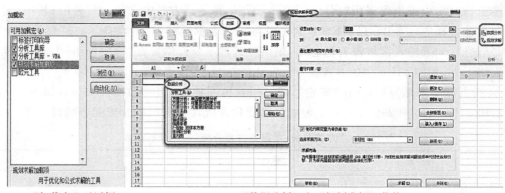

(b) "加载宏"对话框   (c) "数据分析"和"规划求解"菜单

图 11-2   Excel 2010 分析工具库安装

1.3   Excel 在方差分析中的应用

Excel 数据分析包可以提供方差分析、回归分析和相关系数分析等数理统计分析。利用 Excel 提供的方差分析工具和内置函数，可以快速、准确地完成方差分析。

（1）单因素试验方差分析

【例 11-1】 为考察温度变化对某化工产品合成的影响，选定 5 个不同温度，每一温度下重复 3 次试验，试验数据如表 11-2 所示。使用 Excel 数据分析包中的"单因素方差分析"工具分析温度的变化对产品得率是否有统计意义上的显著影响？

表 11-2   试验数据

试验次数	60℃	65℃	70℃	75℃	80℃
1	90	97	96	84	84
2	92	93	96	83	86
3	88	92	93	88	82

解 ① 将数据输入到 Excel 中，如图 11-3 的 A1:F4 中，数据可以按"行"或"列"进行组织。

② 选择"数据分析"子菜单，并选择"方差分析：单因素方差分析"工具，见图 11-1(d)，即可弹出"单因素方差分析"对话框，如图 11-3 所示。

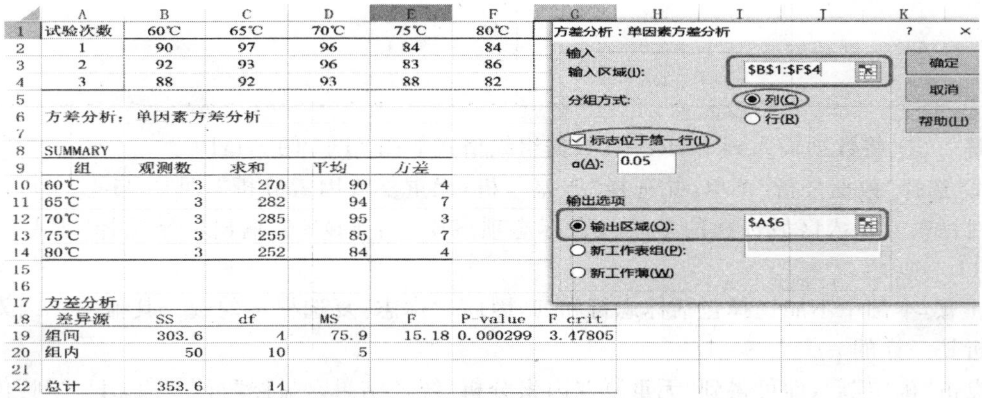

图 11-3   输入的数据和"方差分析：单因素方差分析"对话框

注意：首先，由于本例采用"列"组织方式，所以，在分组方式中选择"列"分组；其次，输入区域选择包含标志项 B1：F4（其中符号"$"表示绝对引用），则需勾选"标志位于第一行"复选框，如果输入区域没有标志项，则该复选框不要选中。在"输出选项"中，可选择显示在表格下方，如图 11-3 中的 A6，也可选择在"新工作表组"。

③ 按上述要求填写后，点击"确定"，即可得到单因素方差分析的统计结果，如表 11-3。可以看出，$P = 0.000\ 299 < 0.01$，说明温度变化在统计上对产物合成的影响极显著。

表 11-3　"方差分析：单因素方差分析"统计分析结果

组	观测数	求和	平均	方差
60℃	3	270	90	4
65℃	3	282	94	7
70℃	3	285	95	3
75℃	3	255	85	7
80℃	3	252	84	4

方差分析						
差异源	SS	df	MS	F	$P - value$	$F - crit$
组间	303.6	4	75.9	15.18	0.000 299	3.478 05
组内	50	10	5			
总计	353.6	14				

（2）无重复试验的双因素方差分析

【例 11-2】　为了考察 pH 和硫酸铜溶液的浓度对血清化验过程的白蛋白和球蛋白是否有显著影响，对蒸馏水的 pH 设置 4 个不同水平，对硫酸铜溶液浓度设置 3 个水平，在不同组合下进行影响试验，评价指标为白蛋白与球蛋白之比，试验结果如表 11-4 所示。利用无重复试验的两因素方差分析，研究 pH 和硫酸铜溶液对血清化验中白蛋白和球蛋白是否有统计学上的显著性影响？

表 11-4　试验数据

pH	硫酸铜溶液浓度		
	B_1	B_2	B_3
A_1	3.5	2.3	2.0
A_2	2.6	2.0	1.9
A_3	2.0	1.5	1.2
A_4	1.4	0.8	0.3

解　① 将数据输入到 Excel 中，数据组织格式如图 11-4 的 A1：D6。

② 选择"数据分析"菜单，并选择"方差分析：无重复双因素分析"，见图 11-1(d)，弹出相应对话框。输入区域选择的是不包含标志项 B3：D6，输出区域选择"A8"。如图 11-4 所示。

注意，本例中不能选择包括标志行和列，因此，"标志"复选框不勾选。其他与单因素方差分析是一样的。

点击"确定"后，即可得到"无重复双因素分析"统计结果。显然"行"代表 pH，"列"代表硫酸铜溶液浓度，可见两个因素对结果都有显著的影响。

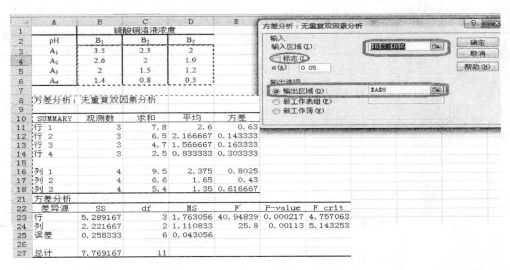

图 11-4 数据组织格式

（3）可重复试验的双因素方差分析

【例 11-3】 研究原料浓度与反应温度对某产品合成的影响,每一条重复试验 2 次。试分析温度、浓度两个因素间交互作用对试验结果是否有显著性的影响。试验数据如表 11-5 所示。

表 11-5 试验数据

浓度/%	10℃	24℃	38℃	52℃
2	14 10	11 11	13 9	10 12
4	9 7	10 8	7 11	6 10
6	5 11	13 14	12 13	14 10

解: 将数据输入到 Excel 中。选择"数据分析"菜单,然后选择"方差分析:可重复双因素分析",即可弹出相应对话框,如图 11-5(a)。其他与单因素方差分析是一样的,输入区域选择的是包含标志项 $A\$1:\$E\$7$,输出区域选择" $A\$9$ "。如图 11-5 所示。

注意,在数据输入区域选择时,要将标题栏也一并选入,否则无法点击"确定"。结果如表 11-6 所示。方差分析表中,"样本"表示浓度,"列"表示温度,"内部"表示误差。可见只有样本,即浓度对产品合成有显著影响。

(a) 数据组织格式　　　　(b) 数据分析对话框　　　(c) "方差分析:可重复双因素分析"对话框

图 11-5 数据组织格式和"方差分析:可重复双因素分析"对话框

表 11-6 "可重复双因素分析"结果

SUMMARY	10℃	24℃	38℃	52℃	总计	
2						
观测数	2	2	2	2	8	
求和	24	22	22	22	90	
平均	12	11	11	11	11.25	
方差	8	0	8	2	2.785 714	
4						
观测数	2	2	2	2	8	
求和	16	18	18	16	6.8	
平均	8	9	9	8	8.5	
方差	2	2	8	8	3.142 857	
6						
观测数	2	2	2	2	8	
求和	16	27	25	24	92	
平均	8	13.5	12.5	12	11.5	
方差	18	0.5	0.5	8	8.857 143	
总计						
观测数	6	6	6	6		
求和	56	67	65	62		
平均	9.333 333	11.166 67	10.833 33	10.333 3		
方差	9.866 67	4.566 667	5.766 67	7.066 667		
方差分析						
差异源	SS	df	MS	F	P - value	F - crit
样本	44.333 3	2	22.166 67	4.092 308	0.044 153	3.885 294
列	11.5	3	3.833 333	0.707 692	0.565 693	3.490 295
交互	27	6	4.5	0.830 769	0.568 369	2.996 12
内部	65	12	5.416 667			
总计	147.833 3	23				

1.4 Excel 在回归分析中的应用

Excel 提供了众多的回归分析手段,如内置函数、图表功能、数据分析工具库、规划求解等。其中图表法只能解决一元回归问题,可得出几种常见类型的拟合函数和相关系数,不能解决多元回归问题。而数据分析和规划求解工具库可根据需要得出回归分析的各种信息。

1.4.1 图表法和数据分析

图表法在一元线性回归方程拟合中的应用,简单方便且实用。例 11-4 对比分析了图表法和数据分析工具库在一元线性回归方程中的应用。

【例 11-4】 用邻二氮菲分光光度法测定铁,需配置铁标准溶液并绘制标准曲线。试验数据如表 11-7 所示,使用图表法拟合该一元线性回归方程。

表 11-7 试验数据

试验号	1	2	3	4	5	6
邻二氮菲浓度 $c/(\times 10^{-5} \text{mol/L})$	1.00	2.00	3.00	4.00	5.00	6.00
吸光度 A	0.110	0.210	0.338	0.436	0.668	0.869

解 1：图表法

① 选择数据,插入"散点图"。选择图表区域,在菜单"设计"下选择添加"轴标题",添加横坐标和纵坐标,得到曲线,如图 11-6(a)所示。

② 选中图中标准曲线任意一数据点,点击右键,选择"添加趋势线(R)...",然后点击右侧的"选项",目测为线性拟合,因此选择"线性(L)",并将"显示公式(E)"和"显示 R 平方值(R)"复选框全勾选,见图 11-6(b)。点击"确定"按钮,即可得到一元线性回归方程以及 R^2 值,见图 11-6(c)。经 Excel 一元线性拟合后,得到一元线性回归方程为 $y = 0.150\,5x - 0.088\,2$,$R^2 = 0.970\,8$。

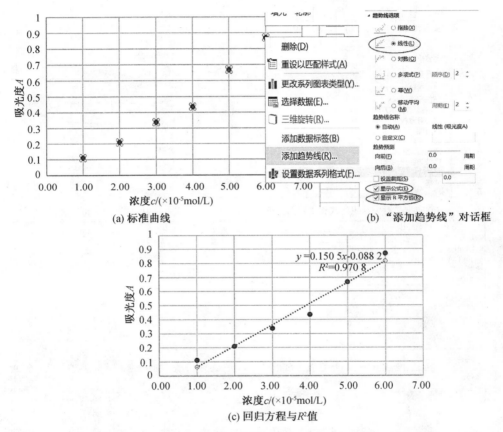

图 11-6　标准曲线、"添加趋势线"对话框和回归方程与 R^2 值

可以利用数据分析中的"回归"进行分析。

解 2：数据分析工具库法

① 将数据输入到 Excel 中,选择"数据分析"菜单,然后选择"回归",如图 11-7(a)。即可弹出相应对话框,如图 11-7(b)。

② 输入"Y 值的输入区域"为"＄A＄3：＄G＄3","X 值的输入区域"为"＄A＄2：＄G＄2",选择包含标志项,则需勾选"标志位于第一列"复选框,如果输入区域没有标志项 A 列,则该复选框不要选中。在"输出选项"中,可选择显示在表格下方,如图 11-7 中的 ＄A＄5,也可选择在"新工作表组"中显示。

"残差",如果需要以残差输出表的形式查看残差,则选中此复选框;

"标准残差",如果需要残差输出表中包含标准残差,则选中此复选框;

"残差图",如果需要生成一张图表,绘制每个自变量及其残差,则选中此复选框;

"线性拟合图",如果需要为预测值和观察值生成一张图表,则选中此复选框;

"正态概率图",如果需要绘制正态概率图,则选中此复选框。

③ 点击"确定"按钮,即可得到回归分析的统计结果,如图 11-7(e)所示。显然,从"方差分析的自由度"、方程的截距"Intercept"、残差结果"RESIDUAL OUTPUT"看都是不对的,显著性水平"Significance F"甚至出错。

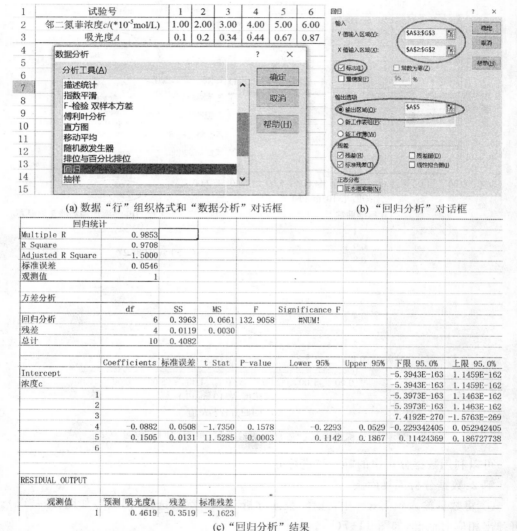

(a) 数据"行"组织格式和"数据分析"对话框   (b)"回归分析"对话框

回归统计	
Multiple R	0.9853
R Square	0.9708
Adjusted R Square	-1.5000
标准误差	0.0546
观测值	1

方差分析

	df	SS	MS	F	Significance F
回归分析	6	0.3963	0.0661	132.9058	#NUM!
残差	4	0.0119	0.0030		
总计	10	0.4082			

	Coefficients	标准误差	t Stat	P-value	Lower 95%	Upper 95%	下限 95.0%	上限 95.0%
Intercept							-5.3943E-163	1.1459E-162
浓度c							-5.3943E-163	1.1459E-162
1							-5.3973E-163	1.1463E-162
2							-5.3973E-163	1.1463E-162
3							7.4192E-270	-1.5763E-269
4	-0.0882	0.0508	-1.7350	0.1578	-0.2293	0.0529	-0.229342405	0.052942405
5	0.1505	0.0131	11.5285	0.0003	0.1142	0.1867	0.11424369	0.186727738
6								

RESIDUAL OUTPUT

观测值	预测 吸光度A	残差	标准残差
1	0.4619	-0.3519	-3.1623

(c)"回归分析"结果

图 11-7 采用 Excel 进行一元线性回归的数据分析

将数据组织形式改为竖向排列,如图 11-8(a)所示,并选择显示"线性拟合图",得到的拟合曲线如图 11-8(b)所示。数据结果保留 4 位小数,如表 11-8 所示。其截距为 -0.088 2,浓度系数为 0.150 5,R Square=0.970 8,与解法 1 相同。且列出了显著性水平 F = 0.000 3,高度显著。

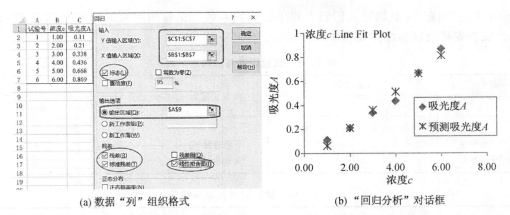

(a) 数据"列"组织格式　　　　　　　(b) "回归分析"对话框

图 11-8　采用 Excel 进行一元线性回归的正确数据分析及结果图

表 11-8　一元线性回归的数据分析结果

回归统计

Multiple R	0.985 3
R Square	0.970 8
Adjusted R Square	0.963 5
标准误差	0.054 6
观测值	6

方差分析

	df	SS	MS	F	Significance F
回归分析	1	0.396 3	0.396 3	132.905 8	0.000 3
残差	4	0.011 9	0.003 0		
总计	5	0.408 2			

	Coefficients	标准误差	t Stat	P – value	Lower 95%	Upper 95%
Intercept	−0.088 2	0.050 8	−1.735 0	0.157 8	−0.229 3	0.052 9
浓度 c	0.150 5	0.013 1	11.528 5	0.000 3	0.114 2	0.186 7

RESIDUAL OUTPUT

观测值	预测 吸光度 A	残差	标准残差
1	0.062 3	0.047 7	0.976 9
2	0.212 8	−0.002 8	−0.056 7
3	0.363 3	−0.025 3	−0.517 1
4	0.513 7	−0.077 7	−1.591 7
5	0.664 2	0.003 8	0.077 2
6	0.814 7	0.054 3	1.111 5

在多元非线性回归方程拟合中,数据分析工具库也很方便。

【例 11-5】　为了提高某淀粉类高吸水性树脂的吸水性,在其他合成条件恒定的情况下,考察丙烯酸中和度(x_1,变化范围为 0.7~0.9)和交联剂用量(x_2,变化范围为 1~3 mL)对试验指标(产品吸水倍率)的影响。使用二元二次回归正交组合设计拟合该非线性回归方程。已知所建立的回归方程模型为 $\hat{y} = b_0 + b_1 x_1 + b_2 x_2 + b_{12} x_1 x_2 + b_{11} x_1^2 + b_{22} x_2^2$。试利用

Excel 中的"回归"工具确定该回归方程中的回归系数。试验因素与编码水平如表 11-9 所示。试验安排及试验结果如表 11-10 所示。

表 11-9　试验因素与编码水平表

规范变量 z_j	实际变量		规范变量 z_j	实际变量	
	x_1	x_2/mL		x_1	x_2/mL
上星号臂 r	0.900	3.00	下水平 -1	0.707	1.07
上水平 1	0.893	2.93	下星号臂 $-r$	0.700	1.00
零水平 0	0.800	2.00	变化步长 Δ_j	0.093	0.93

表 11-10　试验安排及试验结果

序号	z_1	z_2	丙烯酸中和度	交联剂用量	y
1	1	1	0.893	2.93	423
2	1	-1	0.893	1.07	486
3	-1	1	0.707	2.93	418
4	-1	-1	0.707	1.07	454
5	1.078	0	0.9	2	491
6	-1.078	0	0.7	2	472
7	0	1.078	0.8	3	428
8	0	-1.078	0.8	1	492
9	0	0	0.8	2	512
10	0	0	0.8	2	509

　　试利用 Excel 完成：(1)因变量 y 与规范自变量之间的函数关系式；(2)因变量 y 与自然变量之间的函数关系式。

　　解：根据二元二次回归正交设计的要求，采用规范变量表示，即将二次项 z_1^2 和 z_2^2 进行中心化，得到 z_1' 和 z_2'，规范变量后结果如表 11-11 所示。

表 11-11　二元二次回归正交组合设计表及试验结果

序号	z_1	z_2	$z_1 z_2$	z_1^2	z_2^2	z_1'	z_2'	y
1	1	1	1	1	1	0.368	0.368	423
2	1	-1	-1	1	1	0.368	0.368	486
3	-1	1	-1	1	1	0.368	0.368	418
4	-1	-1	1	1	1	0.368	0.368	454
5	1.078	0	0	1.162	0	0.530	-0.636	491
6	-1.078	0	0	1.162	0	0.530	-0.636	472
7	0	1.078	0	0	1.162	-0.632	0.530	428
8	0	-1.078	0	0	1.162	-0.632	0.530	492
9	0	0	0	0	0	-0.632	-0.632	512
10	0	0	0	0	0	-0.632	-0.632	509

　　设二次回归方程中的二次项 $z_{ji}^2 (j=1,2,\cdots,m_j; i=1,2,\cdots,n)$，其对应的编码用 z_{ji}' 表示，可以用下式对二次项中的每个编码进行中心化处理：

$$z_{ji}' = z_{ji}^2 - \frac{1}{n}\sum z_{ji}^2$$

　　式中 z_{ji}' 是中心化后的编码，这样组合设计表中的 z_j^2 就变为了 z_j' 列。如 z_1^2 列中心化

为 z_1' 列，该列的和为 6.324，所以：$z'_{11}=z_{11}^2-1/10\sum z_{11}^2=1-6.324/10=0.3676$

解 1：建立因变量 y 与规范自变量之间的函数关系式。对数据进行处理，根据要求，将试验数据输入到 Excel 中，进入“回归分析”对话框，见图 11-9。回归分析结果见表 11-12，回归系数 z_1、z_2、z_1z_2、z_1'、z_2' 回归系数依次为 468.492 7（截距）、9.089 26、−26.563 5、−6.75、−23.299 1 和 −41.654 9，保留三位小数，所以回归方程表达式为：

$$\hat{y}=468.509+9.089z_1-26.563z_2-6.75z_1z_2-23.299z_1'-41.695z_2'$$

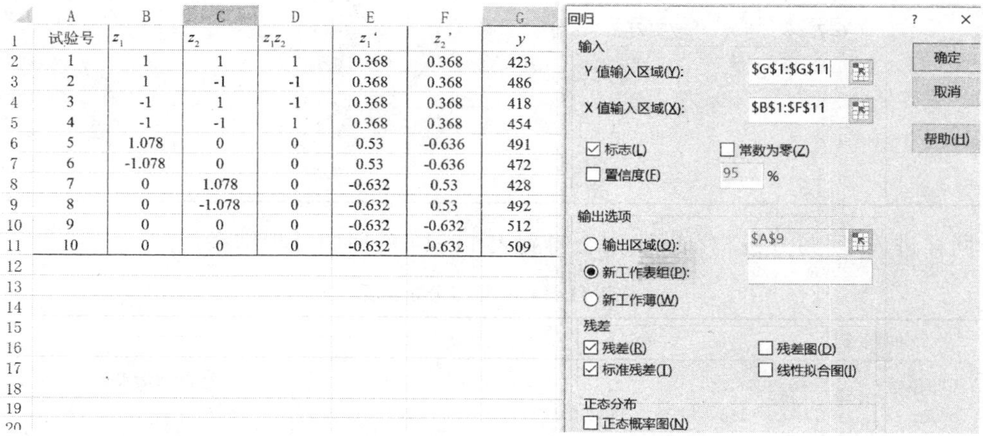

	A	B	C	D	E	F	G
1	试验号	z_1	z_2	z_1z_2	z_1'	z_2'	y
2	1	1	1	1	0.368	0.368	423
3	2	1	-1	-1	0.368	0.368	486
4	3	-1	1	-1	0.368	0.368	418
5	4	-1	-1	1	0.368	0.368	454
6	5	1.078	0	0	0.53	-0.636	491
7	6	-1.078	0	0	0.53	-0.636	472
8	7	0	1.078	0	-0.632	0.53	428
9	8	0	-1.078	0	-0.632	0.53	492
10	9	0	0	0	-0.632	-0.632	512
11	10	0	0	0	-0.632	-0.632	509

图 11-9　输入的数据表和“回归分析”对话框

表 11-12　回归分析结果

回归统计						
回归系数	0.997 83					
R^2	0.995 665					
调整 R^2	0.990 246					
标准误差	3.512 001					
观测值	10					
方差分析						
	自由度 df	平方和 SS	均方和 MS	F 值	P 值	
回归分析	5	11 331.16	2 266.233	183.736 4	8.186 69E−05	
残差	4	49.336 6	12.334 15			
总计	9	11 380.5				
	系数	标准误差	t 统计量	P 值	下限 95%	上限 95%
截距	468.492 7	1.110 593	421.840 2	1.89E−10	465.409 157 6	471.576 2
z_1	9.089 259	1.396 539	6.508 42	0.002 876	5.211 846 346	12.966 67
z_2	−26.563 5	1.396 539	−19.021	4.5E−05	−30.440 906 71	−22.686 1
z_1z_2	−6.75	1.756	−3.843 96	0.0183 97	−11.625 438 82	−1.874 56
z_1'	−23.299 1	2.136 866	−10.903 4	0.000 402	−29.231 962 79	−17.366 2
z_2'	−41.654 9	2.132 865	−19.53	4.05E−05	−47.576 678 07	−35.733 1

解 2：也可对原始数据进行处理，直接用原始数据进行分析和计算，数据处理后如表 11-13 所示。

表 11-13　原始数据处理

试验号	丙烯酸中和度 x_1	交联剂用量 x_2	x_1x_2	x_1x_1	x_2x_2	y
1	0.893	2.93	2.616	0.797	8.585	423
2	0.893	1.07	0.956	0.797	1.145	486
3	0.707	2.93	2.072	0.5	8.585	418
4	0.707	1.07	0.756	0.5	1.145	454
5	0.9	2	1.8	0.81	4	491
6	0.7	2	1.4	0.49	4	472
7	0.8	3	2.4	0.64	9	428
8	0.8	1	0.8	0.64	1	492
9	0.8	2	1.6	0.64	4	512
10	0.8	2	1.6	0.64	4	509

同样进入"回归分析"对话框,则会得到表 11-14 的回归分析结果。

表 11-14　回归分析结果

回归统计					
回归系数	0.997838				
R^2	0.99568				
调整 R^2	0.990279				
标准误差	3.505943				
观测值	10				

方差分析

	自由度 df	平方和 SS	均方和 MS	F 值	P 值
回归分析	5	11 331.33	2 266.267	184.3747	8.13E−05
残差	4	49.166 56	12.291 64		
总计	9	11 380.5			

	系数	标准误差	t 统计量	P 值	下限 95%	上限 95%
截距	−1 557.830 8	161.962 2	−9.618 49	0.000 653	−2 007.51	−1 108.15
丙烯酸中和度 x_1	4 576.874 59	400.975 4	11.414 35	0.000 336	3 463.588	5 690.161
交联剂用量 x_2	228.354 993	19.129 06	11.937 6	0.000 282	175.244 2	281.465 8
x_1x_2	−78.488 372	20.383 39	−3.850 6	0.018 293	−135.082	−21.895
x_1^2	−2 704.749 3	249.453 3	−10.842 7	0.000 411	−3 397.34	−2 012.16
x_2^2	−48.537 66	2.471 849	−19.636 2	3.97E−05	−55.400 6	−41.674 7

根据回归分析结果,保留 2 位小数,得到回归方程为:

$$\hat{y} = -1\ 557.83 + 4\ 576.88x_1 + 228.36x_2 - 78.49 * x_1x_2 - 2\ 704.75x_1^2 - 48.54x_2^2$$

1.4.2　规划求解最优值

回归方程确定后,往往需要确定最佳工艺参数,此时就会遇到最优化问题,即规划问题。而规划求解主要用于求解方程的最优条件。在使用规划求解前,应建立最优化求解的数学模型。

【例11-6】　上例11-5中，得到了高吸水树脂的吸水倍率与丙烯酸中和度(x_1)和交联剂用量(x_2)之间的回归方程：$\hat{y} = -1\,557.83 + 4\,576.88x_1 + 228.36x_2 - 78.49x_1x_2 - 2\,704.75x_1^2 - 48.54x_2^2$，求解最优试验条件。

解：①在二次回归方程中，需要先建立最优试验条件。因此用极值法确定最优的试验条件，根据极值的必要条件：$\frac{\partial y}{\partial x_1} = 0, \frac{\partial y}{\partial x_2} = 0$，得：

$$\begin{cases} 4\,576.88 - 78.49\,x_2 - 5\,409.5\,x_1 = 0 \\ 228.36 - 78.49\,x_1 - 97.08\,x_2 = 0 \end{cases}$$

② 设计工作表格，如图11-10所示。

a. 在方程1中，B2的单元格输入"$= 4\,576.88 - 78.49 * x_1 - 5\,409.5 * x_2$"在方程2中，B3的单元格输入"$= 228.36 - 78.49 * x_1 - 97.08 * x_2$"。其中，$x_1$的数值位于单元格E2中，$x_2$的数值位于单元格E3中，两者的初值都设为0（空单元格）。

b. 任意选取一个方程作为目标函数，另一个方程则作为约束条件。如选择目标函数C2"$= B2$"。

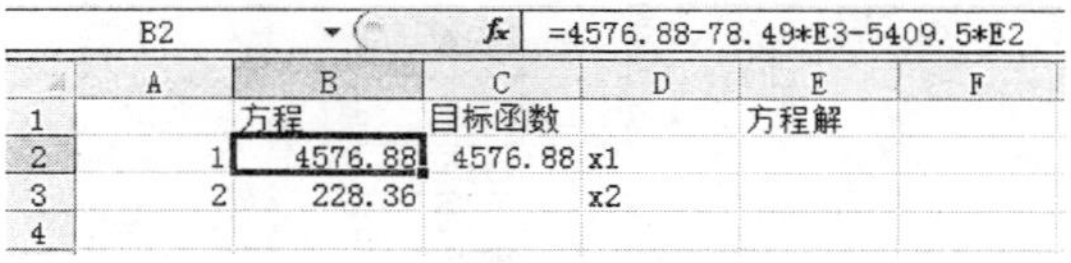

	A	B	C	D	E	F
1		方程	目标函数		方程解	
2	1	4576.88	4576.88	x1		
3	2	228.36		x2		
4						

B2　fx　=4576.88-78.49*E3-5409.5*E2

图 11-10　设计工作表

③ 选择"数据"菜单下的"规划求解"菜单，即可弹出相应对话框，如图11-11。设置目标单元格，为"$C2$"。因为方程值为0，因此在等于选项中目标值为0。可变单元格根据"工作表"选择为"$E\$2:\$E\$3$"。在约束中点击"添加"，弹出"添加"对话框，在"单元格引用位置"添加含约束公式的单元格名称。此处选择"$B\$3 = 0$"。

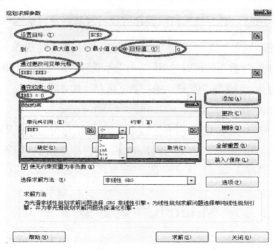

图 11-11　"规划求解"对话框及其中的"添加约束"对话框

④ 单击"求解"，即可得到"规划求解"的对话框，可选择保存和恢复等值。点击"确定"即可在$E\$2:\$E\$3$中得到方程组的解。保留三位小数，$x_1 = 0.822$，$x_2 = 1.688$。

【例 11-7】 混料设计的例 9-2 中,得到了试验指标综合评分(y)与因素纯净水(x_1)、白砂糖(x_2)和红葡萄浓缩汁(x_3)之间的回归方程:$\hat{y} = 6.5z_1 + 5.5z_2 + 7.5z_3 + 10.0z_1z_2 - 0.8z_1z_3 - 4.4z_2z_3$,求解最优试验条件。

解:① 混料设计的三元回归中,极值条件就是综合评分最高。设计工作表格,如图 11-12 所示。工作表只需设计"可变单元格"和"目标单元格"。图中可变单元格为 B2:B4,目标单元格为 C2。

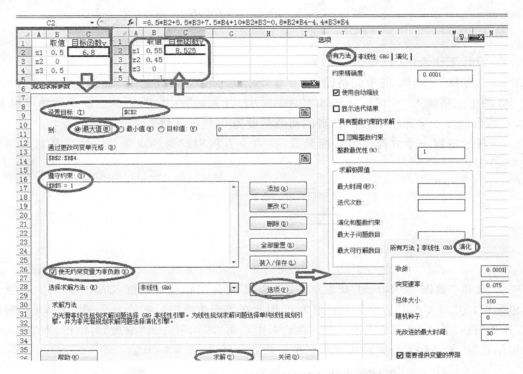

图 11-12　三元回归设计的规划求解各种对话框

② 与上例 11-6 同样,选择"规划求解",设置目标单元格、可变单元格、添加约束条件。同时勾选"使无约束变量为非负数"。同时也可点击"选项"改变"约束精确度""收敛"等参数。

③ 点击"求解"即可得到使"y"值最大的自变量值,如本例中,y 可能的最大值为 8.525,此时对应的 $z_1 = 0.55, z_2 = 0.45, z_3 = 0$。

注意:使用"规划求解"时,一定要对所处理的问题有充分的认识,合理地确定目标值,正确地输入各种约束条件。如果目标方向不对,或者漏掉、弄错约束条件,会导致整个计算结果的错误。

第 2 节　Minitab 在统计分析中的应用

2.1　Minitab 简介

Minitab 是一种用于六西格玛质量管理的统计软件,其菜单如图 11-13 所示。

DOE(Design of Experiments,试验设计)是 Minitab 中的统计模块(Stat)之一,如图 11-

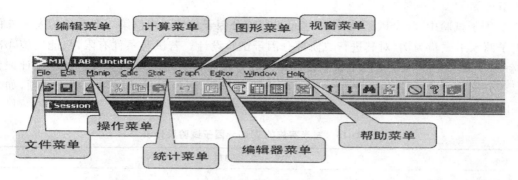

图 11-13　Minitab 的菜单

14 所示。在 DOE 子菜单中,又分为 Factorial(因子设计)、Response Surface(响应曲面设计)、Mixture(混料设计)和 Taguchi(田口设计)四种试验设计模型。在每一种试验设计模型的菜单中具有详细的设计向导和统计功能入口。所有的数据分析过程均在程序后台进行,一般只输出特征统计量和统计图,便于使用者快速知晓试验结果。

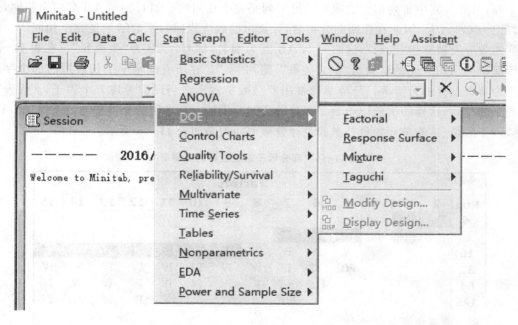

图 11-14　Minitab 中的 DOE 模块

2.2　试验设计模型

2.2.1　因子设计(Factorial)

全因子试验设计,即为传统的正交设计,该试验设计的最大优点是所获得的信息量很多,可以准确地估计各试验因素的主效应的大小,还可估计因素之间各级交互作用效应的大小。其最大缺点是所需要的试验次数最多。2^k 因子试验设计为全因子试验设计的简化模型,它只考虑因子的两个水平,即高水平和低水平。当有 k 个因子时,2^k 因子试验设计的试验单元个数为 $2 \times 2 \times \cdots \times 2 = 2^k$,因此该试验设计中称之为 2^k 因子试验设计,见第 3 章

2.4 节。

2^k 因子试验中,除全因子设计外,也可进行部分因子设计。现以第 3 章 2.4 的表 3-6 的 3 因子两水平试验为例,对其进行二阶部分因子试验设计。若试验条件有限,只能实施 4 次试验,那么需要对 3 因子全因子试验设计单元数目减半。实施减半的 3 因子试验设计记为 2^{3-1} 部分因子试验设计,减少 $ABC=-1$ 的排列组合项,而保留了 $ABC=1$ 的交互项,如表 11-15 所示。

表 11-15   减半实施的 2^3 部分因子试验设计表

No.	A	B	C	AB	AC	BC	ABC
2	1	−1	−1	−1	−1	1	1
3	−1	1	−1	−1	1	−1	1
5	−1	−1	1	1	−1	−1	1
8	1	1	1	1	1	1	1

在 A、B 和 C 这 3 列中仍有 2 行取"1",2 行取"−1",它们仍具部分正交特性。原 2^3 全因子设计正交表中,7 列是完全不同的。但在表 11-15 中,删除 4 行,除去一列(ABC)全部为 1 外,另外 6 列中每列都与之成对的另一列是完全相同的。如 C 列与 AB 列完全相同,这可以记为 $C=AB$。因此在作回归分析时,计算出的效应或回归系数结果是完全相同的。这两列的效应就被称作"混杂",这时 C 与 AB 互为别名,称 $C=AB$ 为"生成元"。在表 11-15 中所保留的 $ABC=1$ 的试验为"定义关系",简称"字"。在所有的字中字长最短的那个字的长度为整个设计的分辨率。分辨率通常用罗马数字表示。当试验考虑 k 个因子,p 代表安排因子的个数,这样的试验记作 2^{k-p} 部分因子试验设计。其常用的分辨率为:Ⅲ、Ⅳ、Ⅴ、Ⅵ。试验因子数量、试验单元数量与试验设计分辨率的关系如表 11-16 所示。

表 11-16   部分因子试验设计的分辨率

	Factors													
Run	2	3	4	5	6	7	8	9	10	11	12	13	14	15
4	Full	III												
8		Full	IV	III	III	III								
16			Full	V	IV	IV	IV	III	III	III	III	III	III	III
32				Full	VI	IV	IV	IV	IV	IV	IV	IV	IV	IV
64					Full	VII	V	IV	IV	IV	IV	IV	IV	IV
128						Full	VIII	VI	V	V	IV	IV	IV	IV

2.2.2   响应曲面试验设计

响应曲面试验设计主要研究响应是如何依赖于因子变化,进而能找到因子的设定范围使得响应获得最佳值。响应曲面试验设计希望将因子与响应之间的关系进行二次回归拟合。

中心复合设计是响应曲面试验设计中最常用的方法之一。与因子试验设计不同的是,该方法在试验单元的安排上,加入了能估计因子与响应之间是否存在弯曲现象的试验点。图 11-15 显示了中心复合设计中的点阵安排原理,其试验单元分别为:① 角点,该点的坐标皆为 1 和 −1;② 中心点,该点坐标皆为 0;③ 轴点,该点除一个自变量坐标为 $\pm\alpha$,其余自变量坐标皆为 0。在 k 个因子下,共有 $2k$ 个星号点。α 的值影响中心复合设计的旋转性。在满足旋转性的前提下,α 的取值为 $\alpha=F^{1/4}$,其中,F 代表因子试验的总数。当因子试验所需

的因子数为 k 时，则 $\alpha = 2^{k/4}$。当轴点的距离为 α 时，因子的试验水平则变为 $-\alpha$、-1、0、1 和 α。在实际的工程统计学中，对 α 的取值往往不必很精确，只要试验设计具有近似旋转性便可以满足精度需要。因此，可对中心复合设计进行表面化处理，即将 α 的取值设定为 1，这种设计便是中心复合表面设计。

任何试验设计中，为了简化计算模型、突出交互项的比较系数，在试验设计之前都可对因子的水平进行代码化取值，其方法如式（11-1）所示。

$$x_i = \frac{\alpha\left[2X_i - (X_{max} + X_{min})\right]}{X_{max} - X_{min}} \tag{11-1}$$

其中 x_i 为无量纲的变量第 i 水平代码值；X_i 为该变量在第 i 水平的实际取值；X_{max} 和 X_{min} 分别为变量的最大和最小实际取值。当变量的取值范围确定后，其代码值从 -1 到 1 之间变化，0 代表变量的中值。

在中心复合表面设计的基础上，另有一种试验单元实施数量更少的设计模型，它被称之为 Box-Behnken 设计，其设计原理如图 11-16 所示。Box-Behnken 设计原理是安排立方体的体心点和棱中点所对应的位置坐标作为试验单元排列的组合原则。以 3 因子试验设计为例，中心复合表面设计与 Box-Behnken 设计区别如表 11-17 所示。因子个数越多，Box-Behnken 设计所安排的试验单元减少数量越明显。

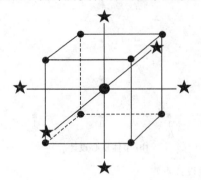

图 11-15　中心复合试验设计点阵

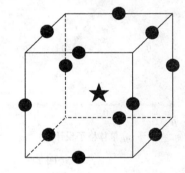

图 11-16　Box-Behnken 试验设计点阵

表 11-17　中心复合表面设计与 Box-Behnken 设计的区别

测试点	中心复合表面设计			Box-Behnken 设计		
	A	B	C	A	B	C
1	-1	-1	-1	-1	-1	0
2	1	-1	-1	1	-1	0
3	-1	1	-1	-1	1	0
4	1	1	-1	1	1	0
5	-1	-1	1	-1	0	-1
6	1	-1	1	1	0	-1
7	-1	1	1	-1	0	1
8	1	1	1	1	0	1
9	-1	0	0	0	-1	-1
10	1	0	0	0	1	-1

测试点	中心复合表面设计			Box-Behnken 设计		
	A	B	C	A	B	C
11	0	−1	0	0	−1	1
12	0	1	0	0	1	1
13	0	0	−1	0	0	0
14	0	0	1	0	0	0
15	0	0	0	0	0	0
16	0	0	0			
17	0	0	0			
18	0	0	0			

2.2.3　混料试验设计

混料试验设计是针对因子的百分比之和为 1 时提出的试验设计方法,它研究的对象不是因子的绝对值,而是因子的比例。混料试验设计采用"三线坐标系"直观地显示各因子的组成情况,其几何特点是等边三角形中的任何一点到三边的垂线距离。

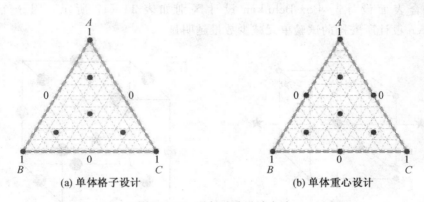

(a) 单体格子设计　　　　　　　(b) 单体重心设计

图 11-17　混料试验设计点阵

混料试验设计点阵的安排一般有 2 种,分别是单体格子设计和单体重心设计,见第 9 章,单体格子设计即为最简单型的有上下约束的单纯形格子设计,见图 9-3(a)。单体格子设计与单体重心设计的共同点是,若当组分数≥4 时,可判定三组分间的交互作用。二者的区别是,后者安排了在三角形边中点的试验单元,目的是检验两组分之间是否存在交互作用。因此可以根据组分数及待检测的交互作用阶数大小安排试验点阵。在混料试验设计的实际运用中,其多于因子试验设计或响应曲面试验设计相结合,以判断更为复杂的因子关系。

2.3　关于试验设计模型的选用准则

一个好的试验设计往往包括多种统计模型的应用,每种统计模型都有对应的应用条件和效果。试验设计通常按以下流程选择统计模型,但需说明的是,以下步骤仅是 DOE 模型选择的一般步骤。在实际项目中,可能跳过某个环节,也可在某个步骤上反复进行多次。

(1) 用部分因子设计进行因子筛选:当影响响应的变量的因子个数太多(≥5),此时需对因子个数进行筛选,确定对响应具有显著影响的因子。尽管这样的试验结果较为粗糙,但试验次数可大大节省。如果对试验次数有着更为严格的要求(例如成本要求),可采用试验次数更少的"Plackett-Burman 设计"。

（2）用全因子试验设计对因子中的主效应和因子之间的交互作用进行分析：当因子的个数被筛选到小于或等于 5 个后，可进一步在稍小范围内进行全因子试验设计以获得全部因子效应和交互作用信息，并且进一步筛选因子直至因子个数不超过 3～4 个。

（3）采用响应曲面设计确定回归关系并求出最优设置：当因子个数不超过 3～4 个时，可采用响应曲面设计在一个更小的区域内，对响应变量进行二次函数拟合，从而得到试验区域内的最优点。该方法一般仅在要求响应取值为最大或最小的情况下有效。

（4）采用田口设计寻求望目特性的最优设置：若要求响应具有望目特性（即取某一固定值）获取最优解时，可采用田口设计进行数值优化。

Minitab 所提供的 DOE 模型能够满足大多数的试验设计要求，但针对某些更为复杂的试验设计要求（因子取值范围限制、多模型联立使用等情况），Minitab 的 DOE 模块便无法深入进行。此时应寻求更为专业的试验设计软件，如 Design Expert、Echip 等软件，进行 DOE 设计。这类软件的基本操作与 Minitab 中 DOE 模块操作相似，只不过参数的设置更为精细化，并且要求使用者具备一定的 DOE 理论基础。本书所涉及的 DOE 设计绝大部分仅采用 Minitab 即可实现。

2.4　试验设计的评估

试验设计的评估是为了验证经验模型的精准性，即是否能准确判定因子之间的作用关系及与响应的对应关系。试验设计的评估采用方差分析，方差分析又称"变异数分析"或"F 检验"。

统计显著性指出现该统计结果的几率。统计显著性以 P 值表示，它是结果可信程度的一个递减指标。P 值越大，越不能认为样本中变量的关联是总体中各变量关联的可靠指标。P 值是将观察结果认为有效即具有总体代表性的犯错概率。在许多研究领域，0.05 的 P 值通常被认为是可接受错误的边界水平。若置信水平的设定值为 0.05，则仅当对结果判定的 P 值小于 0.05 时，才能认定该结果是统计显著的。

试验设计的评估主要借助统计方法进行，其分为 5 步骤，该分析流程图如图 11-18 所示。

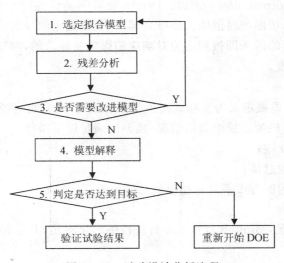

图 11-18　试验设计分析流程

2.4.1 选定拟合模型

试验设计的核心是回归方程的建立，也就是"因子（或变量）"与"响应"之间的定量关系，这不仅可用于"响应"的预测，还可用于给定"响应"条件下的"因子"优化。在试验设计的数学模型中，有以下几种拟合模型用于量化"因子"和"响应"的关系，现以两个变量为例给出回归方程：

$$\hat{y} = a + b_1 x_1 + b_2 x_2 \tag{11-2}$$

$$\hat{y} = a + b_1 x_1 + b_2 x_2 + c_1 x_1 x_2 \tag{11-3}$$

$$\hat{y} = a + b_1 x_1 + b_2 x_2 + c_1 x_1 x_2 + d_1 x_1^2 + d_2 x_2^2 \tag{11-4}$$

$$\hat{y} = a + b_1 x_1 + b_2 x_2 + c_1 x_1 x_2 + d_1 x_1^2 + d_2^2 x_2^2 + e_1 x_1 x_2^2 + e_2 x_2 x_1^2 \tag{11-5}$$

$$\hat{y} = a + b_1 x_1 + b_2 x_2 + c_1 x_1 x_2 + d_1 x_1^2 + d_2 x_2^2 + e_1 x_1 x_2^2 + e_2 x_2 x_1^2 + f_1 x_1^3 + f_2 x_2^3$$
$$\tag{11-6}$$

在这些量化"变量"和"响应"关系的模型中，方程(11-2)至方程(11-6)分别被定义为"线性(Linear)""交互作用(Interaction)""二项式(Quadratic)""部分立方(Partial cubic)"和"立方(Cubic)"模型。因子试验设计一般采用"线性(Linear)"或"交互作用(Interaction)"模型评估因子与响应之间的关系，而响应曲面试验设计、混料试验设计或田口试验设计往往采用含高阶因子项的数学模型。在 Minitab 的 DOE 模块中，所用数学模型中的因子项阶数一般不超过 2，也就是说"部分立方(Partial cubic)"和"立方(Cubic)"模型通常不会被采用。

在初步选定模型之后，首先采用方差分析对回归的总体效果和回归模型中各因子项的显著性进行判断。回归总体效果通常以 R^2 和 R_{adj}^2 值是否接近于 1 为判定标准，R^2 和 R_{adj}^2 值越接近 1 说明回归总体效果越好，反之说明回归效果越差。在方差分析中，通常以 P 值是否超过 0.05 判断"主效应(Main Effects)"、"2 阶交互作用(2-Way Interactions)"、"平方项(Square)"和"失拟(Lack-of-Fit)"等统计项的显著程度。当 $P < 0.05$ 时，对应统计项为显著，反之为不显著。

在各项因子的显著性分析过程中，Minitab 还可输出一些辅助图形建立直观的数据分析，这些图形包括 Pareto 效应图(Pareto effect plot)，正态效应图(Normal effect plot)以及半正态效应图(Half-normal effect plot)。Pareto 效应图是将各因子项的 t 检验所获得的 t 值绝对值作为纵坐标，按照绝对值的大小排列起来，根据选定的显著性水平给出 t 值的临界值，绝对值超过临界值的因子即被判定为对响应的影响是显著的，并且 t 值绝对值的大小表现为对响应影响的程度。

2.4.2 残差分析

在 Minitab 中，残差被定义为实际观测值与拟合值之差，它也可通过可视化图形加以评估。在正常情况下，若模型能反映数据情况，残差应满足以下条件：

(1) 具有时间独立性；

(2) 来自稳定受控总体；

(3) 对输入因子的所有水平具有相等的总体偏差；

(4) 符合正态分布。

对于以上几种情况，Minitab 对残差分析进行图形化输出，共 4 种图形可用于残差评估（图 11-19）：

(1) 残差正态概率图(Normal Probability Plot)，见图 11-19 (a)：用于判断残差是否符

合正态分布。

（2）残差与拟合值图（Versus Fits），见图 11-19（b）：用于判断残差是否保持等方差性。若该图中的散点分布出现变形（弯曲、喇叭形），则需对 y 进行某种变换处理，如将 y 变换为 $y^{1/2}$、y^2、y^{-1}、$y^{-1/2}$ 或 $\ln y$ 等，变换后重新拟合模型，拟合效果会更好。

（3）残差直方图（Histogram），见图 11-19（c）：用于检查残差大致的分布情况。

（4）残差与观测值顺序图（Versus Order），见图 11-19（d）：用于判断残差是否随机地在水平轴上下无规律的波动。若随机波动，说明残差值之间是相互独立的。

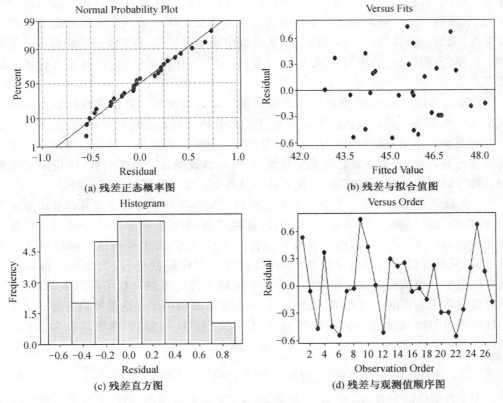

(a) 残差正态概率图　　　　　　　　(b) 残差与拟合值图

(c) 残差直方图　　　　　　　　(d) 残差与观测值顺序图

图 11-19　残差分析四合一图

2.4.3　改进模型

在残差与拟合值图中，若散点分布出现异常变形则需要对 y 进行适当变形。此外，当各项效应及回归系数的显著性分析中若存在不显著项（即 $P > 0.05$ 的因子项），应当将这些项从模型中删除，模型也应进一步拟合。在重新拟合后，需对回归的总体效果和回归模型中各因子项的显著性进行再次判断。一般来说，在删除模型中的不显著项后，方差分析中的各参数都会有变化，如 R^2 和 R_{adj}^2 值可能更接近于 1。但在某些情况下，删除模型中的不显著项后，R^2 值可能减小，这也并不意味着删除不显著项是无意义的。只要 R_{adj}^2 值进一步增大，并且更接近于 R^2 值，这说明新模型的回归效果更好。此外，在评估回归总体效果的参数中，除 R^2 和 R_{adj}^2 以外，通常还有 S 和 $PRESS$ 值，前者被定义为残差标准差，后者被定义为"预测误差平方和（Predicted Residual Error Sum of Square）"。这两个值的统计意义较为复杂，使用者需了解的是,当删除模型中的不显著项时,这两个值在大多数情况下应该具有减小的趋势。

2.4.4 模型解释

本步骤最主要的目的是在拟合选定模型后输出更多的图形或信息,结合试验过程对试验结果作出合理解释,具体有:

(1)确定主效应、相互作用的显著性。根据"低次优先原则",需首先从方差分析中确定具有显著性的低次变量。它们在回归方程中的表达方式与方程(11-2)相同,也就是说这些变量对响应的影响是线性的,被称为"主效应(Main Effects)"。当然,变量和变量之间可能存在交互作用(方程(11-3)中的 $x_1 x_2$ 项),但是需注意的是在具有显著交互作用的两个变量中,至少须有一个变量的主效应是显著的。若出现交互作用的两个变量的主效应均不具有显著性,需进一步将该交互作用因子项从模型中删除。另外,当方差分析中显示具有显著性的二次项(方程(11-4)中的 x_1^2 或 x_2^2),应考虑 x_1 或 x_2 存在最优值,可对 y 进行最大或最小求值。

(2)输出等值线图、响应曲面图和其他图形分析试验规律。方差分析可确定哪些主效应或交互作用是显著的,而通过 Minitab 输出图形分析可将试验规律可视化,从而进一步分析主效应或交互作用是如何影响响应的。等值线图和响应曲面图只能同时对两个变量和一个响应进行分析,当两个变量之间无交互作用时,等值线图是一组平行线,响应曲面图是平面图。在等值线图的绘制过程中,应优先选择具有交互作用的变量进行作图。

(3)实现最优化。对于一个或多个响应而言,Minitab 的后台程序计算都可按照对响应的望大(取最大值)、望小(取最小值)或望目(取指定值)的要求在整个试验区域求得各因子的最优质。Minitab 中有专门的响应变量优化器窗口,在其之中可根据对响应的要求设定取值范围,完成对因子的最优化计算(该计算过程在程序后台进行,无法对其过程进行输出),并以图形和数值同时显示输出结果。多响应同步优化可以寻找不同因子的取值范围,以同时满足多个响应的取值要求。多响应同步优化需要将用于表达每种响应与因子之间的方程转换成可靠性函数 d_i。d_i 的取值为 0(不可靠)到 1(可靠)。函数转换如式(11-7)所示:

$$d_i(\hat{y}_i(x)) = \exp[-\exp(-(a_{i1} + a_{i2}\hat{y}_i(x)))] \quad \forall i = \overline{1, s} \qquad (11-7)$$

其中 s 为响应的个数,a_{i1} 和 a_{i2} 是在 $0.2 < d_i < 0.8$ 的范围内,通过对两个 y_i 赋值而计算得到的。在该计算完成之后,需联立每个响应的可靠性函数,将它们转换成全局可靠性函数 D,全局可靠性函数通过几何平均算法计算得到:

$$D(x) = [d_1(\hat{y}_1(x)) \cdot d_2(\hat{y}_2(x)) \cdot \cdots \cdot d_s(\hat{y}_s(x))]^{1/s} \qquad (11-8)$$

如果单个响应的可靠性函数取值为 $d_i = 0$,那么整个全局可靠性函数则为 0,即为不可靠。多响应同步优化需注意响应权重(Weight),权重的取值范围为 0.1~10,通常设定(即默认值)为 1。小于 1 时将减小对目标的强调;等于 1 是将目标视为同等重要;大于 1 时即加大对目标的强调。

2.4.5 判断是否达到目标

该部分的工作是判定响应最优值与实测值的差异。通常来说,计算机所得出的最优值与试验安排所测的实测值,二者之间会出现或多或少的差异。若这种差异在置信范围内,我们认为这是可以接受的;若二者差异较大,则需安排新一轮试验,通常是在本次获得的或预计的最佳范围之内,重新选定因子并设置其水平,继续做因子设计或回归设计以获得更好的结果。Minitab 在对选定模型进行回归分析后,提供专门针对响应进行预测的模块。在该模块中输入不同因子的取值范围,可输出一个或多个响应的预测值及其对应的 95% 置信区间(95% CI)和 95% 预测区间(95% PI)。置信区间和预测区间的区别是:在重复试验的实测过程中,特定因子组合对应响应的平均值有 95% 的几率落入置信区间,而单次试验结果有 95% 的几率落入预测区间。一般来说,置信区间应包含于预测区间之中。若重复的验证试验与 Minitab 的预测值有较大差异,即预测值没有落在置信区间或预测区间内,说明该试验设计最初选定的预测模型有问题。在这种情况下需选择其他预测模型,重新进行试验。

习　　题

11.1　某玻璃防雾剂的配方研究过程中,考察三种性能对玻璃防雾性能 y 的影响。选择三个因素:PVA 含量(x_1/g),ZC 含量(x_2/g)和 LAS 含量(x_3/g)。结合专业知识分析,其中 x_1 取值范围为 0.5～3.5 g,x_2 取值范围为 3.5～9.5 g,x_3 取值范围为 0.1～1.9 g,均取 7 个水平,如下表所示。

因素	1	2	3	4	5	6	7
PVA 含量(x_1/g)	0.5	1.0	1.5	2.0	2.5	3.0	3.5
ZC 含量(x_2/g)	3.5	4.5	5.5	6.5	7.5	8.5	9.5
LAS 含量(x_3/g)	0.1	0.4	0.7	1.0	1.3	1.6	1.9

采用均匀设计表 $U_7^*(7^4)$ 安排试验,7 个试验结果依次为 3.8,2.5,3.9,4.0,5.1,3.1,5.6。试采用回归分析法找出较好的配方,并预测该条件下相应的防雾性能综合评分。已知试验指标 y 与 x_1,x_2,x_3 间近似满足关系式:$y = a + b_1 x_1 + b_3 x_3 + b_{23} x_2 x_3$。

11.2　用二甲酚橙分光光度法测定微量的锆,为了寻找合适的显色条件,用吸光度作为评价指标 y,值越大越好。选择 2 个因素:显色剂用量(x_1/mL)和酸度($x_2/(\text{mol} \cdot \text{L}^{-1})$)。结合专业知识分析,其中 x_1 取值范围为 0.1～1.3 mL,x_2 取值范围为 0.1～1.3 mol/L,均取 13 个水平。试样方案和结果如下表所示。

因素	1	2	3	4	5	6	7	8	9	10	11	12	13
x_1	0.1	0.2	0.3	0.4	0.5	0.6	0.7	0.8	0.9	1.0	1.1	1.2	1.3
x_2	0.5	1.0	0.1	0.6	1.1	0.2	0.7	1.2	0.3	0.8	1.3	0.4	0.9
吸光度 y	0.376	0.384	0.342	0.412	0.387	0.368	0.438	0.391	0.385	0.441	0.363	0.380	0.426

已知回归模型为二元二次方程,试用 Excel 推出回归方程表达式,并进行显著性检验,列出残差表,求出最优显色条件及该条件下的吸光度。

11.3　免烧砖是由水泥、石灰和黏土三种材料组成,为进步一提高免烧砖的软化系数,必须优化配比。由于成本和其他条件的要求,水泥、石灰、黏土三种材料有以下的约束条件:黏土 $x_1 \geqslant 90\%$,水泥 $x_2 > 4\%$,石灰 $x_3 > 0$,且 $x_1 + x_2 + x_3 = 1$,选用了 {3,2} 单纯形格子点设计,测得 6 个试验结果(软化系数)依次为:0.82,0.65,0.66,0.95,0.83,0.77。

试推出回归方程的表达式,并求出最优配方。

11.4　已知某合成剂由三种组分组成,它们的实际百分含量分别为 x_1,x_2,x_3,但受下界条件约束,$x_1 \geqslant 0.2$,$x_2 \geqslant 0.4$,$x_3 \geqslant 0.2$,试验指标为越大越好。运用单纯形重心配方设计,寻找该合成剂的最优配方,7 个试验结果依次为 50,150,350,100,450,650,700。

试推出回归方程表达式,并求出最优配方。

第 12 章 试验设计的应用典型案例分析

第 1 节 水泥胶砂强度测试法误差分析的全因子试验设计

1.1 方案设计背景

由欧洲标准 EN 196－1 演变而来的 GB/T 17671－1999《水泥胶砂强度检验方法（ISO 法）》是我国建材行业判定水泥强度的国家标准，其被用于测试硅酸盐水泥、复合水泥等多个品种水泥的抗折和抗压强度。本文采用 GB/T 17671－1999《水泥胶砂强度检测检验方法（ISO 法）》评估水泥外加剂对水泥强度发展的影响。为了提高试验设计（DOE）统计分析的可靠性，需对数据来源，即水泥胶砂强度检测方法的结果作误差分析，辨别影响其精准性的各种因素。同时评估该检测方法的检测精度，为试验设计提供必要的参数设置。

1.1.1 影响检验方法精准性的潜在因素

GB/T 17671－1999《水泥胶砂强度检验方法（ISO 法）》的步骤具体为原材料称量、搅拌、成型与振实、刮平、24 h 湿气养护、脱模、水养护及强度测试。一般来说，影响水泥胶砂强度精准性的因素来自于人为因素（操作人员）、系统因素（测试仪器、原材料、试样制备方法等）和环境因素（温度、湿气等）三个方面。参与水泥胶砂强度检测的人员一般都需专门培训，统一操作手法，因此这里不将人为因素认定为影响水泥胶砂强度检测方法精准性的主要因素。用于水泥胶砂强度测试的仪器在出厂之前都是被准确校正的，所以它被认为是稳定的、不会引起测试误差。每个试模成型所需的试验原材料经精度为 0.1 g 的电子天平称量，因此认为该过程不会引起水泥胶砂强度变异。原材料的差异，主要体现在水泥种类的差异。由于水泥种类不同，其各龄期强度的精度可能会不同。

1.1.2 标准方法的分析和对比

GB/T 17671－1999 与 EN 196－1 两种标准在试验设备、砂浆制备过程以及强度有效性判定等内容方面无差异。但在原材料温度规定以及在试样 1 d 初养护过程中存在差异，后者要求试验所用原材料的温度为（20±2）℃，并且要求试样在 1 d 养护中表面覆盖不透水材料。GB/T 17671－1999 中无相关要求。由于试验室的环境温度可能因时间变化而波动，由此影响原材料温度的稳定性。此外，由于在养护过程中可能出现的湿气分布不均，可能会引起胶砂表面的含水率不同。因此研究这两种情况对胶砂强度的精准性的影响是有必要的。

在 GB/T 17671－1999 和 EN 196－1 的附录中均提到一种可用于替代振实台使用的震动台（vibrating table），该设备通过一次性浇灌胶砂、一次性振实成型。对通过试验设计所安排的强度测试而言，使用该设备能提高试验效率。本节将对比其与传统振实台的区别，评估对强度测试精准性的影响。

1.2　试验方案设计

1.2.1　精准性分析方法

试验选用 P. II 52.5R 江南小野田水泥。水泥胶砂的成型以及测试将严格按照 GB/T 17671－1999 的相关规定和步骤进行。

系统及环境因素对水泥胶砂强度的影响将借助全因子试验设计模型加以讨论。测试准确性采用多变异图分析，测试的精确性以所测强度的变异系数表征。全因子试验设计的相关参数列于表 12-1。

表 12-1　各因子的实际值和代码值

因子	代号	低水平		高水平	
		代码值	实际值	代码值	实际值
水泥种类	A		32.5		52.5R
振实方式	B	−1	振实台	1	震动台
初养方法	C		湿气暴露		薄膜覆盖
试验时间	D		上午		下午

1.2.2　因子试验设计设置

在 Minitab 主菜单中的"统计(Stat)"中选择"试验设计(DOE)"模块，点击"因子设计(Factorial)"出现设计向导菜单，选择"制定因子设计(Create Factorial Design)"(图 12-1)。

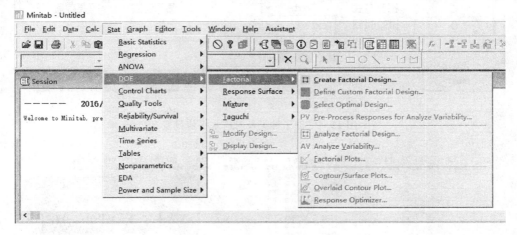

图 12-1　Minitab 中的 DOE 模块

选择"全因子设计(General full factorial design)"，因子个数(Number of factors)选取"4"(图 12-2)。

点击"设计(Design)"按钮进入，按照表 12-1 设置因子名称和因子水平(低水平和高水平，共 2 个水平)，重复数设置为"1"即可，点击"OK"确认返回至上层菜单(图 12-3)，此时菜单中的灰色按钮全部变成黑色，表示可进行其他设置。

点击"因子(Factors)"按钮进入设置各因子属性，设置"因子种类(Type)"为"文本(Text)"类型，在"水平值(Level Values)"中输入各因子水平，点击"OK"确认返回上层菜单(图 12-4)。在上层菜单中直接点击"OK"，出现试验设计所安排的试验点阵，共计 16 组试验，如图 12-5 所示。

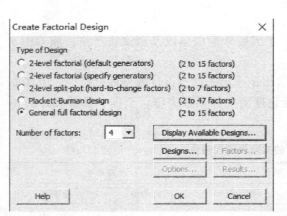

图 12-2　因子试验设计创建对话框

图 12-3　因子水平设置

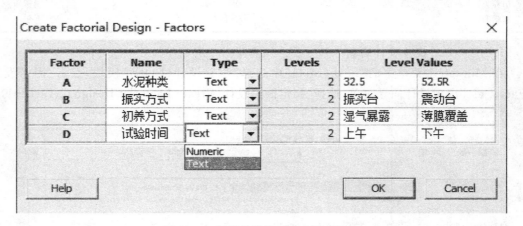

图 12-4　因子种类及对应水平值设置

C1 StdOrder	C2 RunOrder	C3 PtType	C4 Blocks	C5-T 水泥种类	C6-T 振实方式	C7-T 初养方式	C8-T 试验时间	C9 1d强度	C10 3d强度	C11 28d强度	C12 1d CV	C13 3d CV	C14 28d CV
16	1	1	1	52.5R	震动台	薄膜覆盖	下午						
1	2	1	1	32.5	振实台	湿气暴露	上午						
6	3	1	1	32.5	震动台	湿气暴露	下午						
14	4	1	1	52.5R	震动台	湿气暴露	下午						
11	5	1	1	52.5R	振实台	湿气暴露	上午						
2	6	1	1	32.5	振实台	湿气暴露	下午						
13	7	1	1	52.5R	震动台	湿气暴露	上午						
8	8	1	1	32.5	震动台	薄膜覆盖	下午						
7	9	1	1	32.5	震动台	薄膜覆盖	上午						
4	10	1	1	32.5	振实台	薄膜覆盖	下午						
5	11	1	1	32.5	震动台	湿气暴露	上午						
3	12	1	1	32.5	振实台	薄膜覆盖	上午						
15	13	1	1	52.5R	震动台	薄膜覆盖	上午						
10	14	1	1	52.5R	振实台	湿气暴露	下午						
9	15	1	1	52.5R	振实台	湿气暴露	上午						
12	16	1	1	52.5R	振实台	薄膜覆盖	下午						

需填入试验数据
进行分析

图 12-5　4 因素 2 水平的全因子试验设计点阵安排

　　其中 C1～C4 列是试验设计点阵的辅助信息,包括"随机序""运行序""测试点类型"和"区组值",这些信息是 Minitab 自动生成的,使用者一般不用理会,它仅供程序用于数据自动分析。C5-T～C8-T 是因子名称及水平,它也是 Minitab 自动生成的,试验便按照该因子组合进行。

1.3　全因子试验设计模型分析

按照图 12-5 中的试验参数安排进行水泥胶砂成型,并测试各龄期的水泥胶砂强度,测试数据已列入表 12-2 中。将表 12-2 数据输入图 12-5 的 C9～C14 列中。

表 12-2　试验设计点阵及水泥强度

运行数	因子（代码值）				抗压强度（平均值，MPa）			抗压强度（标准偏差，MPa）			CV,%（变异系数）		
	A	B	C	D	1d	3d	28d	1d	3d	28d	1d	3d	28d
1	−1	−1	−1	−1	7.4	18.3	35.8	0.3	0.4	0.6	3.5	2.0	1.7
2	−1	−1	1	−1	7.6	18.2	35.6	0.1	0.1	0.2	1.7	0.7	0.7
3	−1	1	−1	−1	7.3	18.2	37.8	0.2	0.5	0.5	2.8	2.6	1.4
4	−1	1	1	−1	7.5	18.8	38.5	0.1	0.3	0.5	1.7	1.8	1.2
5	1	−1	−1	−1	14.9	33.5	59.4	0.7	0.5	0.9	4.9	1.6	1.5
6	1	−1	1	−1	15.0	34.4	61.5	0.3	0.7	0.9	2.0	2.0	1.4
7	1	1	−1	−1	15.1	34.3	64.2	0.3	0.9	0.9	2.3	2.6	1.5
8	1	1	1	−1	15.4	34.5	64.0	0.6	0.6	0.6	3.7	1.7	0.9
9	−1	−1	−1	1	7.7	19.2	37.9	0.2	0.4	0.7	2.4	2.3	1.7
10	−1	−1	1	1	7.9	19.1	37.7	0.2	0.3	0.9	2.2	1.8	2.4
11	−1	1	−1	1	7.8	19.4	39.0	0.2	0.4	0.5	2.9	1.9	1.3
12	−1	1	1	1	7.8	19.8	39.3	0.1	0.5	0.4	1.6	2.4	0.9
13	1	−1	−1	1	15.8	33.8	63.9	0.3	1.0	0.7	2.0	3.1	1.1
14	1	−1	1	1	16.0	34.5	63.8	0.4	0.5	1.1	2.5	1.5	1.8
15	1	1	−1	1	15.8	35.4	66.2	0.5	0.7	1.4	3.4	2.1	2.1
16	1	1	1	1	16.2	35.2	66.6	0.3	0.8	1.1	1.8	2.3	1.7

返回“因子设计(Factorial)”菜单,选取“分析因子设计(Analyze Factorial Design)”进入对话框(图 12-6)。

在“响应(Response)”栏中选取 C9～C11 列,及 1d～28d 强度,随后点击“项(Terms)”按钮进入下一级对话框(图 12-7)。

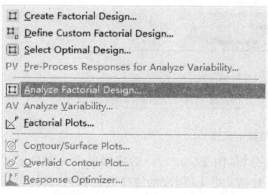

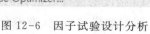

图 12-6　因子试验设计分析

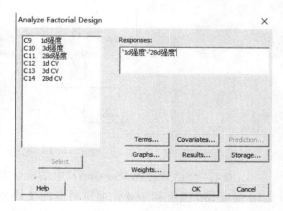

图 12-7　响应的选择

在“模型因子项阶数(Include terms in the model up through order)”中选择“2”,点击“OK”返回上层对话框(图 12-8)。在实际工程应用中,多项式回归中的各项阶数一般最高不超过 2,或者最多考虑 2 个因子之间的交互作用。3 个或 3 个以上因子之间的交互作用不具备实际意义。

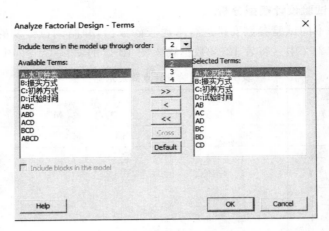

图 12-8　因子项的阶数选择

返回上层对话框,点击"图(Graphs)",将"效果图(Effects Plots)"中选择"帕雷托图(Pareto)",置信水平的 Alpha 值设定为 0.05,点击"OK"(图 12-9)。在此步骤中,也可点击"残差图(Residual Plots)",并选择"四合一(Four in one)"输出残差分析。本案例中的模型拟合残差显示正常,无需对响应进行变换,故省略该步骤。

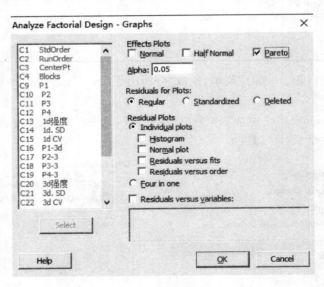

图 12-9　图形输出设置

查看"会话管理器(Session)"中的统计数据分析(图 12-10),会话管理器中分别显示了1d 强度、3d 强度和 28d 强度所对应的统计分析数据。以 1d 强度的统计数据为例,具体包括4 部分数据,它们分别是:回归系数(代码后)的统计检验、回归效果的度量、方差分析以及原始变量的回归系数。此时,便可评估因子设计的统计效率。

首先查看"方差分析(Analysis of Variance)"数据。主效应(Main Effects)和二阶交互作用(2 - Way Interaction)的 P 值分别为 0.000 和 0.035,这两个值都小于置信水平的 Alpha 值(图 12-9),这说明全因子设计模型是有效的,并且主效应和交互作用都是显著的。

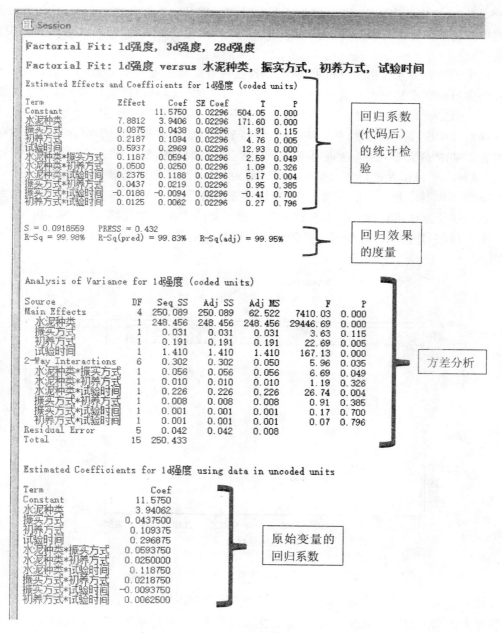

图 12-10　模型数值分析

若 P 值大于 0.05，特别是主效应的 P 值大于 0.05 时，此时所选模型无效。即便是交互作用的 P 值小于 0.05，根据"遗传原则"，也可判定交互作用是无效的，因为仅有主效应显著时，才考虑其交互作用的显著性。对于 P 值大于 0.05 的情况，即大于置信水平时，有可能是多种因素引起的，如试验误差、重要因子的漏选或试验模型本身有毛病。对于这些因素引起的问题较为复杂，本书暂不对其进行解释。

其次查看"回归度量"中的数据，重点查看"$R-Sq$"，即 R^2；和"$R-Sq（adj）$"，即 R^2（调整）两个数值，这两个数据代表了模型回归的总体效果，越接近 1 越好。$R-Sq（adj）$总比

$R-Sq$ 要小,在实际应用中,两者之差越小说明模型越好。若两者之差较大,这说明需要对模型中的某些因子进行删除后,重新进行回归分析,使两者值更为接近,此时的回归模型更为精准。

在主效应和交互作用的分析中,我们看到这两者总体上是显著有效的。若需进一步判定哪些主效应和交互作用是显著的,需查看"回归系数(代码后)的统计检验"中详细数据。在图 12-10 中可以看到,"水泥种类""初养方式"和"试验时间"的 P 值都小于 0.05,这说明这 3 项对于响应(即 1d 强度)的影响是显著的,至于是如何显著影响的,将在后面详细介绍。振实方式的 P 值大于 0.05,这说明该因子对响应的影响不显著。同理,在二阶交互作用中,除"水泥种类 * 振实方式"和"水泥种类 * 试验时间"的交互作用是显著之外($P<0.05$),其余交互作用均不显著($P>0.05$)。进一步对显著项的重要性排序,可参照 t 值,t 值越大,该因子或因子交互作用对响应的影响越大。根据 t 值可作出帕雷托图(Pareto),用于各因子的显著性排序,如图 12-11 所示。该图也由程序自动生成。

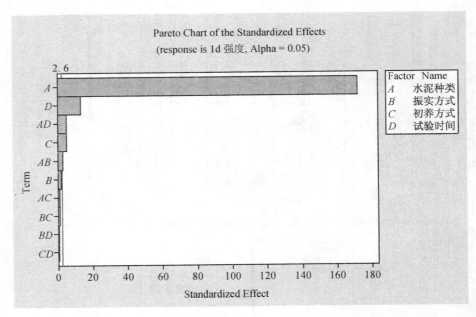

图 12-11　1d 强度所对应各因子的帕雷托图

帕累托图中有一根红线,各因子的标准化效应(Standardized Effect)超过红线时,表明该因子对响应的影响是显著的,其中标准化效应值越大,其影响越显著。从这里可以看出,Minitab 所提供的"可视化"统计功能是相当强大的,即便不对统计数据进行仔细分析,也可以从图形中获得大量信息,这对没有专业统计功底的初学者是尤其适用的。

最后,关于"原始变量回归系数"部分的数据解释,它们的作用是建立因子与响应之间的回归方程。实际上,Minitab 的使用者可不用太在意该部分数据,除非在写论文或试验报告时需列出详细的回归方程。因此在 DOE 的预测或优化功能中,后台程序可根据使用者的设置,自动使用该部分数据计算得出最终结果。

各因子对 3d 和 28d 强度影响,可根据上述步骤进行分析,这里将不再重复,仅将重要的统计项列于表 12-3 中。

表 12-3　全因子试验设计的方差分析

因子项	1d 抗压强度		3d 抗压强度		28d 抗压强度	
	t	P	t	P	t	P
A—水泥种类	171.60	0.000	93.60	0.000	95.30	0.000
B—振实方式	1.91	0.115	3.59	0.016	9.18	0.000
C—初养方式	4.76	0.005	1.86	0.122	1.34	0.237
D—试验时间	12.93	0.000	4.56	0.006	8.06	0.000
A * B	2.59	0.049	1.41	0.218	2.14	0.085
A * C	1.09	0.326	0.66	0.540	0.68	0.529
A * D	5.17	0.004	−1.37	0.229	2.40	0.062
B * C	0.95	0.385	−0.51	0.634	−0.17	0.870
B * D	−0.41	0.700	1.37	0.229	−1.98	0.104
C * D	0.27	0.796	−0.66	0.540	−0.93	0.396
主效应		0.000		0.000		0.000
二阶交互作用		0.035		0.451		0.156
R^2		99.98%		99.94%		99.95%
R_{adj}^2		99.95%		99.83%		99.84%

对表 12-3 中的数据总结如下:水泥品种的差异是引起水泥胶砂各龄期强度差异的主要因素,排除水泥品种对强度的影响外,能显著影响水泥胶砂 1d 强度的主效应因子、交互作用的影响程度排序为:试验时间>初养方法>水泥种类 * 试验时间>水泥种类 * 振实方式。显著影响水泥胶砂 3d 强度的主效应因子及其显著性排序为试验时间>振实方式。引起水泥胶砂 3d 强度变异的主效应因子及其显著性排序为:振实方式>试验时间。

以上统计分析可以识别影响响应(1d、3d 和 28d 抗压强度)的显著因子和因子之间的交互作用。这有助于试验者认识到哪些因素可影响水泥胶砂强度。尽管如此,对现有测试数据还需进行深入分析,才能确定这些因素是如何影响测试强度的。Minitab 中还有其他统计功能可以配合 DOE 模块使用,以挖掘更深层的数据信息。

在主菜单中选择"统计(Stat)",点击"质量工具(Quality Tools)",选择"多变异图(Multi - Vari Chart)"进入下层对话框(图 12-12)。

在因子方差分析中(表 12-3)可以看到,影响 1d 强度的显著主效应因子有"水泥种类""初养方式"和"试验时间"。在这 3 个因子中,"水泥种类"的影响是毋庸置疑的,因为水泥标号越高,水泥强度越高。因此,对"水泥种类"因子的重要性分析可以排到最后。按图 12-13 对多变异图的属性进行设置,点击"OK"输出多变异图,如图 12-14 所示。

对于 3d 和 28d 强度而言,具有显著影响的因子项分别有:水泥种类、振实方式和试验时间(表 12-3)。按同样的方式进行多变异图设置,可以输出 3d 和 28d 抗压强度的多变异图,如图 12-15 和图 12-16 所示。

图 12-14 至图 12-16 显示了四种因子是如何影响水泥胶砂各龄期强度的。从中可以看到,下午成型制备的胶砂普遍具有更高的各龄期强度。无论水泥的品种如何,在初始养护过程中表面覆盖有不透水薄膜的胶砂试样均比与湿气直接接触的胶砂试样具有更高的 1d 抗压强度。使用震动台振实的胶砂都具有较高的 3d 和 28d 强度。

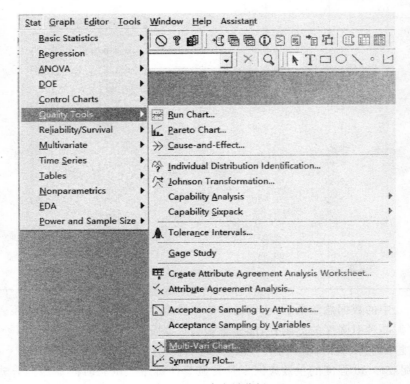

图 12-12　多变异分析

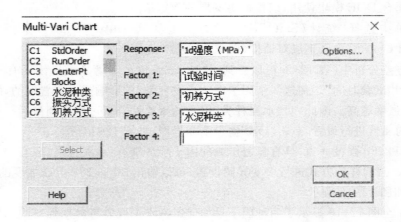

图 12-13　多变异图属性设置

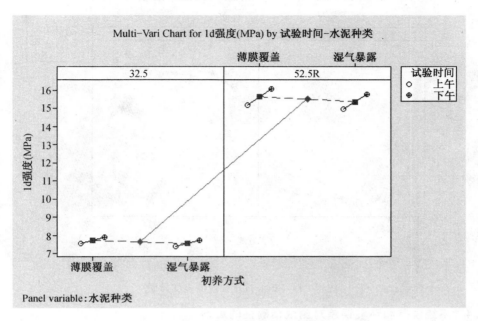

图 12-14　1d 抗压强度的多变异图

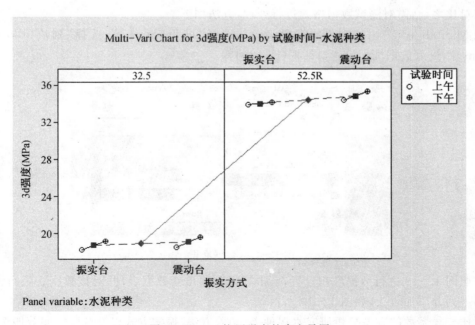

图 12-15　3d 抗压强度的多变异图

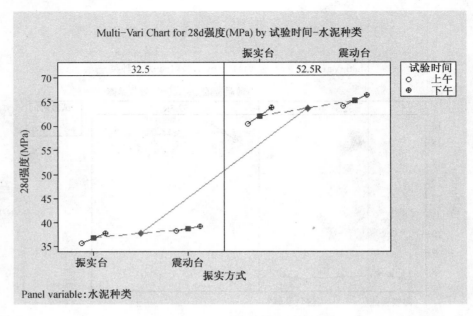

图 12-16　28 d 抗压强度的多变异图

1.4　系统误差和环境误差对测试精确性的影响

变异系数(Coefficient of Variation，CV)用于表征试验数据的离散程度，变异系数越小，每个测试数据之间的差异越小，说明数据的精确性越高。变异系数＝标准偏差/平均值，因此它是一个无量纲单位，并且与数据采集的时间无关。在进行各主效应因子引起的测试变异系数对比之前，需对测试数据格式进行处理，方法如下。

在 Minitab 主菜单中点击"数据(Data)"，选择"堆积(Stack)"，选择"列块(Blocks of Columns)"，进入数据堆积设置对话框(图 12-17)。

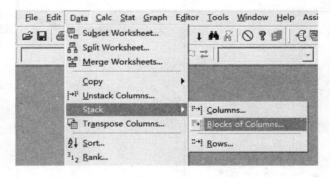

图 12-17　数据堆积

按照图 12-18 进行数据堆积设置，点击"OK"，输出新数据表，并对该数据表进行调整，删除第一列并添加表头，如图 12-19 所示。

对比变异系数的方差分析研究水泥种类、初养方法、振实方式以及试验时间等四个因素对数据精确度的影响。在 Minitab 主菜单中点击"统计(Stat)"，选择"方差分析(ANOVA)"，再选择"单向(One-Way)"进入对话框(图 12-20)。

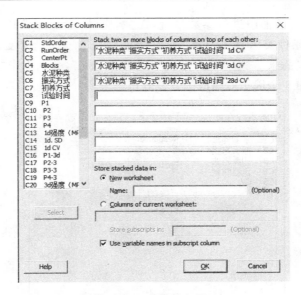

图 12-18 数据堆积设置

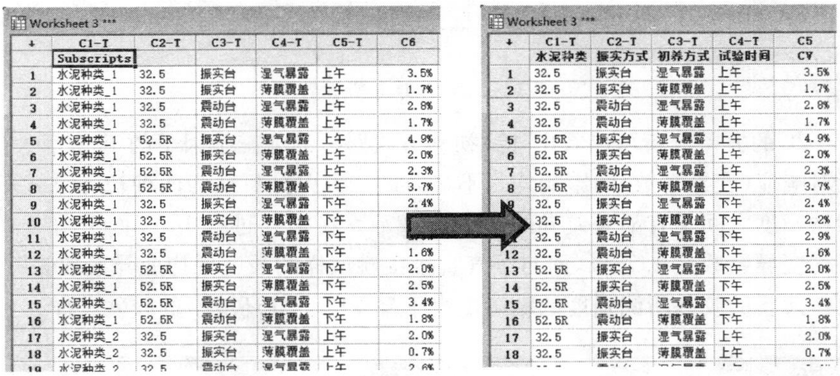

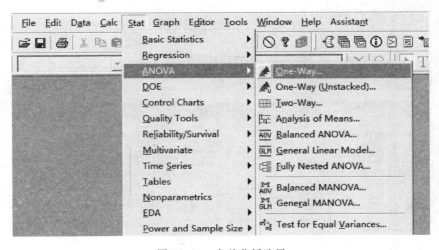

图 12-19 数据堆积列表处理

图 12-20 方差分析选择

在方差分析设置对话框中进行参数设置,在"响应(Response)"中选择"CV",在"因子(Factor)"中选择"水泥种类",点击"OK"输出结果(图 12-21)。重复以上步骤,在"因子(Factor)"中分别选择"振实方式""初养方式"和"试验时间",分别点击"OK",可在"会话管理器(Session)"中输出 4 个因子对响应的方差分析结果。

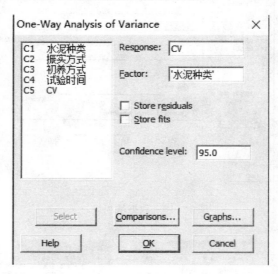

图 12-21　方差分析设置

从图 12-22 的方差分析可以看出,除"初养方式"外,其他三个因子的 P 值都大于 0.05,这说明这三者对响应(变异系数)的影响均是不显著的。方差分析认为两种初养方式所得到水泥胶砂强度的精确度之间是有显著差异的($P=0.027$)。在初养过程中,表面覆盖薄膜的水泥胶砂强度的平均变异系数是 1.77%,而与湿气直接接触试样的强度平均变异系数为 2.27%,也就是说表面覆盖薄膜的胶砂所测强度的精确度高于暴露于湿气环境中的胶砂试样。

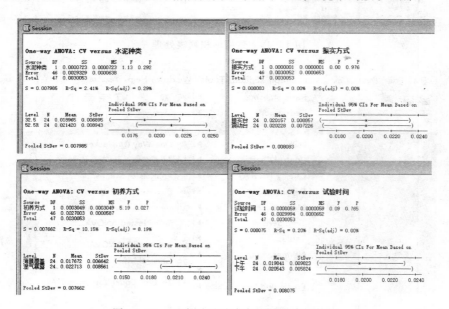

图 12-22　四个因子对响应的方差分析数据

1.5　结论

- 多变异图和方差分析显示了系统和环境因素对水泥胶砂强度测试法精准性的影响是不同的。水泥胶砂强度测试法对两种水泥强度的测试精度是相同的。不同的振实方式对水泥强度的测试精度也是相同的,但使用震动台所制备的胶砂具有较高的 3d 和 28d 抗压强度。考虑到使用震动台所带来的劳动效率提高,在平行比较试验中,可采用震动台对注模后的胶砂进行振实。

- 不同的初养方法对水泥胶砂强度的精确度有显著的影响。在初养中,表面覆盖不透水薄膜试样的强度精确度高于暴露于湿气试样的强度精确度。因此欧洲标准 EN 196-1 中要求在胶砂入模振实后的 1d 初养过程中,表面需覆盖不透水材料是有必要的,这可减少胶砂表面与湿气直接接触引起的胶砂含水率不均。

不同试验时间成型水泥胶砂所测强度的精确性之间无显著差异,但其对强度的准确性有较大的影响。这可能是温度的波动引起了原材料包括水泥、标准砂,特别是拌合水(多取自于自来水)的温度变化,从而导致最终胶砂强度的变异。在 GB/T 17671-1999 中并未对水泥、标准砂以及拌合水等原材料温度进行规定,而 EN 196-1 对其作出了严格的温度要求。因此,在胶砂搅拌前,需对原材料作严格的恒温预处理,如在 20℃ 的恒温箱中至少放置 24 h,以保证每批次试验所用原材料的温度具有一致性。

第 2 节　响应曲面设计:水泥添加剂配方设计、优化及验证

2.1　方案设计背景

水泥添加剂的复配设计体现在合理利用不同组分的功能改善水泥的性能。由于硅酸盐水泥原料的多样性与复杂性,因此不同水泥之间的物性具有较大的差别,这对水泥添加剂配方的设计提出了更高的要求。如何设计适应于特定水泥的外加剂配方是外加剂生产商最为关心的问题。此外,对现有水泥强度发展的改善并不仅仅只针对早期或后期强度提升。近年来,众多水泥生产商都要求水泥添加剂能同步提升水泥各龄期强度。由于不同组分对强度发展的贡献各不相同,组分之间的交互作用也可能对配方性能产生影响,这意味着需对水泥添加剂组分的配比区间进行精确地控制才能满足对水泥强度发展的要求。

2.1.1　外加剂应用背景

本试验为某水泥厂的实际案例。由于该厂熟料本身的质量问题以及大量未知成分混合材的使用,造成所产 P. C 32.5 级复合水泥早期抗压强度低于国标中的规定。所以该厂希望使用一种水泥外加剂来显著提高 P. C 32.5 水泥的早期强度,分别提高 1d 和 3d 强度 30%~40% 和 20%~30%,28d 强度提升不低于 5%。该厂 32.5 级水泥的强度数据见表 12-4 所示。

表 12-4　P. C 32.5 复合水泥的各龄期抗压强度

水泥种类	抗压强度（MPa）		
	1d	3d	28d
复合水泥	3.1	9.2	42.0

试验考虑使用将传统的硅酸盐水泥早强剂配制到外加剂中,以提高该 32.5 级水泥的强度。在众多的早强剂中,无机类早强剂一般有氯盐、硫酸盐、强碱等;有机类早强剂为部分醇胺类物质和含氨基的有机物。这类物质的使用都能显著提高硅酸盐水泥熟料中 C_3S 早期的水化速度,从而有效提高水泥强度。但已有研究结果显示,这类早强剂的使用可能对水泥 28 d 以后的强度发展产生不利影响,所以对于该类化学物质的使用必须配合其他能提高水泥后期强度的化学物质,以保证水泥各龄期强度的同步提高。此外,由于该 32.5 级水泥中使用了大量成分未知的混合材,其对化学物质功效的影响未知。因此在外加剂配方的复配设计中,需重新评估各化学组分的作用。

2.1.2 试验设计

在考虑到外加剂成本以及生产可行性的前提下,试验选用氯盐和 TEA 作为该水泥的早强强度提升组分,选用一种二元醇作为部分替代 TEA 的化学物质,以求降低外加剂的生产成本。选用了糖蜜用于调控水泥的凝结时间。四种化学组分的名称、代号以及掺量范围见表 12-5。选用响应曲面法中的 Box-Behnken 设计减少试验次数,并评估各组分对强度发展的影响。借助多变量同步优化的方法寻找满足水泥强度提升要求的外加剂候选配方,最后用多元比较法验证候选配方的效果。

表 12-5　水泥添加剂组分编号、代码值及实际掺量值

组分	代号	低水平		中水平		高水平	
		代码值	实际掺量(ppm)	代码值	实际掺量(ppm)	代码值	实际掺量(ppm)
氯盐	A		200		400		800
TEA	B	−1	40	0	80	1	120
糖蜜	C		0		50		100
二元醇	D		0		60		120

2.2 响应曲面试验设计设置

分别点击 Minitab 主菜单中的"统计(Stat)""DOE""响应曲面(Response Surface)"和"创建响应曲面设计(Create Response Surface Design)"进入下层对话框(图 12-23)

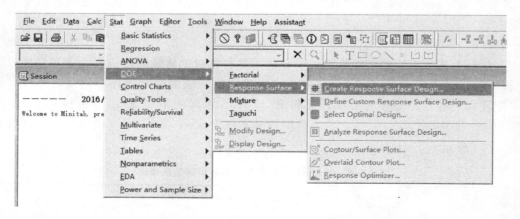

图 12-23　选取响应曲面试验设计

选择“Box-Behnken”，设置因子数为“4”，点击“设计(Designs)”后返回，再点击“因子(Factors)”进入下层对话框(图 12-24)，并对不同因子进行设置(图 12-25)，点击“OK”返回上层对话框。再点击“OK”，输出试验设计点阵(图 12-26)。

图 12-24　创建响应曲面设计对话框

图 12-25　因子取值范围设置

C1 StdOrder	C2 RunOrder	C3 PtType	C4 Blocks	C5 氯盐 (ppm)	C6 TEA (ppm)	C7 糖蜜 (ppm)	C8 二元醇 (ppm)	C9 1d强度 (MPa)	C10 3d强度 (MPa)	C11 28d强度 (MPa)
24	1	2	1	400	80	50	120			
4	2	2	1	600	80	50	60			
19	3	2	1	200	60	100	60			
1	4	2	1	200	40	50	60			
23	5	2	1	400	40	50	120			
22	6	2	1	400	80	50	0			
15	7	2	1	400	40	100	60			
14	8	2	1	400	80	0	60			
3	9	2	1	200	80	50	60			
13	10	2	1	400	40	0	60			
8	11	2	1	400	60	100	120			
17	12	2	1	200	60	0	60			
27	13	0	1	400	60	50	60			
12	14	2	1	600	60	50	120			
25	15	0	1	400	60	50	60			
9	16	2	1	200	60	50	0			
10	17	2	1	600	60	50	0			
16	18	2	1	400	80	100	60			
6	19	2	1	400	60	100	0			
7	20	2	1	400	60	0	120			
18	21	2	1	600	60	0	60			
2	22	2	1	600	40	50	60			
20	23	2	1	600	60	100	60			
5	24	2	1	400	60	0	0			
21	25	2	1	400	40	50	0			
11	26	2	1	200	60	50	120			
26	27	0	1	400	60	50	60			

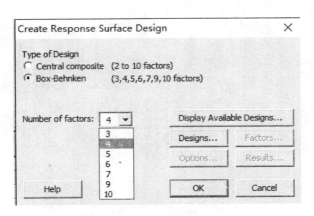

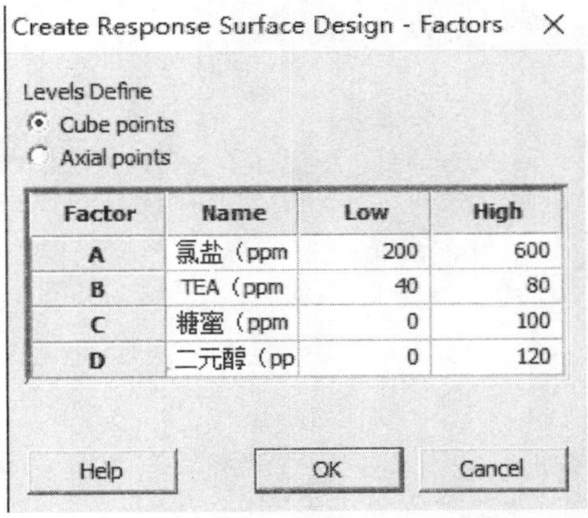

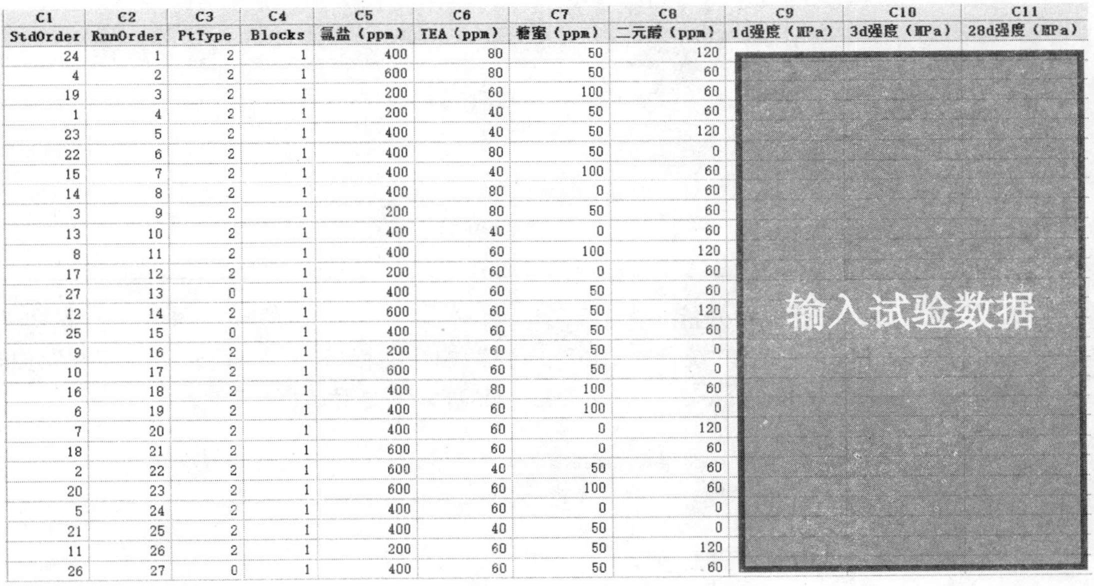

图 12-26　Box-Behnken 试验设计点阵

C1～C8 为 Minitab 自动输出，C9～C11 列的表头手工输入，并按照图 12-26 中的试验安排进行水泥胶砂试验，试验结果如表 12-6 所示，并将该表中的数据输入图 12-26 的 C9～C11 列。

表 12-6　Box-Behnken 模型点阵及相应水泥胶砂强度

试验点类型	运行序	A	B	C	D	抗压强度（MPa）		
		（代码值）				1d	3d	28d
中心点	1	0	0	0	0	4.1	11.9	46.3
	2	0	0	0	0	4.2	12.1	45.7
	3	0	0	0	0	4.0	11.8	45.3
边点	4	−1	−1	0	0	3.5	10.7	43.5
	5	−1	0	−1	0	3.9	11.3	43.7
	6	−1	0	0	−1	3.5	10.1	43.2
	7	−1	0	0	1	3.6	10.8	43.6
	8	−1	0	1	0	3.9	11.6	44.3
	9	−1	1	0	0	3.5	11.1	46.3
	10	0	−1	−1	0	3.7	10.8	44.6
	11	0	−1	0	−1	3.4	10.3	42.8
	12	0	−1	0	1	3.6	11.0	45.4
	13	0	−1	1	0	4.0	11.2	45.9
	14	0	0	−1	−1	3.8	10.6	44.7
	15	0	0	−1	1	4.1	11.1	46.8
	16	0	0	1	−1	4.4	11.2	45.2
	17	0	0	1	1	4.2	11.4	45.7
	18	0	1	−1	0	4.0	12.1	48.0
	19	0	1	0	−1	3.7	11.4	47.4
	20	0	1	0	1	3.9	11.7	46.3
	21	0	1	1	0	4.3	11.8	46.4
	22	1	−1	0	0	3.6	11.4	44.5
	23	1	0	−1	0	4.2	12.0	46.1
	24	1	0	0	−1	3.9	11.4	44.6
	25	1	0	0	1	4.1	11.9	47.7
	26	1	0	1	0	4.5	12.6	46.3
	27	1	1	0	0	4.2	12.6	47.5

2.3　响应曲面设计模型分析

分别点击 Minitab 主菜单"统计（Stat）""DOE""响应曲面（Response Surface）"和"分析响应曲面设计（Analyze Response Surface Design）"进入下层对话框（图 12-27）。

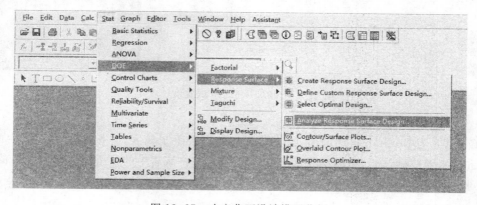

图 12-27　响应曲面设计模型分析

在"分析响应曲面设计（Analyze Response Surface Design）"对话框的"响应（Responses）"中选择"1d 强度""3d 强度"和"28d 强度"所对应数列（图 12-28）。点击"因子项（Terms）"进入下层对话框，如图 12-29 所示。

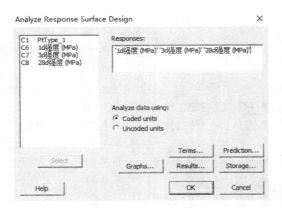

图 12-28　分析响应曲面设计对话框

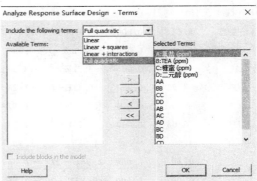

图 12-29　因子项对话框中的参数设置

在因子项对话框中选取"Full quadratic"，点击"OK"返回上层对话框，再点击"OK"，在"会话管理器（Session）"中将出现所有响应的数值分析（图 12-30）。本案例中的模型拟合残差显示正常，无需对响应进行变换，故省略该步骤。

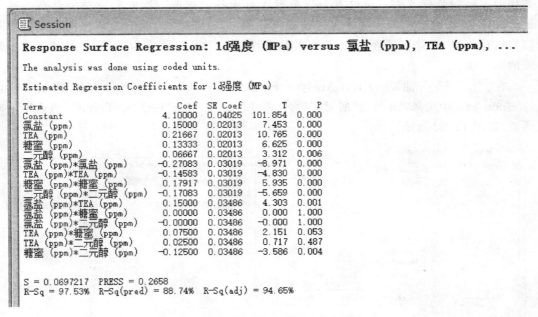

图 12-30　各响应的数值分析（缩略图）

表 12-7　Box-Behnken 模型对应的水泥胶砂强度方差分析

因子项	1d 抗压强度			3d 抗压强度			28d 抗压强度		
	t	P	系数	t	P	系数	t	P	系数
Const.	101.85	0.000	2.183	98.20	0.000	7.408	147.08	0.000	36.371
A—氯盐	7.45	0.000	0.005	7.27	0.000	0.007	8.14	0.000	0.009
B—TEA	10.77	0.000	0.010	8.64	0.000	0.014	6.48	0.000	0.074
C—糖蜜	6.63	0.000	−0.005	2.61	0.023	0.012	*−0.05*	*0.958*	*0.035*
D—二元醇	3.31	0.006	0.008	3.98	0.002	0.033	4.07	0.002	0.039
A^2	−8.97	0.000	−6.77E−6	−3.20	0.008	−7.29E−6	*1.09*	*0.298*	*6.35E−6*
B^2	−4.83	0.000	−9.11E−5	*−1.28*	*0.225*	*−7.29E−5*	−2.82	0.015	−4.11E−4
C^2	5.94	0.000	7.17E−5	*−1.01*	*0.334*	*−3.67E−5*	*0.61*	*0.555*	*5.67E−5*
D^2	−5.66	0.000	−4.75E−5	−7.59	0.000	−1.92E−4	*−1.70*	*0.116*	*−1.10E−4*
AB	4.30	0.001	1.88E−5	*1.90*	*0.082*	*2.50E−5*	*0.19*	*0.856*	*6.25E−6*
AC	*0.00*	*1.000*	*2.98E−21*	*−1.66*	*0.122*	*−1.75E−5*	−2.69	0.020	−7.25E−5
AD	*0.00*	*1.000*	*−9.83E−20*	*−0.95*	*0.361*	*−8.33E−6*	−3.43	0.005	−7.71E−5
BC	*2.15*	*0.053*	*3.75E−5*	*0.71*	*0.490*	*3.75E−5*	*−0.37*	*0.717*	*−5.00E−5*
BD	*0.72*	*0.487*	*1.04E−5*	*−0.48*	*0.643*	*−2.08E−5*	2.50	0.028	2.81E−4
CD	−3.59	0.004	−4.17E−5	*−0.71*	*0.490*	*−2.50E−5*	*−1.48*	*0.164*	*−1.33E−4*
LoF	N/A	0.877	N/A	N/A	0.368	N/A	N/A	0.544	N/A

　　将各响应的数值统计值筛选汇总列入表 12-7。其中 1d 强度、3d 强度和 28d 强度所对应的 LoF 值都大于 0.05，这说明"失拟（Lack of Fit，LoF）"是不显著的，所选用的二项式模型的回归是有效的。通过方差分析发现对于各响应的二次回归模型中存在一些不显著的因子项（$P>0.05$），这些因子项的统计值以斜粗体下划线的方式标明。我们需对模型进行改进，删除不显著项，以提高其精准性。这里以 1d 强度为例，删除对其影响不显著的因子项。

　　在"分析响应曲面设计（Analyze Response Surface Design）"对话框的"响应（Responses）"中选择"1d 强度"所对应数列（图 12-31）。点击"因子项（Terms）"进入下层对话框，如图 12-32 所示。

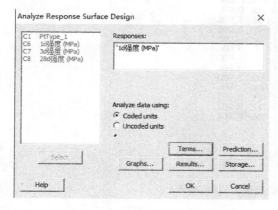

图 12-31　对 1d 强度的数值分析进行修正

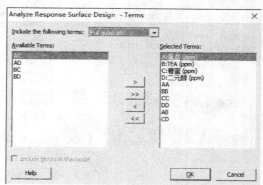

图 12-32　因子项筛选

将表 12-6 中,对 1d 强度影响不显著的因子项删除(图 12-32),点击"OK",在"任务对话框(Session)"出现经修正后的统计分析,如图 12-33 所示。

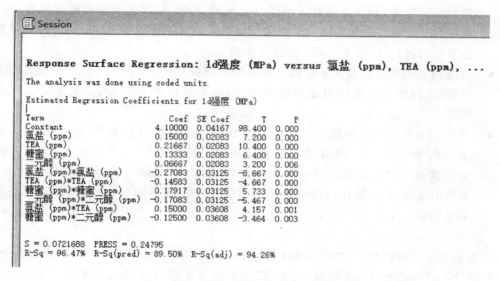

图 12-33　经修正后的 1d 强度的数值分析

采用同样的步骤,对 3d 和 28d 强度的数值统计进行修正。将所有响应的修正统计值列入表 12-8 中。表中的"系数"列的数值来源于各因子所对应原始变量的回归系数,可用于创建回归方程。

表 12-8　修正后 Box-Behnken 模型对应的水泥胶砂强度方差分析

1d 抗压强度			3d 抗压强度			28d 抗压强度		
因子项	t	系数	因子项	t	系数	因子项	t	系数
Const.	98.4	1.983	Const.	158.36	7.863	Const.	276.66	37.450
A—氯盐	7.200	0.005	A—氯盐	6.848	0.007	A—氯盐	6.849	0.011
B—TEA	10.400	0.013	B—TEA	8.139	0.013	B—TEA	5.452	0.074
C—糖蜜	6.400	−0.002	C—糖蜜	2.455	0.003	D—醇	3.424	0.019
D—醇	3.200	0.009	D—醇	3.747	0.025	A^2	−2.653	−4.11E−4
A^2	−8.667	−6.77E−6	A^2	−2.713	−5.99E−6	AD	2.107	2.81E−4
B^2	−4.667	−9.12E−5	D^2	−7.242	−1.78E−4	BD	−2.887	−7.71E−5
C^2	5.733	7.17E−5						
D^2	−5.467	−4.74E−5						
AB	4.157	1.88E−5						
CD	−3.464	−4.17E−5						

注:P 值未被列出,因为修正后的所有因子项的 P 值均小于 0.05。LoF 值满足回归要求

在表 12-7 中,各因子项 t 值的绝对值可以生成 Pareto 图(略),用于评估各因子项对响应的影响程度。t 值绝对值越大,所对应因子项对"响应"的影响越大。因子项中的平方项,如 A^2。其作用是说明随着 A—氯盐掺量增大,掺量的影响将出现"拐点",这时"响应"的取值可能变大或变小。基于方差分析,我们对试验现象进行解释如下:

- 氯盐、TEA、糖蜜以及二元醇都显著影响水泥胶砂的 1d 强度。此外，胶砂强度还依赖于氯盐和 TEA、糖蜜和二元醇之间的交互作用；四种化学物质对水泥胶砂 1d 强度影响排序为：TEA＞氯盐＞糖蜜＞二元醇。此外，TEA 和氯盐的交互作用大于糖蜜和二元醇的交互作用。这些交互作用对强度的影响低于 TEA、氯盐和糖蜜的独立作用，但要略高于二元醇的独立作用。

- 氯盐、TEA、糖蜜以及二元醇都显著影响水泥胶砂的 3d 强度。化学物质之间无交互作用；四种化学物质对水泥胶砂 3d 强度影响排序为：TEA＞氯盐＞二元醇＞糖蜜。

- 氯盐、TEA 和二元醇都显著影响水泥胶砂的 28d 强度。此外，胶砂强度还依赖于二元醇与氯盐和 TEA 之间的交互作用。糖蜜的作用完全消失，其他三种化学物质对 28d 强度影响排序为：氯盐＞TEA＞二元醇。在这 3 种化学物质中，氯盐对 28d 强度提升的贡献最大，取代了 TEA 在早期（1d 和 3d）对强度提升的主导地位。

结合表 12-7 中的"系数"列可给出不同"响应"回归方程（方程（12—1）至（12—3）），该方程可用于"响应"的预测或同步优化，其中"Y"为龄期强度值，表达水泥胶砂各龄期强度与化学组分掺量的关系。事实上，Minitab 使用者完全可忽略该回归方程，程序可自动对回归方程进行求解。使用者仅需输入因子具体数值，便可得到"响应"的预测值或优化值，之后会对该功能进行介绍。

$$Y_{1d} = 1.983 + 0.005A + 0.013B - 0.002C + 0.009D - 6.77 \times 10^{-6}A^2 - 9.12 \times 10^{-5}B^2$$
$$+ 7.17 \times 10^{-5}C^2 - 4.75 \times 10^{-5}D^2 + 1.88 \times 10^{-5}AB - 4.17 \times 10^{-5}CD \quad (12-1)$$

$$Y_{3d} = 7.863 + 0.007A + 0.013B + 0.003C + 0.025D - 5.99 \times 10^{-6}A^2 - 1.78 \times 10^{-4}D^2$$
$$(12-2)$$

$$Y_{28d} = 37.450 + 0.011A + 0.074B + 0.019D - 4.11 \times 10^{-4}A^2 + 2.81 \times 10^{-4}AD$$
$$- 7.71 \times 10^{-5}BD \quad (12-3)$$

2.4 响应曲面设计的图形输出

响应曲面设计的图形输出为"等值线图（Contour Plot）"和"曲面图（Surface Plot）"。事实上，前者为后者在 XY 面上的投影。在很多情况下，仅在"等值线图（Contour Plot）"上便可获得足够的信息。现以 1d 强度为例，其与各因子（即化学物质）的对应关系图形输入如下所示。

点击主菜单中"统计（Stat）""DOE""响应曲面设计（Response Surface）""等值线/曲面图（Contour/Surface Plots）"，进入下层对话框（图 12-34）。

选取所需的图形种类，并进入相应"设置（Setup）"入口。两种图形可任选其一，也可同时选择。以"等值线图（Contour Plot）"为例进行设置。

在"响应（Response）"选项中选择"1d 强度"数列，在"因子（Factors）"选项中分别对"X 轴（X Axis）"和"Y 轴（Y Axis）"对应的因子进行选择，这里以选取"A：氯盐"和"B：TEA"为例，点击"OK"返回上层对话框（图 12-36）。按照同样方法对"曲面图（Surface Plot）"进行设置，并返回上层对话框，点击"OK"输出图形，分别如图 12-37 和图 12-38 所示。

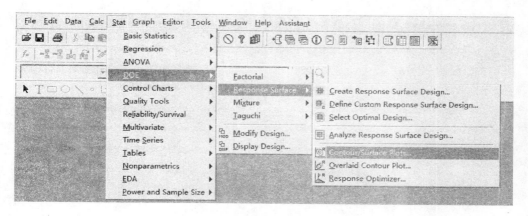

图 12-34　响应曲面设计图形输出

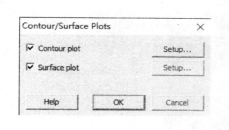

图 12-35　等值线图、曲面图选取

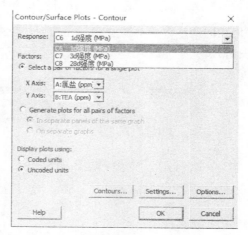

图 12-36　响应和因子设置

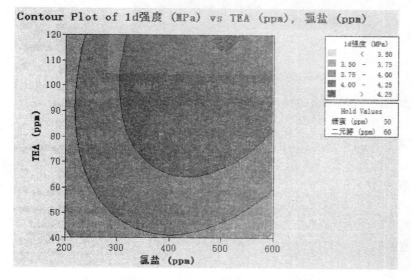

图 12-37　氯盐、TEA—1d 强度之间的等值线图

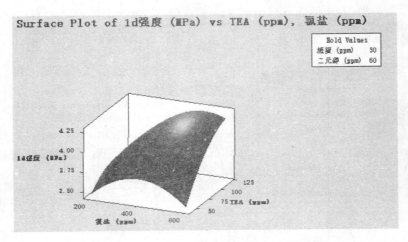

图 12-38　氯盐、TEA—1d 强度之间的曲面图

采用相同的步骤可对糖蜜和二元醇对 1d 强度的影响作出等值线图,如图 12-39 所示(曲面图略)。

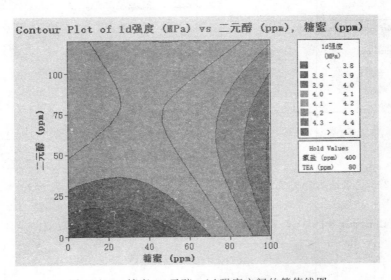

图 12-39　糖蜜、二元醇—1d 强度之间的等值线图

从等值线图中可以看出四种化学物质是如何影响水泥胶砂 1d 强度的,对其影响规律总结如下:

- TEA 和氯盐的交互作用需在一定的区域范围内才能明显发生(图 12-37)。例如,当氯盐掺量小于 350 ppm 时,TEA 的掺量增加对水泥胶砂强度影响不大,甚至在 TEA 掺量大于 90 ppm 时,水泥胶砂强度还有下降的趋势。仅当氯盐的掺量大于 400 ppm 时,TEA 的掺量才能显著地提高水泥胶砂的强度。
- 水泥胶砂高强度区间出现在糖蜜掺量在大约大于 60 ppm 的范围内(图 12-39)。在此范围内,二元醇的掺量对水泥胶砂强度略有影响,但其作用不明显。当糖蜜的掺量小于 60 ppm 时,二元醇的作用能显著影响水泥胶砂强度,即当二元醇的掺量增加时,水泥胶砂强度明显提高,但当二元醇掺量超过 75 ppm 时,水泥胶砂强度又有下降的趋势。

对显著影响 3d 强度的化学物质输出等值线图，其影响规律总结如下：

- TEA 和氯盐之间没有交互作用(图 12-40)。无论氯盐的掺量为何值，随着 TEA 的掺量增加，其都能提高水泥胶砂的抗压强度。氯盐的掺量增加也能提高强度，但是当其掺量超过 500 ppm 时，它对强度的提升便不明显。

- 糖蜜和二元醇之间没有交互作用(图 12-41)。无论二元醇的掺量为何值，糖蜜的掺量增加都能相应地提高水泥胶砂强度。二元醇的掺量存在一最佳值，当其掺量超过 75 ppm 后，其对强度有降低的趋势。

由于显著影响水泥胶砂 28d 强度的化学物质只有三种，仅对这三种化学物质输出等值线图即可，对其影响规律总结如下：

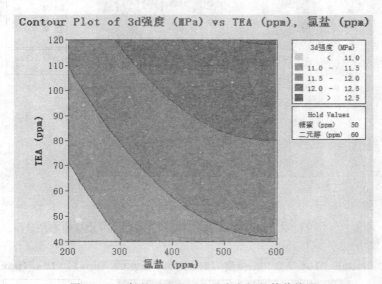

图 12-40　氯盐、TEA—3d 强度之间的等值线图

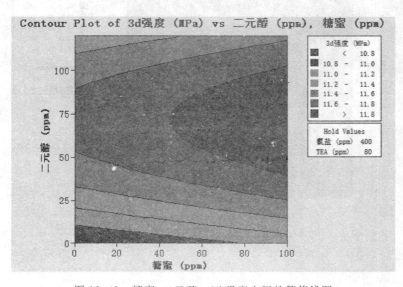

图 12-41　糖蜜、二元醇—3d 强度之间的等值线图

- 二元醇和氯盐之间具有交互作用,但该交互作用区出现在氯盐掺量小于 450 ppm、二元醇掺量小于 100ppm 的范围内(图 12-42)。当二元醇为高掺量水平时,氯盐掺量的提高对水泥强度的提升无显著影响。

- 二元醇和 TEA 的交互作用出现在高掺量区间(图 12-43)。当二元醇掺量小于 50 ppm 时,TEA 掺量增加对强度提升无显著影响。仅当二元醇掺量为高水平时,TEA 掺量的增加,才能提高水泥胶砂的强度。

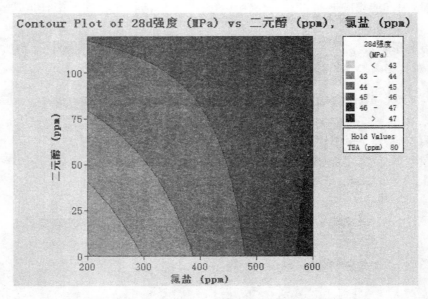

图 12-42　氯盐、二元醇-28d 强度之间的等值线图

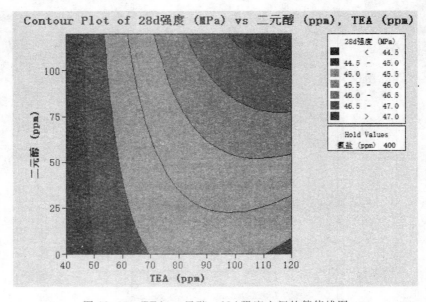

图 12-43　TEA、二元醇-28d 强度之间的等值线图

2.5　响应曲面设计的多响应同步优化

2.5.1　多响应同步优化的图像输出

多响应同步优化用于寻找同时满足不同响应需要的因子取值,其方法为将相应的等值线图重叠,在重叠图中画出满足不同响应取值的等值线,判断这些等值线之间是否有重叠的公共区域。如果有,则可进行多响应同步优化,其原理是对回归方程(如方程(12-1)至方程(12-3))设定具体的 Y 值,而对各因子进行求解计算,Minitab 将次复杂的数学计算放在后台进行,仅对结果进行输出。

本试验希望通过不同化学物质提高水泥的各龄期强度(分别提高 1d 和 3d 强度 30%～40%和 20%～30%,28d 强度提升不低于 5%)。经简单的手工计算,水泥的期望强度为:1d 强度,4～4.3 MPa;3d 强度,11～12 MPa 和 28d 强度,44～46 MPa(水泥自身强度如表12-4 所示)。

点击主菜单中"统计(Stat)""DOE""响应曲面设计(Response Surface)""重叠等值线图(Overlaid Contour Plot)",进入下层对话框(图 12-44)。

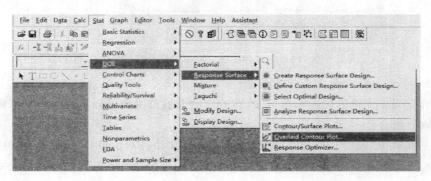

图 12-44　响应设计中的重叠等值线功能

选取 1d、3d 和 28d 强度,再选取"X 轴(X Axis)"和"Y 轴(Y Axis)"所对应的因子项。点击"等值线(Contours)"选项,设置各响应的取值范围,点击"OK"返回上级对话框,再点击"OK"输出图像(图 12-45)。

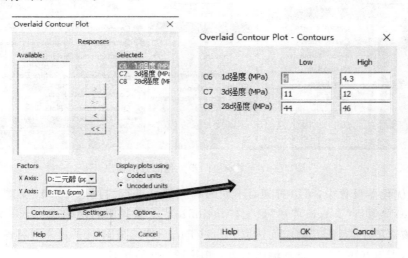

图 12-45　重叠等值线图所需的参数设置

从图 12-46 中可以看到,图中有一块白色区域,该区域便是能同时满足不同响应取值要求的因子取值区域。按相同的步骤,也可对 TEA 和二元醇、氯盐和二元醇作经重叠的等值线图(略)。

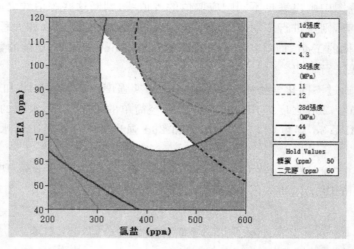

图 12-46　经重叠后满足响应取值范围要求的等值线图

2.5.2　多响应同步优化的数值输出

由多响应同步优化的图形输出可知,在响应的取值范围内可以对因子进行求解,得出相应的因子取值组合。

点击主菜单中"统计(Stat)""DOE""响应曲面设计(Response Surface)""响应优化器(Response Optimizer)",进入下层对话框(图 12-47),选取 1d~28d 强度后,点击"设置(Setup)"选项。

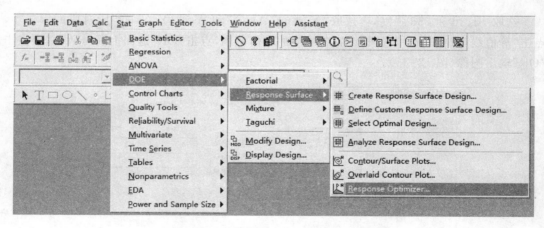

图 12-47　多响应同步优化的数值输出

在响应优化器设置中,可以看到对不同的响应都可进行"目标(Goal)"设置,分别有"最小(Minimize)""望目(Target)"和"最大(Maximize)"。本案例期望响应达到一定的取值范围,因此在该选项中,对所有响应均选取"望目(Target)"。按图 12-48 分别对各响应进行取值范围设置,点击"OK"完成设置输出数据,如图 12-49 所示。

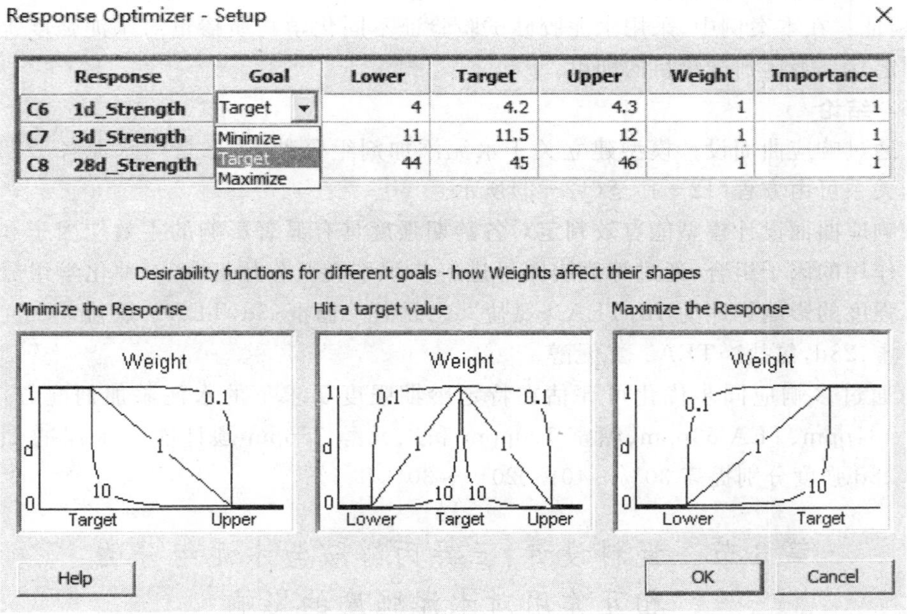

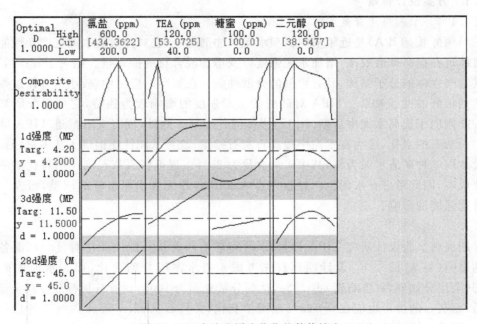

图 12-48　响应优化器设置

图 12-49　多响应同步优化的数值输出

　　多响应同步优化的数值输出直接给出了满足不同响应取值要求的因子最优解。需注意的是，Minitab 在多响应同步优化方面的功能并不强大，它仅给出了一组满足条件的因子取值。事实上从图 12-46 可以看到，满足响应取值要求的区域面积较大，这说明因子取值有较大的求解范围。关于多响应同步优化的更多功能可以将响应曲面试验设计数据导入专业DOE 软件，如 Design Expert 进行求解。使用 DOE 专业软件对上述过程进行求解，所得满足条件的因子组数将大幅提高。在这些因子最优解中,可选取一定量的因子值在实际过程中进行验证。在本案例中,采用水泥胶砂试验验证不同化学物质掺量对水泥强度提升的有效性,判定其是否达到试验目的即可。

2.6 结论

- 通过响应曲面设计模型建立关于水泥添加剂组分种类、掺量与水泥各龄期强度的关系可由方程(12−1)至(12−3)所示。

- 响应曲面设计模型能有效判定对各龄期强度具有显著影响的主效应因子和有相互作用的因子组合,通过等值线图可进一步识别交互作用区间:4 种化学组分对水泥强度的影响排序为 1d,TEA>氯盐>二元醇>糖蜜;3d,TEA>氯盐>二元醇>糖蜜;28d,氯盐>TEA>二元醇。

- 通过多响应同步优化可评估在特定龄期强度要求下的水泥添加剂配方,即氯盐 434ppm、TEA 53ppm、糖蜜 100ppm 和二元醇 38ppm 预计能使水泥的 1d、3d 和 28d 强度分别提高 30%~40%、20%~30% 和 5%。

第 3 节　混料设计:三异丙醇胺与水泥组分的相互作用对水泥强度的影响

3.1 方案设计背景

3.1.1 外加剂应用背景

三异丙醇胺(TIPA)是近年来的新型水泥外加剂之一,它对硅酸盐水泥生产及性能的影响主要体现在提高球磨效率,增加水泥强度以及增加混合材的掺入量。相对于 TEA,TIPA 因为其空间立体的分子结构,具有更强的分散性能。在实际的应用中,较小的 TIPA 掺入量就能达到很好的助磨效果。TIPA 对硅酸盐水泥强度的影响较为独特,它是至今所知的少数几种能倾向于提高水泥中后期(7d 后)强度的外加剂。此外,现有文献报道 TIPA 能促进水泥中石灰石的水化,这为在水泥中提高石灰石掺量、改善水泥性能提供了技术途径。本节试验设计以一种矿渣水泥为例,其中矿渣含量为 25%。现拟将石灰石高比例替代矿渣以降低水泥成本,因此考虑在水泥生产过程中掺入 TIPA,并配合水泥组分的调整,研究其对水泥各龄期强度的影响。

3.1.2 试验设计

采用混料试验设计研究 TIPA 掺量,以及对矿渣和石灰石配比变化对复合水泥各龄期强度的影响(见表 12-9)。设计原理首先考虑矿渣水泥组分的变化,即在水泥中矿渣占 25%,其余组分如熟料(含石膏)占 75%,这些分量总和为 100%。以石灰石部分或全部代替矿渣后,石灰石的掺量也应在 0~25% 范围中变化,并且石灰石、矿渣和熟料三者总和仍为 100%。因此该情况满足混料设计的要求。其次,TIPA 为外掺物质,它的掺入本身是独立的、不受水泥组分变化的影响,并且 TIPA 的掺量极小(一般不超过水泥质量的 500 ppm,即 0.05%),若将其考虑为混料设计的分量之一是不合适的。在这样的情况下,可将其考虑为分量之外的因子,这种因子被称之为"过程变量"。

表 12-9　水泥组分以及化学物质代号、代码值和实际掺量

组分	代号	低水平		中水平		高水平	
		代码值	实际值	代码值	实际值	代码值	实际值
熟料	$A\bigstar$		75%		87.5%		100%
矿渣	$B\bigstar$	-1	0%	0	12.5%	1	25%
石灰石	$C\bigstar$		0%		12.5%		25%
TIPA	$X_1\diamond$		0 ppm		250 ppm		500 ppm

★:混料分量;☆:过程变量

3.2　混料试验设计设置

点击主菜单中"统计(Stat)""DOE""混料设计(Mixture)""创建混料设计(Create Mixture Design)",进入下层对话框(图 12-50)。

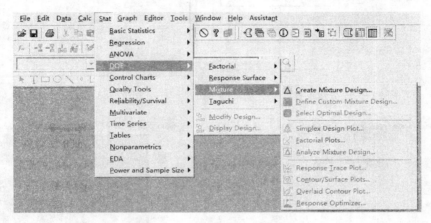

图 12-50　创建混料试验设计

选择"极端顶点(Extreme vertices)"设计模型,"分量数(Number of components)"选择"3"。点击"设计(Designs)"查看模型参数并返回,点击"分量(Components)"设置组分参数(图 12-51)。不选择"单纯质心(Simplex centroid)"或"单纯格点(Simplex lattice)"的原因是,这两种模型仅适合分量取值范围为 0~100% 的情况。

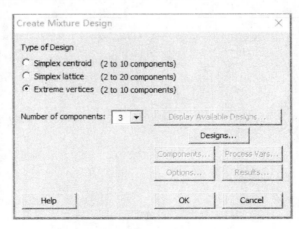

图 12-51　混料设计模型选择

在分量设置对话框中，将所有分量的总量设置为“1”，即 100%，对三个分量进行赋值，点击“OK”返回上层对话框(图 12-52)。

点击“过程变量(Process Variables)”对过程变量进行设置(图 12-53)，点击“OK”返回上层菜单，点击“OK”输出试验设计点阵，如图 12-54 所示。按照点阵安排试验，并将表 12-10 中的试验数据填入该表。

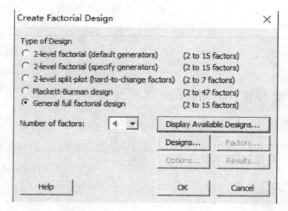

图 12-52　分量设置

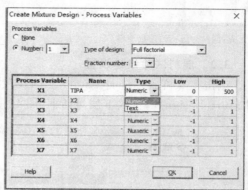

图 12-53　过程变量设置

C1 StdOrder	C2 RunOrder	C3 PtType	C4 Blocks	C5 熟料	C6 矿渣	C7 石灰石	C8 TIPA (ppm)	C9 3d强度 (MPa)	C10 7d强度 (MPa)	C11 28d强度 (MPa)
3	1	1	1	0.750	0.000	0.250	0	[illegible]	[illegible]	[illegible]
1	2	1	1	1.000	0.000	0.000	0	33.2	41.2	57.
14	3	0	1	0.833	0.083	0.083	500	29.4	42.7	56.
10	4	1	1	0.750	0.000	0.250	500	25.0	35.5	47.
8	5	1	1	1.000	0.000	0.000	500	33.9	46.0	61.
12	6	2	1	0.875	0.000	0.125	500	29.9	45.9	57.
7	7	0	1	0.833	0.083	0.083	0	[illegible]	[illegible]	46.
9	8	1	1	0.750	0.250	0.000	500	[illegible]	[illegible]	59.
13	9	2	1	0.750	0.125	0.125	500	33.1	46.0	60.
11	10	2	1	0.875	0.125	0.000	500	35.4	42.1	61.
4	11	2	1	0.875	0.125	0.000	0	24.0	35.2	52.
2	12	1	1	0.750	0.250	0.000	0	24.0	36.8	58.
5	13	2	1	0.875	0.000	0.125	0	23.1	33.3	45.
6	14	2	1	0.750	0.125	0.125	0	21.9	32.7	42.1

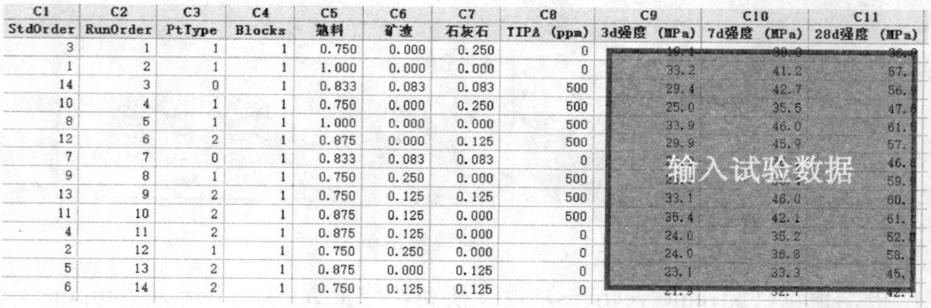

图 12-54　混料试验设计所输出的点阵安排

表 12-10　混料试验设计测试点阵及所对应的水泥胶砂强度

运行序	*A*	*B*	*C*	X_1	抗压强度(MPa)	
	(代码值 *)				3d	7d
1	−1	−1	1	−1	19.1	30.3
2	1	−1	−1	−1	33.2	41.2
3	−1/3	−1/3	−1/3	1	29.4	42.7
4	−1	−1	1	1	25.0	35.5
5	1	−1	−1	1	33.9	46.0
6	0	−1	0	1	29.9	45.9
7	−1/3	−1/3	−1/3	−1	22.9	36.1
8	−1	1	−1	1	25.3	38.4
9	−1	0	0	1	33.1	46.0
10	0	0	−1	1	35.4	42.1
11	0	0	−1	−1	24.0	35.2
12	−1	1	−1	−1	24.0	36.8
13	0	−1	0	−1	23.1	33.3
14	−1	0	0	−1	21.9	32.7

点击主菜单中"统计（Stat）""DOE""混料设计（Mixture）""分析混料设计（Analyze Mixture Design）"，进入下层对话框（图 12-55）。

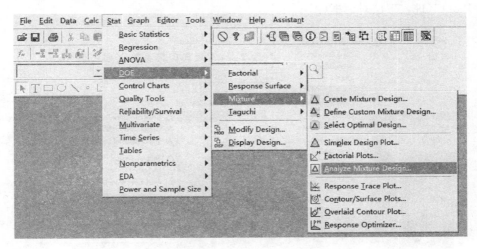

图 12-55　混料设计分析

3.3　混料试验设计的图形分析及解释

在"响应（Responses）"中将所有响应数据选中，"模型拟合方法（Model Fitting Method）"中选择"混料回归（Mixture regression）"，点击"OK"返回上层对话框，再点击"OK"进行混料设计分析（图 12-56）。

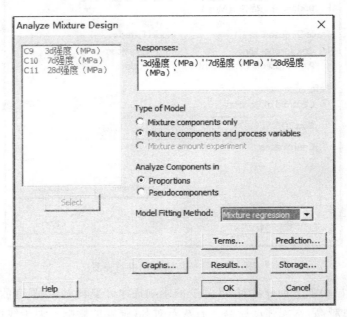

图 12-56　混料设计分析设置及模型选择

对于含有三个分量的混料设计而言，单纯依靠数值分析删除不显著分量提高模型回归精确性是不现实的，因为在三角坐标系必须含有三个分量才使得该坐标系具有数学意义。因此在本案例中，即便存在对响应不显著的分量，也不能将其在回归模型中删除。在这样的情况下,可直接进行混料设计的图像分析。

点击主菜单中"统计(Stat)""DOE""混料设计(Mixture)""响应追踪图(Response Trace Plot)",进入下层对话框(图12-57)。

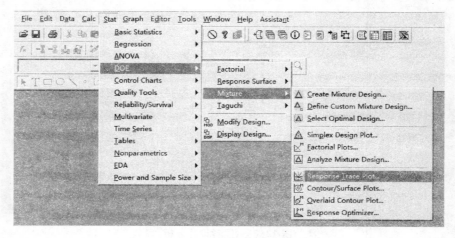

图12-57 响应追踪图输出

以3d强度为例,对其输出响应追踪图(图12-58),点击"OK"输出图像。

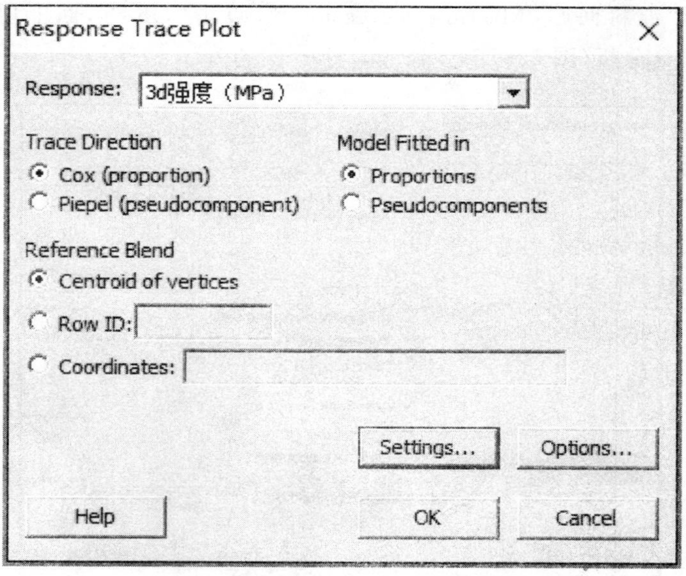

图12-58 响应追踪图参数设置

图12-59中显示了三种分量对3d强度的影响规律。熟料对3d强度的影响总体上是线性的,即熟料掺量越高,水泥强度越高。石灰石对3d强度的影响近似于线性,即随其掺量的提高能减小3d强度。而矿渣对3d强度的影响有"极大"值,即随其掺量提高时,3d强度先增大到一极值后便急速降低。采取同样的步骤可对7d和28d强度输出响应追踪图,如图12-60和图12-61所示。

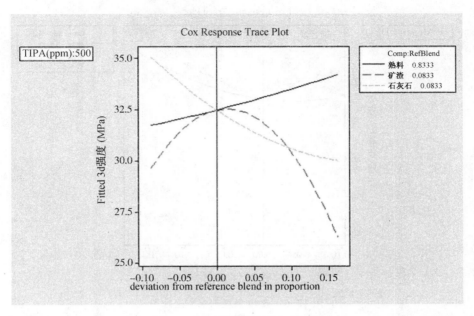

图 12-59　3d 强度的响应追踪图

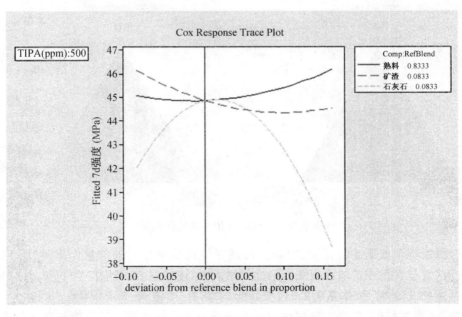

图 12-60　7d 强度的响应追踪图

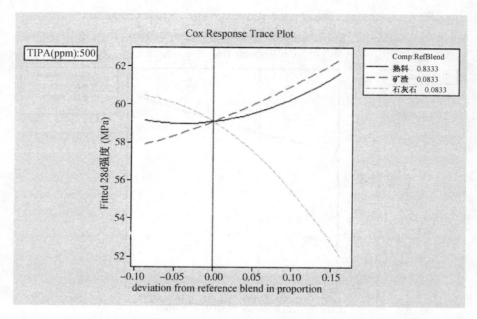

图 12-61　28d 强度的响应追踪图

在输出响应追踪图后,可以参照响应曲面设计的等值线图输出方法,输出混料设计的等值线图,如图 12-62 至图 12-64 所示。

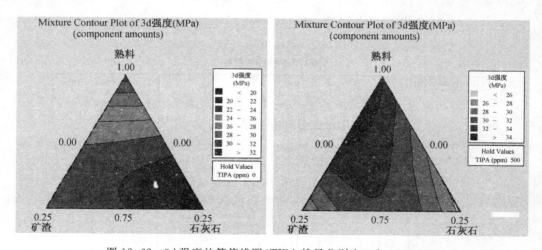

图 12-62　3d 强度的等值线图(TIPA 掺量分别为 0 和 500 ppm)

结合以上等值线图的特征和试验过程,现对等值线图显示的信息作出解释:"熟料-矿渣-石灰石"复合水泥中矿渣或石灰石的比例增大时,该体系 3d 强度严重下降。特别是当石灰石掺量达到 25％时,该体系的 3d 强度最低。"熟料-矿渣-石灰石"体系 7d 和 28d 强度发展规律与 3d 强度相似,低强度区域偏向于石灰石的高掺量范围。矿渣能提高该体系的 28d 强度,即当石灰石掺量为 0％时,即便是由 25％的矿渣取代熟料,该配比的 28d 强度几乎与纯熟料的强度相同,这与矿渣本身具备潜在的水化活性有关。在 TIPA 掺入的情况下,"熟料-矿渣-石灰石"体系各龄期的强度明显提高,并且高强度区域都向矿渣和石灰石高掺量区

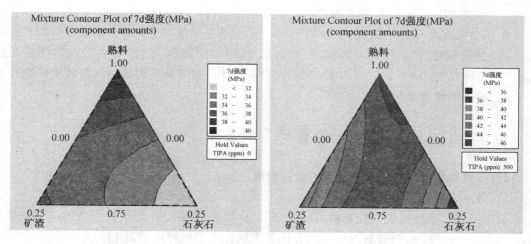

图 12-63　7d 强度的等值线图(TIPA 掺量分别为 0 和 500 ppm)

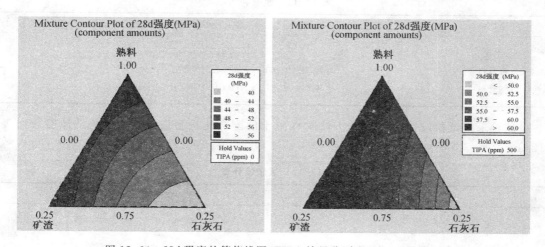

图 12-64　28d 强度的等值线图(TIPA 掺量分别为 0 和 500 ppm)

偏移。值得注意的是,TIPA 对"熟料-石灰石"体系强度提升率高于对"熟料-矿渣"体系的强度提升率。以 75％熟料＋25％矿渣配比为例,其 3d、7d 和 28d 的强度分别为:24.0 MPa、35.2 MPa 和 52.8 MPa。掺入 500 ppm 的 TIPA 后,其强度为 25.3 MPa、38.4 MPa 和 59.9 MPa,强度提升率分别为 5.4％、9.1％和 13.4％。而在 75％熟料＋25％石灰石配比中加入 TIPA,其各龄期强度提升率为:30.9％、17.2％和 29.0％。胶砂强度测试表明 TIPA 能显著提高"熟料-矿渣-石灰石"体系的强度,并且其对"熟料-石灰石"配比的提升效果强于对"熟料-矿渣"配比的提升效果。

3.4　结论

- 在 TIPA 作用下,尽管石灰石和矿渣的掺入均对纯熟料水泥的早期强度有影响,但对于 3d 强度而言,石灰石对强度的不利作用小于矿渣。对 7d 强度而言,两种混合材的作用则相反。矿渣对复合水泥 28d 强度发展有利,但石灰石仍对 28d 强度有负面影响。

- 与不掺 TIPA 样品的强度相比,TIPA 显著提高含矿渣和石灰石的复合水泥强度,并且 TIPA 与矿渣、石灰石之间的相互作用不同。

- TIPA 的掺入能有效提高"熟料-石灰石"的早期强度,使其可使 3d、7d 和 28d 强度提升率为 30.9%、17.2% 和 29.0%,而 TIPA 对"熟料-矿渣"体系的各龄期强度提升率仅为 5.4%、9.1% 和 13.4%,这说明 TIPA 对石灰石的活性激发效果优于其对矿渣的激发效果。

第 4 节 轻骨料混凝土配合比设计

4.1 骨料物性对轻骨料混凝土性能的影响

4.1.1 试验设计背景

采用拟定厂商所提供的轻骨料,设计 28d 目标抗压强度大于或等于 15 MPa、干密度为 1 100~1 200 kg/m³ 的轻骨料混凝土配合比。本试验所用原材料如表 12-11 所示。

表 12-11 原材料信息

原材料	物　　性
水泥	P.O 42.5R,28d 强度:52.2 MPa
粗骨料	堆积密度:635 kg/m³;表观密度:1 210 kg/m³
细骨料	堆积密度:771 kg/m³;表观密度:1 280 kg/m³

试验采用试验设计(DOE)的方法对混凝土的配合比进行设计,DOE 的设计参数如表 12-12 所示。

表 12-12 试验设计参数

原材料	用量(kg/m³)
水泥	375~425
水	250~325
粗骨料	360~450
细骨料	150~240

其中:0.25<细骨料/(细骨料+粗骨料)<0.4,0.6<水/水泥<0.68

4.1.2 DOE 设计阵列及测试结果

试验设计所安排的混凝土配合比设计如表 12-13 所示,其对应的测试结果也列于该表中。

表 12-13 试验配合比及对应性能测试

序号	配合比(kg/m³)				坍落度(mm)	实测湿密度(kg/m³)	抗压强度(MPa)			干密度(kg/m³)		
	水泥	水	粗骨料	细骨料			3d	7d	28d	3d	7d	28d
1	425	272	360	150	200	1 420	10.5	14.7	17.4	1 288	1 302	1 325
2	400	250	405	150	195	1 410	11.3	13.6	17.8	1 281	1 303	1 324
3	425	255	360	240	205	1 470	15	19.1	24.5	1 346	1 356	1 389
4	400	272	360	150	195	1 440	9.7	13.1	16.7	1 261	1 319	1 303

续　表

序号	配合比（kg/m³）				坍落度（mm）	实测湿密度（kg/m³）	抗压强度（MPa）			干密度（kg/m³）		
	水泥	水	粗骨料	细骨料			3d	7d	28d	3d	7d	28d
5	425	289	450	150	195	1 420	8.7	11.2	16.9	1 258	1 272	1 279
6	425	289	360	240	200	1 440	9.4	12.3	17.8	1 282	1 292	1 298
7	375	250	405	195	200	1 400	10	12.8	17.4	1 295	1 302	1 290
8	425	255	360	240	210	1 430	12.2	15.1	21.4	1 301	1 318	1 345
9	425	272	450	150	200	1 430	11.5	16	20.3	1 284	1 301	1 342
10	375	250	360	150	200	1 420	8.5	12.5	16.9	1 256	1 274	1 286
11	400	272	405	195	220	1 400	8.1	11.4	17.1	1 263	1 269	1 274
12	425	289	360	195	210	1 420	7.8	11.6	15.3	1 236	1 277	1 260
13	400	250	360	240	210	1 410	9.5	14.4	18.3	1 256	1 290	1 274
14	375	255	450	240	200	1 320	6.9	10.4	13.3	1 223	1 218	1 226
15	425	255	450	240	175	1 420	13.8	17.2	22.2	1 297	1 315	1 312
16	375	250	360	150	200	1 390	10.5	14.6	20.0	1 244	1 239	1 290
17	425	255	450	150	180	1 400	12.8	16.5	20.3	1 279	1 288	1 293
18	375	250	450	150	160	1 360	9.9	14.6	19.4	1 216	1 226	1 264
19	400	250	450	195	180	1 360	11.2	16.2	20.2	1 234	1 252	1 284
20	425	272	405	195	210	1 460	10.5	14.1	18.9	1 285	1 302	1 329
21	425	289	450	240	210	1 440	8.9	12.8	17.9	1 255	1 266	1 310
22	425	289	405	150	210	1 430	8.8	11.5	17.4	1 232	1 252	1 272
23	375	250	360	240	210	1 460	10.7	13.8	19.8	1 295	1 296	1 310
24	375	250	360	240	220	1 490	11.5	15.5	20.7	1 317	1 324	1 346
25	425	255	450	150	180	1 460	12.1	15.8	20.9	1 292	1 320	1 346
26	425	255	360	150	210	1 470	13.3	16.2	23.6	1 301	1 322	1 344
27	375	250	450	150	180	1 410	10.5	14.3	18.4	1 246	1 253	1 279

4.1.3　试验结果分析

（1）混凝土坍落度

不同原材料对混凝土坍落度的影响如图 12-65、图 12-66 所示。

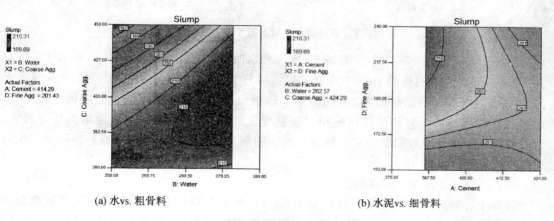

(a) 水 vs. 粗骨料　　　　　　　　(b) 水泥 vs. 细骨料

图 12-65　不同原材料对混凝土坍落度的影响

　　从图 12-65 中可看出，同时提高水与粗骨料的掺量有助于坍落度的增加，提高细骨料的掺量更有助于增加混凝土坍落度。

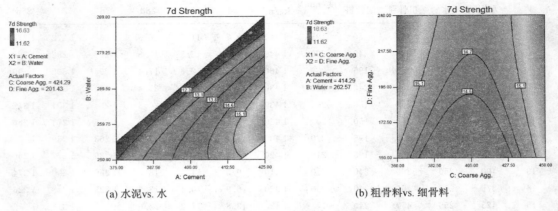

(a) 水泥 vs. 水 　　　　　　　　(b) 粗骨料 vs. 细骨料

图 12-66　　不同原材料对混凝土 7d 强度的影响

　　（2）混凝土强度及干密度

　　混凝土的 7d 强度及 7d 干密度如图 12-66 所示，混凝土的 28d 强度及 28d 干密度如图 12-67 所示。

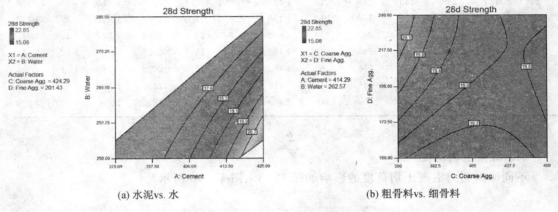

(a) 水泥 vs. 水 　　　　　　　　(b) 粗骨料 vs. 细骨料

图 12-67　　不同原材料对混凝土 28d 强度的影响

　　从图 12-66 和图 12-67 的分析看出，水泥和水的掺量变化对混凝土的 7d 和 28d 强度有一定影响，即水胶比的降低有利于强度发展。尽管如此，混凝土水胶比的高低限对混凝土 7d 和 28d 强度变异的影响均为 3MPa 左右。该强度的变异是否在试验误差之内，需进一步通过试验验证。粗骨料和细骨料的相对掺量变化对混凝土 7d 和 28d 强度均无显著影响。这说明混凝土的砂率对龄期强度无显著影响。同理可分析图 12-68 中各原材料掺量变化对 28d 干密度的影响。

　　（3）混凝土干密度与强度的关系

　　混凝土各龄期干密度的发展规律如图 12-69 所示，28d 强度和干密度的统计数据如图 12-70 和图 12-71 所示，28d 强度与 28d 干密度的关系如图 12-72 所示。

　　图 12-69 显示，与混凝土 3d 干密度相比，其 7d 干密度的中位数值略高。而 7d 干密度

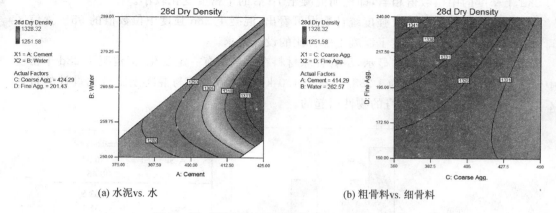

(a) 水泥vs. 水   (b) 粗骨料vs. 细骨料

图 12-68 不同原材料对混凝土 28d 干密度的影响

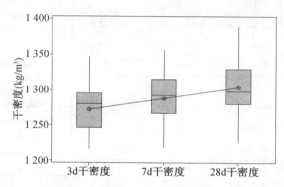

图 12-69 混凝土各龄期干密度发展规律

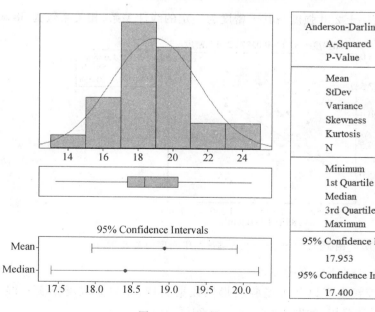

图 12-70 混凝土 28d 强度统计数据

与 28d 干密度的中位数值相当,即说明混凝土 7d 后的干密度变化较小。

图 12-70 的混凝土 28d 强度统计数据可看出,混凝土 28d 强度中位数值的 95％置信区间为 17.4～20.2 MPa,满足了混凝土配合比的设计要求。

从图 12-71 的统计数据显示,尽管各原材料在掺量上有一定变化,但混凝土 28d 干密度中位数值的 95％置信区间为 1 283.9～1 324.0 kg/m³,该指标与混凝土配合比设计的目标不相符,这可能是原材料本身的物性引起的。

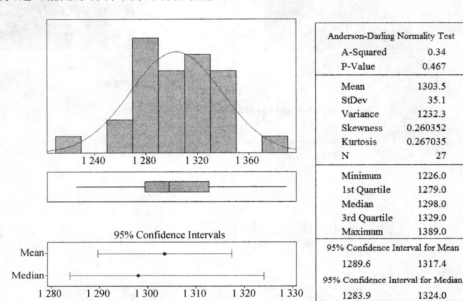

图 12-71　混凝土 28d 干密度统计数据

图 12-72 显示,混凝土 28d 强度与其干密度为一定的线性关系,相关系数为 58％。

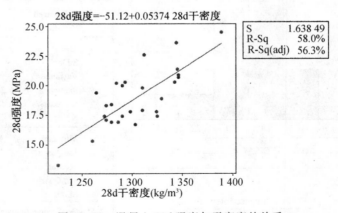

图 12-72　混凝土 28d 强度与干密度的关系

（4）实测湿密度与 28d 干密度的关系

为了进一步为轻骨料生产以及现场验收提供数据支持,现建立混凝土实测湿密度与 28d 干密度的差异的统计分析,如图 12-73、图 12-74 所示。

图 12-73 显示混凝土 28d 干密度与实测湿密度存在一定的线性关系。对试验数据进行

统计分析,分析显示 28d 干密度与实测湿密度差异的中位数为 126 kg/m³,其 95% 置信区间为 99.9~134.1 kg/m³。

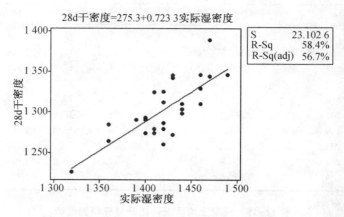

图 12-73　混凝土实测湿密度与 28d 干密度的关系

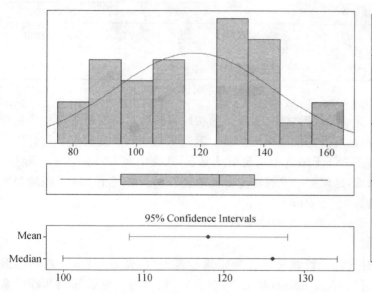

图 12-74　混凝土实测湿密度与 28d 干密度差异的统计分析

（5）配比优化分析

通过上述的数据分析,从中可看出在表 12-10 所示的原材料掺量范围内,混凝土的初始坍落度对原材料的掺量变化较为敏感。在该掺量变化范围中,混凝土的 28d 强度几乎都大于 15 MPa,即满足了配合比设计要求;而 28d 干密度几乎都集中在 1 250~1 350 kg/m³ 之间,即超出了最初的配合比设计要求。若降低混凝土的干密度,需采取其他方法,如采用堆积密度更低的轻骨料。因此根据实际产品需求,混凝土坍落度、28d 强度以及 28d 干密度的权重关系为:28d 干密度＞坍落度＞28d 强度。在现有的试验数据中,对混凝土配合比进行筛选,满足设计要求的配合比如表 12-14 所示。根据该权重关系所作出的混凝土优化配合比,如表 12-15 所示。

表 12-14　满足混凝土性能要求的现有配合比

序号	配合比（kg/m³）				坍落度（mm）	抗压强度（MPa）			干密度（kg/m³）		
	水泥	水	粗骨料	细骨料		3d	7d	28d	3d	7d	28d
12	425	289	360	195	210	7.8	11.6	15.3	1 236	1 277	1 260
18	375	250	450	150	160	9.9	14.6	19.4	1 216	1 226	1 264
22	425	289	405	150	210	8.8	11.6	17.4	1 232	1 252	1 272
11	400	272	405	195	220	8.1	11.4	17.1	1 263	1 269	1 274
13	400	250	360	240	210	9.5	14.4	18.3	1 256	1 290	1 274
5	425	289	450	150	195	8.7	11.2	16.9	1 258	1 272	1 279
27	375	250	450	150	180	10.5	14.3	18.4	1 246	1 253	1 279
19	400	250	450	195	180	11.2	16.2	20.2	1 234	1 252	1 284
10	375	250	360	150	200	8.5	12.5	16.9	1 256	1 274	1 286
7	375	250	405	195	200	10	12.8	17.4	1 295	1 302	1 290

表 12-15　混凝土优化配合比及对应预测性能

序号	优化配合比（kg/m³）				坍落度预测值（mm）	抗压强度预测值（MPa）		干密度预测值（kg/m³）
	水泥	水	粗骨料	细骨料		7d	28d	28d
1	425	289	400	175	213	10.8	16.4	1270
2	375	250	415	150	190	12.8	17.9	1284
3	405	275	428	182	210	11.9	17.0	1286

（6）结论

在试验所设计的混凝土配合比范围之中，混凝土的初始坍落度对原材料的掺量变化较为敏感，通过提高水或细骨料掺量可提高混凝土坍落度。混凝土的 28d 强度满足了配合比设计要求，即大于 15 MPa。混凝土 28d 干密度不满足设计要求，其集中在 1 250～1 350 kg/m³ 之间。若需降低混凝土的干密度，建议更换堆积密度更低的轻骨料。混凝土 28d 干密度与实测湿密度差异的统计中位数值为 126 kg/m³。

4.2　化学外加剂对轻骨料混凝土性能的影响

4.2.1　试验设计背景

试验首先将系统研究引气剂及纤维素醚在额定掺量范围内（变量）对水泥胶砂的湿密度、流动度，以及对胶砂 3d 和 28d 强度的影响规律（响应）。然后通过对引气剂和纤维素醚掺量的调整，研究其对新拌轻骨料混凝土湿密度和流动度，以及对硬化混凝土 3d 和 28d 强度的影响。试验所用原材料如表 12-16 所示。

表 12-16　原材料信息

原材料	属性
水泥	P.O 42.5R，28d 强度：52.2 MPa
粗骨料	堆积密度：630 kg/m³；表观密度：925 kg/m³
细骨料	堆积密度：530 kg/m³；表观密度：1 280 kg/m³
纤维素醚	粘度 4.5×10^4

4.2.2　试验设计

试验设计采用响应曲面法研究引气剂（掺量：0～0.1%）及纤维素醚（掺量：0～0.2%）对水泥胶砂性能的影响，试验参数如表 12-17 所示。

表 12-17　试验设计点阵及对应测试值

编号	引气剂	纤维素醚	胶砂性能			
			湿密度（kg/m³）	流动度（mm）	3d 强度（MPa）	28d 强度（MPa）
1	0.001 0	0.002	1 425	180	4.4	6.9
2	0.000 0	0.002	2 005	190	11.8	25.8
3	0.000 5	0.001	1 606	198	4.5	9.3
4	0.001 0	0.001	1 516	195	3.4	7.0
5	0.000 5	0.000	1 486	206	2.9	6.0
6	0.000 0	0.000	2 201	237	26.2	49.1
7	0.000 5	0.000	1 491	207	3.0	4.9
8	0.001 0	0.000	1 331	195	0.8	2.3
9	0.000 5	0.002	1 555	187	4.0	9.7
10	0.000 0	0.002	2 02 1	186	13.6	28.0
11	0.001 0	0.002	1 410	180	3.3	4.1
12	0.000 0	0.001	2 123	207	17.5	34.8
13	0.001 0	0.001	1 516	194	3.8	5.6
14	0.000 5	0.001	1 596	197	4.0	8.5

4.2.3　试验结果及分析

（1）胶砂试验

根据试验设计所安排的试验组进行胶砂制备及性能测试，测试结果亦列于表 12-16 中。根据表 12-16 数据所形成的"变量-响应"图如图 12-75 至图 12-78 所示。

图 12-75 显示了引气剂与纤维素醚对胶砂湿密度的影响，其表明引气剂的掺入对胶砂湿密度有显著影响。随着引气剂掺量的提高，胶砂湿密度急剧下降。当引气剂掺量超过 0.05% 时，胶砂湿密度降低的程度减小。随着纤维素醚掺量的提高，胶砂湿密度有先增加再减小的趋势，但与引气剂相比，其掺量的提高对胶砂湿密度的影响更小。

图 12-76 显示了引气剂与纤维素醚对胶砂流动度的影响，其显示随着二者掺量的提高，胶砂流动度显著降低，并且二者对流动度的影响存在交互作用。引气剂和纤维素醚的交互作用可解释为，当纤维素醚为低掺量水平时（为 0%），引气剂掺量的提高显著减小胶砂流动度；当纤维素醚为高掺量水平时（为 0.2%）引气剂掺量的提高对胶砂流动度的变化无显著影响。

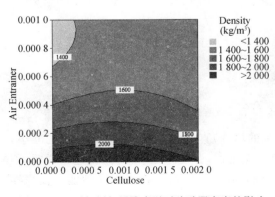

图 12-75　引气剂与纤维素醚对胶砂湿密度的影响

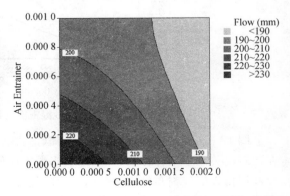

图 12-76　引气剂与纤维素醚对胶砂流动度的影响

　　图 12-77 显示了引气剂与纤维素醚对胶砂 3d 强度的影响,其表明引气剂的掺入对胶砂 3d 强度有显著影响。随着引气剂掺量的提高,胶砂 3d 强度急剧下降。当引气剂掺量超过 0.05％时,胶砂 3d 强度降低的程度减小。随着纤维素醚掺量的提高,胶砂 3d 强度也将减小,但与引气剂相比,其掺量的提高对胶砂 3d 强度降低的影响较小。

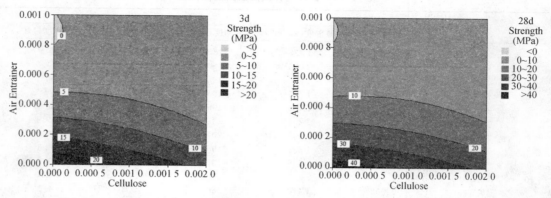

图 12-77　引气剂与纤维素醚对胶砂 3d 强度的影响　　图 12-78　引气剂与纤维素醚对胶砂 28d 强度的影响

　　图 12-78 显示了引气剂与纤维素醚对胶砂 28d 强度的影响,其表明引气剂与纤维素醚的掺入对胶砂 28d 强度的影响与对 3d 强度的影响相似,即引气剂的掺入更能显著地降低胶砂强度。

　　通过以上试验发现,引气剂的掺入能有效地降低胶砂的湿密度,但是其也会明显地影响胶砂的强度。纤维素醚的引入对胶砂湿密度和强度也有一定影响,但其影响程度低于引气剂。纤维素醚的主要作用体现在能有效降低胶砂流动度(即提高胶砂稠度),这对提高胶砂内部颗粒之间的粘接能力是有益的。胶砂湿密度与其 3d 和 28d 强度关系如图 12-79 所示。

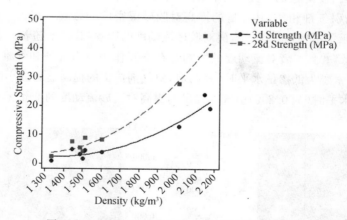

图 12-79　胶砂湿密度与其 3d 和 28d 强度的关系

　　图 12-79 显示,胶砂湿密度的下降(即含气量的增加)直接对应胶砂各龄期强度的减小,在此对应关系中不存在临界点(即仅当湿密度低于某值时,强度才显著下降)。这也说明,若要利用掺入引气剂和纤维素醚的手段降低拌合物的湿密度,则需牺牲其力学性能。仅当拌合物的力学性能有足够富余时,通过该途径降低其湿密度的途径才有现实意义。

（2）混凝土试验

根据以上胶砂性能测试所显示的引气剂与纤维素醚对拌合物性能的影响规律,研究人员安排相应的混凝土测试,进行实际的轻骨料混凝土配合比性能评估。混凝土配合比设计以及对应的测试结果列于表 12-18。

表 12-18 显示,在轻骨料混凝土配合比中添加引气剂和纤维素醚,其对混凝土性能的影响规律与其对胶砂性能的影响规律相似,即引气剂和纤维素醚的掺入都降低新拌混凝土的工作性（坍落度和扩张度）;引气剂的掺入能有效降低新拌混凝土的湿密度,纤维素醚的掺入对新拌混凝土的湿密度影响更小;引气剂和纤维素醚的掺入都能影响硬化混凝土的强度,即随着其掺量的提高,对应混凝土的强度下降。此外,引气剂和纤维素醚对硬化混凝土的干密度的影响规律与其对强度的影响规律相似。

表 12-18　轻骨料混凝土配合比性能测试（试验室验证,砂率:0.4,水胶比:0.67）

编号	混凝土配合比（kg/m³）							坍落度(mm)	扩展度(mm)	湿密度(kg/m³)	强度（MPa）				干密度(kg/m³)	
	水泥	粉煤灰	陶粒	陶砂	水	纤维素醚	引气剂				3d	7d	14d	28d	14d	28d
1	373	104	340	230	320	0	0	240	600×590	1396	10.2	13.7	16.3	20.9	1 218	1 229
2	373	104	340	230	320	0.15%	0	250	520×510	1382	7.7	9.4	11.9	15.1	1 133	1 149
3	373	104	340	230	320	0.15%	0.01%	250	530×520	1361	6.9	8.7	11.0	13.0	1 123	1 132
4	373	104	340	230	320	0.15%	0.03%	250	510×500	1341	6.3	7.7	9.5	11.8	1 094	1 104
5	373	104	340	230	320	0.15%	0.05%	250	510×500	1312	5.3	6.7	8.7	10.8	1 062	1 086
6	373	104	340	230	320	0.15%	0.07%	240	500×490	1 283	5.4	6.7	7.6	10.2	1 057	1 072

表 12-19　轻骨料混凝土配合比性能测试（工厂试验,砂率:0.45,水胶比:0.5）

编号	混凝土配合比（kg/m³）							含气量	湿密度(kg/m³)	强度（MPa）	
	水泥	粉煤灰	陶粒	陶砂	水	纤维素醚	引气剂			3d	7d
1	373	104	375	295	240	0	0	4.7%	1 500	16.8	17.9
2	373	104	375	295	240	0.13%	0	6.6%	1 422	8.9	10.2
3	373	104	375	295	240	0.13%	0	7.0%	1 422	10.3	10.7
4	373	104	375	295	240	0.13%	0	7.2%	1 373	9.1	11.4
5	373	104	375	295	240	0.13%	0	6.2%	1 402	7.4	10.1
6	373	104	375	295	240	0.13%	0	6.5%	1 438	8.7	13.1
7	373	104	375	295	240	0.13%	0.01%	9.0%	1 350	5.8	7.1
8	373	104	375	295	240	0.13%	0.02%	10.0%	1 292	4.6	6.1
9	373	104	375	295	240	0.13%	0.03%	9.4%	1 350	5	7.6

此外,试验还安排了在工厂试验评估实际生产过程中的轻骨料混凝土性能,其结果列于表 12-19。表 12-19 数据显示在工厂进行的测试显示,引气剂和纤维素醚对混凝土的强度的影响规律与在试验室进行的混凝土测试结果规律保持一致。

（3）结论

在胶凝体系中引入引气剂和纤维素醚组分,其对混凝土胶凝组分性能的影响体现在:

① 引气剂与纤维素醚对胶砂湿密度的影响,表现为随着引气剂掺量的提高,胶砂湿密度急剧下降。随着纤维素醚掺量的提高,胶砂湿密度也有减小的趋势,但与引气剂相比,其掺量的提高对胶砂湿密度变化的影响更小。

② 引气剂与纤维素醚对胶砂流动度的影响表现为二者的交互作用。即当纤维素醚为低掺量水平时,引气剂掺量的提高显著降低胶砂流动度;当纤维素醚为高掺量水平时引气剂掺量的提高对胶砂流动度的变化无显著影响。

③ 引气剂与纤维素醚的掺入都能减小胶砂的各龄期强度,二者相比,引气剂的掺入对胶砂强度的减小更显著。引气剂的掺入引起胶砂湿密度的下降(即含气量的增加),其直接对应胶砂各龄期强度的减小,在此对应关系中不存在临界点。若要利用掺入引气剂和纤维素醚的手段降低拌合物的湿密度,则需牺牲其力学性能。

④ 引气剂和纤维素醚对轻骨料混凝土性能的影响规律与其对胶砂性能的影响规律相似,即引气剂和纤维素醚的掺入都降低新拌混凝土的工作性(坍落度和扩展度);引气剂的掺入能有效降低新拌混凝土的湿密度,纤维素醚的掺入对新拌混凝土的湿密度影响更小。

⑤ 引气剂和纤维素醚的掺入都能影响硬化混凝土的强度,即随着其掺量的提高,对应混凝土的强度下降。引气剂和纤维素醚对硬化混凝土的干密度的影响规律与其对强度的影响规律相似。

利用水泥胶砂试验测试可在轻骨料配合比设计前期进行胶材性能评估。在本研究中,引气剂和纤维素醚对砂浆工作性能、强度发展的影响规律与其对新拌混凝土工作性以及硬化混凝土的性能影响规律保持一致。因此采用胶砂测试法可减少混凝土配合比设计所需的劳动强度,快速、准确地评估引气剂和纤维素醚对混凝土胶凝组分性能的影响。

附表1　正态分布表

本表列出了正态分布 $N(0,1)$ 的分布函数值。$P(t) = \int_{t}^{+\infty} \dfrac{1}{\sqrt{2\pi}} \cdot e^{-\frac{t^2}{2}} \mathrm{d}t$

t	0.00	0.01	0.02	0.03	0.04	0.05	0.06	0.07	0.08	0.09
0.0	0.500 0	0.496 0	0.492 0	0.488 0	0.484 0	0.480 1	0.476 1	0.472 1	0.468 1	0.464 1
0.1	0.460 2	0.456 2	0.452 2	0.448 3	0.444 3	0.440 4	0.436 4	0.432 5	0.428 6	0.424 7
0.2	0.420 7	0.416 8	0.412 9	0.409 0	04 052	0.401 3	0.397 4	0.393 6	0.389 7	0.385 9
0.3	0.382 1	03 783	0.374 5	0.370 7	0.366 9	0.363 2	0.359 4	0.355 7	0.352 0	0.348 3
0.4	0.344 6	0.340 9	0.337 2	0.333 6	0.330 0	0.326 4	0.322 8	0.319 2	0.315 6	0.312 1
0.5	0.308 5	0.305 0	0.301 5	0.298 1	0.294 6	0.291 2	0.287 7	0.284 3	0.281 0	0.277 6
0.6	0.274 3	0.270 9	0.267 6	0.264 3	0.261 1	0.257 8	0.254 6	02 514	0.248 3	0.245 1
0.7	0.242 0	0.238 9	0.235 8	0.232 7	0.229 6	0.226 6	0.223 6	0.220 6	0.217 7	0.214 8
0.8	0.211 9	0.209 0	0.206 1	0.203 3	0.200 5	0.197 7	0.194 9	0.192 2	0.189 4	0.186 7
0.9	0.184 1	0.181 4	0.178 8	0.176 2	0.173 6	0.171 1	0.163 5	0.166 0	0.168 5	0.161 1
1.0	0.158 7	0.156 2	0.153 9	0.151 5	0.149 2	0.146 9	0.144 6	0.142 3	0.140 1	0.137 9
1.1	0.135 7	0.133 5	0.131 4	0.129 2	0.127 1	01 251	0.123 0	0.121 0	0.119 0	0.117 0
1.2	0.115 1	0.113 1	0.111 2	0.109 3	0.107 5	0.105 6	0.103 8	0.102 0	0.100 3	0.098 5
1.3	0.098 6	0.095 1	0.093 4	0.091 8	0.090 1	0.088 5	0.086 9	0.085 3	0.083 8	0.082 3
1.4	0.080 8	0.079 3	0.077 3	0.076 4	0.074 9	0.073 5	0.072 1	0.070 8	0.069 4	0.068 1
1.5	0.066 8	0.065 5	0.064 3	0.063 0	0.061 8	0.060 6	0.059 4	0.058 2	0.057 1	0.055 9
1.6	0.054 8	0.053 7	0.052 6	0.051 6	0.050 5	0.049 5	0.048 5	0.047 5	0.046 5	0.045 5
1.7	0.044 6	0.043 6	0.042 7	0.041 8	0.040 9	0.040 1	0.039 2	0.038 4	0.037 5	0.036 7
1.8	0.035 9	0.035 1	0.034 4	0.033 6	0.032 9	0.032 2	0.031 4	0.030 7	0.030 1	0.029 4
1.9	0.028 7	0.028 1	0.027 4	0.026 8	0.026 2	0.025 6	0.025 0	0.024 4	0.023 9	0.023 3
2.0	0.022 8	0.022 2	0.021 7	0.021 2	0.020 7	0.020 2	0.019 7	0.019 2	0.018 8	0.018 3
2.1	0.017 9	0.017 4	0.017 0	0.016 6	0.016 2	0.015 8	0.015 4	0.015 0	0.014 6	0.014 3
2.2	0.013 9	0.013 6	0.013 2	0.012 9	0.012 5	0.012 2	0.011 9	0.011 6	0.011 3	0.011 0
2.3	0.010 7	0.010 4	0.010 2	0.009 90	0.009 64	0.009 39	0.009 14	0.008 89	0.008 66	0.008 42
2.4	0.008 20	0.007 98	0.007 76	0.007 55	0.007 34	0.007 14	0.006 95	0.006 76	0.006 57	0.006 39
2.5	0.006 21	0.006 04	0.005 87	0.005 70	0.005 54	0.005 39	0.005 23	0.005 03	0.004 94	0.004 80
2.6	0.004 66	0.004 53	0.004 40	0.004 27	0.004 15	0.004 02	0.003 91	0.003 79	0.003 68	0.003 57
2.7	0.003 47	0.003 36	0.003 26	0.003 17	0.003 07	0.002 98	0.002 90	0.002 80	0.002 72	0.002 64
2.8	0.002 56	0.002 48	0.002 40	0.002 33	0.002 26	0.002 19	0.002 12	0.002 05	0.001 99	0.001 93
2.9	0.001 87	0.001 81	0.001 75	0.001 69	0.001 64	0.001 59	0.001 54	0.001 49	0.001 44	0.001 39
3.0	0.001 35									
3.5	0.000 233									
4.0	0.000 031 7									

附表 2　二项分布表

本表列出了二项分布函数值 $P(X \leqslant x) = \sum_{k=0}^{x} \frac{n!}{k!(n-k)!} p^k (1-p)^{n-k}$

n	k	p									
		0.05	0.10	0.15	0.20	0.25	0.30	0.35	0.40	0.45	0.50
2	0	0.902 5	0.810 0	0.722 5	0.640 0	0.562 5	0.490 0	0.422 5	0.360 0	0.302 5	0.250 0
	1	0.997 5	0.990 0	0.977 5	0.960 0	0.937 5	0.910 0	0.877 5	0.840 0	0.797 5	0.750 0
	2	1.000 0	1.000 0	1.000 0	1.000 0	1.000 0	1.000 0	1.000 0	1.000 0	1.000 0	1.000 0
3	0	0.857 4	0.729 0	0.614 1	0.512 0	0.421 9	0.343 0	0.274 6	0.216 0	0.166 4	0.125 0
	1	0.992 8	0.972 0	0.939 2	0.896 0	0.843 8	0.784 0	0.718 2	0.648 0	0.574 8	0.500 0
	2	0.999 9	0.999 0	0.996 6	0.992 0	0.984 4	0.973 0	0.957 1	0.936 0	0.908 9	0.875 0
	3	1.000 0	1.000 0	1.000 0	1.000 0	1.000 0	1.000 0	1.000 0	1.000 0	1.000 0	1.000 0
4	0	0.814 5	0.656 1	0.522 0	0.409 6	0.316 4	0.240 1	0.178 5	0.129 6	0.091 5	0.062 5
	1	0.986 0	0.947 7	0.890 5	0.819 2	0.738 3	0.651 7	0.563 0	0.475 2	0.391 0	0.312 5
	2	0.999 5	0.996 3	0.988 0	0.972 8	0.949 2	0.916 3	0.873 5	0.820 8	0.758 5	0.687 5
	3	1.000 0	0.999 9	0.999 5	0.998 4	0.996 1	0.991 9	0.985 0	0.974 4	0.959 0	0.937 5
	4	1.000 0	1.000 0	1.000 0	1.000 0	1.000 0	1.000 0	1.000 0	1.000 0	1.000 0	1.000 0
5	0	0.773 8	0.590 5	0.443 7	0.327 7	0.237 3	0.168 1	0.116 0	0.077 8	0.050 3	0.031 2
	1	0.977 4	0.918 5	0.835 2	0.737 3	0.632 8	0.528 2	0.428 4	0.337 0	0.256 2	0.187 5
	2	0.998 8	0.991 4	0.973 4	0.942 1	0.896 5	0.836 9	0.764 8	0.682 6	0.593 1	0.500 0
	3	1.000 0	0.999 5	0.997 8	0.993 3	0.984 4	0.969 2	0.946 0	0.913 0	0.868 8	0.812 5
	4	1.000 0	1.000 0	0.999 9	0.999 7	0.999 0	0.997 6	0.994 7	0.989 8	0.981 5	0.968 8
	5	1.000 0	1.000 0	1.000 0	1.000 0	1.000 0	1.000 0	1.000 0	1.000 0	1.000 0	1.000 0
6	0	0.735 1	0.531 4	0.377 1	0.262 1	0.178 0	0.117 6	0.075 4	0.047 6	0.022 7	0.015 6
	1	0.967 2	0.885 7	0.776 5	0.655 3	0.533 9	0.420 2	0.319 1	0.122 2	0.163 6	0.109 4
	2	0.997 8	0.984 2	0.952 7	0.901 1	0.830 6	07 443	0.647 1	0.544 3	0.441 5	0.343 8
	3	0.999 9	0.998 2	0.994 1	0.983 0	0.962 4	0.929 5	0.882 6	0.820 8	0.744 7	0.656 2
	4	1.000 0	0.999 9	0.999 6	0.998 4	0.995 4	0.989 1	0.977 7	0.959 0	0.930 8	0.890 6
	5	1.000 0	1.000 0	1.000 0	0.999 9	0.999 3	0.999 3	0.998 2	0.995 9	0.991 7	0.984 4
	6	1.000 0	1.000 0	1.000 0	1.000 0	1.000 0	1.000 0	1.000 0	1.000 0	1.000 0	1.000 0
7	0	0.698 3	0.478 3	0.320 6	0.209 7	0.133 5	0.082 4	0.049 0	0.028 0	0.015 2	0.007 8
	1	0.955 6	0.850 3	0.716 6	0.576 7	0.444 9	0.329 4	0.233 8	0.158 6	0.102 4	0.062 5
	2	0.996 2	0.974 3	0.926 2	0.852 0	0.756 4	0.647 1	0.532 3	0.419 9	0.316 4	0.226 6
	3	0.998 2	0.997 3	0.987 9	0.996 7	0.929 4	0.874 0	0.800 2	0.710 2	0.608 3	0.500 0
	4	1.000 0	0.999 8	0.998 8	0.995 3	0.987 1	0.971 2	0.944 4	0.903 7	0.847 1	0.773 4
	5	1.000 0	1.000 0	0.999 9	0.999 6	0.998 7	0.996 2	0.991 0	0.981 2	0.964 3	0.937 5
	6	1.000 0	1.000 0	1.000 0	1.000 0	0.999 9	0.999 8	0.999 4	0.998 4	0.996 3	0.992 2
	7	1.000 0	1.000 0	1.000 0	1.000 0	1.000 0	1.000 0	1.000 0	1.000 0	1.000 0	1.000 0

n	k	p									
		0.05	0.10	0.15	0.20	0.25	0.30	0.35	0.40	0.45	0.50
8	0	0.663 4	0.430 5	0.272 5	0.167 8	0.100 1	0.057 6	0.031 9	0.016 8	0.008 4	0.003 9
	1	0.942 8	0.813 1	0.657 2	0.503 3	0.367 1	0.255 3	0.169 1	0.106 4	0.063 2	0.035 2
	2	0.994 2	0.961 9	0.894 8	0.796 9	0.678 5	0.551 8	0.427 8	0.315 4	0.220 1	0.144 5
	3	0.999 6	0.995 0	0.978 6	0.943 7	0.886 2	0.805 9	0.706 4	0.594 1	0.477 0	0.363 3
	4	1.000 0	0.999 6	0.997 1	0.986 9	0.972 7	0.942 0	0.893 9	0.826 3	0.739 6	0.636 7
	5	1.000 0	1.000 0	0.999 8	0.998 8	0.995 8	0.988 7	0.974 7	0.950 2	0.911 5	0.855 5
	6	1.000 0	1.000 0	1.000 0	0.999 9	0.999 6	0.998 7	0.996 4	0.991 5	0.981 9	0.964 8
	7	1.000 0	1.000 0	1.000 0	1.000 0	1.000 0	0.999 9	0.999 8	0.999 3	0.998 3	0.996 1
	8	1.000 0	1.000 0	1.000 0	1.000 0	1.000 0	1.000 0	1.000 0	1.000 0	1.000 0	1.000 0
9	0	0.630 2	0.387 4	0.231 6	0.134 2	0.075 1	0.040 4	0.020 7	0.010 1	0.004 6	0.002 0
	1	0.928 8	0.774 8	0.599 5	0.436 2	0.300 3	0.196 0	0.121 1	0.070 5	0.038 5	0.019 5
	2	0.991 6	0.947 0	0.859 1	0.738 2	0.600 7	0.462 8	0.337 3	0.231 8	0.149 5	0.089 8
	3	0.999 4	0.991 7	0.966 1	0.914 4	0.834 3	0.729 7	0.608 9	0.482 6	0.361 4	0.259 3
	4	1.000 0	0.999 1	0.994 4	0.980 4	0.951 1	0.901 2	0.828 3	0.733 4	0.621 4	0.500 0
	5	1.000 0	0.999 9	0.999 4	0.996 9	0.990 0	0.994 7	0.946 7	0.900 6	0.834 2	0.746 1
	6	1.000 0	1.000 0	1.000 0	0.999 7	0.998 7	0.995 7	0.988 8	0.975 0	0.950 2	0.910 2
	7	1.000 0	1.000 0	1.000 0	1.000 0	0.999 9	0.999 6	0.998 6	0.996 2	0.990 9	0.980 5
	8	1.000 0	1.000 0	1.000 0	1.000 0	1.000 0	1.000 0	0.999 9	0.999 7	0.999 2	0.998 0
	9	1.000 0	1.000 0	1.000 0	1.000 0	1.000 0	1.000 0	1.000 0	1.000 0	1.000 0	1.000 0
10	0	0.598 7	0.348 7	0.196 9	0.107 4	0.056 3	0.028 2	0.013 5	0.006 0	0.002 5	0.001 0
	1	0.913 9	0.736 1	0.544 3	0.375 8	0.244 0	0.149 3	0.086 0	0.046 4	0.023 3	0.010 7
	2	0.988 5	0.929 8	0.820 2	0.677 8	0.525 6	0.382 8	0.261 6	0.167 3	0.099 6	0.054 7
	3	0.999 0	0.987 2	0.950 0	0.879 1	0.775 9	0.649 6	0.513 8	0.382 3	0.266 0	0.171 9
	4	0.999 9	0.998 4	0.990 1	0.967 2	0.921 9	0.849 7	0.751 5	0.633 1	0.504 4	0.377 0
	5	1.000 0	0.999 9	0.998 6	0.993 6	0.980 3	0.952 7	0.905 1	0.833 8	0.738 4	0.623 0
	6	1.000 0	1.000 0	0.999 9	0.999 1	0.996 5	0.989 4	0.974 0	0.945 2	0.898 0	0.828 1
	7	1.000 0	1.000 0	1.000 0	0.999 9	0.999 6	0.998 4	0.995 2	0.987 7	0.972 6	0.945 3
	8	1.000 0	1.000 0	1.000 0	1.000 0	1.000 0	0.999 9	0.999 5	0.998 3	0.995 5	0.989 3
	9	1.000 0	1.000 0	1.000 0	1.000 0	1.000 0	1.000 0	1.000 0	0.999 9	0.999 7	0.999 0
	10	1.000 0	1.000 0	1.000 0	1.000 0	1.000 0	1.000 0	1.000 0	1.000 0	1.000 0	1.000 0
11	0	0.568 8	0.313 8	0.167 3	0.085 9	0.042 2	0.019 8	0.008 8	0.003 6	0.001 4	0.000 5
	1	0.898 1	0.697 4	0.492 2	0.322 1	0.197 1	0.113 0	0.060 6	0.030 2	0.013 9	0.005 9
	2	0.984 8	0.910 4	0.778 8	0.617 4	0.455 2	0.312 7	0.200 1	0.118 9	0.065 2	0.032 7
	3	0.998 4	0.981 5	0.930 6	0.838 9	0.713 3	0.569 6	0.425 6	0.296 3	0.191 1	0.113 3
	4	0.999 9	0.997 2	0.984 1	0.949 6	0.885 4	0.789 7	0.668 3	0.532 8	0.397 1	0.274 4
	5	1.000 0	0.999 7	0.997 3	0.988 3	0.965 7	0.921 8	0.851 3	0.753 5	0.633 1	0.500 0
	6	1.000 0	1.000 0	0.999 7	0.998 0	0.992 4	0.978 4	0.949 9	0.900 6	0.826 2	0.725 6
	7	1.000 0	1.000 0	1.000 0	0.999 8	0.998 8	0.995 7	0.987 8	0.970 7	0.939 0	0.887 6
	8	1.000 0	1.000 0	1.000 0	1.000 0	0.999 9	0.999 4	0.998 0	0.994 1	0.985 2	0.967 3
	9	1.000 0	1.000 0	1.000 0	1.000 0	1.000 0	1.000 0	0.999 8	0.999 3	0.997 8	0.994 1
	10	1.000 0	1.000 0	1.000 0	1.000 0	1.000 0	1.000 0	1.000 0	1.000 0	0.999 8	0.999 5
	11	1.000 0	1.000 0	1.000 0	1.000 0	1.000 0	1.000 0	1.000 0	1.000 0	1.000 0	1.000 0

n	k	p									
		0.05	0.10	0.15	0.20	0.25	0.30	0.35	0.40	0.45	0.50
12	0	0.544	0.282 4	0.142 2	0.068 7	0.031 7	0.013 8	0.005 7	0.002 2	0.000 8	0.000 2
	1	0.881 6	0.659 0	0.443 5	0.274 9	0.158 4	0.085 0	0.042 4	0.019 6	0.008 3	0.003 2
	2	0.980 4	0.889 1	0.735 8	0.558 3	0.390 7	0.252 8	0.151 3	0.083 4	0.042 1	0.019 3
	3	0.997 8	0.974 4	0.907 8	0.794 6	0.648 8	0.492 5	0.346 7	0.225 3	0.134 5	0.073 0
	4	0.999 8	0.995 7	0.976 1	0.927 4	0.842 4	0.723 7	0.583	0.438 2	0.304 4	0.193 8
	5	1.000 0	0.999 5	0.995 4	0.980 6	0.945 6	0.882 2	0.787 3	0.665 3	0.526 9	0.387 2
	6	1.000 0	0.999 9	0.999 3	0.996 1	0.985 7	0.961 4	0.915 4	0.841 8	0.739 3	0.612 8
	7	1.000 0	1.000 0	0.999 9	0.999 4	0.997 2	0.990 5	0.974 5	0.942 7	0.888 3	0.806 2
	8	1.000 0	1.000 0	1.000 0	0.999 9	0.999 6	0.998 3	0.994 4	0.984 7	0.964 4	0.927 0
	9	1.000 0	1.000 0	1.000 0	1.000 0	1.000 0	0.999 8	0.999 2	0.997 2	0.992 1	0.980 7
	10	1.000 0	1.000 0	1.000 0	1.000 0	1.000 0	1.000 0	0.999 9	0.999 7	0.998 9	0.996 8
	11	1.000 0	1.000 0	1.000 0	1.000 0	1.000 0	1.000 0	1.000 0	1.000 0	0.999 9	0.999 8
	12	1.000 0	1.000 0	1.000 0	1.000 0	1.000 0	1.000 0	1.000 0	1.000 0	1.000 0	1.000 0
13	0	0.513 3	0.254 2	0.120 9	0.055 0	0.023 8	0.009 7	0.003 7	0.001 3	0.000 4	0.000 1
	1	0.864 8	0.621 3	0.398 3	0.233 6	0.126 7	0.063 7	0.029 6	0.012 6	0.009 4	0.001 7
	2	0.975 5	0.866 1	0.692 0	0.501 7	0.332 6	0.202 5	0.113 2	0.057 9	0.026 9	0.012 2
	3	0.996 9	0.965 8	0.882 0	0.747 3	0.584 3	0.420 6	0.278 3	0.168 6	0.092 9	0.046 1
	4	0.999 7	0.993 5	0.965 8	0.900 9	0.794 0	0.654 3	0.500 5	0.353 0	0.227 9	0.133 4
	5	1.000 0	0.999 1	0.992 4	0.970 0	0.919 8	0.834 6	0.715 9	0.574 4	0.426 8	0.290 5
	6	1.000 0	0.999 9	0.998 7	0.993 0	0.975 7	0.937 6	0.870 5	0.771 2	0.643 7	0.500 0
	7	1.000 0	1.000 0	0.999 8	0.998 8	0.994 4	0.981 8	0.923 8	0.902 3	0.821 2	0.821 2
	8	1.000 0	1.000 0	1.000 0	0.999 8	0.999 0	0.996 0	0.987 4	0.967 9	0.930 2	0.866 6
	9	1.000 0	1.000 0	1.000 0	1.000 0	0.999 9	0.999 3	0.997 5	0.992 2	0.979 7	0.953 9
	10	1.000 0	1.000 0	1.000 0	1.000 0	1.000 0	0.999 9	0.999 7	0.998 7	0.995 9	0.988 8
	11	1.000 0	1.000 0	1.000 0	1.000 0	1.000 0	1.000 0	1.000 0	0.999 9	0.999 5	0.998 3
	12	1.000 0	1.000 0	1.000 0	1.000 0	1.000 0	1.000 0	1.000 0	1.000 0	1.000 0	0.999 9
	13	1.000 0	1.000 0	1.000 0	1.000 0	1.000 0	1.000 0	1.000 0	1.000 0	1.000 0	1.000 0
14	0	0.487 7	0.228 8	0.102 8	0.044 0	0.017 8	0.006 8	0.002 4	0.000 8	0.000 2	0.000 1
	1	0.847 0	0.584 6	0.356 7	0.191 7	0.101 0	0.047 5	0.020 5	0.008 1	0.002 9	0.000 9
	2	0.969 9	0.841 6	0.647 9	0.448 1	0.281 1	0.160 8	0.083 9	0.039 8	0.017 0	0.006 5
	3	0.996 8	0.955 9	0.853 5	0.698 2	0.521 3	0.355 2	0.220 5	0.124 3	0.063 2	0.028 7
	4	0.999 6	0.990 8	0.953	0.870 2	0.741 5	0.584 2	0.422 7	0.249 3	0.167 2	0.089 8
	5	1.000 0	0.998 5	0.988 5	0.956 1	0.888 3	0.780 5	0.640 5	0.485 9	0.337 3	0.212 0
	6	1.000 0	0.999 8	0.997 8	0.988 4	0.961 7	0.906 7	0.816 4	0.692 5	0.546 1	0.395 3
	7	1.000 0	1.000 0	0.999 7	0.997 6	0.989 7	0.968 5	0.924 7	0.849 9	0.741 4	0.604 7
	8	1.000 0	1.000 0	1.000 0	0.999 6	0.997 8	0.991 7	0.975 7	0.941 7	0.881 1	0.788 0
	9	1.000 0	1.000 0	1.000 0	1.000 0	0.999 7	0.998 3	0.994 0	0.982 5	0.954 7	0.910 2
	10	1.000 0	1.000 0	1.000 0	1.000 0	1.000 0	0.999 8	0.998 9	0.996 1	0.988 6	0.971 3
	11	1.000 0	1.000 0	1.000 0	1.000 0	1.000 0	1.000 0	0.999 9	0.999 4	0.997 8	0.993 5
	12	1.000 0	1.000 0	1.000 0	1.000 0	1.000 0	1.000 0	1.000 0	0.999 9	0.999 7	0.999 1
	13	1.000 0	1.000 0	1.000 0	1.000 0	1.000 0	1.000 0	1.000 0	1.000 0	1.000 0	0.999 9
	14	1.000 0	1.000 0	1.000 0	1.000 0	1.000 0	1.000 0	1.000 0	1.000 0	1.000 0	1.000 0

n	k	p									
		0.05	0.10	0.15	0.20	0.25	0.30	0.35	0.40	0.45	0.50
15	0	0.463 3	0.205 9	0.087 4	0.035 2	0.013 4	0.004 7	0.001 6	0.000 5	0.000 1	0.000 0
	1	0.829 0	0.549 0	0.318 6	0.167 1	0.080 2	0.035 3	0.014 2	0.005 2	0.001 2	0.000 1
	2	0.963 8	0.815 9	0.604 2	0.398 0	0.236 1	0.126 8	0.061 7	0.027 1	0.010 7	0.003 7
	3	0.994 5	0.944 4	0.822 7	0.648 2	0.461 3	0.296 9	0.172 7	0.090 5	0.042 4	0.017 6
	4	0.999 4	0.987 3	0.938 3	0.835 8	0.686 5	0.515 5	0.351 9	0.217 3	0.120 4	0.059 2
	5	0.999 9	0.997 8	0.983 2	0.938 9	0.851 6	0.721 6	0.564 3	0.403 2	0.260 8	0.150 9
	6	1.000 0	0.999 7	0.996 4	0.981 9	0.943 4	0.868 9	0.754 8	0.609 8	0.452 2	0.303 6
	7	1.000 0	1.000 0	0.999 4	0.995 8	0.982 7	0.950 0	0.886 8	0.786 9	0.653 5	0.500 0
	8	1.000 0	1.000 0	0.999 9	0.999 2	0.995 8	0.984 8	0.957 8	0.905 0	0.818 2	0.696 4
	9	1.000 0	1.000 0	1.000 0	0.999 9	0.999 2	0.996 3	0.987 6	0.966 2	0.923 1	0.849 1
	10	1.000 0	1.000 0	1.000 0	1.000 0	0.999 9	0.999 3	0.997 2	0.990 7	0.974 5	0.940 8
	11	1.000 0	1.000 0	1.000 0	1.000 0	1.000 0	0.999 9	0.999 5	0.998 1	0.993 7	0.982 4
	12	1.000 0	1.000 0	1.000 0	1.000 0	1.000 0	1.000 0	0.999 9	0.999 7	0.998 9	0.996 3
	13	1.000 0	1.000 0	1.000 0	1.000 0	1.000 0	1.000 0	1.000 0	1.000 0	0.999 9	0.999 5
	14	1.000 0	1.000 0	1.000 0	1.000 0	1.000 0	1.000 0	1.000 0	1.000 0	1.000 0	1.000 0
	15	1.000 0	1.000 0	1.000 0	1.000 0	1.000 0	1.000 0	1.000 0	1.000 0	1.000 0	1.000 0

附表 3　t 分布表

本表列出了 t 分布的单侧分位数概率和双侧分位数概率。

f 双侧 单侧	0.50 0.25	0.20 0.10	0.10 0.05	0.05 0.025	0.02 0.01	0.01 0.005	0.005 0.002 5	0.002 0.001	0.001 0.000 5
1	1.000	3.078	6.314	12.706	31.821	63.657	127.321	318.309	636.619
2	0.816	1.886	2.920	4.303	6.965	9.925	14.089	22.327	31.599
3	0.765	1.638	2.353	3.182	4.541	5.841	7.453	10.215	12.924
4	0.741	1.533	2.132	2.776	3.747	4.604	5.598	7.173	8.610
5	0.727	1.476	2.015	2.571	3.365	4.032	4.773	5.893	6.869
6	0.718	1.440	1.943	2.447	3.143	3.707	4.317	5.208	5.959
7	0.711	1.415	1.895	2.365	2.998	3.499	4.029	4.785	5.408
8	0.706	1.397	1.860	2.306	2.896	3.355	3.833	4.501	5.041
9	0.703	1.383	1.833	2.262	2.821	3.250	3.690	4.297	4.781
10	0.700	1.372	1.812	2.228	2.764	3.169	3.581	4.144	4.587
11	0.697	1.363	1.796	2.201	2.718	3.106	3.497	4.025	4.437
12	0.695	1.356	1.782	2.179	2.681	3.055	3.428	3.930	4.318
13	0.694	1.350	1.771	2.160	2.650	3.012	3.372	3.852	4.221
14	0.692	1.345	1.761	2.145	2.624	2.977	3.326	3.787	4.140
15	0.691	1.341	1.753	2.131	2.602	2.947	3.286	3.733	4.073
16	0.690	1.337	1.746	2.120	2.583	2.921	3.252	3.686	4.015
17	0.689	1.333	1.740	2.110	2.567	2.898	3.222	3.646	3.965
18	0.688	1.330	1.734	2.101	2.552	2.878	3.197	3.610	3.922
19	0.688	1.328	1.729	2.093	2.539	2.861	3.174	3.579	3.883
20	0.687	1.325	1.725	2.086	2.528	2.845	3.153	3.552	3.850
21	0.686	1.323	1.721	2.080	2.518	2.831	3.135	3.527	3.819
22	0.686	1.321	1.717	2.074	2.508	2.819	3.119	3.505	3.792
23	0.685	1.319	1.714	2.069	2.500	2.807	3.104	3.485	3.768
24	0.685	1.318	1.711	2.064	2.492	2.797	3.091	3.467	3.745
25	0.684	1.316	1.708	2.060	2.485	2.787	3.078	3.450	3.725
26	0.684	1.315	1.706	2.056	2.479	2.779	3.067	3.435	3.707
27	0.684	1.314	1.703	2.052	2.473	2.771	3.057	3.421	3.690
28	0.683	1.313	1.701	2.048	2.467	2.763	3.047	3.408	3.674
29	0.683	1.311	1.699	2.045	2.462	2.756	3.038	3.396	3.659
30	0.683	1.310	1.697	2.042	2.457	2.750	3.030	3.385	3.646

f	双侧	0.50	0.20	0.10	0.05	0.02	0.01	0.005	0.002	0.001
	单侧	0.25	0.10	0.05	0.025	0.01	0.005	0.002 5	0.001	0.000 5
31		0.682	1.309	1.696	2.040	2.453	2.744	3.022	3.375	3.633
32		0.682	1.309	1.694	2.037	2.449	2.738	3.015	3.365	3.622
33		0.682	1.308	1.692	2.035	2.445	2.733	3.008	3.356	3.611
34		0.682	1.307	1.091	2.032	2.441	2.728	3.002	3.348	3.601
35		0.682	1.306	1.690	2.030	2.438	2.724	2.996	3.340	3.591
36		0.681	1.306	1.688	2.028	2.434	2.719	2.990	3.333	3.582
37		0.681	1.305	1.687	2.026	2.431	2.715	2.985	3.326	3.574
38		0.681	1.304	1.686	2.024	2.429	2.712	2.980	3.319	3.566
39		0.681	1.304	1.685	2.023	2.426	2.708	2.976	3.313	3.558
40		0.681	1.303	1.684	2.021	2.423	2.704	2.971	3.307	3.551
50		0.679	1.299	1.676	2.009	2.403	2.678	2.937	3.261	3.496
60		0.679	1.296	1.671	2.000	2.390	2.660	2.915	3.232	3.460
70		0.678	1.294	1.667	1.994	2.381	2.648	2.899	3.211	3.436
80		0.678	1.292	1.664	1.990	2.374	2.639	2.887	3.195	3.416
90		0.677	1.291	1.662	1.987	2.368	2.632	2.878	3.183	3.402
100		0.677	1.290	1.660	1.984	2.364	2.626	2.871	3.174	3.390
200		0.676	1.286	1.653	1.972	2.345	2.601	2.839	3.131	3.340
500		0.675	1.283	1.648	1.965	2.334	2.586	2.820	3.107	3.310
1 000		0.675	1.282	1.646	1.962	2.330	2.581	2.813	3.098	3.300
∞		0.674 5	1.281 6	1.644 9	1.96	2.326 3	2.575 8	2.807	3.090 2	3.290 5

附表4 χ² 分布表

本表对自由度 f 的 χ^2 分布给出上侧分位数（χ^2_α）表，$P(\chi^2_n > \chi^2_\alpha) = \alpha$

f	α									
	0.995	0.99	0.975	0.95	0.90	0.10	0.05	0.025	0.01	0.005
1	0.000 039 3	0.000 157	0.000 92	0.003 93	0.016	2.706	3.841	5.024	6.635	7.879
2	0.010 0	0.020 1	0.050 6	0.103	0.211	4.605	5.991	7.387	9.210	10.579
3	0.071 7	0.115	0.216	0.352	0.584	6.251	7.815	9.348	11.345	12.838
4	0.207	0.297	0.484	0.711	1.064	7.779	9.488	11.143	13.277	14.860
5	0.412	0.554	0.831	1.145	1.610	9.236	11.070	12.832	15.086	16.750
6	0.676	0.872	1.237	1.635	2.042	10.645	12.592	14.449	16.812	18.548
7	0.989	1.239	1.690	2.167	2.833	12.017	14.067	16.013	18.475	20.278
8	1.344	1.646	2.180	3.733	3.490	13.362	15.507	17.535	20.090	21.955
9	1.735	2.086	2.700	3.325	4.18	14.684	16.919	19.023	21.666	23.589
10	2.156	2.558	3.247	3.940	4.865	15.987	18.307	20.483	23.209	25.188
11	2.603	3.053	3.186	4.575	5.578	17.275	19.675	21.920	24.725	26.757
12	3.074	3.571	4.404	5.226	6.304	18.549	21.026	23.337	26.217	28.300
13	3.565	4.107	5.009	5.892	7.042	19.812	22.362	24.736	27.688	29.819
14	4.075	4.660	5.629	6.571	7.790	21.064	23.685	26.119	29.141	31.319
15	4.601	5.229	6.262	7.261	8.547	22.307	24.996	27.488	30.578	32.801
16	5.142	5.812	6.908	7.962	9.312	23.542	26.296	28.845	32.000	34.267
17	5.697	6.408	7.564	8.672	10.085	24.769	27.587	30.191	33.409	35.718
18	6.265	7.015	8.231	9.390	10.865	25.989	28.869	31.526	34.805	37.156
19	6.844	7.633	8.907	10.117	11.651	27.204	30.144	32.852	36.191	38.582
20	7.434	8.260	9.591	10.851	12.443	28.412	31.410	34.170	37.566	39.997
21	8.034	8.897	10.283	11.591	13.240	29.615	32.671	35.479	38.932	41.401
22	8.643	9.542	10.982	12.338	14.041	30.813	33.924	36.781	40.289	42.796
23	9.260	10.196	11.689	13.091	14.848	32.007	35.172	38.076	41.638	44.181
24	9.886	10.856	12.401	13.848	15.969	33.196	36.415	39.364	42.980	45.558
25	10.520	11.524	13.120	14.611	16.473	34.382	37.652	40.646	44.314	46.928
26	11.160	12.198	13.844	15.379	17.292	35.563	38.885	41.923	45.642	48.290
27	11.808	12.879	14.573	16.11	18.114	36.741	40.113	43.194	46.963	49.645
28	12.461	13.365	15.308	16.928	18.939	37.916	41.337	44.461	48.278	50.993
29	13.121	14.256	16.047	17.708	19.768	39.087	42.557	45.722	49.588	52.336
30	13.787	14.953	16.791	18.493	20.599	40.256	43.773	46.979	50.892	53.672
31	14.458	15.565	17.539	19.281	21.434	41.422	44.985	48.232	52.191	55.003
32	15.134	16.362								
33	15.815	17.074								
34	16.501	17.789								
35	17.192	18.509								
36	17.887	19.233								
37	18.586	19.960								
38	19.289	20.691								
39	19.996	21.426								
40	20.707	22.164								

附表 5 $F_\alpha(f_1, f_2)$ 检验的临界值表

F 分布表($\alpha=0.25$)

f_2 \ f_1	1	2	3	4	5	6	7	8	9	10	12	15	20	60	∞
1	5.83	7.50	8.20	8.58	8.82	8.96	9.10	9.19	9.26	9.32	9.41	9.49	9.58	9.76	9.85
2	2.57	3.00	3.15	3.23	3.28	3.31	3.34	3.35	3.37	3.38	3.39	3.41	3.43	3.46	3.48
3	2.00	2.28	2.36	2.39	2.41	2.42	2.43	2.44	2.44	2.44	2.45	2.46	2.46	2.47	2.47
4	1.81	2.00	2.05	2.06	2.04	2.08	2.08	2.08	2.08	2.08	2.08	2.08	2.08	2.08	2.08
5	1.69	1.85	1.88	1.89	1.89	1.89	1.89	1.89	1.89	1.89	1.89	1.89	1.88	1.87	1.87
6	1.62	1.76	1.78	1.79	1.79	1.78	1.78	1.78	1.77	1.77	1.77	1.76	1.76	1.74	1.74
7	1.57	1.70	1.72	1.72	1.71	1.71	1.70	1.70	1.69	1.69	1.68	1.68	1.67	1.65	1.65
8	1.54	1.66	1.67	1.66	1.66	1.65	1.64	1.64	1.64	1.63	1.62	1.62	1.61	1.59	1.58
9	1.51	1.62	1.63	1.63	1.62	1.61	1.60	1.60	1.59	1.59	1.58	1.57	1.56	1.54	1.50
10	1.49	1.60	1.60	1.59	1.59	1.58	1.57	1.56	1.56	1.55	1.54	1.53	1.52	1.50	1.48
11	1.47	1.58	1.58	1.57	1.56	1.55	1.54	1.53	1.53	1.52	1.51	1.50	1.49	1.47	1.45
12	1.46	1.56	1.56	1.55	1.54	1.53	1.52	1.51	1.51	1.50	1.49	1.48	1.47	1.44	1.42
13	1.45	1.55	1.55	1.53	1.52	1.51	1.50	1.49	1.49	1.48	1.47	1.46	1.45	1.42	1.40
14	1.44	1.53	1.53	1.52	1.51	1.50	1.49	1.48	1.47	1.46	1.45	1.44	1.43	1.40	1.38
15	1.43	1.52	1.52	1.51	1.49	1.48	1.47	1.46	1.46	1.45	1.44	1.43	1.41	1.38	1.36
16	1.42	1.51	1.51	1.50	1.48	1.47	1.46	1.45	1.44	1.44	1.43	1.41	1.40	1.36	1.34
17	1.42	1.51	1.50	1.49	1.47	1.46	1.45	1.44	1.43	1.43	1.41	1.40	1.39	1.35	1.33
18	1.41	150	1.49	1.48	1.46	1.45	1.44	1.43	1.42	1.42	1.40	1.39	1.38	1.34	1.32
19	1.41	1.49	1.49	1.47	1.46	1.44	1.43	1.42	1.41	1.41	1.40	1.38	1.37	1.33	1.30
20	1.40	1.49	1.48	1.47	1.45	1.44	1.43	1.42	1.41	1.40	1.39	1.37	1.36	1.32	1.29
21	1.40	1.48	1.48	1.46	1.44	1.43	1.42	1.41	1.40	1.39	1.38	1.37	1.35	1.31	1.28
22	1.40	1.48	1.47	1.45	1.44	1.42	1.41	1.40	1.39	1.39	1.37	1.36	1.34	1.30	1.28
23	1.39	1.47	1.47	1.45	1.43	1.42	1.41	1.40	1.39	1.38	1.37	1.35	1.34	1.30	1.27
24	1.39	1.47	1.46	1.44	1.43	1.41	1.40	1.39	1.38	1.38	1.36	1.35	1.33	1.29	1.26
25	1.39	1.47	1.46	1.44	1.42	1.41	1.40	1.39	1.38	1.37	1.36	1.34	1.33	1.28	1.25
30	1.38	1.45	1.44	1.42	1.41	1.39	1.38	1.37	1.36	1.35	1.34	1.32	1.30	1.26	1.23
40	1.36	1.44	1.42	1.40	1.39	1.37	1.36	1.35	1.34	1.33	1.31	1.30	1.28	1.22	1.19
60	1.35	1.42	1.41	1.38	1.37	1.35	1.33	1.32	1.31	1.30	1.29	1.27	1.25	1.19	1.15
120	1.34	1.40	1.39	1.37	1.35	1.33	1.31	1.30	1.29	1.28	1.26	1.24	1.22	1.16	1.10
∞	1.32	1.39	1.37	1.35	1.33	1.31	1.29	1.28	1.27	1.25	1.24	1.22	1.19	1.12	1.00

F 分布表($\alpha = 0.10$)

f_2＼f_1	1	2	3	4	5	6	7	8	9	10	12	15	20	60	∞
1	39.86	49.50	53.59	55.83	57.24	58.20	58.91	59.44	59.86	60.19	60.71	61.22	61.74	62.79	63.33
2	8.53	9.00	9.16	9.24	9.29	9.33	9.35	9.37	9.38	9.39	9.41	9.42	9.44	9.47	9.49
3	5.54	5.46	5.39	5.34	5.31	5.28	5.27	5.25	5.24	5.23	5.22	5.20	5.18	5.15	5.13
4	4.54	4.32	4.19	4.11	4.05	4.01	3.98	3.95	3.94	3.92	3.90	3.87	3.84	3.79	3.76
5	4.06	3.78	3.62	3.52	3.45	3.40	3.37	3.34	3.32	3.30	3.27	3.24	3.21	3.14	3.10
6	3.78	3.46	3.29	3.18	3.11	3.05	3.01	2.98	2.96	2.94	2.90	2.87	2.84	2.76	2.72
7	3.59	3.26	3.07	2.96	2.88	2.83	2.78	2.75	2.72	2.70	2.67	2.63	2.59	2.51	2.47
8	3.46	3.11	2.92	2.81	2.73	2.67	2.62	2.59	2.56	2.54	2.50	2.46	2.42	2.34	2.29
9	3.36	3.01	2.81	2.69	2.61	2.55	2.51	2.47	2.44	2.42	2.38	2.34	2.30	2.21	2.16
10	3.29	2.92	2.73	2.61	2.52	2.46	2.41	2.38	2.35	2.32	2.28	2.24	2.20	2.11	2.06
11	3.23	2.86	2.66	2.54	2.45	2.39	2.34	2.30	2.27	2.25	2.21	2.17	2.12	2.03	1.97
12	3.18	2.81	2.61	2.48	2.39	2.33	2.28	2.24	2.21	2.19	2.15	2.10	2.06	1.96	1.90
13	3.14	2.76	2.56	2.43	2.35	2.28	2.23	2.20	2.16	2.14	2.10	2.05	2.01	1.90	1.85
14	3.10	2.73	2.52	2.39	2.31	2.24	2.19	2.15	2.12	2.10	2.05	2.01	1.96	1.86	1.80
15	3.07	2.70	2.49	2.36	2.27	2.21	2.16	2.12	2.09	2.06	2.02	1.97	1.92	1.82	1.76
16	3.05	2.67	2.46	2.33	2.24	2.18	2.13	2.09	2.06	2.03	1.99	1.94	1.89	1.78	1.72
17	3.03	2.64	2.44	2.31	2.22	2.15	2.10	2.06	2.03	2.00	1.96	1.91	1.86	1.75	1.69
18	3.01	2.62	2.42	2.29	2.20	2.13	2.08	2.04	2.00	1.98	1.93	1.89	1.84	1.72	1.66
19	2.99	2.61	2.40	2.27	2.18	2.11	2.06	2.02	1.98	1.96	1.91	1.86	1.81	1.70	1.63
20	2.97	2.59	2.38	2.25	2.16	2.09	2.04	2.00	1.96	1.94	1.89	1.84	1.79	1.68	1.61
21	2.96	2.57	2.36	2.23	2.14	2.08	2.02	1.98	1.95	1.92	1.87	1.83	1.78	1.65	1.59
22	2.95	2.56	2.35	2.22	2.13	2.06	2.01	1.97	1.93	1.90	1.86	1.81	1.76	1.64	1.57
23	2.94	2.55	2.34	2.21	2.11	2.05	1.99	1.95	1.92	1.89	1.84	1.80	1.74	1.62	1.55
24	2.93	2.54	2.33	2.19	2.10	2.04	1.98	1.94	1.91	1.88	1.83	1.78	1.73	1.61	1.53
25	2.92	2.53	2.32	2.18	2.09	2.02	1.97	1.93	1.89	1.87	1.82	1.77	1.72	1.59	1.52
30	2.88	2.49	2.28	2.14	2.05	1.98	1.93	1.88	1.85	1.82	1.77	1.72	1.67	1.54	1.46
40	2.84	2.44	2.23	2.09	2.00	1.93	1.87	1.83	1.79	1.76	1.71	1.66	1.61	1.47	1.38
60	2.79	2.39	2.18	2.04	1.95	1.87	1.82	1.77	1.74	1.71	1.66	1.60	1.54	1.40	1.29
120	2.75	2.35	2.13	1.99	1.90	1.82	1.77	1.72	1.68	1.65	1.60	1.55	1.48	1.32	1.19
∞	2.71	2.30	2.08	1.94	1.85	1.77	1.72	1.67	1.63	1.60	1.55	1.49	1.42	1.24	1.00

F 分布表($\alpha=0.05$)

f_2 \ f_1	1	2	3	4	5	6	7	8	9	10	12	15	20	60	∞
1	161.4	199.5	215.7	224.6	230.2	234.0	236.8	238.9	240.5	241.9	243.9	245.9	248.0	252.2	254.3
2	18.51	19.00	19.16	19.25	19.30	19.33	19.35	19.37	19.38	19.40	19.41	19.43	19.45	19.48	19.50
3	10.13	9.55	9.28	9.12	9.01	8.94	8.89	8.85	8.81	8.79	8.74	8.70	8.66	8.57	8.53
4	7.71	6.94	6.59	6.39	6.26	6.16	6.09	6.04	6.00	5.96	5.91	5.86	5.80	5.69	5.63
5	6.61	5.79	5.41	5.19	5.05	4.95	4.88	4.82	4.77	4.74	4.68	4.62	4.56	4.43	4.36
6	5.99	5.14	4.76	4.53	4.39	4.28	4.21	4.15	4.10	4.06	4.00	3.94	3.87	3.74	3.67
7	5.59	4.74	4.35	4.12	3.97	3.87	3.79	3.73	3.68	3.64	3.57	3.51	3.44	3.30	3.23
8	5.32	4.46	4.07	3.84	3.69	3.58	3.50	3.44	3.39	3.35	3.28	3.22	3.15	3.01	2.93
9	5.12	4.26	3.86	3.63	3.48	3.37	3.29	3.23	3.18	3.14	3.07	3.01	2.94	2.79	2.71
10	4.96	4.10	3.71	3.48	3.33	3.22	3.14	3.07	3.02	2.98	2.91	2.85	2.77	2.62	2.54
11	4.84	3.98	3.59	3.36	3.20	3.09	3.01	2.95	2.90	2.85	2.79	2.72	2.65	2.49	2.40
12	4.75	3.89	3.40	3.26	3.11	3.00	2.91	2.85	2.80	2.75	2.69	2.62	2.54	2.38	2.30
13	4.67	3.81	3.41	3.18	3.03	2.92	2.83	2.77	2.71	2.67	2.60	2.53	2.46	2.30	2.21
14	4.60	3.74	3.34	3.11	2.96	2.85	2.76	2.70	2.65	2.60	2.53	2.46	2.39	2.22	2.13
15	4.54	3.68	3.29	3.06	2.90	2.79	2.71	2.64	2.59	2.54	2.48	2.40	2.33	2.16	2.07
16	4.49	3.63	3.24	3.01	2.85	2.74	2.66	2.59	2.54	2.49	2.42	2.35	2.28	2.11	2.01
17	4.45	3.59	3.20	2.96	2.81	2.70	2.61	2.55	2.49	2.45	2.38	2.31	2.23	2.06	1.96
18	4.41	3.55	3.16	2.93	2.77	2.66	2.58	2.51	2.46	2.41	2.34	2.27	2.19	2.02	1.92
19	4.38	3.52	3.13	2.90	2.74	2.63	2.54	2.48	2.42	2.38	2.31	2.23	2.16	1.98	1.88
20	4.35	3.49	3.10	2.87	2.71	2.60	2.51	2.45	2.39	2.35	2.28	2.20	2.12	1.95	1.84
21	4.32	3.47	3.07	2.84	2.68	2.57	2.49	2.42	2.37	2.32	2.25	2.18	2.10	1.92	1.81
22	4.30	3.44	3.05	2.82	2.66	2.55	2.46	2.40	2.34	2.30	2.23	2.15	2.07	1.89	1.78
23	4.28	3.42	3.03	2.80	2.64	2.53	2.44	2.37	2.32	2.27	2.20	2.13	2.05	1.86	1.76
24	4.26	3.40	3.01	2.78	2.62	2.51	2.42	2.36	2.30	2.25	2.18	2.11	2.03	1.84	1.73
25	4.24	3.39	2.99	2.76	2.60	2.49	2.40	2.34	2.28	2.24	2.16	2.09	2.01	1.82	1.71
30	4.17	3.32	2.92	2.69	2.53	2.42	2.33	2.27	2.21	2.16	2.09	2.01	1.93	1.74	1.62
40	4.08	3.23	2.84	2.61	2.45	2.34	2.25	2.18	2.12	2.08	2.00	1.92	1.84	1.64	1.51
60	4.00	3.15	2.76	2.53	2.37	2.25	2.17	2.10	2.04	1.99	1.92	1.84	1.75	1.53	1.39
120	3.92	3.07	2.68	2.45	2.29	2.17	2.09	2.02	1.96	1.91	1.83	1.75	1.66	1.43	1.25
∞	3.84	3.00	2.60	2.37	2.21	2.10	2.01	1.94	1.88	1.83	1.75	1.67	1.57	1.32	1.00

F 分布表（$\alpha=0.025$）

f_2＼f_1	1	2	3	4	5	6	7	8	9	10	12	15	20	60	∞
1	647.8	799.5	864.2	899.6	921.8	937.1	948.2	956.7	963.3	968.6	976.7	984.9	993.1	1 010	1 018
2	38.51	39.00	39.17	39.25	39.30	39.33	39.36	39.37	39.39	39.40	39.41	39.43	39.45	39.48	39.50
3	17.44	16.04	15.44	15.10	14.88	14.73	14.62	14.54	14.47	14.42	14.34	14.25	14.17	13.99	13.90
4	12.22	10.65	9.98	9.60	9.36	9.20	9.07	8.98	8.90	8.84	8.75	8.66	8.56	8.36	8.26
5	10.01	8.43	7.76	7.39	7.15	6.98	6.85	6.76	6.68	6.62	6.52	6.43	6.33	6.12	6.02
6	8.81	7.26	6.60	6.23	5.99	5.82	5.70	5.60	5.52	5.46	5.37	5.27	5.17	4.96	4.85
7	8.07	6.54	5.89	5.52	5.29	5.12	4.99	4.90	4.82	4.76	4.67	4.57	4.47	4.25	4.14
8	7.57	6.06	5.42	5.05	4.82	4.65	4.53	4.43	4.36	4.30	4.20	4.10	4.00	3.78	3.67
9	7.21	5.71	5.08	4.72	4.48	4.32	4.20	4.10	4.03	3.96	3.87	3.77	3.67	3.45	3.33
10	6.94	5.46	4.83	4.47	4.24	4.07	3.95	3.85	3.78	3.72	3.62	3.52	3.42	3.20	3.08
11	6.72	5.26	4.63	4.28	4.04	3.88	3.76	3.66	3.59	3.53	3.43	3.33	3.23	3.00	2.88
12	6.55	5.10	4.47	4.12	3.89	3.73	3.61	3.51	3.44	3.37	3.28	3.18	3.07	2.85	2.72
13	6.41	4.97	4.35	4.00	3.77	3.60	3.48	3.39	3.31	3.25	3.15	3.05	2.95	2.72	2.60
14	6.30	4.86	4.24	3.89	3.66	3.50	3.38	3.29	3.21	3.15	3.05	2.95	2.84	2.61	2.49
15	6.20	4.77	4.15	3.80	3.58	3.41	3.29	3.20	3.12	3.06	2.96	2.86	2.76	2.52	2.40
16	6.12	4.69	4.08	3.73	3.50	3.34	3.22	3.12	3.05	2.99	2.89	2.79	2.68	2.45	2.32
17	6.04	4.62	4.01	3.66	3.44	3.28	3.16	3.06	2.98	2.92	2.82	2.72	2.62	2.38	2.25
18	5.98	4.56	3.95	3.61	3.38	3.22	3.10	3.01	2.93	2.87	2.77	2.67	2.56	2.32	2.19
19	5.92	4.51	3.90	3.56	3.33	3.17	3.05	2.96	2.88	2.82	2.72	2.62	2.51	2.27	2.13
20	5.87	4.46	3.86	3.51	3.29	3.13	3.01	2.91	2.84	2.77	2.68	2.57	2.46	2.22	2.09
21	5.83	4.42	3.82	3.48	3.25	3.09	2.97	2.87	2.80	2.73	2.64	2.53	2.42	2.18	2.04
22	5.79	4.38	3.78	3.44	3.22	3.05	2.93	2.84	2.76	2.70	2.60	2.50	2.39	2.14	2.00
23	5.75	4.35	3.75	3.41	3.18	3.02	2.90	2.81	2.73	2.67	2.57	2.47	2.36	2.11	1.97
24	5.72	4.32	3.72	3.38	3.15	2.99	2.87	2.78	2.70	2.64	2.54	2.44	2.33	2.08	1.94
25	5.69	4.29	3.69	3.35	3.13	2.97	2.85	2.75	2.68	2.61	2.51	2.41	2.30	2.05	1.91
30	5.57	4.18	3.59	3.25	3.03	2.87	2.75	2.65	2.57	2.51	2.41	2.31	2.20	1.94	1.79
40	5.42	4.05	3.46	3.13	2.90	2.74	2.62	2.53	2.45	2.39	2.29	2.18	2.07	1.80	1.64
60	5.29	3.93	3.34	3.01	2.79	2.63	2.51	2.41	2.33	2.27	2.17	2.06	1.94	1.67	1.48
120	5.15	3.80	3.23	2.89	2.67	2.52	2.39	2.30	2.22	2.16	2.05	1.94	1.82	1.53	1.31
∞	5.02	3.69	3.12	2.79	2.57	2.41	2.29	2.19	2.11	2.05	1.94	1.83	1.71	1.39	1.00

F 分布表($α＝0.01$)

f_2 \ f_1	1	2	3	4	5	6	7	8	9	10	12	15	20	60	∞
1	4 052	4 999	5 403	5 625	5 764	5 859	5 928	5 982	6 022	6 056	6 106	6 157	6 209	6 313	6 366
2	98.50	99.00	99.17	99.25	99.30	99.33	99.36	99.37	99.39	99.40	99.42	99.43	99.45	99.48	99.50
3	34.12	30.82	29.46	28.71	28.24	27.91	27.67	27.49	27.35	27.23	27.05	26.87	26.69	26.32	26.13
4	21.20	18.00	16.69	15.98	15.52	15.21	14.98	14.80	14.66	14.55	14.37	14.20	14.02	13.65	13.46
5	16.26	13.27	12.06	11.39	10.97	10.67	10.46	10.29	10.16	10.05	9.89	9.72	9.55	9.20	9.02
6	13.75	10.92	9.78	9.15	8.75	8.47	8.26	8.10	7.98	7.87	7.72	7.56	7.40	7.06	6.88
7	12.25	9.55	8.45	7.85	7.46	7.19	6.99	6.84	6.72	6.62	6.47	6.31	6.16	5.82	5.65
8	11.26	8.65	7.59	7.01	6.63	6.37	6.18	6.03	5.91	5.81	5.67	5.52	5.36	5.03	4.86
9	10.56	8.02	6.99	6.42	6.06	5.80	5.61	5.47	5.35	5.26	5.11	4.96	4.81	4.48	4.31
10	10.04	7.56	6.55	5.99	5.64	5.39	5.20	5.06	4.94	4.85	4.71	4.56	4.41	4.08	3.91
11	9.65	7.21	6.22	5.67	5.32	5.07	4.89	4.74	4.63	4.54	4.40	4.25	4.10	3.78	3.60
12	9.33	6.93	5.95	5.41	5.06	4.82	4.64	4.50	4.39	4.30	4.16	4.01	3.86	3.54	3.36
13	9.07	6.70	5.74	5.21	4.86	4.62	4.44	4.30	4.19	4.10	3.96	3.82	3.66	3.34	3.17
14	8.86	6.51	5.56	5.04	4.69	4.46	4.28	4.14	4.03	3.94	3.80	3.66	3.51	3.18	3.00
15	8.68	6.36	5.42	4.89	4.56	4.32	4.14	4.00	3.89	3.80	3.67	3.52	3.37	3.05	2.87
16	8.53	6.23	5.29	4.77	4.44	4.20	4.03	3.89	3.78	3.69	3.55	3.41	3.26	2.93	2.75
17	8.40	6.11	5.18	4.67	4.34	4.10	3.93	3.79	3.68	3.59	3.46	3.31	3.16	2.83	2.65
18	8.29	6.01	5.09	4.58	4.25	4.01	3.84	3.71	3.60	3.51	3.37	3.23	3.08	2.75	2.57
19	8.18	5.93	5.01	4.50	4.17	3.94	3.77	3.63	3.52	3.43	3.30	3.15	3.00	2.67	2.49
20	8.10	5.85	4.94	4.43	4.10	3.87	3.70	3.56	3.46	3.37	3.23	3.09	2.94	2.61	2.42
21	8.02	5.78	4.67	4.37	4.04	3.81	3.64	3.51	3.40	3.31	3.17	3.03	2.88	2.55	2.36
22	7.95	5.72	4.62	4.31	3.99	3.76	3.59	3.45	3.35	3.26	3.12	2.98	2.83	2.50	2.31
23	7.88	5.66	4.76	4.26	3.94	3.71	3.54	3.41	3.30	3.21	3.07	2.93	2.78	2.45	2.26
24	7.82	5.61	4.72	4.22	3.90	3.67	3.50	3.36	3.26	3.17	3.03	2.89	2.74	2.40	2.21
25	7.77	5.57	4.68	4.18	3.85	3.63	3.46	3.32	3.22	3.13	2.99	2.85	2.70	2.36	2.17
30	7.56	5.39	4.51	4.02	3.70	3.47	3.30	3.17	3.07	2.98	2.84	2.70	2.55	2.21	2.01
40	7.31	5.18	4.31	3.83	3.51	3.29	3.12	2.99	2.89	2.80	2.66	2.52	2.37	2.02	1.80
60	7.08	4.98	4.13	3.65	3.34	3.12	2.95	2.82	2.72	2.63	2.50	2.35	2.20	1.84	1.60
120	6.85	4.79	3.95	3.48	3.17	2.96	2.79	2.66	2.56	2.47	2.34	2.19	2.03	1.66	1.38
∞	6.63	4.61	3.78	3.32	3.02	2.80	2.64	2.51	2.41	2.32	2.18	2.04	1.88	1.47	1.00

附表 6　常用正交表及其表头设计

正交表 $L_4(2^3)$

试验号	列号			试验号	列号		
	1	2	3		1	2	3
1	1	1	1	3	2	1	2
2	1	2	2	4	2	2	1

正交表 $L_8(2^7)$

试验号	列号						
	1	2	3	4	5	6	7
1	1	1	1	1	1	1	1
2	1	1	1	2	2	2	2
3	1	2	2	1	1	2	2
4	1	2	2	2	2	1	1
5	2	1	2	1	2	1	2
6	2	1	2	2	1	2	1
7	2	2	1	1	2	2	1
8	2	2	1	2	1	1	2

$L_8(2^7)$ 二列间的交互作用

1	2	3	4	5	6	7
(1)	3	2	5	4	7	6
	(2)	1	6	7	4	5
		(3)	7	6	5	4
			(4)	1	2	3
				(5)	3	2
					(6)	1
						(7)

正交表 $L_8(2^7)$ 表头设计

因素数	列号						
	1	2	3	4	5	6	7
3	A	B	$A \times B$	C	$A \times C$	$B \times C$	
4	A	B	$A \times B$ $C \times D$	C	$A \times C$ $B \times D$	$B \times C$ $A \times D$	D
4	A	B $C \times D$	$A \times B$	C $B \times D$	$A \times C$	D $B \times C$	$A \times D$
5	A $D \times E$	B $C \times D$	$A \times B$ $C \times E$	C $B \times D$	$A \times C$ $B \times E$	D $A \times E$ $B \times C$	E $A \times D$

$L_9(3^4)$

试验号	列号				试验号	列号			
	1	2	3	4		1	2	3	4
1	1	1	1	1	6	2	3	1	2
2	1	2	2	2	7	3	1	3	2
3	1	3	3	3	8	3	2	1	3
4	2	1	2	3	9	3	3	2	1
5	2	2	3	1					

$L_{12}(2^{11})$

试验号	列号										
	1	2	3	4	5	6	7	8	9	10	11
1	1	1	1	1	1	1	1	1	1	1	1
2	1	1	1	1	1	2	2	2	2	2	2
3	1	1	2	2	2	1	1	1	2	2	2
4	1	2	1	2	2	1	2	2	1	1	2
5	1	2	2	1	2	2	1	2	1	2	1
6	1	2	2	2	1	2	2	1	2	1	1
7	2	1	2	2	1	1	2	2	1	2	1
8	2	1	2	1	2	2	2	1	1	1	2
9	2	1	1	2	2	2	1	2	2	1	1
10	2	2	2	1	1	1	1	2	2	1	2
11	2	2	1	2	1	2	1	1	1	2	1
12	2	2	1	1	2	1	2	1	2	2	2

$L_{16}(2^{15})$

试验号	列号														
	1	2	3	4	5	6	7	8	9	10	11	12	13	14	15
1	1	1	1	1	1	1	1	1	1	1	1	1	1	1	1
2	1	1	1	1	1	1	1	2	2	2	2	2	2	2	2
3	1	1	1	2	2	2	2	1	1	1	1	2	2	2	2
4	1	1	1	2	2	2	2	2	2	2	2	1	1	1	1
5	1	2	2	1	1	2	2	1	1	2	2	1	1	2	2
6	1	2	2	1	1	2	2	2	2	1	1	2	2	1	1
7	1	2	2	2	2	1	1	1	1	2	2	2	2	1	1
8	1	2	2	2	2	1	1	2	2	1	1	1	1	2	2
9	2	1	2	1	2	1	2	1	2	1	2	1	2	1	2
10	2	1	2	1	2	1	2	2	1	2	1	2	1	2	1
11	2	1	2	2	1	2	1	1	2	1	2	2	1	2	1
12	2	1	2	2	1	2	1	2	1	2	1	1	2	1	2
13	2	2	1	1	2	2	1	1	2	2	1	1	2	2	1
14	2	2	1	1	2	2	1	2	1	1	2	2	1	1	2
15	2	2	1	2	1	1	2	1	2	2	1	2	1	1	2
16	2	2	1	2	1	1	2	2	1	1	2	1	2	2	1

$L_{16}(2^{15})$ 二列间的交互作用

1	2	3	4	5	6	7	8	9	10	11	12	13	14	15
(1)	3	2	5	4	7	6	9	8	11	10	13	12	15	14
	(2)	1	6	7	4	5	10	11	8	9	14	15	12	13
		(3)	7	6	5	4	11	10	9	8	15	14	13	12
			(4)	1	2	3	12	13	14	15	8	9	10	11
				(5)	3	2	13	12	15	14	9	8	11	10
					(6)	1	14	15	12	13	10	11	8	9
						(7)	15	14	13	12	11	10	9	8
							(8)	1	2	3	4	5	6	7
								(9)	3	2	5	4	7	6
									(10)	1	6	7	4	5
										(11)	7	6	5	4
											(12)	1	2	3
												(13)	3	2
													(14)	1

$L_{25}(5^6)$

试验号	列号						试验号	列号					
	1	2	3	4	5	6		1	2	3	4	5	6
1	1	1	1	1	1	1	14	3	4	1	3	5	2
2	1	2	2	2	2	2	15	3	5	2	4	1	3
3	1	3	3	3	3	3	16	4	1	4	2	5	3
4	1	4	4	4	4	4	17	4	2	5	3	1	4
5	1	5	5	5	5	5	18	4	3	1	4	2	5
6	2	1	2	3	4	5	19	4	4	2	5	3	1
7	2	2	3	4	5	1	20	4	5	3	1	4	2
8	2	3	4	5	1	2	21	5	1	5	4	3	2
9	2	4	5	1	2	3	22	5	2	1	5	4	3
10	2	5	1	2	3	4	23	5	3	2	1	5	4
11	3	1	3	5	2	4	24	5	4	3	2	1	5
12	3	2	4	1	3	5	25	5	5	4	3	2	1
13	3	3	5	2	4	1							

$L_{16}(4^5)$

试验号	列号					试验号	列号				
	1	2	3	4	5		1	2	3	4	5
1	1	1	1	1	1	9	3	1	3	4	2
2	1	2	2	2	2	10	3	2	4	3	1
3	1	3	3	3	3	11	3	3	1	2	4
4	1	4	4	4	4	12	3	4	2	1	3
5	2	1	2	3	4	13	4	1	4	2	3
6	2	2	1	4	3	14	4	2	3	1	4
7	2	3	4	1	2	15	4	3	2	4	1
8	2	4	3	2	1	16	4	4	1	3	2

$L_{27}(3^{13})$

试验号	列号												
	1	2	3	4	5	6	7	8	9	10	11	12	13
1	1	1	1	1	1	1	1	1	1	1	1	1	1
2	1	1	1	1	2	2	2	2	2	2	2	2	2
3	1	1	1	1	3	3	3	3	3	3	3	3	3
4	1	2	2	2	1	1	1	2	2	2	3	3	3
5	1	2	2	2	2	2	2	3	3	3	1	1	1
6	1	2	2	2	3	3	3	1	1	1	2	2	2
7	1	3	3	3	1	1	1	3	3	3	2	2	2
8	1	3	3	3	2	2	2	1	1	1	3	3	3
9	1	3	3	3	3	3	3	2	2	2	1	1	1
10	2	1	2	3	1	2	3	1	2	3	1	2	3
11	2	1	2	3	2	3	1	2	3	1	2	3	1
12	2	1	2	3	3	1	2	3	1	2	3	1	2
13	2	2	3	1	1	2	3	2	3	1	3	1	2
14	2	2	3	1	2	3	1	3	1	2	1	2	3
15	2	2	3	1	3	1	2	1	2	3	2	3	1
16	2	3	1	2	1	2	3	3	1	2	2	3	1
17	2	3	1	2	2	3	1	1	2	3	3	1	2
18	2	3	1	2	3	1	2	2	3	1	1	2	3
19	3	1	3	2	1	3	1	1	3	2	1	3	2
20	3	1	3	2	2	1	3	2	1	3	2	1	3
21	3	1	3	2	3	2	1	3	2	1	3	2	1
22	3	2	1	3	1	3	2	2	1	3	3	2	1
23	3	2	1	3	2	1	3	3	2	1	1	3	2
24	3	2	1	3	3	2	1	1	3	2	2	1	3
25	3	3	2	1	1	3	2	3	2	1	2	1	3
26	3	3	2	1	2	1	3	1	3	2	3	2	1
27	3	3	2	1	3	2	1	2	1	3	1	3	2

$L_{27}(3^{13})$ 二列间的交互作用

1	2	3	4	5	6	7	8	9	10	11	12	13
(1)	3	2	2	6	5	5	9	8	8	12	11	11
	4	4	3	7	7	6	10	10	9	13	13	12
	(2)	1	1	8	9	10	5	6	7	5	6	7
		4	3	11	12	13	11	12	13	8	9	10
		(3)	1	9	10	8	7	5	6	6	7	5
			2	13	11	12	12	13	11	10	8	9
			(4)	10	8	9	6	7	5	7	5	6
				12	13	11	13	11	12	9	10	8
				(5)	1	1	2	3	4	2	4	3
					7	6	11	13	12	8	10	9
					(6)	1	4	2	3	3	2	4
						5	13	12	11	10	9	8
						(7)	3	4	2	4	3	2
							12	11	13	9	8	10
							(8)	1	1	2	3	4
								10	9	5	7	6
								(9)	1	4	2	3
									8	7	6	5
									(10)	3	4	2
										6	5	7
										(11)	1	1
											13	12
											(12)	1
												11

$L_8(4\times2^4)$

试验号	1	2	3	4	5
1	1	1	1	1	1
2	1	2	2	2	2
3	2	1	1	2	2
4	2	2	2	1	1
5	3	1	2	1	2
6	3	2	1	2	1
7	4	1	2	2	1
8	4	2	1	1	2

$L_8(4\times2^4)$表头设计

因素数	列号				
	1	2	3	4	5
2	A	B	$(A\times B)_1$	$(A\times B)_2$	$(A\times B)_3$
3	A	B	C		
4	A	B	C	D	
5	A	B	C	D	E

$L_{16}(4\times2^{12})$

试验号	列号												
	1	2	3	4	5	6	7	8	9	10	11	12	13
1	1	1	1	1	1	1	1	1	1	1	1	1	1
2	1	1	1	1	1	2	2	2	2	2	2	2	2
3	1	2	2	2	2	1	1	1	1	2	2	2	2
4	1	2	2	2	2	2	2	2	2	1	1	1	1
5	2	1	1	2	2	1	1	2	2	1	1	2	2
6	2	1	1	2	2	2	2	1	1	2	2	1	1
7	2	2	2	1	1	1	1	2	2	2	2	1	1
8	2	2	2	1	1	2	2	1	1	1	1	2	2
9	3	1	2	1	2	1	2	1	2	1	2	1	2
10	3	1	2	1	2	2	1	2	1	2	1	2	1
11	3	2	1	2	1	1	2	1	2	2	1	2	1
12	3	2	1	2	1	2	1	2	1	1	2	1	2
13	4	1	2	2	1	1	2	2	1	1	2	2	1
14	4	1	2	2	1	2	1	1	2	2	1	1	2
15	4	2	1	1	2	1	2	2	1	2	1	1	2
16	4	2	1	1	2	2	1	1	2	1	2	2	1

$L_{16}(4^2\times2^9)$

试验号	列号										
	1	2	3	4	5	6	7	8	9	10	11
1	1	1	1	1	1	1	1	1	1	1	1
2	1	2	1	1	1	2	2	2	2	2	2
3	1	3	2	2	2	1	1	1	2	2	2
4	1	4	2	2	2	2	2	2	1	1	1
5	2	1	1	2	2	1	2	2	1	2	2
6	2	2	1	2	2	2	1	1	2	1	1
7	2	3	2	1	1	1	2	2	2	1	1
8	2	4	2	1	1	2	1	1	1	2	2
9	3	1	2	1	2	2	1	2	2	1	2
10	3	2	2	1	2	1	2	1	1	2	1
11	3	3	1	2	1	2	1	2	1	2	1
12	3	4	1	2	1	1	2	1	2	1	2
13	4	1	2	2	1	2	2	1	2	2	1
14	4	2	2	2	1	1	1	2	1	1	2
15	4	3	1	1	2	2	2	1	1	1	2
16	4	4	1	1	2	1	1	2	2	2	1

$L_{16}(4^3 \times 2^6)$

试验号	列号								
	1	2	3	4	5	6	7	8	9
1	1	1	1	1	1	1	1	1	1
2	1	2	2	1	1	2	2	2	2
3	1	3	3	2	2	1	1	2	2
4	1	4	4	2	2	2	2	1	1
5	2	1	2	2	2	1	2	1	2
6	2	2	1	2	2	2	1	2	1
7	2	3	3	1	1	1	2	2	1
8	2	4	4	1	1	2	1	1	2
9	3	1	3	1	2	2	2	2	1
10	3	2	4	1	2	1	1	1	2
11	3	3	1	2	1	2	2	2	1
12	3	4	2	2	1	1	1	2	1
13	4	1	4	2	1	2	1	2	2
14	4	2	3	2	1	1	2	1	1
15	4	3	2	1	2	2	1	1	1
16	4	4	1	1	2	1	2	2	2

$L_{16}(4^4 \times 2^3)$

试验号	列号							试验号	列号						
	1	2	3	4	5	6	7		1	2	3	4	5	6	7
1	1	1	1	1	1	1	1	9	3	1	3	4	1	2	2
2	1	2	2	2	1	2	2	10	3	2	4	3	1	1	1
3	1	3	3	3	2	1	2	11	3	3	1	2	2	2	1
4	1	4	4	4	2	2	1	12	3	4	2	1	2	1	2
5	2	1	2	3	2	2	1	13	4	1	4	2	2	1	2
6	2	2	1	4	2	1	2	14	4	2	3	1	2	2	1
7	2	3	4	1	1	2	2	15	4	3	2	4	1	1	1
8	2	4	3	2	1	1	1	16	4	4	1	3	1	2	2

$L_{18}(2 \times 3^7)$

试验号	列号								试验号	列号							
	1	2	3	4	5	6	7	8		1	2	3	4	5	6	7	8
1	1	1	1	1	1	1	1	1	10	2	1	1	3	3	2	2	1
2	1	1	2	2	2	2	2	2	11	2	1	2	1	1	3	3	2
3	1	1	3	3	3	3	3	3	12	2	1	3	2	2	1	1	3
4	1	2	1	1	2	2	3	3	13	2	2	1	2	3	1	3	2
5	1	2	2	2	3	3	1	1	14	2	2	2	3	1	2	1	3
6	1	2	3	3	1	1	2	2	15	2	2	3	1	2	3	2	1
7	1	3	1	2	1	3	2	3	16	2	3	1	3	2	3	1	2
8	1	3	2	3	2	1	3	1	17	2	3	2	1	3	1	2	3
9	1	3	3	1	3	2	1	2	18	2	3	3	2	1	2	3	1

$L_{16}(8\times2^8)$

试验号	列号								
	1	2	3	4	5	6	7	8	9
1	1	1	1	1	1	1	1	1	1
2	1	2	2	2	2	2	2	2	2
3	2	1	1	1	1	2	2	2	2
4	2	2	2	2	2	1	1	1	1
5	3	1	1	2	2	1	1	2	2
6	3	2	2	1	1	2	2	1	1
7	4	1	1	2	2	2	2	1	1
8	4	2	2	1	1	1	1	2	2
9	5	1	2	1	2	1	2	1	2
10	5	2	1	2	1	2	1	2	1
11	6	1	2	1	2	2	1	2	1
12	6	2	1	2	1	1	2	1	2
13	7	1	2	2	1	1	2	2	1
14	7	2	1	1	2	2	1	1	2
15	8	1	2	2	1	2	1	1	2
16	8	2	1	1	2	1	2	2	1

$L_{20}(2^{19})$

试验号	列号																		
	1	2	3	4	5	6	7	8	9	10	11	12	13	14	15	16	17	18	19
1	1	1	1	1	1	1	1	1	1	1	1	1	1	1	1	1	1	1	1
2	2	2	1	1	2	2	2	2	1	2	1	2	1	1	1	1	2	2	1
3	2	1	1	2	2	2	2	1	2	1	2	1	1	1	1	2	2	1	2
4	1	1	2	2	2	2	1	2	1	2	1	1	1	1	2	2	1	2	2
5	1	2	2	2	2	1	2	1	2	1	1	1	1	2	2	1	2	2	1
6	2	2	2	2	1	2	1	2	1	1	1	1	2	2	1	2	2	1	1
7	2	2	2	1	2	1	2	1	1	1	1	2	2	1	2	2	1	1	2
8	2	2	1	2	1	2	1	1	1	1	2	2	1	2	2	1	1	2	2
9	2	1	2	1	2	1	1	1	1	2	2	1	2	2	1	1	2	2	2
10	1	2	1	2	1	1	1	1	2	2	1	2	2	1	1	2	2	2	2
11	2	1	2	1	1	1	1	2	2	1	2	2	1	1	2	2	2	2	1
12	1	2	1	1	1	1	2	2	1	2	2	1	1	2	2	2	2	1	2
13	2	1	1	1	1	2	2	1	2	2	1	1	2	2	2	2	1	2	1
14	1	1	1	1	2	2	1	2	2	1	1	2	2	2	2	1	2	1	2
15	1	1	1	2	2	1	2	2	1	1	2	2	2	2	1	2	1	2	1
16	1	1	2	2	1	2	2	1	1	2	2	2	2	1	2	1	2	1	1
17	1	2	2	1	2	2	1	1	2	2	2	2	1	2	1	2	1	1	1
18	2	2	1	2	2	1	1	2	2	2	2	1	2	1	2	1	1	1	1
19	2	1	2	2	1	1	2	2	2	2	1	2	1	2	1	1	1	1	2
20	1	2	2	1	1	2	2	2	2	1	2	1	2	1	1	1	1	2	2

附表7　正交拉丁方表

3阶正交拉丁方

```
1 2 3        1 2 3
2 3 1        3 1 2
3 1 2        2 3 1
```

4阶正交拉丁方

```
1 2 3 4      1 2 3 4      1 2 3 4
2 1 4 3      3 4 1 2      4 3 2 1
3 4 1 2      4 3 2 1      2 1 4 3
4 3 2 1      2 1 4 3      3 4 1 2
```

5阶正交拉丁方

```
1 2 3 4 5    1 2 3 4 5    1 2 3 4 5    1 2 3 4 5
2 3 4 5 1    3 4 5 1 2    4 5 1 2 3    5 1 2 3 4
3 4 5 1 2    5 1 2 3 4    2 3 4 5 1    4 5 1 2 3
4 5 1 2 3    2 3 4 5 1    5 1 2 3 4    3 4 5 1 2
5 1 2 3 4    4 5 1 2 3    3 4 5 1 2    2 3 4 5 1
```

7阶正交拉丁方

```
1 2 3 4 5 6 7    1 2 3 4 5 6 7    1 2 3 4 5 6 7
2 3 4 5 6 7 1    3 4 5 6 7 1 2    4 5 6 7 1 2 3
3 4 5 6 7 1 2    5 6 7 1 2 3 4    7 1 2 3 4 5 6
4 5 6 7 1 2 3    7 1 2 3 4 5 6    3 4 5 6 7 1 2
5 6 7 1 2 3 4    2 3 4 5 6 7 1    6 7 1 2 3 4 5
6 7 1 2 3 4 5    4 5 6 7 1 2 3    2 3 4 5 6 7 1
7 1 2 3 4 5 6    6 7 1 2 3 4 5    5 6 7 1 2 3 4
```

7阶正交拉丁方

```
1 2 3 4 5 6 7    1 2 3 4 5 6 7    1 2 3 4 5 6 7
5 6 7 1 2 3 4    6 7 1 2 3 4 5    7 1 2 3 4 5 6
2 3 4 5 6 7 1    4 5 6 7 1 2 3    6 7 1 2 3 4 5
6 7 1 2 3 4 5    2 3 4 5 6 7 1    5 6 7 1 2 3 4
3 4 5 6 7 1 2    7 1 2 3 4 5 6    4 5 6 7 1 2 3
7 1 2 3 4 5 6    5 6 7 1 2 3 4    3 4 5 6 7 1 2
4 5 6 7 1 2 3    3 4 5 6 7 1 2    2 3 4 5 6 7 1
```

8阶正交拉丁方

```
1 2 3 4 5 6 7 8    1 2 3 4 5 6 7 8    1 2 3 4 5 6 7 8    1 2 3 4 5 6 7 8
2 1 4 3 6 5 8 7    5 6 7 8 1 2 3 4    7 8 5 6 3 4 1 2    8 7 6 5 4 3 2 1
3 4 1 2 7 8 5 6    2 1 4 3 6 5 8 7    5 6 7 8 1 2 3 4    7 8 5 6 3 4 1 2
4 3 2 1 8 7 6 5    6 5 8 7 2 1 4 3    3 4 1 2 7 8 5 6    2 1 4 3 6 5 8 7
5 6 7 8 1 2 3 4    7 8 5 6 3 4 1 2    8 7 6 5 4 3 2 1    4 3 2 1 8 7 6 5
6 5 8 7 2 1 4 3    3 4 1 2 7 8 5 6    2 1 4 3 6 5 8 7    5 6 7 8 1 2 3 4
7 8 5 6 3 4 1 2    8 7 6 5 4 3 2 1    4 3 2 1 8 7 6 5    6 5 8 7 2 1 4 3
8 7 6 5 4 3 2 1    4 3 2 1 8 7 6 5    6 5 8 7 2 1 4 3    3 4 1 2 7 8 5 6
```

8阶正交拉丁方

```
1 2 3 4 5 6 7 8    1 2 3 4 5 6 7 8    1 2 3 4 5 6 7 8    1 2 3 4 5 6 7 8
4 3 2 1 8 7 6 5    6 5 8 7 2 1 4 3    3 4 1 2 7 8 5 6    3 4 1 2 7 8 5 6
8 7 6 5 4 3 2 1    4 3 2 1 8 7 6 5    6 5 8 7 2 1 4 3    6 5 8 7 2 1 4 3
5 6 7 8 1 2 3 4    7 8 5 6 3 4 1 2    8 7 6 5 4 3 2 1    8 7 6 5 4 3 2 1
6 5 8 7 2 1 4 3    3 4 1 2 7 8 5 6    2 1 4 3 6 5 8 7    2 1 4 3 6 5 8 7
7 8 5 6 3 4 1 2    8 7 6 5 4 3 2 1    4 3 2 1 8 7 6 5    5 6 7 8 1 2 3 4
3 4 1 2 7 8 5 6    2 1 4 3 6 5 8 7    5 6 7 8 1 2 3 4    7 8 5 6 3 4 1 2
2 1 4 3 6 5 8 7    5 6 7 8 1 2 3 4    7 8 5 6 3 4 1 2    4 3 2 1 8 7 6 5
```

9阶正交拉丁方

```
1 2 3 4 5 6 7 8 9    1 2 3 4 5 6 7 8 9    1 2 3 4 5 6 7 8 9    1 2 3 4 5 6 7 8 9
2 3 1 5 6 4 8 9 7    7 8 9 1 2 3 4 5 6    9 7 8 3 1 2 6 4 5    8 9 7 2 3 1 5 6 4
3 1 2 6 4 5 9 7 8    4 5 6 7 8 9 1 2 3    5 6 4 8 9 7 2 3 1    6 4 5 9 7 8 3 1 2
4 5 6 7 8 9 1 2 3    2 3 1 5 6 4 8 9 7    6 4 5 9 7 8 3 1 2    9 7 8 3 1 2 6 4 5
5 6 4 8 9 7 2 3 1    8 9 7 2 3 1 5 6 4    2 3 1 5 6 4 8 9 7    4 5 6 7 8 9 1 2 3
6 4 5 9 7 8 3 1 2    5 6 4 8 9 7 2 3 1    7 8 9 1 2 3 4 5 6    2 3 1 5 6 4 8 9 7
7 8 9 1 2 3 4 5 6    3 1 2 6 4 5 9 7 8    8 9 7 2 3 1 5 6 4    5 6 4 8 9 7 2 3 1
8 9 7 2 3 1 5 6 4    9 7 8 3 1 2 6 4 5    4 5 6 7 8 9 1 2 3    3 1 2 6 4 5 9 7 8
9 7 8 3 1 2 6 4 5    6 4 5 9 7 8 3 1 2    3 1 2 6 4 5 9 7 8    7 8 9 1 2 3 4 5 6
```

9阶正交拉丁方

```
1 2 3 4 5 6 7 8 9    1 2 3 4 5 6 7 8 9    1 2 3 4 5 6 7 8 9    1 2 3 4 5 6 7 8 9
3 1 2 6 4 5 9 7 8    4 5 6 7 8 9 1 2 3    5 6 4 8 9 7 2 3 1    6 4 5 9 7 8 3 1 2
2 3 1 5 6 4 8 9 7    7 8 9 1 2 3 4 5 6    9 7 8 3 1 2 6 4 5    8 9 7 2 3 1 5 6 4
7 8 9 1 2 3 4 5 6    3 1 2 6 4 5 9 7 8    8 9 7 2 3 1 5 6 4    9 7 8 3 1 2 6 4 5
9 7 8 3 1 2 6 4 5    6 4 5 9 7 8 3 1 2    3 1 2 6 4 5 9 7 8    7 8 9 1 2 3 4 5 6
8 9 7 2 3 1 5 6 4    9 7 8 3 1 2 6 4 5    4 5 6 7 8 9 1 2 3    3 1 2 6 4 5 9 7 8
4 5 6 7 8 9 1 2 3    2 3 1 5 6 4 8 9 7    6 4 5 9 7 8 3 1 2    5 6 4 8 9 7 2 3 1
6 4 5 9 7 8 3 1 2    5 6 4 8 9 7 2 3 1    7 8 9 1 2 3 4 5 6    2 3 1 5 6 4 8 9 7
5 6 4 8 9 7 2 3 1    8 9 7 2 3 1 5 6 4    2 3 1 5 6 4 8 9 7    4 5 6 7 8 9 1 2 3
```

附表 8　LSR 检验 q 值表

f	α	秩次距 k								
		2	3	4	5	6	7	8	9	10
3	0.05	4.50	5.91	6.82	7.50	8.04	8.84	8.85	9.18	9.46
	0.01	8.26	10.62	12.27	13.33	14.24	15.00	15.64	16.20	16.69
4	0.05	3.39	5.04	5.76	6.29	6.71	7.05	7.35	7.60	7.83
	0.01	6.51	8.12	9.17	9.96	10.85	11.10	11.55	11.93	12.27
5	0.05	3.64	4.60	5.22	5.67	6.03	6.33	6.58	6.80	6.99
	0.01	5.70	6.98	7.80	8.42	8.91	9.32	9.67	9.97	10.24
6	0.05	3.46	4.34	4.90	5.30	5.63	5.90	6.12	6.32	6.49
	0.01	5.24	6.33	7.03	7.56	7.97	8.32	8.61	8.87	9.10
7	0.05	3.34	4.16	4.68	5.06	5.36	5.61	5.82	6.00	6.16
	0.01	4.95	5.92	6.54	7.01	7.37	7.68	7.94	8.17	8.37
8	0.05	3.26	4.04	4.53	4.89	5.17	5.40	5.60	5.77	5.92
	0.01	4.75	5.64	6.20	6.62	6.96	7.24	7.47	7.68	7.86
9	0.05	3.20	3.95	4.41	4.76	5.02	5.24	5.43	5.59	5.74
	0.01	4.60	5.43	5.96	6.35	6.66	6.91	7.13	7.33	7.49
10	0.05	3.15	3.88	4.33	4.65	4.91	5.12	5.30	5.46	5.60
	0.01	4.48	5.27	5.77	6.14	6.43	6.67	6.87	7.05	7.21
11	0.05	3.11	3.82	4.26	4.58.	4.82	5.03	5.20	5.35	5.49
	0.01	4.39	5.14	5.62	5.97	6.25	6.48	6.67	6.84	6.99
12	0.05	3.08	3.77	4.20	4.51	4.75	4.95	5.12	5.27	5.39
	0.01	4.32	5.05	5.50	5.84	6.10	6.32	6.51	6.67	6.81
13	0.05	3.06	3.73	4.15	4.46	4.69	4.88	5.05	5.19	5.32
	0.01	4.26	4.96	5.40	5.73	5.98	6.19	6.37	6.53	6.67
14	0.05	3.03	3.70	4.11	4.41	4.64	4.83	4.99	5.13	5.25
	0.01	4.21	4.89	5.32	5.63	5.88	6.08	6.26	6.41	6.54
15	0.05	3.01	3.67	4.08	4.37	4.59	4.78	4.94	5.08	5.20
	0.01	4.17	4.83	5.25	5.56	5.80	5.99	6.16	6.31	6.44
16	0.05	3.00	3.65	4.05	4.33	4.56	4.74	4.90	5.03	5.15
	0.01	4.13	4.79	5.19	5.49	5.72	5.92	6.08	6.22	6.35
17	0.05	2.98	3.63	4.02	4.30	4.52	4.70	4.86	4.99	5.11
	0.01	4.10	4.74	5.14	5.43	5.66	5.85	6.01	6.15	6.27
18	0.05	2.97	3.61	4.00	4.28	4.49	4.67	4.82	4.96	5.07
	0.01	4.07	4.70	5.09	5.38	5.60	5.79	5.94	6.08	6.20
19	0.05	2.96	3.59	3.98	4.25	4.47	4.65	4.49	4.92	5.04
	0.01	4.05	4.67	5.05	5.33	5.55	5.73	5.89	6.02	6.16
20	0.05	2.95	3.58	3.96	4.23	4.45	4.62	4.77	4.90	5.01
	0.01	4.02	4.64	5.02	5.29	5.51	5.69	5.84	5.97	6.09
24	0.05	2.92	3.53	3.90	4.17	4.37	4.54	4.68	4.81	4.92
	0.01	3.96	4.55	4.91	5.17	5.37	5.54	5.69	5.81	5.92
30	0.05	2.89	3.49	3.85	4.10	4.30	4.46	4.60	4.72	4.82
	0.01	3.89	4.45	4.80	5.05	5.24	5.40	5.54	5.65	5.76
40	0.05	2.86	3.44	3.79	4.04	4.23	4.39	4.52	4.63	4.73
	0.01	3.82	4.37	4.70	4.93	5.11	5.26	5.39	5.50	5.60
60	0.05	2.83	3.40	3.74	3.98	4.16	4.31	4.44	4.55	4.65
	0.01	3.76	4.28	4.59	4.82	4.99	5.13	5.25	5.36	5.45
120	0.05	2.80	3.36	3.68	3.92	4.10	4.24	4.36	4.47	4.56
	0.01	3.70	4.20	4.50	4.71	4.87	5.01	5.12	5.21	5.30
∞	0.05	2.77	3.31	3.63	3.86	4.03	4.17	4.29	4.39	4.47
	0.01	3.64	4.12	4.40	4.60	4.76	4.88	4.99	5.08	5.16

附表 9 Duncan's 新复极差检验 SSR 值表

f	α	秩次距 k									
		2	3	4	5	6	7	8	9	10	11
2	0.05	6.09	6.09	6.09	6.09	6.09	6.09	6.09	6.09	6.09	6.09
	0.01	14.04	14.04	14.04	14.04	14.04	14.04	14.04	14.04	14.04	14.04
3	0.05	4.50	4.52	4.52	4.52	4.52	4.52	4.52	4.52	4.52	4.52
	0.01	8.26	8.32	8.32	8.32	8.32	8.32	8.32	8.32	8.32	8.32
4	0.05	4.00	3.93	4.01	4.03	4.03	4.03	4.03	4.03	4.03	4.03
	0.01	6.51	6.68	6.74	6.76	6.76	6.76	6.76	6.76	6.76	6.76
5	0.05	3.75	3.80	3.81	3.81	3.81	3.64	3.81	3.81	3.81	3.81
	0.01	5.89	5.99	6.04	6.07	6.07	5.70	6.07	6.07	6.07	6.07
6	0.05	3.46	3.59	3.65	3.68	3.69	3.70	3.70	3.70	3.70	3.70
	0.01	5.24	5.44	5.55	5.61	5.66	5.68	5.69	5.70	5.70	5.70
7	0.05	3.34	3.48	3.55	3.59	3.61	3.62	3.63	3.63	3.63	3.63
	0.01	4.95	5.15	5.26	5.33	5.38	5.42	5.44	5.45	5.46	5.47
8	0.05	3.26	3.40	3.48	3.52	3.55	3.57	3.58	3.58	3.58	3.58
	0.01	4.75	4.94	5.06	5.13	5.19	5.23	52.56	5.28	5.29	5.30
9	0.05	3.20	3.34	3.42	3.47	3.50	3.52	3.54	3.54	3.55	3.55
	0.01	4.60	4.79	4.91	4.99	5.04	5.09	5.12	5.14	5.16	5.17
10	0.05	3.15	3.29	3.38	3.43	3.47	3.49	3.51	3.52	3.52	3.53
	0.01	4.48	4.67	4.79	4.87	4.93	4.98	5.01	5.04	5.06	5.07
11	0.05	3.11	3.26	3.34	3.40	3.44	3.46	3.48	3.49	3.50	3.51
	0.01	4.39	4.58	4.70	4.78	4.84	4.89	4.92	4.95	4.98	4.99
12	0.05	3.08	3.23	3.31	3.37	3.41	3.44	3.46	3.47	3.48	3.49
	0.01	4.32	4.50	4.62	4.71	4.77	4.82	4.85	4.88	4.91	4.93
13	0.05	3.06	3.20	3.29	3.35	3.39	3.42	3.44	3.46	3.47	3.48
	0.01	4.26	4.44	4.56	4.64	4.71	4.75	4.79	4.82	4.85	4.87
14	0.05	3.03	3.18	3.27	3.33	3.37	3.44	3.40	3.43	3.46	3.47
	0.01	4.21	4.39	4.51	4.59	4.65	4.78	4.70	4.74	4.80	4.82
15	0.05	3.01	3.16	3.25	3.31	3.36	3.39	3.41	3.43	3.45	3.46
	0.01	4.17	4.35	4.46	4.55	4.61	4.66	4.70	4.73	4.76	4.78
16	0.05	3.00	3.14	3.24	3.30	3.34	3.38	3.40	3.42	3.44	3.45
	0.01	4.13	4.31	4.43	4.51	4.57	4.62	4.66	4.70	4.72	4.75
17	0.05	2.98	3.13	3.22	3.29	3.33	3.37	3.39	3.41	3.43	3.44
	0.01	4.10	4.28	4.39	4.47	4.54	4.59	4.63	4.66	4.69	4.72
18	0.05	2.97	3.12	3.21	3.27	3.32	3.36	3.38	3.40	3.42	3.44
	0.01	4.07	4.25	4.36	4.45	4.51	4.56	4.60	4.64	4.66	4.69
19	0.05	2.96	3.11	3.20	3.26	3.31	3.35	3.38	3.40	3.42	3.43
	0.01	4.05	4.22	4.34	4.42	4.48	4.53	4.58	4.61	4.64	4.66
20	0.05	2.95	3.10	3.19	3.26	3.30	3.34	3.37	3.39	3.41	3.42
	0.01	4.02	4.20	4.31	4.40	4.46	4.51	4.55	4.59	4.62	4.64
21	0.05	2.94	3.09	3.18	3.25	3.30	3.33	3.36	3.39	3.40	3.42
	0.01	4.00	4.18	4.29	4.37	4.44	4.49	4.53	4.57	4.60	4.62

f	α	秩次距 k									
		2	3	4	5	6	7	8	9	10	11
22	0.05	2.93	3.08	3.17	3.24	3.29	3.33	3.36	3.38	3.40	3.41
	0.01	3.99	4.16	4.27	4.36	4.42	4.47	4.51	4.55	4.58	4.60
23	0.05	2.93	3.07	3.17	3.23	3.28	3.32	3.35	3.37	3.39	3.41
	0.01	3.97	4.14	4.25	4.34	4.40	4.45	4.50	4.53	4.56	4.59
24	0.05	2.92	3.07	3.16	3.23	3.28	3.32	3.35	3.37	3.39	3.41
	0.01	3.96	4.13	4.24	4.32	4.39	4.44	4.48	4.52	4.55	4.57
25	0.05	2.91	3.06	3.15	3.22	3.27	3.31	3.34	3.37	3.39	3.40
	0.01	3.94	4.11	4.22	4.31	4.37	4.42	4.47	4.50	4.53	4.56
26	0.05	2.91	3.05	3.15	3.22	3.27	3.31	3.34	3.36	3.38	3.40
	0.01	3.93	4.10	4.21	4.29	4.36	4.41	4.45	4.49	4.52	4.55
27	0.05	2.90	3.05	3.14	3.21	3.26	3.30	3.33	3.36	3.38	3.40
	0.01	3.92	4.09	4.20	4.28	4.35	4.40	4.44	4.48	4.51	4.54
28	0.05	2.90	3.04	3.14	3.21	3.26	3.30	3.33	3.36	3.38	3.39
	0.01	3.91	4.08	4.19	4.27	4.33	4.39	4.43	4.47	4.50	4.52
29	0.05	2.89	3.04	3.14	3.20	3.25	3.29	3.33	3.35	3.37	3.39
	0.01	3.90	4.07	4.18	4.26	4.32	4.38	4.42	4.46	4.49	4.51
30	0.05	2.89	3.04	3.13	3.20	3.25	3.29	3.32	3.35	3.37	3.39
	0.01	3.89	4.06	4.17	4.25	4.31	4.37	4.41	4.45	4.48	4.50
31	0.05	2.88	3.03	3.13	3.20	3.25	3.29	3.31	3.37	3.39	3.40
	0.01	3.88	4.05	4.16	4.24	4.31	4.36	4.40	4.44	4.47	4.50
32	0.05	2.88	3.03	3.12	3.19	3.24	3.28	3.32	3.34	3.37	3.39
	0.01	3.87	4.04	4.15	4.23	4.30	4.35	4.39	4.43	4.46	4.49
33	0.05	3.02	3.12	3.19	3.24	3.28	3.31	2.88	3.34	3.36	3.38
	0.01	4.03	4.14	4.22	4.29	4.34	4.38	4.37	4.42	4.45	4.48
34	0.05	34.00	3.02	3.12	3.19	3.24	3.28	3.31	2.87	3.34	3.36
	0.01	4.02	4.14	4.22	4.28	4.33	4.38	4.36	4.41	4.44	4.47
35	0.05	2.87	3.02	3.11	3.18	3.24	3.28	3.31	3.34	3.36	3.38
	0.01	3.85	4.02	4.13	4.21	4.27	4.33	4.37	4.41	4.44	4.47
36	0.05	2.87	3.02	3.11	3.18	3.23	3.27	3.31	3.34	3.36	3.38
	0.01	3.85	4.01	4.12	4.20	4.27	4.32	4.36	4.40	4.43	4.46
37	0.05	2.87	3.01	3.11	3.18	3.23	3.27	3.31	3.33	3.36	3.38
	0.01	3.84	4.01	4.12	4.20	4.26	4.31	4.36	4.39	4.43	4.45
38	0.05	2.86	3.01	3.11	3.18	3.23	3.27	3.30	3.33	3.36	3.38
	0.01	3.84	4.00	4.11	4.19	4.25	4.31	4.35	4.39	4.42	4.45
39	0.05	2.86	3.01	3.10	3.17	3.23	3.27	3.30	3.33	3.35	3.37
	0.01	3.83	3.99	4.10	4.19	4.25	4.30	4.34	4.38	4.41	4.44
40	0.05	2.86	3.01	3.10	3.17	3.22	3.27	3.30	3.33	3.35	3.37
	0.01	3.83	3.99	4.10	4.18	4.24	4.30	4.34	4.38	4.41	4.44
48	0.05	2.84	2.99	3.09	3.16	3.21	3.25	3.29	3.32	3.34	3.36
	0.01	3.79	3.96	4.06	4.15	4.21	4.26	4.30	4.34	4.37	4.40
60	0.05	2.83	2.98	3.08	3.14	3.20	3.24	3.28	3.31	3.33	3.35
	0.01	3.76	3.92	4.03	4.12	4.17	4.23	4.27	4.31	4.34	4.37
80	0.05	2.81	2.96	3.06	3.13	3.19	3.23	3.27	3.30	3.32	3.35
	0.01	3.73	3.89	4.00	4.08	4.14	4.19	4.24	4.27	4.31	4.37
120	0.05	2.95	3.05	3.12	3.17	3.22	2.80	3.25	3.29	3.31	3.34
	0.01	3.86	3.86	3.96	4.04	4.11	4.16	4.20	4.24	4.27	4.34
∞	0.05	2.77	2.92	3.02	3.09	3.15	3.19	3.23	3.27	3.29	3.32
	0.01	3.67	3.80	3.90	3.98	4.04	4.09	4.14	4.17	4.21	4.24

附表 10 相关系数 R 检验临界值表

自由度 $f=n-p-1$	5%水平 变量总数($p+1$)				1%水平 变量总数($p+1$)			
	2	3	4	5	2	3	4	5
1	0.997	0.999	0.999	0.999	1.000	1.000	1.000	1.000
2	0.950	0.975	0.983	0.987	0.990	0.995	0.997	0.998
3	0.878	0.950	0.950	0.961	0.959	0.976	0.983	0.987
4	0.811	0.881	0.912	0.930	0.917	0.949	0.962	0.970
5	0.754	0.836	0.874	0.898	0.874	0.917	0.937	0.949
6	0.707	0.795	0.839	0.867	0.834	0.886	0.911	0.927
7	0.666	0.758	0.807	0.838	0.798	0.855	0.885	0.904
8	0.632	0.726	0.777	0.811	0.765	0.827	0.860	0.882
9	0.602	0.697	0.750	0.786	0.735	0.800	0.836	0.861
10	0.576	0.671	0.726	0.763	0.708	0.776	0.814	0.840
11	0.553	0.648	0.703	0.741	0.684	0.753	0.793	0.821
12	0.532	0.627	0.683	0.722	0.661	0.732	0.773	0.802
13	0.514	0.608	0.664	0.703	0.641	0.712	0.755	0.785
14	0.497	0.590	0.646	0.686	0.623	0.694	0.737	0.768
15	0.482	0.574	0.630	0.670	0.606	0.677	0.721	0.752
16	0.468	0.559	0.615	0.655	0.590	0.662	0.706	0.738
17	0.456	0.545	0.601	0.641	0.575	0.647	0.691	0.724
18	0.444	0.532	0.587	0.628	0.561	0.633	0.678	0.710
19	0.433	0.520	0.575	0.615	0.549	0.620	0.665	0.698
20	0.423	0.509	0.563	0.604	0.537	0.603	0.652	0.685
21	0.413	0.498	0.552	0.592	0.526	0.596	0.641	0.674
22	0.404	0.488	0.542	0.582	0.515	0.585	0.630	0.663
23	0.396	0.479	0.532	0.572	0.505	0.574	0.619	0.652
24	0.388	0.470	0.523	0.562	0.496	0.565	0.609	0.642
25	0.381	0.462	0.514	0.553	0.487	0.555	0.600	0.633
26	0.374	0.454	0.506	0.545	0.478	0.546	0.530	0.626
27	0.367	0.446	0.498	0.536	0.470	0.538	0.582	0.615
28	0.361	0.439	0.490	0.529	0.463	0.530	0.573	0.603
29	0.355	0.432	0.482	0.521	0.456	0.522	0.565	0.598
30	0.349	0.426	0.475	0.514	0.449	0.514	0.558	0.591

续　表

自由度 $f = n - p - 1$	5%水平				1%水平			
	变量总数 $(p+1)$				变量总数 $(p+1)$			
	2	3	4	5	2	3	4	5
35	0.325	0.397	0.445	0.482	0.418	0.481	0.528	0.556
40	0.304	0.373	0.419	0.455	0.393	0.454	0.494	0.526
45	0.288	0.358	0.397	0.432	0.372	0.430	0.470	0.501
50	0.273	0.336	0.379	0.412	0.354	0.410	0.449	0.479
60	0.250	0.308	0.348	0.380	0.325	0.377	0.414	0.442
70	0.232	0.286	0.324	0.354	0.302	0.351	0.386	0.413
80	0.217	0.269	0.304	0.332	0.233	0.330	0.362	0.389
90	0.205	0.254	0.288	0.315	0.267	0.312	0.343	0.368
100	0.195	0.241	0.274	0.300	0.251	0.297	0.327	0.351
125	0.174	0.216	0.246	0.269	0.228	0.266	0.294	0.316
150	0.159	0.198	0.225	0.247	0.208	0.244	0.270	0.290
200	0.138	0.172	0.196	0.215	0.181	0.212	0.234	0.253
300	0.113	0.141	0.160	0.176	0.148	0.174	0.192	0.208
400	0.098	0.122	0.130	0.153	0.128	0.151	0.167	0.180
500	0.088	0.109	0.124	0.137	0.115	0.135	0.150	0.162
1 000	0.062	0.077	0.088	0.097	0.081	0.096	0.106	0.115

式中 n 为试验总数,p 为自变量个数

附表 11　均匀设计表及其使用

$U_5(5^3)$

试验号	列号		
	1	2	3
1	1	2	4
2	2	4	3
3	3	1	2
4	4	3	1
5	5	5	5

$U_5(5^3)$的使用表

因素数	列号			D
2	1	2		0.310 0
3	1	2	3	0.457 0

$U_6^*(6^4)$

试验号	列号			
	1	2	3	4
1	1	2	3	6
2	2	4	6	5
3	3	6	2	4
4	4	1	5	3
5	5	3	1	2
6	6	5	4	1

$U_6^*(6^4)$的使用表

因素数	列号				D
2	1	3			0.187 5
3	1	2	3		0.265 6
4	1	2	3	4	0.299 0

$U_7(7^6)$

试验号	列号					
	1	2	3	4	5	6
1	1	2	3	4	5	6
2	2	4	6	1	3	5
3	3	6	2	5	1	4
4	4	1	5	2	6	3
5	5	3	1	6	4	2
6	6	5	4	3	2	1
7	7	7	7	7	7	7

$U_7(7^6)$表的使用

因素数	列号						D
2	1	3					0.239 8
3	1	2	3				0.372 1
4	1	2	3	6			0.476 0
5	1	2	3	4	6		
6	1	2	3	4	5	6	

$U_7^*(7^4)$

试验号	列号					
	1	2	3	4	5	6
1	1	3	5	7		
2	2	6	2	6		
3	3	1	7	4		
4	4	4	4	5		
5	5	7	1	3		
6	6	2	6	2		
7	7	5	3	1		

$U_7^*(7^4)$表的使用

因素数	列号			D
2	1	3		0.158 2
3	2	3	4	0.213 2

$U_8^*(8^5)$

试验号	列号				
	1	2	3	4	5
1	1	2	4	7	8
2	2	4	8	5	7
3	3	6	3	3	6
4	4	8	7	1	5
5	5	1	2	8	4
6	6	3	6	6	3
7	7	5	1	4	2
8	8	7	5	2	1

$U_8^*(8^5)$的使用表

因素数	列号				D
2	1	3			0.144 5
3	1	3	4		0.200 0
4	1	2	3	5	0.270 9

$U_9(9^5)$

试验号	列号				
	1	2	3	4	5
1	1	2	4	7	8
2	2	4	8	5	7
3	3	6	3	3	6
4	4	8	7	1	5
5	5	1	2	8	4
6	6	3	6	6	3
7	7	5	1	4	2
8	8	7	5	2	1
9	9	9	9	9	9

$U_9(9^5)$的使用表

因素数	列号				D
2	1	3			0.194 4
3	1	3	4		0.310 2
4	1	2	3	5	0.406 6

$U_9^*(9^4)$

试验号	列号			
	1	2	3	4
1	1	3	7	9
2	2	6	4	8
3	3	9	1	7
4	4	2	8	6
5	5	5	5	5
6	6	8	2	4
7	7	1	9	6
8	8	4	6	2
9	9	7	3	1

$U_9^*(9^4)$的使用表

因素数	列号			D
2	1	2		0.157 4
3	2	3	4	0.198 0

$U_{10}^*(10^8)$

试验号	列号							
	1	2	3	4	5	6	7	8
1	1	2	3	4	5	7	9	10
2	2	4	6	8	10	3	7	9
3	3	6	9	1	4	10	5	8
4	4	8	1	5	9	6	3	7
5	5	10	4	9	3	2	1	6
6	6	1	7	2	8	9	10	5
7	7	3	10	6	2	5	8	4
8	8	5	2	10	7	1	6	3
9	9	7	5	3	1	8	4	2
10	10	9	8	7	6	4	2	1

$U_{10}^*(10^8)$的使用表

因素数	列号						D
2	1	6					0.112 5
3	1	5	6				0.168 1
4	1	3	4	5			0.223 6
5	1	3	4	5	7		0.241 4
6	1	2	3	5	6	8	0.299 4

$U_{11}(11^6)$

试验号	列号					
	1	2	3	4	5	6
1	1	2	3	5	7	10
2	2	4	6	10	3	9
3	3	6	9	4	10	8
4	4	8	1	9	6	7
5	5	10	4	3	2	6
6	6	1	7	8	9	5
7	7	3	10	2	5	4
8	8	5	2	7	1	3
9	9	7	5	1	8	2
10	10	9	8	6	4	1
11	11	11	11	11	11	11

$U_{11}(11^6)$的使用表

因素数	列号						D
2	1	5					0.163 2
3	1	4	5				0.264 9
4	1	3	4	5			0.352 8
5	1	2	3	4	5		0.428 6
6	1	2	3	4	5	6	0.494 2

$U_{11}^*(11^4)$

试验号	列号			
	1	2	3	4
1	1	5	7	11
2	2	10	2	10
3	3	3	9	9
4	4	8	4	8
5	5	1	11	7
6	6	6	6	6
7	7	11	1	5
8	8	4	8	4
9	9	9	3	3
10	10	2	10	2
11	11	7	5	1

$U_{11}^*(11^4)$的使用表

因素数	列号			D
2	1	2		0.113 6
3	2	3	4	0.230 7

$U_{12}^*(12^{10})$

试验号	列号									
	1	2	3	4	5	6	7	8	9	10
1	1	2	3	4	5	6	8	9	10	12
2	2	4	6	8	10	12	3	5	7	11
3	3	6	9	12	2	5	11	1	4	10
4	4	8	12	3	7	11	6	10	1	9
5	5	10	2	7	12	4	1	6	11	8
6	6	12	5	11	4	10	9	2	8	7
7	7	1	8	2	9	3	4	11	5	6
8	8	3	11	6	1	9	12	7	2	5
9	9	5	1	10	6	2	7	3	12	4
10	10	7	4	1	11	8	2	12	9	3
11	11	9	7	5	3	1	10	8	6	2
12	12	11	10	9	8	7	5	4	3	1

$U_{12}^*(12^{10})$的使用表

因素数	列号						D
2	1	5					0.116 3
3	1	6	9				0.183 8
4	1	6	7	9			0.223 3
5	1	3	4	8	10		0.227 2
6	1	2	6	7	8	9	0.267 0
7	1	2	6	7	8	9	10	0.276 8

$U_{13}(13^8)$

试验号	列号							
	1	2	3	4	5	6	7	8
1	1	2	5	6	8	9	10	12
2	2	4	10	12	3	5	7	11
3	3	6	2	5	11	1	4	10
4	4	8	7	11	6	10	1	9
5	5	10	12	4	1	6	11	8
6	6	12	4	10	9	2	8	7
7	7	1	9	3	4	11	5	6
8	8	3	1	9	12	7	2	5
9	9	5	6	2	7	3	12	4
10	10	7	11	8	2	12	9	3
11	11	9	3	1	10	8	6	2
12	12	11	8	7	5	4	3	1
13	13	13	13	13	13	13	13	13

$U_{13}(13^8)$的使用表

因素数	列号							D
2	1	3						0.140 5
3	1	4	7					0.230 8
4	1	4	5	7				0.310 7
5	1	4	5	6	7			0.381 4
6	1	2	4	5	6	7		0.443 9
7	1	2	4	5	6	7	8	0.499 2

$U_{13}^*(13^4)$

试验号	列号			
	1	2	3	4
1	1	5	9	11
2	2	10	4	8
3	3	1	13	5
4	4	6	8	2
5	5	11	3	13
6	6	2	12	10
7	7	7	7	7
8	8	12	2	4
9	9	3	11	1
10	10	8	6	12
11	11	13	1	9
12	12	4	10	6
13	13	9	5	3

$U_{13}^*(13^4)$的使用表

因素数	列号				D
2	1	3			0.096 2
3	1	3	4		0.144 2
4	1	2	3	4	0.207 6

$U_{14}^*(14^5)$

试验号	列号				
	1	2	3	4	5
1	1	4	7	11	13
2	2	8	14	7	11
3	3	12	6	3	9
4	4	1	13	14	7
5	5	5	5	10	5
6	6	9	12	6	3
7	7	13	4	2	1
8	8	2	11	13	14
9	9	6	3	9	12
10	10	10	10	5	10
11	11	14	2	1	8
12	12	3	9	12	6
13	13	7	1	8	4
14	14	11	8	4	2

$U_{14}^*(14^5)$的使用表

因素数	列号				D
2	1	4			0.095 7
3	1	2	3		0.145 5
4	1	2	3	5	0.209 1

$U_{15}^*(15^7)$

试验号	列号						
	1	2	3	4	5	6	7
1	1	5	7	9	11	13	15
2	2	10	14	2	6	10	14
3	3	15	5	11	1	7	13
4	4	4	12	4	12	4	12
5	5	9	3	13	7	1	11
6	6	14	10	6	2	14	10
7	7	3	1	15	13	11	9
8	8	8	8	8	8	8	8
9	9	13	15	1	3	5	7
10	10	2	6	10	14	2	6
11	11	7	13	3	9	15	5
12	12	12	4	12	4	12	4
13	13	1	11	5	15	9	3
14	14	6	2	14	10	6	2
15	15	11	9	7	5	3	1

$U_{15}^*(15^7)$的使用表

因素数	列号					D
2	1	3				0.083 3
3	1	2	6			0.136 1
4	1	2	4	6		0.155 1
5	2	3	4	5	7	0.227 2

$U_{16}^*(16^{12})$

试验号	列号											
	1	2	3	4	5	6	7	8	9	10	11	12
1	1	2	4	5	6	8	9	10	13	14	15	16
2	2	4	8	10	12	16	1	3	9	11	13	15
3	3	6	12	15	1	7	10	13	5	8	11	14
4	4	8	16	3	7	15	2	6	1	5	9	13
5	5	10	3	8	13	6	11	16	14	2	7	12
6	6	12	7	13	2	14	3	9	10	16	5	11
7	7	14	11	1	8	5	12	2	6	13	3	10
8	8	16	15	6	14	13	4	12	2	10	1	9
9	9	1	2	11	3	4	13	5	15	7	16	8
10	10	3	6	16	9	12	5	15	11	4	14	7
11	11	5	10	4	15	3	14	8	7	1	12	6
12	12	7	14	9	4	11	6	1	3	15	10	5
13	13	9	1	14	10	2	15	11	16	12	8	4
14	14	11	5	2	16	10	7	4	12	9	6	3
15	15	13	9	7	5	1	16	14	8	6	4	2
16	16	15	13	12	11	9	8	7	4	3	2	1

$U_{16}^*(16^{12})$的使用表

因素数	列号						D
2	1	8					0.090 8
3	1	4	6				0.126 2
4	1	4	5	6			0.170 5
5	1	4	5	6	9		0.207 0
6	1	3	5	8	10	11	0.251 8
7	1	2	3	6	9	11	12	0.276 9

$U_{17}^*(17^5)$

试验号	列号				
	1	2	3	4	5
1	1	7	11	13	17
2	2	14	4	8	16
3	3	3	15	3	15
4	4	10	8	16	14
5	5	17	1	11	13
6	6	6	12	6	12
7	7	13	5	1	11
8	8	2	16	14	10
9	9	9	9	9	9
10	10	16	2	4	8
11	11	5	13	17	7
12	12	12	6	12	6
13	13	1	17	7	5
14	14	8	10	2	4
15	15	15	3	15	3
16	16	4	14	10	2
17	17	11	7	5	1

$U_{17}^*(17^5)$的使用表

因素数	列号				D
2	1	2			0.085 6
3	1	2	4		0.133 1
4	2	3	4	5	0.178 5

$U_{18}^*(18^{11})$

试验号	列号										
	1	2	3	4	5	6	7	8	9	10	11
1	1	3	4	5	6	7	8	9	11	15	16
2	2	6	8	10	12	14	16	18	3	11	13
3	3	9	12	15	18	2	5	8	14	7	10
4	4	12	16	1	5	9	13	17	6	3	7
5	5	15	1	6	11	16	2	1	17	18	4
6	6	18	5	11	17	4	10	16	9	14	1
7	7	2	9	16	4	11	18	6	1	10	17
8	8	5	13	2	10	18	7	15	12	6	14
9	9	8	17	7	16	6	15	5	4	2	11
10	10	11	2	12	3	13	4	14	15	17	8
11	11	14	6	17	9	1	12	4	7	13	5
12	12	17	10	3	15	8	1	13	18	9	2
13	13	1	14	8	2	15	9	3	10	5	18
14	14	4	18	13	8	3	17	12	2	1	15
15	15	7	3	18	14	10	6	2	13	16	12
16	16	10	7	4	1	17	14	11	5	12	9
17	17	13	11	9	7	5	3	1	16	8	6
18	18	16	15	14	13	12	11	10	8	4	3

$U_{18}^*(18^{11})$的使用表

因素数	列号						D
2	1	7					0.077 9
3	1	4	8				0.139 4
4	1	4	6	8			0.175 4
5	1	3	6	8	11		0.204 7
6	1	2	4	7	8	10	0.224 5
7	1	4	5	6	8	9 11	0.224 7

$U_{19}(19^7)$

试验号	列号						
	1	2	3	4	5	6	7
1	1	6	7	8	10	14	17
2	2	12	14	16	1	9	15
3	3	18	2	5	11	4	13
4	4	5	9	13	2	18	11
5	5	11	16	2	12	13	9
6	6	17	4	10	3	8	7
7	7	4	11	18	13	3	5
8	8	10	18	7	4	17	3
9	9	16	6	15	14	12	1
10	10	3	13	4	5	7	18
11	11	9	1	12	15	2	16
12	12	15	8	1	6	16	14
13	13	2	15	9	16	11	12
14	14	8	3	17	7	6	10
15	15	14	10	6	17	1	8
16	16	1	17	14	8	15	6
17	17	7	5	3	18	10	4
18	18	13	12	11	9	5	2
19	19	19	19	19	19	19	19

$U_{19}(19^7)$的使用表

因素数	列号							D
2	1	4						0.099 0
3	1	3	4					0.166 0
4	1	2	4	6				0.227 7
5	1	2	4	6	7			0.284 5
6	1	2	4	5	6	7		0.338 6
7	1	2	3	4	5	6	7	0.385 0

$U_{19}^*(19^7)$

试验号	列号						
	1	2	3	4	5	6	7
1	1	3	7	9	11	13	19
2	2	6	14	18	2	6	18
3	3	9	1	7	13	19	17
4	4	12	8	16	4	12	16
5	5	15	15	5	15	5	15
6	6	18	2	14	6	18	14
7	7	1	9	3	17	11	13
8	8	4	16	12	8	4	12
9	9	7	3	1	19	17	11
10	10	10	10	10	10	10	10
11	11	13	17	19	1	3	9
12	12	16	4	8	12	16	8
13	13	19	11	17	3	9	7
14	14	2	18	6	14	2	6
15	15	5	5	15	5	15	5
16	16	8	12	4	16	8	4
17	17	11	19	13	7	1	3
18	18	14	6	2	18	14	2
19	19	17	13	11	9	7	1

$U_{19}^*(19^7)$的使用表

因素数	列号					D
2	1	4				0.075 5
3	1	5	6			0.137 2
4	1	2	3	5		0.180 7
5	3	4	5	6	7	0.189 7

$U_{20}^*(20^7)$

试验号	列号						
	1	2	3	4	5	6	7
1	1	4	5	10	13	16	19
2	2	8	10	20	5	11	17
3	3	12	15	9	18	6	15
4	4	16	20	19	10	1	13
5	5	20	4	8	2	17	11
6	6	3	9	18	15	12	9
7	7	7	14	7	7	7	7
8	8	11	19	17	20	2	5
9	9	15	3	6	12	18	3
10	10	19	8	16	4	13	1
11	11	2	13	5	17	8	20
12	12	6	18	15	9	3	18
13	13	10	2	4	1	19	16
14	14	14	7	14	14	14	14
15	15	18	12	3	6	9	12
16	16	1	17	13	19	4	10
17	17	5	1	2	11	20	8
18	18	9	6	12	3	15	6
19	19	13	11	1	16	10	4
20	20	17	16	11	8	5	2

$U_{20}^*(20^7)$的使用表

因素数	列号						D
2	1	5					0.074 4
3	1	2	3				0.136 3
4	1	4	5	6			0.191 5
5	1	2	4	5	6		0.201 2
6	1	2	4	5	6	7	0.201 0

$U_{25}(25^9)$

试验号	列号								
	1	2	3	4	5	6	7	8	9
1	1	4	6	9	11	14	16	21	24
2	2	8	12	18	22	3	7	17	23
3	3	12	18	2	8	17	23	13	22
4	4	16	24	11	19	6	14	9	21
5	5	20	5	20	5	20	5	5	20
6	6	24	11	4	16	9	21	1	19
7	7	3	17	13	2	23	12	22	18
8	8	7	23	22	13	12	3	18	17
9	9	11	4	6	24	1	19	14	16
10	10	15	10	15	10	15	10	10	15
11	11	19	16	24	21	4	1	6	14
12	12	23	22	8	7	18	17	2	13
13	13	2	3	17	18	7	8	23	12
14	14	6	9	1	4	21	24	19	11
15	15	10	15	10	15	10	15	15	10
16	16	14	21	19	1	24	6	11	9
17	17	18	2	3	12	13	22	7	8
18	18	22	8	12	23	2	13	3	7
19	19	1	14	21	9	16	4	24	6
20	20	5	20	5	20	5	20	20	5
21	21	9	1	14	6	19	11	16	4
22	22	13	7	23	17	8	2	12	3
23	23	17	13	7	3	22	18	8	2
24	24	21	19	16	14	11	9	4	1
25	25	25	25	25	25	25	25	25	25

$U_{25}(25^9)$的使用表

因素数	列号							D
2	1	5						0.076 4
3	1	5	8					0.129 4
4	1	3	5	8				0.179 3
5	1	3	5	7	8			0.226 1
6	1	2	3	6	7	9		0.270 1
7	1	2	3	4	5	7	9	0.311 5

$U_{25}^*(25^{11})$

试验号	列号										
	1	2	3	4	5	6	7	8	9	10	11
1	1	3	5	7	9	11	15	17	19	21	25
2	2	6	10	14	18	22	4	8	12	16	24
3	3	9	15	21	1	7	19	25	5	11	23
4	4	12	20	2	10	18	8	16	24	6	22
5	5	15	25	9	19	3	23	7	17	1	21
6	6	18	4	16	2	14	12	24	10	22	20
7	7	21	9	23	11	25	1	15	3	17	19
8	8	24	14	4	20	10	16	6	22	12	18
9	9	1	19	11	3	21	5	23	15	7	17
10	10	4	24	18	12	6	20	14	8	2	16
11	11	7	3	25	21	17	9	5	1	23	15
12	12	10	8	6	4	2	24	22	20	18	14
13	13	13	13	13	13	13	13	13	13	13	13
14	14	16	18	20	22	24	2	4	6	8	12
15	15	19	23	1	5	9	17	21	25	3	11
16	16	22	2	8	14	20	6	12	18	24	10
17	17	25	7	15	23	5	21	3	11	19	9
18	18	2	12	22	6	16	10	20	4	14	8
19	19	5	17	3	15	1	25	11	23	9	7
20	20	8	22	10	24	12	14	2	16	4	6
21	21	11	1	17	7	23	3	19	9	25	5
22	22	14	6	24	16	8	18	10	2	20	4
23	23	17	11	5	25	19	7	1	21	15	3
24	24	20	16	12	8	4	22	18	14	10	2
25	25	23	21	19	17	15	11	9	7	5	1

$U_{25}^*(25^{11})$的使用表

因素数	列号					D
2	1	6				0.058 8
3	2	3	11			0.097 5
4	3	4	3	11		0.121 0
5	6	7	8	9	10	0.153 2

$U_{27}^*(27^{10})$

试验号	列号									
	1	2	3	4	5	6	7	8	9	10
1	1	5	9	11	13	15	17	19	25	27
2	2	10	18	22	26	2	6	10	22	26
3	3	15	27	5	11	17	23	1	19	25
4	4	20	8	16	24	4	12	20	16	24
5	5	25	17	27	9	19	1	11	13	23
6	6	2	26	10	22	6	18	2	10	22
7	7	7	57	21	7	21	7	21	7	21
8	8	12	16	4	20	8	24	12	4	20
9	9	17	25	15	5	23	13	3	1	19
10	10	22	6	26	18	10	2	22	26	18
11	11	27	15	9	3	25	19	13	23	17
12	12	4	24	20	16	12	8	4	20	16
13	13	9	5	3	1	27	25	23	17	15
14	14	14	14	14	14	14	14	14	14	14
15	15	19	23	25	27	1	3	5	11	13
16	16	24	4	8	12	16	20	24	8	12
17	17	1	13	196	25	3	9	15	5	11
18	18	6	22	2	10	18	26	6	2	10
19	19	11	3	13	23	5	15	25	27	9
20	20	16	12	24	8	20	4	16	24	8
21	21	21	21	7	21	7	21	7	21	7
22	22	26	2	18	6	22	10	26	18	6
23	23	3	11	1	19	9	27	17	15	5
24	24	8	20	12	4	24	16	8	12	4
25	25	13	1	23	17	11	5	27	9	3
26	26	18	10	6	2	26	22	18	6	2
27	27	23	19	17	15	13	11	9	3	1

$U_{27}^*(27^{10})$的使用表

因素数	列号					D
2	1	4				0.060 0
3	1	3	6			0.100 9
4	1	4	6	9		0.118 9
5	2	5	7	8	10	0.137 8

$U_{30}^*(30^{13})$

试验号	列号												
	1	2	3	4	5	6	7	8	9	10	11	12	13
1	1	4	6	9	10	11	14	18	19	22	25	28	29
2	2	8	12	18	20	22	28	5	7	13	19	25	27
3	3	12	18	27	30	2	11	23	26	4	13	22	25
4	4	16	24	5	9	13	25	10	14	26	7	19	23
5	5	20	30	14	19	24	8	28	2	17	1	16	21
6	6	24	5	23	29	4	22	15	21	8	26	13	19
7	7	28	11	1	8	15	5	2	9	30	20	10	17
8	8	1	17	10	18	26	19	20	28	21	14	7	15
9	9	5	23	19	28	6	2	7	16	12	8	4	13
10	10	9	29	28	7	17	16	25	4	3	2	1	11
11	11	13	4	6	17	28	30	12	23	25	27	29	9
12	12	17	10	15	27	8	13	30	11	16	21	26	7
13	13	21	16	27	6	19	27	17	30	7	15	23	5
14	14	25	22	2	16	30	10	4	18	29	9	20	3
15	15	29	28	11	26	10	24	22	6	20	3	17	1
16	16	2	3	20	5	21	7	9	25	28	28	14	30
17	17	6	9	29	15	1	21	27	13	22	22	11	28
18	18	10	15	7	25	12	4	14	1	24	16	8	26
19	19	14	21	16	4	23	18	1	20	15	10	5	24
20	20	18	27	25	14	3	1	19	8	6	4	2	22
21	21	22	2	3	24	14	15	6	27	28	29	30	20
22	22	26	8	12	3	25	29	24	15	19	23	27	18
23	23	30	14	21	13	5	12	11	3	10	17	24	16
24	24	3	20	30	23	16	26	29	22	1	11	21	14
25	25	7	26	8	2	27	9	16	10	23	5	18	12
26	26	11	1	17	12	7	23	3	29	14	30	15	10
27	27	15	7	26	22	18	6	21	17	5	24	12	8
28	28	19	13	4	1	29	20	8	5	27	18	9	6
29	29	23	19	13	11	9	3	26	24	18	12	6	4
30	30	27	25	22	21	20	17	13	12	9	6	3	2

$U_{30}^*(30^{13})$的使用表

因素数	列号							D
2	1	10						0.051 9
3	1	9	10					0.088 8
4	1	2	7	8				0.132 5
5	1	2	5	7	8			0.146 5
6	1	2	5	7	8	11		0.162 1
7	1	2	3	4	6	12	13	0.192 4

$U_{31}^*(31^{10})$

试验号	列号									
	1	2	3	4	5	6	7	8	9	10
1	1	3	5	9	11	13	17	19	21	27
2	2	6	10	18	22	26	2	6	10	22
3	3	9	15	27	1	7	19	25	31	17
4	4	12	20	4	12	20	4	12	20	12
5	5	15	25	13	23	1	21	31	9	7
6	6	18	30	22	2	14	6	18	30	2
7	7	21	3	31	13	27	23	5	19	29
8	8	24	8	8	24	8	8	24	8	24
9	9	27	13	17	3	21	25	11	29	19
10	10	30	18	26	14	2	10	30	18	14
11	11	1	23	3	25	15	27	17	7	9
12	12	4	28	12	4	28	12	4	28	4
13	13	7	1	21	15	9	29	23	17	31
14	14	10	6	30	26	22	14	10	6	26
15	15	13	11	7	5	3	31	29	27	21
16	16	16	16	16	16	16	16	16	16	16
17	17	19	21	25	27	29	1	3	5	11
18	18	22	26	2	6	10	18	22	26	6
19	19	25	31	11	17	23	3	9	15	1
20	20	28	4	20	28	4	20	28	4	28
21	21	31	9	29	7	17	5	15	25	23
22	22	2	14	6	18	30	22	2	14	18
23	23	5	19	15	29	11	7	21	3	13
24	24	8	24	24	8	24	24	8	24	8
25	25	11	29	1	19	5	9	27	13	3
26	26	14	2	10	30	18	26	14	2	30
27	27	17	7	19	9	31	11	1	23	25
28	28	20	12	28	20	12	28	20	12	20
29	29	23	17	5	31	25	13	7	1	15
30	30	26	22	14	10	6	30	26	22	10
31	31	29	27	23	21	19	15	13	11	5

$U_{31}^*(31^{10})$的使用表

因素数	列号					D
2	1	4				0.055 4
3	1	4	8			0.090 8
4	2	6	9	10		0.110 0
5	3	4	5	7	8	0.143 1

附表 12　单纯形格子点设计表

{3,2}单纯形格子设计

试验号	组分格点			试验号	组分格点		
	x_1	x_2	x_3		x_1	x_2	x_3
1	1	0	0	4	1/2	1/2	0
2	0	1	0	5	1/2	0	1/2
3	0	0	1	6	0	1/2	1/2

{3,3}单纯形格子设计

试验号	组分格点			试验号	组分格点		
	x_1	x_2	x_3		x_1	x_2	x_3
1	1	0	0	6	2/3	0	1/3
2	0	1	0	7	1/3	0	2/3
3	0	0	1	8	0	2/3	1/3
4	2/3	1/3	0	9	0	1/3	2/3
5	1/3	2/3	0	10	1/3	1/3	1/3

{4,2}单纯形格子设计

试验号	组分格点				试验号	组分格点			
	x_1	x_2	x_3	x_4		x_1	x_2	x_3	x_4
1	1	0	0	0	6	1/2	0	1/2	0
2	0	1	0	0	7	1/2	0	0	1/2
3	0	0	1	0	8	0	1/2	1/2	0
4	0	0	0	1	9	0	1/2	0	1/2
5	1/2	1/2	0	0	10	0	0	1/2	1/2

{4,3}单纯形格子设计

试验号	组分格点				试验号	组分格点			
	x_1	x_2	x_3	x_4		x_1	x_2	x_3	x_4
1	1	0	0	0	11	0	2/3	1/3	0
2	0	1	0	0	12	0	1/3	2/3	0
3	0	0	1	0	13	0	2/3	0	1/3
4	0	0	0	1	14	0	1/3	0	2/3
5	2/3	1/3	0	0	15	0	0	2/3	1/3
6	1/3	2/3	0	0	16	0	0	1/3	2/3
7	2/3	0	1/3	0	17	1/3	1/3	1/3	0
8	1/3	0	2/3	0	18	1/3	1/3	0	1/3
9	2/3	0	0	1/3	19	1/3	0	1/3	1/3
10	1/3	0	0	2/3	20	0	1/3	1/3	1/3

{5,2}单纯形格子设计

试验号	组分格点					试验号	组分格点				
	x_1	x_2	x_3	x_4	x_5		x_1	x_2	x_3	x_4	x_5
1	1	0	0	0	0	10	0	1/2	1/2	0	0
2	0	1	0	0	0	11	0	1/2	0	1/2	0
3	0	0	1	0	0	12	0	1/2	0	0	1/2
4	0	0	0	1	0	13	0	0	1/2	1/2	0
5	0	0	0	0	1	14	0	0	1/2	0	1/2
6	1/2	1/2	0	0	0	15	0	0	0	1/2	1/2
7	1/2	0	1/2	0	0						
8	1/2	0	0	1/2	0						
9	1/2	0	0	0	1/2						

{5,3}单纯形格子设计

试验号	组分格点					试验号	组分格点				
	x_1	x_2	x_3	x_4	x_5		x_1	x_2	x_3	x_4	x_5
1	1	0	0	0	0	18	0	1/3	0	0	2/3
2	0	1	0	0	0	19	0	2/3	0	0	1/3
3	0	0	1	0	0	20	0	0	1/3	2/3	0
4	0	0	0	1	0	21	0	0	2/3	1/3	0
5	0	0	0	0	1	22	0	0	1/3	0	2/3
6	1/3	2/3	0	0	0	23	0	0	2/3	0	1/3
7	2/3	1/3	0	0	0	24	0	0	0	1/3	2/3
8	1/3	0	2/3	0	0	25	0	0	0	2/3	1/3
9	2/3	0	1/3	0	0	26	1/3	1/3	1/3	0	0
10	1/3	0	0	2/3	0	27	1/3	1/3	0	1/3	0
11	2/3	0	0	1/3	0	28	1/3	1/3	0	0	1/3
12	1/3	0	0	0	2/3	29	1/3	0	1/3	1/3	0
13	2/3	0	0	0	1/3	30	1/3	0	1/3	0	1/3
14	0	1/3	2/3	0	0	31	1/3	0	0	1/3	1/3
15	0	2/3	1/3	0	0	32	0	1/3	1/3	1/3	0
16	0	1/3	0	2/3	0	33	0	1/3	1/3	0	1/3
17	0	2/3	0	1/3	0	34	0	1/3	0	1/3	1/3
						35	0	0	1/3	1/3	1/3

附表 13　单纯形重心设计表

3 组分单纯形重心设计表

试验号	组分格点			试验号	组分格点		
	x_1	x_2	x_3		x_1	x_2	x_3
1	1	0	0	4	1/2	1/2	0
2	0	1	0	5	1/2	0	1/2
3	0	0	1	6	0	1/2	1/2
				7	1/3	1/3	1/3

4 组分单纯形重心设计表

试验号	组分格点				试验号	组分格点			
	x_1	x_2	x_3	x_4		x_1	x_2	x_3	x_4
1	1	0	0	0	8	0	1/2	1/2	0
2	0	1	0	0	9	0	1/2	0	1/2
3	0	0	1	0	10	0	0	1/2	1/2
4	0	0	0	1	11	1/3	1/3	1/3	0
5	1/2	1/2	0	0	12	1/3	1/3	0	1/3
6	1/2	0	1/2	0	13	1/3	0	1/3	1/3
7	1/2	0	0	1/2	14	0	1/3	1/3	1/3
					15	1/4	1/4	1/4	1/4

5 组分单纯形重心设计表

试验号	组分格点					试验号	组分格点				
	x_1	x_2	x_3	x_4	x_5		x_1	x_2	x_3	x_4	x_5
1	1	0	0	0	0	16	1/3	1/3	1/3	0	0
2	0	1	0	0	0	17	1/3	1/3	0	1/3	0
3	0	0	1	0	0	18	1/3	1/3	0	0	1/3
4	0	0	0	1	0	19	1/3	0	1/3	1/3	0
5	0	0	0	0	1	20	1/3	0	1/3	0	1/3
6	1/2	1/2	0	0	0	21	1/3	0	0	1/3	1/3
7	1/2	0	1/2	0	0	22	1/3	0	0	0	0
8	1/2	0	0	1/2	0	23	0	1/3	1/3	0	0
9	1/2	0	0	0	1/2	24	0	1/3	0	1/3	1/3
10	0	1/2	1/2	0	0	25	0	0	1/3	1/3	1/3
11	0	1/2	0	1/2	0	26	1/4	1/4	1/4	1/4	0
12	0	1/2	0	0	1/2	27	1/4	1/4	1/4	0	1/4
13	0	0	1/2	1/2	0	28	1/4	1/4	0	1/4	1/4
14	0	0	1/2	0	1/2	29	1/4	0	1/4	1/4	1/4
15	0	0	0	1/2	1/2	30	0	1/4	1/4	1/4	1/4
						31	1/5	1/5	1/5	1/5	1/5

附表 14　配方均匀设计表

$UM_7(7^3)$

	x_1	x_2	x_3		x_1	x_2	x_3
1	0.733	0.172	0.095	5	0.198	0.745	0.057
2	0.537	0.099	0.364	6	0.114	0.443	0.443
3	0.402	0.470	0.128	7	0.036	0.069	0.895
4	0.293	0.253	0.455				

$UM_8^*(8^3)$

	x_1	x_2	x_3		x_1	x_2	x_3
1	0.750	0.141	0.109	5	0.250	0.609	0.141
2	0.567	0.027	0.406	6	0.171	0.259	0.570
3	0.441	0.384	0.175	7	0.099	0.845	0.056
4	0.339	0.124	0.537	8	0.032	0.424	0.545

$UM_8(8^4)$

	x_1	x_2	x_3	x_4		x_1	x_2	x_3	x_4
1	0.603	0.134	0.049	0.213	5	0.175	0.468	0.022	0.335
2	0.428	0.018	0.242	0.312	6	0.117	0.151	0.229	0.503
3	0.321	0.299	0.261	0.119	7	0.067	0.700	0.131	0.102
4	0.241	0.075	0.642	0.043	8	0.021	0.245	0.596	0.138

$UM_9(9^3)$

	x_1	x_2	x_3		x_1	x_2	x_3
1	0.056	0.389	0.764	6	0.611	0.611	0.218
2	0.167	0.833	0.592	7	0.722	0.056	0.150
3	0.278	0.278	0.473	8	0.833	0.500	0.087
4	0.389	0.722	0.76	9	0.944	0.944	0.028
5	0.500	0.167	0.293				

$UM_9(9^4)$

	x_1	x_2	x_3	x_4		x_1	x_2	x_3	x_4
1	0.618	0.144	0.066	0.172	6	0.151	0.185	0.258	0.405
2	0.450	0.048	0.251	0.251	7	0.103	0.686	0.129	0.082
3	0.348	0.309	0.248	0.096	8	0.059	0.276	0.555	0.111
4	0.270	0.110	0.586	0.034	9	0.019	0.028	0.053	0.901
5	0.206	0.470	0.054	0.270				

$UM_9^*(9^3)$

	x_1	x_2	x_3		x_1	x_2	x_3
1	0.764	0.170	0.065	6	0.218	0.130	0.651
2	0.592	0.159	0.249	7	0.150	0.803	0.047
3	0.473	0.029	0.498	8	0.087	0.558	0.355
4	0.376	0.520	0.104	9	0.028	0.270	0.702
5	0.293	0.354	0.354				

$UM_9^*(9^4)$

	x_1	x_2	x_3	x_4		x_1	x_2	x_3	x_4
1	0.348	0.098	0.031	0.524	6	0.059	0.557	0.235	0.149
2	0.151	0.319	0.088	0.441	7	0.618	0.011	0.268	0.103
3	0.019	0.750	0.064	0.167	8	0.270	0.159	0.476	0.095
4	0.450	0.048	0.195	0.307	9	0.103	0.424	0.447	0.026
5	0.206	0.232	0.281	0.281					

$UM_{10}^*(10^3)$

	x_1	x_2	x_3		x_1	x_2	x_3
1	0.776	0.078	0.145	6	0.258	0.111	0.630
2	0.613	0.290	0.097	7	0.194	0.443	0.363
3	0.500	0.025	0.475	8	0.134	0.823	0.043
4	0.408	0.266	0.325	9	0.078	0.230	0.691
5	0.329	0.570	0.101	10	0.025	0.634	0.341

$UM_{10}^*(10^4)$

	x_1	x_2	x_3	x_4		x_1	x_2	x_3	x_4
1	0.632	0.121	0.086	0.161	6	0.181	0.110	0.106	0.603
2	0.469	0.013	0.388	0.129	7	0.134	0.531	0.185	0.151
3	0.370	0.257	0.019	0.354	8	0.091	0.176	0.696	0.037
4	0.295	0.055	0.292	0.357	9	0.053	0.735	0.053	0.159
5	0.234	0.383	0.326	0.057	10	0.017	0.254	0.474	0.255

$UM_{10}^*(10^5)$

	x_1	x_2	x_3	x_4	x_5		x_1	x_2	x_3	x_4	x_5
1	0.527	0.175	0.122	0.097	0.079	6	0.139	0.115	0.457	0.072	0.217
2	0.378	0.112	0.068	0.022	0.419	7	0.102	0.015	0.228	0.556	0.098
3	0.293	0.037	0.520	0.097	0.052	8	0.069	0.436	0.013	0.169	0.313
4	0.231	0.486	0.093	0.029	0.162	9	0.040	0.224	0.368	0.350	.018
5	0.181	0.242	0.045	0.399	0.133	10	0.013	0.090	0.174	0.325	0.398

$UM_{10}^*(10^6)$

	x_1	x_2	x_3	x_4	x_5	x_6		x_1	x_2	x_3	x_4	x_5	x_6
1	0.451	0.161	0.115	0.090	0.028	0.156	6	0.113	0.091	0.373	0.057	0.018	0.348
2	0.316	0.095	0.054	0.014	0.183	0.339	7	0.083	0.012	0.164	0.455	0.072	0.216
3	0.242	0.030	0.460	0.109	0.087	0.071	8	0.056	0.357	0.010	0.112	0.210	0.256
4	0.189	0.427	0.090	0.023	0.203	0.068	9	0.032	0.175	0.293	0.388	0.073	0.039
5	0.148	0.197	0.035	0.311	0.295	0.016	10	0.010	0.069	0.123	0.206	0.503	0.089

$UM_{11}(11^3)$

	x_1	x_2	x_3		x_1	x_2	x_3
1	0.787	0.087	0.126	7	0.231	0.454	0.314
2	0.631	0.285	0.084	8	0.174	0.788	0.038
3	0.523	0.065	0.412	9	0.121	0.280	0.599
4	0.436	0.282	0.282	10	0.071	0.634	0.296
5	0.360	0.552	0.087	11	0.023	0.044	0.933
6	0.293	0.161	0.546				

$UM_{11}(11^4)$

	x_1	x_2	x_3	x_4		x_1	x_2	x_3	x_4
1	0.643	0.129	0.093	0.135	7	0.161	0.529	0.183	0.127
2	0.485	0.036	0.370	0.109	8	0.120	0.204	0.646	0.031
3	0.390	0.266	0.047	0.297	9	0.082	0.722	0.062	0.133
4	0.317	0.083	0.300	0.048	10	0.048	0.279	0.459	0.214
5	0.258	0.388	0.306	0.048	11	0.015	0.023	0.044	0.918
6	0.206	0.138	0.149	0.506					

$UM_{11}(11^5)$

	x_1	x_2	x_3	x_4	x_5		x_1	x_2	x_3	x_4	x_5
1	0.538	0.180	0.102	0.074	0.106	7	0.123	0.042	0.527	0.182	0.126
2	0.392	0.125	0.034	0.346	0.102	8	0.091	0.441	0.108	0.343	0.016
3	0.310	0.057	0.276	0.049	0.309	9	0.062	0.242	0.548	0.047	0.101
4	0.249	0.483	0.032	0.118	0.118	10	0.036	0.116	0.249	0.409	0.191
5	0.200	0.254	0.286	0.225	0.035	11	0.012	0.015	0.022	0.043	0.908
6	0.159	0.135	0.123	0.132	0.450						

$UM_{11}(11^6)$

	x_1	x_2	x_3	x_4	x_5	x_6		x_1	x_2	x_3	x_4	x_5	x_6
1	0.461	0.211	0.128	0.072	0.052	0.076	7	0.100	0.279	0.030	0.373	0.129	0.089
2	0.329	0.167	0.104	0.028	0.287	0.085	8	0.074	0.185	0.359	0.088	0.280	0.013
3	0.256	0.118	0.051	0.250	0.044	0.280	9	0.050	0.117	0.215	0.486	0.042	0.090
4	0.205	0.073	0.465	0.031	0.113	0.113	10	0.029	0.061	0.109	0.235	0.386	0.180
5	0.164	0.030	0.256	0.288	0.227	0.036	11	0.009	0.011	0.015	0.022	0.043	0.899
6	0.129	0.469	0.065	0.059	0.063	0.215							

$UM_{11}^*(11^3)$

	x_1	x_2	x_3		x_1	x_2	x_3
1	0.787	0.126	0.087	7	0.231	0.035	0.734
2	0.631	0.050	0.319	8	0.174	0.563	0.263
3	0.523	0.368	0.108	9	0.121	0.200	0.679
4	0.436	0.179	0.385	10	0.071	0.803	0.127
5	0.360	0.611	0.029	11	0.023	0.400	0.577
6	0.293	0.354	0.354				

$UM_{11}^*(11^4)$

	x_1	x_2	x_3	x_4		x_1	x_2	x_3	x_4
1	0.258	0.172	0.026	0.545	7	0.015	0.775	0.124	0.086
2	0.048	0.601	0.048	0.304	8	0.317	0.119	0.384	0.179
3	0.390	0.074	0.122	0.415	9	0.082	0.480	0.338	0.099
4	0.120	0.384	0.158	0.339	10	0.485	0.036	0.413	0.065
5	0.643	0.008	0.143	0.206	11	0.161	0.302	0.512	0.024
6	0.206	0.232	.281	0.281					

$UM_{12}^*(12^3)$

	x_1	x_2	x_3		x_1	x_2	x_3
1	0.796	0.128	0.077	7	0.64	0.215	0.521
2	0.646	0.074	0.280	8	0.209	0.758	0.033
3	0.544	0.399	0.057	9	0.158	0.456	0.386
4	0.460	0.248	0.293	10	0.110	0.111	0.779
5	0.388	0.026	0.587	11	0 065	0.741	0.195
6	0.323	0.480	0.197	12	0.021	0.367	0.612

$UM_{12}^*(12^4)$

	x_1	x_2	x_3	x_4		x_1	x_2	x_3	x_4
1	0.653	0.112	0.049	0.186	7	0.185	0.443	0.233	0.140
2	0.500	0.011	0.224	0.265	8	0.145	0.135	0.630	0.090
3	0.407	0.230	0.257	0.106	9	0.109	0.576	0.013	0.302
4	0.337	0.043	0.594	0.026	10	0.075	0.194	0.213	0.518
5	0.279	0.332	0.049	0.341	11	0.044	0.761	0.106	0.089
6	0.229	0.085	0.257	0.429	12	0.014	0.260	0.574	0.151

$UM_{12}^*(12^5)$

	x_1	x_2	x_3	x_4	x_5		x_1	x_2	x_3	x_4	x_5
1	0.548	0.103	0.073	0.057	0.218	7	0.142	0.349	0.234	0.172	0.103
2	0.405	0.008	0.319	0.123	0.145	8	0.111	0.097	0.017	0.679	0.097
3	0.324	0.188	0.031	0.323	0.133	9	0.083	0.459	0.121	0.014	0.324
4	0.265	0.032	0.227	0.456	0.020	10	0.057	0.137	0.521	0.083	0 202
5	0.217	0.264	0.413	0.013	0.093	11	0.033	0.632	0.037	0.162	0.137
6	0.177	0.062	0.121	0.240	0.400	12	0.011	0.183	0.313	0.391	0.103

$UM_{12}^*(12^6)$

	x_1	x_2	x_3	x_4	x_5	x_6		x_1	x_2	x_3	x_4	x_5	x_6
1	0.470	0.172	0.121	0.038	0.008	0.191	7	0.115	0.098	0.393	0.025	0.199	0.169
2	0.340	0.117	0.079	0.180	0.036	0.249	8	0.090	0.030	0.202	0.179	0.312	0.187
3	0.269	0.060	0.009	0.526	0.028	0.107	9	0.067	0.512	0.032	0 212	0.126	0.052
4	0.218	0.008	0.315	0.051	0.119	0.289	10	0.046	0.253	0.458	0.005	0.188	0.050
5	0.178	0.333	0.090	0.129	0.101	0.169	11	0.026	0.138	0.233	0.126	0.417	0.060
6	0.144	0.186	0.029	0.414	0.104	0.123	12	0.008	0.056	0.102	0.383	0.431	0.019

$UM_{12}^*(12^7)$

	x_1	x_2	x_3	x_4	x_5	x_6	x_7
1	0.411	0.200	0.069	0.046	0.043	0.048	0.182
2	0.293	0.154	0.006	0.223	0.126	0.091	0.108
3	0.230	0.111	0.143	0.022	0.392	0.071	0.029
4	0.186	0.073	0.024	0.164	0.061	0.471	0.020
5	0.151	0.039	0.215	0.389	0.067	0.017	0.122
6	0.122	0.007	0.049	0.089	0.473	0.097	0.162
7	0.097	0.425	0.155	0.109	0.014	0.125	0.075
8	0.075	0.249	0.056	0.009	0.161	0.394	0.056
9	0.056	0.168	0.315	0.085	0.204	0.007	0.165
10	0.038	0.111	0.094	0.378	0.008	0.108	0.262
11	0.022	0.065	0.500	0.03	0.080	0.163	0.138
12	0.07	0.026	0.137	0.231	0.275	0.256	0.067

$UM_{13}(13^3)$

	x_1	x_2	x_3		x_1	x_2	x_3
1	0.804	0.128	0.068	8	0.240	0.730	0.029
2	0.660	0.091	0.248	9	0.191	0.467	0.342
3	0.561	0.388	0.051	10	0.145	0.164	0.690
4	0.481	0.259	0.259	11	0.101	0.726	0.173
5	0.412	0.068	0.520	12	0.059	0.398	0.543
6	0.350	0.475	0.175	13	0.019	0.038	0.943
7	0.293	0.245	0.462				

$UM_{13}(13^4)$

	x_1	x_2	x_3	x_4		x_1	x_2	x_3	x_4
1	0.662	0.118	0.059	0.160	8	0.168	0.159	0.595	0.078
2	0.513	0.029	0.229	0.229	9	0.132	0.573	0.034	0.261
3	0.423	0.238	0.248	0.091	10	0.099	0.217	0.237	0.447
4	0.354	0.065	0.558	0.022	11	0.069	0.749	0.105	0.077
5	0.298	0.338	0.070	0.294	12	0.040	0.281	0.548	0.131
6	0.249	0.109	0.272	0.370	13	0.013	0.019	0.037	0.931
7	0.206	0.446	0.228	0.120					

$UM_{13}(13^5)$

	x_1	x_2	x_3	x_4	x_5		x_1	x_2	x_3	x_4	x_5
1	0.557	0.110	0.080	0.068	0..185	8	0.128	0.115	0.045	0.629	0.082
2	0.417	0.023	0.314	0.123	0.123	9	0.101	0.461	0.128	0.036	0.274
3	0.388	0.197	0.047	0.305	0.113	10	0.075	0.155	0.508	0.091	0.171
4	0.280	0.049	0.234	0.420	0.017	11	0.052	0.628	0.046	0.158	0.116
5	0.233	0.272	0.398	0.019	0.078	12	0.030	0.200	0.317	0.366	0.087
6	0.193	0.080	0.139	0.249	0.339	13	0.010	0.013	0.019	0.037	0.922
7	0.159	0.356	0.234	0.165	0.087						

$UM_{13}(13^6)$

	x_1	x_2	x_3	x_4	x_5	x_6
1	0.479	0.101	0.070	0.067	0.076	0.207
2	0.351	0.020	0.266	0.150	0.107	0.107
3	0.281	0.168	0.038	0.413	0.074	0.027
4	0.231	0.040	0.182	0.079	0.450	0.018
5	0.191	0.226	0.386	0.069	0.025	0.103
6	0.158	0.063	0.103	0.446	0.097	0.132
7	0.129	0.294	0.204	0.038	0.219	0.116
8	0.104	0.090	0.032	0.226	0.484	0.063
9	0.081	0.383	0.110	0.239	0.021	0.165
10	0.061	0.21	0.420	0.024	0.130	0.245
11	0.042	0.534	0.042	0.092	0.167	0.13
12	0.024	0.155	0.244	0.277	0.241	0.057
13	0.008	0.010	0.013	0.019	0.037	0.914

$UM_{13}(13^7)$

	x_1	x_2	x_3	x_4	x_5	x_6	x_7
1	0.419	0.204	0.073	0.051	0.048	0.055	0.150
2	0.302	0.161	0.016	0.220	0.124	0.088	0.088
3	0.240	0.120	0.149	0.034	0.367	0.065	0.024
4	0.196	0.084	0.037	0.170	0.074	0.421	0.017
5	0.162	0.051	0.220	0.376	0.067	0.024	0.101
6	0.134	0.021	0.064	0.103	0.448	0.098	0.133
7	0.109	0.427	0.157	0.109	0.020	0.117	0.062
8	0.088	0.256	0.066	0.024	0.166	0.354	0.046
9	0.068	0.178	0.314	0.091	0.196	0.018	0.135
10	0.051	0.123	0.106	0.370	0.021	0.114	0.216
11	0.035	0.079	0.494	0.039	0.085	0.155	0.114
12	0.020	0.041	0.149	0.235	0.267	0.232	0.055
13	0.007	0.008	0.010	0.013	0.019	0.036	0.908

$UM_{13}^*(13^3)$

	x_1	x_2	x_3		x_1	x_2	x_3
1	0.804	0.068	0.128	8	0.240	0.672	0.088
2	0.660	0.248	0.091	9	0.191	0.156	0.653
3	0.561	0.017	0.422	10	0.145	0.493	0.362
4	0.481	0.220	0.299	11	0.101	0.864	0.035
5	0.412	0.475	0.113	12	0.059	0.253	0.687
6	0.350	0.075	0.575	13	0.019	0.641	0.339
7	0.293	0.354	0.354				

$UM_{13}^*(13^4)$

	x_1	x_2	x_3	x_4		x_1	x_2	x_3	x_4
1	0.662	0.065	0.052	0.220	8	0.168	0.550	0.207	0.076
2	0.513	0.234	0.107 7	0.146	9	0.132	0.088	0.750	0.030
3	0.423	0.011	0.370	0.196	10	0.099	0.315	0.068	0.518
4	0.354	0.155	0.434	0.057	11	0.069	0.749	0.063	0.119
5	0.298	0.394	0.012	0.296	12	0.040	0.139	0.473	0.347
6	0.249	0.045	0.190	0.516	13	0.013	0.406	0.459	0.112
7	0.206	0.232	0.281	0.281					

$UM_{13}^*(13^5)$

	x_1	x_2	x_3	x_4	x_5		x_1	x_2	x_3	x_4	x_5
1	0.557	0.132	0.060	0.048	0.203	8	0.128	0.035	0.552	0.208	0.077
2	0.417	0.058	0.253	0.115	0.157	9	0.101	0.380	0.053	0.449	0.018
3	0.338	0.439	0.004	0 143	0.076	10	0.075	0.155	0.269	0.058	0.443
4	0.280	0.180	0.130	0.363	0.047	11	0.052	0.012	0.752	0.064	0.120
5	0.233	0.053	0.401	0.012	0.301	12	0.030	0.344	0.091	0.309	0.226
6	0.193	0.414	0.023	0.099	0.270	13	0.010	0.131	0.354	0.408	0.097
7	0.159	0.173	0.195	0.236	0.236						

$UM_{14}^*(14^3)$

	x_1	x_2	x_3		x_1	x_2	x_3
1	0.811	0.047	0.142	8	0.268	0.078	0.654
2	0.73	0.175	0.152	9	0.221	0.306	0.473
3	0.577	0.347	0.075	10	0.176	0.559	0.265
4	0.500	0.018	0.482	11	0.134	0.835	0.031
5	0.433	0.182	0.385	12	0.094	0.162	0.744
6	0.373	0.381	0.246	13	0.055	0.439	0.506
7	0.319	0.608	0.073	14	0.018	0.736	0.245

$UM_{14}^*(14^4)$

	x_1	x_2	x_3	x_4		x_1	x_2	x_3	x_4
1	0.671	0.165	0.088	0.076	8	0.188	0.546	0.066	0.199
2	0.525	0.012 7	0.012	0.335	9	0.153	0.316	0.436	0.095
3	0.437	0.053	0.310	0.201	10	0.121	0.155	0.233	0.491
4	0.370	0.511	0.013	0.106	11	0.091	0.016	0.797	0.096
5	0.315	0.297	0.264	0.125	12	0.063	0.541	0.155	0.240
6	0.268	0.162	0.102	0.469	13	0.037	0.307	0.633	0.023
7	0.226	0.043	0.549	0.183	14	0.012	0.132	0.397	0.458

$UM_{14}^*(14^5)$

	x_1	x_2	x_3	x_4	x_5		x_1	x_2	x_3	x_4	x_5
1	0.565	0.161	0.087	0.020	0.167	8	0.144	0.449	0.054	0.013	0.339
2	0.428	0.107	0.008	0.114	0.342	9	0.117	0.236	0.373	0.049	0.224
3	0.350	0.041	0.227	0.150	0.232	10	0.092	0.110	0.141	0.211	0.446
4	0.293	0.474	0.013	0.118	0.102	11	0.069	0.011	0.618	0.140	0.161
5	0.247	0.237	0.223	0.198	0.094	12	0.048	0.416	0.118	0.254	0.164
6	0.208	0.121	0.063	0.499	0.108	13	0.028	0.219	0.610	0.107	0.036
7	0.175	0.031	0.397	0.383	0.014	14	0.009	0.091	0.241	0.588	0.071

$UM_{15}(15^3)$

	x_1	x_2	x_3		x_1	x_2	x_3
1	0.817	0.055	0.128	9	0.247	0.326	0.427
2	0.684	0.179	0.137	10	0.204	0.557	0.239
3	0.592	0.340	0.068	11	0.163	0.809	0.028
4	0.517	0.048	0.435	12	0.124	0.204	0.671
5	0.452	0.201	0.347	13	0.087	0.456	0.456
6	0.394	0.384	0.222	14	0.051	0.727	0.221
7	0.342	0.592	0.066	15	0.017	0.033	0.950
8	0.293	0.118	0.589				

$UM_{15}(15^4)$

	x_1	x_2	x_3	x_4		x_1	x_2	x_3	x_4
1	0.678	0.166	0.088	0.067	9	0.172	0.326	0.418	0.084
2	0.536	0.136	0.033	0.295	10	0.141	0.175	0.251	0.433
3	0.450	0.068	0.305	0.177	11	0.112	0.046	0.758	0.084
4	0.384	0.503	0.019	0.094	12	0.085	0.542	0.162	0.212
5	0.331	0.303	0.257	0.110	13	0.059	0.332	0.599	0.021
6	0.284	0.177	0.126	0.413	14	0.035	0.158	0.404	0.404
7	0.243	0.066	0.530	0.161	15	0.011	0.017	0.032	0.940
8	0.206	0.543	0.075	0.176					

$UM_{15}(15^5)$

	x_1	x_2	x_3	x_4	x_5		x_1	x_2	x_3	x_4	x_5
1	0.573	0.164	0.090	0.029	0.144	9	0.132	0.247	0.367	0.059	0.194
2	0.438	0.11	0.023	.127	0.296	10	0.108	0.126	0.156	0.224	0.386
3	0.361	0.054	0.231	0.153	0.201	11	0.085	0.032	0.604	0.140	0.140
4	0.305	0.471	0.019	0.116	0.088	12	0.064	0.421	0.127	0.246	0.142
5	0.260	0.245	0.224	0.190	0.081	13	0.045	0.232	0.591	0.101	0.031
6	0.222	0.134	0.080	0.470	0.094	14	0.026	0.109	0.253	0.550	0.061
7	0.189	0.048	0.395	0.357	0.012	15	0.008	0.011	0.016	0.032	0.932
8	0.159	0.451	0.064	0.033	0.294						

$UM_{15}^*(15^3)$

	x_1	x_2	x_3		x_1	x_2	x_3
1	0.817	0.103	0.079	9	0.247	0.025	0.728
2	0.684	0.02	0.285	10	0.204	0.504	0.292
3	0.592	0.286	0.122	11	0.163	0.139	0.697
4	0.517	0.113	0.370	12	0.124	0.671	0.204
5	0.452	0.456	0.091	13	0.087	0.274	0.639
6	0.394	0.222	0.384	14	0.051	0.854	0.095
7	0.342	0.636	0.022	15	0.017	0.426	0.557
8	0.293	0.354	0.354				

$UM_{15}^*(15^4)$

	x_1	x_2	x_3	x_4		x_1	x_2	x_3	x_4
1	0.678	0.146	0.029	0.147	9	0.172	0.072	0.529	0.227
2	0.536	0.095	0.135	0.234	10	0.141	0.587	0.244	0.027
3	0.450	0.009	0.307	0.234	11	0.112	0.303	0.019	0.565
4	0.384	0.318	0.228	0.069	12	0.085	0.114	0.187	0.614
5	0.331	0.166	0.487	0.017	13	0.059	0.769	0.074	0.097
6	0.284	0.037	0.068	0.611	14	0.35	0.381	0.370	0.214
7	0.243	0.448	0.093	0.216	15	0.011	0.162	0.689	0.138
8	0.206	0.232	0.281	0.281					

$UM_{15}^*(15^5)$

	x_1	x_2	x_3	x_4	x_5		x_1	x_2	x_3	x_4	x_5
1	0.573	0.141	0.071	0.036	0.179	9	0.132	0.051	0.667	0.104	0.045
2	0.438	0.079	0.330	0.056	0.097	10	0.108	0.478	0.085	0.297	0.033
3	0.361	0.007	0.103	0.300	0.229	11	0.085	0.223	0.410	0.009	0.273
4	0.305	0.267	0.221	0.158	0.048	12	0.064	0.079	0.107	0.175	0.575
5	0.260	0.128	0.053	0.540	0.019	13	0.045	0.648	0.139	0.073	0.095
6	0.222	0.027	0.296	0.045	0.409	14	0.026	0.277	0.036	0.419	0.242
7	0.189	0.365	0.008	0.132	0.307	15	0.008	0.111	0.301	0.483	0.097
8	0.159	0.173	0.195	0.236	0.236						

$UM_{15}^*(15^6)$

	x_1	x_2	x_3	x_4	x_5	x_6
1	0.214	0.148	0.110	0.086	0.015	0.427
2	0.087	0.024	0.476	0.163	0.025	0.225
3	0.007	0.258	0.082	0.534	0.020	0.099
4	0.253	0.048	0.269	0.054	0.088	0.289
5	0.107	0.322	0.034	0.183	0.106	0.247
6	0.021	0.106	0.248	0.427	0.072	0.125
7	0.301	0.400	0.003	0.026	0.117	0.153
8	0.129	0.139	0.151	0.170	0.205	0.205
9	0.036	0.008	0.648	0.182	0.071	0.054
10	0.369	0.140	0.069	0.022	0.253	0.147
11	0.154	0.038	0.363	0.110	0.234	0.100
12	0.052	0.289	0.056	0.312	0.223	0.068
13	0.494	0.043	0.153	0.005	0.254	0.051
14	0.182	0.358	0.016	0.091	0.318	0.035
15	0.069	0.123	0.197	0.277	0.324	0.011

$UM_{16}^*(16^3)$

	x_1	x_2	x_3		x_1	x_2	x_3
1	0.823	0.072	0.105	9	0.271	0.524	0.205
2	0.694	0.258	0.048	10	0.229	0.072	0.698
3	0.605	0.086	0.309	11	0.190	0.430	0.380
4	0.532	0.307	0.161	12	0.152	0.321	0.026
5	0.470	0.017	0.514	13	0.116	0.304	0.580
6	0.414	0.275	0.311	14	0.081	0.718	0.201
7	0.363	0.578	0.060	15	0.048	0.149	0.803
8	0.15	0.193	0.492	16	0.016	0.584	0.400

$UM_{16}^*(16^4)$

	x_1	x_2	x_3	x_4		x_1	x_2	x_3	x_4
1	0.685	0.148	0.089	0.078	9	0.190	0.154	0.513	0.144
2	0.546	0.104	0.011	0.339	10	0.160	0.013	0.233	0.595
3	0.461	0.026	0.304	0.208	11	0.131	0.463	0.343	0.064
4	0.397	0.364	0.022	0.216	12	0.104	0.243	0.224	0.428
5	0.345	0.207	0.294	0.154	13	.079	0.075	0.767	0.079
6	0.299	0.081	0.097	0.522	14	0.055	0.656	0.118	0.172
7	0.259	0.610	0.094	0.037	15	0.032	0.351	0.598	0.019
8	0.223	0.321	0.100	0.356	16	0.01	0.151	0.393	0.446

$UM_{16}^{*}(16^5)$

	x_1	x_2	x_3	x_4	x_5		x_1	x_2	x_3	x_4	x_5
1	0.580	0.145	0.114	0.086	0.076	9	0.146	0.112	0.449	0.229	0.064
2	0.447	0.088	0.071	0.012	0.382	10	0.122	0.009	0.235	0.178	0.455
3	0.371	0.020	0.501	0.064	0.044	11	0.100	0.358	0.026	0.436	0.081
4	0.316	0.316	0.134	0.022	0.213	12	0.079	0.175	0.397	0.120	0.229
5	0.272	0.163	0.066	0.328	0.172	13	0.060	0.052	0.204	0.620	0.064
6	0.234	0.060	0.489	0.034	0.182	14	0.042	0.523	0.007	0.174	0.254
7	0.202	0.547	0.079	0.124	0.048	15	0.024	0.253	0.339	0.371	0.012
8	0.173	0.248	0.047	0.116	0.416	16	0.008	0.103	0.169	0.337	0.382

$UM_{16}^{*}(16^6)$

	x_1	x_2	x_3	x_4	x_5	x_6
1	0.500	0.136	0.109	0.080	0.038	0.136
2	0.377	0.076	0.057	0.008	0.226	0.256
3	0.310	0.017	0.461	0.077	0.097	0.038
4	0.262	0.274	0.120	0.017	0.317	0.010
5	0.224	0.134	0.051	0.245	0.054	0.293
6	0.192	0.048	0.414	0.028	0.129	0.188
7	0.165	0.484	0.078	0.128	0.095	0.050
8	0.141	0.201	0.036	0.072	0.498	0.052
9	0.119	0.088	0.366	0.227	0.019	0.181
10	0.099	0.007	0.170	0.110	0.211	0.403
11	0.081	0.291	0.020	0.368	0.143	0.098
12	0.064	0.137	0.318	0.091	0.329	0.061
13	0.048	0.040	0.146	0.532	0.007	0.227
14	0.033	0.432	0.006	0.121	0.115	0.293
15	0.019	0.198	0.270	0.422	0.048	0.042
16	0.006	0.079	0.120	0.216	0.453	0.127

$UM_{16}^{*}(16^7)$

	x_1	x_2	x_3	x_4	x_5	x_6	x_7
1	0.439	0.147	0.097	0.051	0.022	0.023	0.222
2	0.326	0.095	0.046	0.246	0.055	0.051	0.182
3	0.266	0.047	0.398	0.023	0.084	0.063	0.120
4	0.224	0.005	0.156	0.184	0.203	0.107	0.122
5	0.191	0.251	0.033	0.006	0.360	0.094	0.065
6	0.163	0.138	0.312	0.074	0.005	0.222	0.087
7	0.139	0.070	0.137	0.357	0.035	0.222	0.041
8	0.119	0.017	0.036	0.086	0.170	0.554	0.018
9	0.100	0.339	0.208	0.122	0.084	0.005	0.143
10	0.83	0.176	0.108	0.020	0.326	0.045	0.241
11	0.068	0.092	0.020	0.183	0.524	0.032	0.081
12	0.054	0.032	0.289	0.429	0.009	0.076	0.111
13	0.040	0.480	0.059	0.055	0.056	0.165	0.145
14	0.028	0.218	0.006	0.297	0.122	0.216	0.113
15	0.016	0.117	0.236	0.035	0.247	0.273	0.077
16	0.005	0.048	0.095	0.221	0.382	0.226	0.023

参 考 文 献

[1] 庞超明,秦鸿根,季垚.试验设计与混凝土无损检测技术[M].北京:中国建材工业出版社,2006.

[2] 方开泰,刘民千,周永道.试验设计与建模[M].北京:高等教育出版社,2011.

[3] 李志西,杜双奎.试验优化设计与统计分析[M].北京:科学出版社,2010.

[4] 潘丽军,陈锦权.试验设计与数据处理[M].南京:东南大学出版社,2008.

[5] 王万中.试验的设计与分析[M].北京:高等教育出版社,2004.

[6] 陈立周.稳健设计[M].北京:机械工业出版社,2000.

[7] 闵亚能.试验设计(DOE)应用指南[M].北京:机械工业出版社,2011.

[8] 李云雁,胡传荣.试验设计与数据处理[M].北京:化学工业出版社,2008.

[9] 李思益,任工昌,郑甲红,等.现代设计方法[M].西安:西安电子科技大学出版社,2007.

[10] 周新年.科学研究方法与学术论文写作——理论·技巧·案例[M].北京:科学出版社,2012.

[11] 中国土木工程学会.混凝土结构耐久性设计与施工指南(CCES 01—2004)[S].北京:中国建筑工业出版社,2004.

[12] 孙志忠,袁慰平,闻震初.数值分析[M].南京:东南大学出版社,2002.

[13] 曹以柏,徐温玉.材料力学测试原理及试验[M].北京:航空工业出版社,1992.

[14] 邓勃.分析测试数据的统计处理方法[M].北京:清华大学出版社,1995.

[15] 陈魁.试验设计与分析[M].北京:清华大学出版社,1996.

[16] 郁飞.试验设计与数据处理[M].北京:中国标准出版社,1998.

[17] 栾军.现代试验设计优化方法[M].上海:上海交通大学出版社,1995.

[18] 马成良,张海军,李素平.现代试验设计优化方法及应用[M].郑州:郑州大学出版社,2007.

[19] 肖怀秋,刘洪波,李玉珍.试验数据处理与试验设计方法[M].北京:化学工业出版社,2012.

[20] 任露泉.试验设计及其优化[M].北京:科学出版社,2013.